Hans-Jörg Rheinberger

Experimentalsysteme und epistemische Dinge

»Wissenschaftsgeschichte«
herausgegeben von
Michael Hagner und Hans-Jörg Rheinberger

Hans-Jörg Rheinberger

Experimentalsysteme und epistemische Dinge

Eine Geschichte der Proteinsynthese im Reagenzglas

WALLSTEIN VERLAG

Titel der Originalausgabe: Toward a History of Epistemic Things.
Synthesizing Proteins in the Test Tube

Die deutsche Bearbeitung basiert auf einer Übersetzung von Gerhard Herrgott

Bibliografische Information der Deutschen Nationalbibliothek
Die Deutsche Nationalbibliothek verzeichnet diese Publikation in der Deutschen Nationalbibliografie; detaillierte bibliografische Daten sind im Internet über http://dnb.d-nb.de abrufbar.

3. Auflage 2019

www.wallstein-verlag.de
Vom Verlag gesetzt aus der Adobe Garamond
Umschlaggestaltung: Basta Werbeagentur, Petra Bandmann,
unter Verwendung von Labornotizen von Paul Zamecnik.
Druck: Hubert & Co, Göttingen
gedruckt auf säure- und chlorfreiem, alterungsbeständigem Papier
ISBN 978-3-89244-454-1

Inhalt

Prolog

Mit diesem Buch verfolge ich drei verschiedene Absichten. Erstens entwickle ich meine Vorstellungen über die materiellen Arrangements, die Laborwissenschaftler im 20. Jahrhundert als ihre »Experimentalsysteme« bezeichnen.[1] Seit geraumer Zeit widmen Theoretiker und Historiker der Naturwissenschaften dem Experiment größere Aufmerksamkeit. Dieses Buch stellt einen Versuch dar, auf der Grundlage des Begriffs »Experimentalsystem« eine Epistemologie des modernen Experimentierens zu entwerfen. Mein zweites Ziel ist es, die Dynamik der Forschung als einen Prozeß der Herausbildung epistemischer Dinge zu verstehen; dafür wird es nötig sein, die grundlegende Frage nach der Entstehung und Ausformung neuer Forschungsgegenstände in den empirischen Wissenschaften überhaupt auszuloten. Eine solche Verschiebung der Perspektive von den Gedanken und Absichten der Handelnden zu den Objekten, auf die sich ihr Handeln und ihr Begehren richtet, wird uns zu einer Geschichte der epistemischen Dinge führen. Drittens verknüpfe ich eine Fallstudie mit diesen epistemologischen und historiographischen Fragen. Ich werfe einen mikroskopischen Blick auf ein einzelnes Labor, das von Paul C. Zamecnik und seinen Mitarbeitern am Collis P. Huntington Memorial Hospital der Harvard University am Massachusetts General Hospital in Boston. Innerhalb eines Zeitraums von fünfzehn Jahren – zwischen 1947 und 1962 – entwickelte diese Arbeitsgruppe ein Experimentalsystem zur Biosynthese von Proteinen im Reagenzglas; es führte Zamecnik und seine Kollegen aus der Krebsforschung über die Biochemie in die Ära der Molekularbiologie.

Nach mehrjähriger Arbeit an diesem Projekt wurde mir klar, daß die dreifache Verknüpfung von Analyse, Reflexion und Rekonstruktion eine besondere Form der Darstellung notwendig machen würde. Die systematische Entwicklung der epistemologischen und historiographischen Thematik schien mit der Fallstudie in Konflikt zu geraten. Diese sollte ja ausreichend detailliert und aus einer Perspektive dargestellt werden, die den Ereignissen so wenig vorgriff, daß die mikroskopischen Zufälligkeiten, die bei der Entstehung neuer Wissensobjekte im Spiel sind, als solche in Erscheinung traten. Ich habe dieses Darstellungsproblem zu lösen versucht, indem ich die Kapitel des Buchs in zwei Kategorien eingeteilt habe. Alternierend zwischen Reflexion und Erzählung, oszillieren sie zwischen der rekursiven Sicht eines Epistemologen und der – strenggenommen unmöglichen – Perspektive eines Teilnehmers am historischen Geschehen. Die Kapitel beziehen und stützen sich in ihrer Argumentation aufeinander. Man kann sie aber auch als zwei verschiedene Versionen eines Theaterstücks ansehen, das zwischen der Darstellung einer Geschichte und ihrer Begleitung durch einen Kommentator abwechselt. Das Buch wendet sich gleichermaßen an Naturwissenschaftler wie an Wissenschaftshistoriker und an Wissenschaftsphilosophen. Weder für die einen noch für die anderen wird es ganz leichte Kost sein. Diejenigen, die eher an der philosophischen Thematik interessiert sind, können sich auf die epistemologischen und historiographischen Kapitel konzentrieren und das historische Material in dem Maße heranziehen, wie sie Aufschluß über Details wünschen. Wer sich in erster Linie für die Fallstudie interessiert, der kann sich auf die chronologisch geordneten historischen Kapitel konzentrieren und nach Belieben die reflektierenden Intermezzi hinzuziehen. Die Leser aus beiden Lagern werden zu entscheiden haben, ob dieses Konzept aufgeht.

Die Epistemologie

Die Grundgedanken dieser Studie habe ich in zwei Aufsätzen und einer kleinen Broschüre skizziert, in denen die epistemische Botschaft des Buches bereits im Kern enthalten ist.[2] Gespräche mit vielen Kollegen haben mir geholfen, klarer zu formulieren, was in ihren Ohren zunächst verwirrend klang – um den Preis einer gewissen Ernüchterung meines anfänglichen Enthusiasmus allerdings, der sich gerade aus meiner hybriden Existenz zwischen Labor und Epistemologie speiste. Ich hoffe, daß der Text dennoch, auch nach seiner Odyssee aus dem Deutschen ins Englische und von dort wieder zurück ins Deutsche, die Spuren der frühen Begeisterung behalten hat.

Ich fasse zunächst das Gerüst des epistemologischen Arguments zusammen. Experimentalsysteme (Kapitel 1) sind die eigentlichen Arbeitseinheiten der gegenwärtigen Forschung. In ihnen sind Wissensobjekte und die technischen Bedingungen ihrer Hervorbringung unauflösbar miteinander verknüpft. Sie sind zugleich lokale, individuelle, soziale, institutionelle, technische, instrumentelle und, vor allem, epistemische Einheiten. Experimentalsysteme sind also durch und durch mischförmige, hybride Anordnungen; in den Grenzen dieser dynamischen Gebilde geben Experimentalwissenschaftler den epistemischen Dingen Gestalt, mit denen sie sich beschäftigen. Dieses Buch ist primär auf den epistemischen Aspekt von Experimentalsystemen ausgerichtet. Es gibt dafür nur eine Rechtfertigung: Wer als Wissenssoziologe die Behauptung aufstellt, daß die wissenschaftliche Aktivität immer nur eine lokale, eingeschränkte sein kann, muß das auch der Tätigkeit des Historikers und Philosophen zugestehen. Ich war ein Jahrzehnt lang in ein Experimentalsystem verwickelt; die Arbeit am Labortisch hat meine Idiosynkrasien und meine Vorliebe für eine »Epistemologie von unten« geprägt. Andere mögen ergänzen, wo sie Lücken und Versäumnisse ausmachen.

Ein Experimentalsystem muß zweitens zu differentieller Reproduktion befähigt sein (Kapitel 4), wenn und sofern es als »Generator von Überraschungen«[3] fungieren soll, als Vorrichtung zur Produktion wissenschaftlicher Neuerungen, die unser je gegenwärtiges Wissen übersteigen. Reproduktion und Differenz sind zwei Seiten ein- und derselben Medaille; ihr Wechselspiel bedingt die Umschwünge und Verschiebungen im Forschungsprozeß. Experimentalsysteme müssen, sollen sie produktiv bleiben, so organisiert sein, daß die Erzeugung von Differenzen zur reproduktiven Triebkraft der ganzen Experimentalmaschinerie wird. Drittens stellen Experimentalsysteme die Einheiten dar, innerhalb derer die Signifikanten der Wissenschaft hervorgebracht werden. Diese entfalten ihre Bedeutung in Repräsentationsräumen (Kapitel 6), in denen Grapheme – materielle Spuren wie etwa ein Fraktionierungsmuster oder eine Matrix radioaktiver Zähleinheiten – erzeugt, miteinander verbunden oder voneinander getrennt, in denen sie gesetzt, versetzt und ersetzt werden. Naturwissenschaftler denken, begrenzt durch den hybriden Kontext ihres jeweiligen Experimentalsystems, in den Koordinaten solcher Räume möglicher Darstellung. Genauer gesagt, sie spannen solche Repräsentationsräume auf, indem sie ihre Grapheme zu epistemischen Dingen verketten. Als Graphien fallen diese gewissermaßen unter eine verallgemeinerte Form von Schrift. Schließlich werden einzelne Experimentalsysteme durch Konjunkturen und Verzweigungen in größere experimentelle Zusammenhänge oder Experimentalkulturen hineingestellt (Kapitel 8). In der Regel sind Konjunkturen wie Gabelungen das Ergebnis unvorhergesehener und mehr noch unvorwegnehmbarer Ereignisse. In der Ökonomie der wissenschaftlichen Praxis wirken solche lokalen Verdichtungen als Attraktoren, um die sich Forschergemeinschaften und auf lange Sicht ganze wissenschaftliche Disziplinen organisieren.

Die Historiographie

In Fragen der Historiographie halte ich es mit Bruno Latour, der behauptet, daß »es eine Geschichte der Wissenschaft gibt, nicht nur eine Geschichte von Wissenschaftlern, und eine Geschichte der Dinge, nicht nur eine der Wissenschaft«.[4] Meine eigene historische Perspektive ist innerhalb dieser Kaskade, die sich von den Wissenschaftlern über die Wissenschaft zu den Wissensobjekten erstreckt, auf der Ebene der Dinge vertäut. Man mag das eine Biographie der Dinge nennen oder eine Genealogie der Objekte, wenn man darunter nicht versteht, daß die Gegenstände darin wie Bilder einer Ausstellung aneinandergereiht werden; vielmehr geht es mir um eine Herausarbeitung der Prozesse, durch die sie ins Leben gerufen werden. Angeregt wurde ich dabei durch die Überlegungen des Kunsthistorikers George Kubler über die zeitlichen Formen der künstlerischen Produktion, besonders seine *Anmerkungen zur Geschichte der Dinge*. Im Zusammenhang mit der Untersuchung »formaler Sequenzen« von Dingen – Kunstwerken, Experimenten, Werkzeugen und technischen Konstrukten – notiert Kubler: »Der Wert einer Annäherung von Kunstgeschichte und Wissenschaftsgeschichte liegt darin, gemeinsame Innovationsmomente herauszufinden, gemeinsame Veränderungen und Veralterungen, denen die materiellen Werke der Künstler und Wissenschaftler im Laufe der Zeit unterworfen sind.«[5] Die Annäherung, die ich im Sinn habe, zielt auf eine Geschichte der materiellen Kultur der Naturwissenschaften und der experimentellen Arrangements, in denen sie sich verkörpern und in denen sie gewissermaßen hausen. Statt eine Geschichte wissenschaftlicher *Objektivität* aus Begriffen zu lesen, habe ich mich an die Aufgabe gemacht, eine Geschichte der *Objektizität* aus materiellen Spuren zu entziffern.

Ein von Jacques Derrida geprägtes Begriffspaar dient mir als Ausgangspunkt bei dem Versuch, Geschichten der Wissenschaft als Geschichten von Dingen und Spuren zu betrachten: »*différance*« (Kapitel 4) und »*Historialität*« (Kapiel 10).[6] »Différance« steht hier für die besondere Arbeit des Geschiebes, wie sie für Experimentalsysteme charakteristisch ist, wogegen »Historialität« die ihr inhärente zeitliche Befrachtung zum Ausdruck bringt. Wenn Experimentalsysteme ein »Eigenleben« haben,[7] dann haben sie auch eine eigene Zeit. Der Begriff der *différance* wird es mir erlauben, der Falle jedes naiven Realismus – der zeitlosen Dichotomie zwischen dem »Wahren« und dem »Falschen«, zwischen Fakt und Artefakt – vielleicht nicht gänzlich zu entkommen, sie aber zumindest an einigen Stellen zu durchlöchern. Mit Hilfe des Konzepts der Historialität wiederum läßt sich die einseitig gerichtete Dichotomie zwischen Vergangenheit und Zukunft vermeiden, in der sich der naive Historizismus immer verfängt. Ich werde mich also an etwas halten, was man mit Derrida als Supplementaritätsprinzip bezeichnen könnte; es meint, vereinfacht gesagt, eine Ökonomie epistemischer Verschiebung, in der alles, was zunächst lediglich als Substitution oder Hinzufügung innerhalb der Grenzen eines bestehenden Experimentalsystems in Anschlag gebracht wird, dem System insgesamt eine neue Gestalt und damit auch seine Vergangenheit neu zu lesen gibt. Die Bewegung des Supplementierens führt eine translinguistische Konnotation von Semantik mit sich: Es ist das Verschiebende, die treibende Materialität der Spur, welche die Bedeutung des Verschobenen umstößt.

Dieses Buch bildet keine Ausnahme von dieser Regel. Als ich erste Entwürfe zum Text aufzuschreiben begann, wußte ich nicht, daß in ihm schließlich die Experimentalsysteme eine derart dominierende Stellung einnehmen würden. Der Begriff Experimentalsystem war zunächst nichts weiter als ein Supplement für »empirisches Denken«, aber er bekam bald wirklich verschiebende Macht – nach innen und nach außen. Er gab meinen umherschweifenden Gedanken festen Halt, sowohl in bezug auf meinen Gegenstand als auch auf die Leser, an die ich mich nun als ein Historiker wandte, der gerade seine Haut als Naturwissenschaftler abstreifte.

Die Fallstudie

Wer sich in die Einzelheiten der an der Krebsproblematik orientierten medizinischen und biochemischen Untersuchungen über die Synthese von Proteinen in der Dekade nach dem Zweiten Weltkrieg vertieft, gewinnt schnell den Eindruck eines Irrgartens, in dem man sich leicht verlaufen und verlieren kann. Gunther Stent hat wiederholt auf die abschätzige Haltung hingewiesen, die bei der ersten Generation von Molekularbiologen gegenüber der traditionellen Biochemie vorherrschte. Ihre eher schmutzigen und zuweilen buchstäblich blutigen Prozeduren konnten bei ehemaligen Physikern, die sich irgendwann auf die Biologie eingelassen hatten, verständlicherweise keine Begeisterung hervorrufen.[8] Mahlon Hoagland hat in seiner Autobiographie von der »tiefen Kluft« gesprochen, die in den 1950er und auch noch in den frühen 1960er Jahren die experimentelle Kultur der Biochemiker von denen trennte, die sich als Molekularbiologen verstanden.[9] Meine Fallstudie über die Arbeitsgruppe am Massachusetts General Hospital wird allerdings zeigen, daß ein Großteil der mühsamen Arbeit an den molekularen Details der Vorgänge, die in den Jahren zwischen 1953 und 1963 als Replikation, Transkription und Translation der genetischen Information codifiziert wurden, das Ergebnis biochemischer Untersuchungen war, die zunächst gar nicht aus der Perspektive der molekularen Genetik in Angriff genommen worden waren. Und der Erfolg der von Stent dann so genannten »dogmatischen Phase« der Molekularbiologie ging vor allem darauf zurück, daß in den späten fünfziger Jahren viele Molekularbiologen – darunter auch James Watson und seine Laborkollegen in Harvard – auf die noch kurz zuvor strikt abgelehnten Verfahren und Experimentalsysteme der Biochemie zurückgriffen, um die Einzelheiten des ins Zentrum des Interesses gerückten molekularen Informationsflusses aufzuklären.

Die Beziehungen zwischen der biologischen Chemie und der sich herausbildenden Disziplin der Molekulargenetik sind komplex. Sie weisen erstaunlich viele Schattierungen und Abstufungen auf, die sich je nach den lokalen Forschungstraditionen, den institutionellen Strukturen und den disziplinären Verankerungen der Forscher unterschiedlich gestalten. Sie sind zudem von forschungsphilosophischen Überzeugungen ebenso abhängig wie von forschungspolitischen Strategien im nationalen Kontext. In dieser Frage fügt das Buch der seit langem anhaltenden Diskussion unter Historikern der Molekularbiologie lediglich eine weitere Facette hinzu.[10]

Im Mittelpunkt meiner Untersuchung steht ein bestimmtes Experimentalsystem, das bei der Erforschung der Mechanismen der Proteinsynthese einen zentralen Platz einnehmen sollte. Ich rekonstruiere den verwickelten Verlauf dieses Forschungsunternehmens mit seinen Krümmungen, plötzlichen Umschwüngen und nicht vorhersehbaren Ergebnissen. Aus dem Privileg des retrospektiven Blicks soll dabei nicht billiger Nutzen geschlagen werden, wenngleich ich mir dessen bewußt bin, daß sich kein Historiker ganz der Droge des nachträglichen Besserwissens zu entziehen vermag. Wie bei anderen Narkotika hängt auch hier die schädliche oder wohltuende Wirkung ganz von der Dosierung ab.

Die im Buch enthaltene Fallstudie beschäftigt sich detailliert mit der Konstruktion eines In-vitro-Systems der Proteinbiosynthese. Insbesondere geht es darum, wie aus ihm das Molekül hervorging, das in der heutigen Molekularbiologie Transfer-RNA genannt wird. Dieses Molekül »transferiert« einerseits Aminosäuren aus dem Zytoplasma zu den Ribosomen, das heißt den Zellorganellen, an denen sie zu Peptiden zusammengebaut werden. Andererseits transferiert es – im Sinne einer Übersetzung – aufgrund seiner Codierungseigenschaften die in den Nukleinsäuren enthaltene genetische Botschaft in Proteine.

Der Gruppe, deren Arbeit am Collis P. Huntington Memorial Hospital in Boston ich nachzeichne, gehörten neben Paul Zamecnik, einem in Harvard ausgebildeten Mediziner, eine Reihe weiterer Mitglieder an. Zu ihnen zählten insbesondere Mary Stephenson, die von Anfang an mit Zamecnik als technische Assistentin zusammenarbeitete und später in Biochemie promovierte; der Mediziner Ivan Frantz von der Harvard Medical School und der organische Chemiker Robert Loftfield, der nach seiner Promotion in organischer Chemie in Harvard zunächst Forschungsassistent am Massachusetts Institute of Technology (MIT) war, beides Weggefährten von Zamecnik seit den ersten Nachkriegsjahren; Philip Siekevitz, der 1949 als Doktor der Biochemie von der University of California in Berkeley zu der Arbeitsgruppe dazustieß; Elizabeth Keller, Doktorin der Biochemie von der Cornell University, die ebenfalls seit 1949 in der Gruppe mitarbeitete; Mahlon Hoagland, ein weiterer Mediziner aus Harvard, der mit Fritz Lipmann arbeitete, bevor er sich 1953 Zamecnik anschloß; John Littlefield, gleichfalls Mediziner aus Harvard, der 1954 seine Arbeit in der klinischen und in der Forschungsabteilung des Massachusetts General Hospital (MGH) aufnahm; Jesse Scott, ein Mediziner von der Vanderbilt University, der in den fünfziger Jahren als Biophysiker am Huntington Hospital tätig war; Liselotte Hecht, die in Wisconsin in Onkologie promoviert hatte und ab 1957 der Arbeitsgruppe angehörte; und Marvin Lamborg, Doktor der Biologie von der Johns Hopkins University, der 1958 als Forschungsstipendiat im Bereich Biochemie zu der Gruppe stieß.

Zamecnik kann sicherlich als der große alte Mann der Proteinsynthese angesehen werden. Dennoch gehörten er und die Mitglieder seiner Gruppe niemals zu der Handvoll Molekularbiologen, die man zu den Heroen der neuen Disziplin zählte. Mein Interesse galt jedoch nicht einer Geschichte von Helden oder Genies, sowenig wie ihrer Demontage. Es galt vielmehr der Geschichte eines Forschungsunternehmens, dessen außergewöhnliche Fruchtbarkeit auf der Zusammenarbeit einer ganzen Gruppe von Forschern über Disziplinengrenzen hinweg beruhte. Diese Geschichte ist aber andererseits auch eine Episode, die für die biomedizinisch-biochemische Molekularbiologie in der Mitte des 20. Jahrhunderts typisch ist. Es lag mir daran, den Spuren eines bestimmten Forschungswegs zu folgen, der für die *life sciences* in der Zeit nach dem Zweiten Weltkrieg als charakteristisch angesehen werden kann. Dabei waren für mich der Bericht und die Reflexionen François Jacobs über seine Laborerfahrung am Institut Pasteur von unschätzbarem Wert.[11] Als ich dieses Projekt begann, las ich gerade seine 1987 erschienene Autobiographie mit dem Titel *La Statue intérieure*; sie gab mir die notwendige Zuversicht, daß es sich lohnen würde, meine Schilderung vom Gesichtspunkt eines Experimentalsystems aus zu strukturieren.

Die Geschichte der frühen Darstellung der Transfer-RNA als lösliche RNA im Reagenzglas, die in ihren Einzelheiten in den folgenden Kapiteln ausgebreitet wird, ist in vielerlei Hinsicht erhellend. Sie zeigt, daß dieses Molekül im Zusammenhang mit der Krebsforschung und der Biochemie auftauchte, in einem Rahmen also, der zunächst nichts mit Molekulargenetik im engeren Sinne zu tun hatte. Gegen Ende der 1950er

Jahre jedoch führte die Transfer-RNA zu einer folgenreichen Verbindung zwischen klassischer Biochemie und Molekularbiologie, und im Verlauf der frühen sechziger Jahre sollte sie einen zentralen Platz im Gerüst der molekularen Genetik einnehmen. Sie wurde zu einem Werkzeug der Entschlüsselung des genetischen Codes, und sie schlug die Brücke zwischen der DNA als dem Speicher der genetischen Information und den Proteinen, die als Repräsentanten der biologischen Bedeutung des Codes gelten. Wenn ich hier das Leben eines einzigen Moleküls in seinen verschiedenen Stufen und Stadien als ein epistemisches Ding präsentiere, so möchte ich damit doch ein allgemeineres Konzept vorstellen, wie Wissenschaftsgeschichte als Geschichte von Experimentalereignissen in den Blick genommen werden kann.

Dabei geht es nicht um eine bloße Chronik der Ereignisse. Ich erhebe nicht den Anspruch, die historische Entwicklung der Forschung über Proteinbiosynthese oder gar der Entzifferung des genetischen Codes vollständig wiederzugeben. Eine solche Darstellung steht immer noch aus, auch wenn einige an der historischen Unternehmung Beteiligte ihre Sicht der Ereignisse bereits formuliert haben.[12] Eher ziele ich, trotz der Beschränkung auf ein einziges Labor, auf etwas, was Foucault als »Archäologie« der Molekularbiologie bezeichnet haben würde. Es geht also um eine Analyse derjenigen Dispositionen und Depositen, durch die die experimentelle Kultur der Proteinsynthese um 1950 heute lesbar gemacht und in Szene gesetzt werden kann. Deshalb verfolgt dieser Bericht auch keine biographischen Ziele. Meine Absicht war es zu zeigen, wie sich – aus einer alltäglichen Forschungssituation heraus – eine Untersuchung schälte, die in einer Art kapillarer Diffusion die im Entstehen begriffene Molekularbiologie unmerklich durchdrang, um ihr schließlich ihren Stempel aufzudrücken.

Eine Archäologie im Sinne Foucaults sucht

> »nicht nach der Wiederherstellung dessen, was von den Menschen in dem Augenblick, da sie den Diskurs vortrugen, hat gedacht, gewollt, anvisiert, verspürt, gewünscht werden können [...] sie versucht nicht das zu wiederholen, was gesagt worden ist, indem sie es in seiner Identität erreicht. Sie behauptet nicht, sich selbst in der uneindeutigen Bescheidenheit einer Lektüre auszulöschen, die das ferne, prekäre, fast verloschene Licht des Ursprungs in seiner Reinheit wiederkommen ließe. Sie ist nicht mehr und nicht weniger als eine erneute Schreibung: das heißt in der aufrecht erhaltenen Form der Äußerlichkeit eine regulierte Transformation dessen, was bereits geschrieben worden ist. Das ist nicht die Rückkehr zum Geheimnis des Ursprungs; es ist die systematische Beschreibung eines Diskurses als Objekt.«[13]

Solche Diskurs-Objekte heißen bei mir *epistemische Dinge*. Ich behaupte deshalb, daß epistemische Dinge – Dinge, in denen sich Begriffe verkörpern – ebensoviel Aufmerksamkeit verdienen, wie sie Generationen von Historikern den entkörperten Ideen gewidmet haben.

Das erste Kapitel präsentiert einige grundlegende Gedanken über Experimentalsysteme und epistemische Dinge und weist ihnen in der aktuellen Debatte über die Rolle des Experiments für das Verständnis der Dynamik der modernen Naturwissenschaften einen Ort zu. Im zweiten und dritten Kapitel richte ich mein Augenmerk auf das erste In-vitro-System der Proteinsynthese, das in den Jahren 1947-52 von Paul Zamecniks Arbeitsgruppe am MGH auf der Basis von Rattenleber-Gewebeschnitten, dann von Gewebehomogenaten etabliert wurde. Das vierte Kapitel spinnt den Faden aus dem ersten Kapitel weiter, mit Überlegungen zur differentiellen Reproduktion von Experimentalsystemen. Diese Gedanken werden im fünften Kapitel anhand der Fraktionierung des Proteinsynthesesystems in den Jahren 1952-55 exemplifiziert. Die Bedeutung von Repräsentationsformen in der wissenschaftlichen Praxis ist das Thema des sechsten Kapitels. Die Darstellung der Proteinsynthese als eine Kaskade von Zwischenstufen in einer metabolischen Kette wird im siebten Kapitel behandelt. Diese Ausführungen umfassen den Zeitraum von 1954-56, in dem das Konzept der Aktivierung von Aminosäuren Gestalt annahm. Wie Experimentalsysteme bei ihrer Entwicklung in einen weiteren Kontext rücken können, wird im achten Kapitel diskutiert, in dem es um Konjunkturen, Hybridisierungen, Verzweigungen und Experimentalkulturen geht. Im neunten Kapitel wird die Herausbildung eines bestimmten epistemischen Dings, der löslichen RNA, aus dem In-vitro-Proteinsynthesesystem nachgezeichnet. Das Molekül wurde gefunden, ohne daß danach gesucht worden war. Und ausgerechnet dieses Molekül erwies sich als Brücke, über die sich die Proteinsyntheseforschung mit der Molekularbiologie verknüpfen ließ. Im zehnten Kapitel werden historiographische Überlegungen über das Auftreten unvorwegnehmbarer Ereignisse angestellt. Die Kapitel elf und zwölf zeichnen die Transformation der löslichen RNA in Transfer-RNA nach, die Transformation von Mikrosomen in Ribosomen und schließlich die Transformation dessen, was lange Zeit als eine »mikrosomale Matrize« galt, in Messenger-RNA. Kapitel zwölf endet mit einem anderen nicht antizipierten Ereignis, mit der Entzifferung des genetischen Codes auf der Basis eines bakteriellen In-vitro-Systems der Proteinsynthese. Das Buch schließt mit einem kurzen Epilog über Wissenschaft und Schrift.

Dank

Ich habe im Text an mehreren Stellen auf Materialien und Überlegungen zurückgegriffen, die ich bei verschiedenen Gelegenheiten in den letzten Jahren veröffentlicht habe. Obwohl keine dieser Publikationen hier zur Gänze reproduziert wird, möchte ich doch auf die folgenden Titel besonders hinweisen: »*Experiment, Differenz, Schrift*« (Basiliskenpresse: Marburg 1992), »Experiment, Difference, and Writing I & II« (*Studies in History and Philosophy of Science* 23, 1992), »Experiment and Orientation« (*Journal of the History of Biology* 26, 1993), »Experimental Systems: Historiality, Narration, and Deconstruction« (*Science in Context* 7, 1994), »From Microsomes to Ribosomes« (*Journal of the History of Biology* 28, 1995), »Comparing Experimental Systems« (*Journal of the History of Biology* 29, 1996) und »Cytoplasmic Particles« (*History and Philosophy of the Life Sciences* 19, 1997). Ich danke Nancy Bucher, Ivan Frantz, Liselotte Hecht-Fessler, Mahlon Hoagland, John Littlefield, Robert Loftfield, Heinrich Matthaei, Philip Siekevitz, Mary Stephenson und vor allem Paul Zamecnik für die Geduld, mit der sie auf meine hartnäckigen Fragen eingegangen sind, sowie für wertvolle Anregungen zur Überarbeitung früherer Fassungen einzelner Kapitel. Besonderen Dank schulde ich Heinrich Matthaei und Paul Zamecnik für die Erlaubnis, ihre Laborbücher durchzusehen. Richard Wolfe von der Francis A. Countway Library of Medicine in Boston und Penny Ford-Carleton vom Research Affairs Office des Massachusetts General Hospital haben mir den Zugang zu Archivmaterialien des MGH ermöglicht. Jacques Derridas und François Jacobs Arbeiten haben mich bei der Vorbereitung dieses Textes ständig begleitet. Ferner danke ich Richard Burian, Soraya de Chadarevian, Lindley Darden, Peter Galison, Jean-Paul Gaudillière, David Gugerli, Michael Hagner, Klaus Hentschel, Frederic Holmes, Timothy Lenoir, Ilana Löwy, Peter McLaughlin, Everett Mendelsohn, Robert Olby, Paul Rabinow, Johannes Rohbeck, Joseph Rouse, Bernhard Siegert, Hans Bernd Strack, Bettina Wahrig-Schmidt, Norton Wise und besonders Marjorie Grene, Yehuda Elkana und Lily Kay für die vielen Diskussionen, für gedankenreiche Kritik und unablässige Ermutigung.

Ich konnte mit der Arbeit an diesem Buch 1989/90 während eines Aufenthalts beginnen, den ich an der Stanford University bei Timothy Lenoir verbrachte. Ermöglicht wurde mir dieser Aufenthalt großzügigerweise von Heinz-Günter Wittmann, dem ehemaligen Direktor des Max-Planck-Instituts für Molekulare Genetik in Berlin-Dahlem. Mein weiterer Dank geht an Dietrich v. Engelhardt, Direktor des Instituts für Medizin- und Wissenschaftsgeschichte an der Universität Lübeck, für die besondere Forschungsatmosphäre, die viel zur Entwicklung dieses Projekts beitrug. Schließlich wurde das Buch durch einen Aufenthalt am Wissenschaftskolleg zu Berlin unter seinem Rektor Wolf Lepenies während des akademischen Jahres 1993/94 befördert. Die deutsche Fassung konnte ich dank Helga Nowotnys Einladung im Sommersemester 2000 am Collegium Helveticum der ETH in Zürich fertigstellen. Für die vorliegende Übersetzung schulde ich Gerhard Herrgott großen Dank, bei der Überarbeitung halfen Michael Munzinger und Annette Wunschel, der Kulturbeirat Liechtensteins beteiligte sich an den Druckkosten. Und dann ist da noch jemand: Ihr habe ich dafür zu danken, daß sie mir die Zeit *gegeben* hat, die ich ihr nahm.

KAPITEL 1

Experimentalsysteme und epistemische Dinge

Auf einem Symposium über die Struktur von Enzymen und Proteinen im Jahre 1955 hielt Paul Zamecnik einen Vortrag über den »Mechanismus des Einbaus markierter Aminosäuren in Protein«. Als in der anschließenden Diskussion Sol Spiegelman über seine eigenen Experimente zur Induktion von Enzymen in Hefekulturen berichtete, antwortete Zamecnik: »Wir würden auch gern die induzierte Enzymbildung untersuchen; aber das erinnert mich an eine Geschichte, die mir Dr. Hotchkiss erzählte. Es war einmal ein Mann, der wollte sich einen neuen Bumerang zulegen. Aber er schaffte es nicht, seinen alten wegzuwerfen.«[1]

Besser als jede weitschweifige Beschreibung illustriert diese Anekdote einen entscheidenden Zug der experimentellen Praxis. Sie drückt eine Erfahrung aus, die jedem praktisch arbeitenden Wissenschaftler wohlvertraut ist: Je mehr er lernt, mit seiner Experimentalanordnung umzugehen, desto stärker spielt sie ihre eigenen inhärenten Möglichkeiten aus. In einem gewissen Sinn macht sie sich von den Wünschen des Forschers unabhängig, gerade weil dieser sie mit all der ihm zur Verfügung stehenden Kunstfertigkeit entworfen und eingerichtet hat. Was Lacan für die Humanwissenschaften formuliert hat, gilt somit auch hier: »Das Subjekt ist, wenn man so sagen kann, in innerem Ausschluß seinem Objekt eingeschlossen.«[2] Diese »intime Exteriorität« oder »Extimität«[3], die in dem Bild vom Bumerang eingefangen ist, können wir auch als Virtuosität bezeichnen.

Virtuosität macht Spaß. Als Alan Garen einst Alfred Hershey fragte, wie er sich das höchste Glück des Wissenschaftlers vorstelle, antwortete dieser: »Ein Experiment zu haben, das funktioniert, und es immer wieder tun.«[4] François Jacob hat folgende Version überliefert: »Einer der besten amerikanischen Bakteriophagenspezialisten, Al Hershey, sagte einmal, daß für den Biologen alles Glück darin besteht, ein möglichst vertracktes Experiment auf die Beine zu stellen, um sich Tag für Tag daran zu versuchen, ohne mehr als nur ein winziges Detail daran zu ändern.«[5] Wie Seymour Benzer Horace Judson anvertraute, wurde daraus in der ersten Generation von Molekularbiologen das geflügelte Wort, einer sei im »Hershey-Himmel«, wenn er ein gutgehendes Experimentalsystem hatte.

In seiner Autobiographie hat Jacob den Sachverhalt aus der Perspektive des laufenden Forschungsprozesses dargestellt:

»Um ein Problem zu analysieren, ist der Biologe gezwungen, seine Aufmerksamkeit auf einen Ausschnitt der Realität zu richten, auf ein Stück Wirklichkeit, das er willkürlich aussondert, um gewisse Parameter dieser Wirklichkeit zu definieren. In der Biologie beginnt mithin jede Untersuchung mit der Wahl eines ›Systems‹. Von dieser Wahl hängt der Spielraum ab, in dem sich der Experimentierende bewegen kann, der Charakter der Fragen, die er stellen kann, und sehr oft sogar auch die Art der Antworten, die er geben kann.«[6]

Am Anfang biologischer Forschung steht also die Wahl eines Systems und mit ihm eines gewissen Spektrums von Operationen, die man mit und in ihm ausführen kann.

Wenn ich es richtig sehe, ist das die profane Version von Heideggers Spruch, das »Öffnen eines Bezirks« und die »Einrichtung eines Vorgehens« seien die grundlegenden Merkmale der modernen Forschung. Und in der Forschung komme das »Wesen« der abendländischen Wissenschaft zum Vorschein. In seinem Aufsatz »Die Zeit des Weltbildes« aus dem Jahr 1938 formuliert Heidegger das so:

»Das Wesen dessen, was man heute Wissenschaft nennt, ist die Forschung. Worin besteht das Wesen der Forschung? Darin, daß das Erkennen sich selbst als Vorgehen in einem Bereich des Seienden, der Natur oder der Geschichte, einrichtet. Vorgehen meint hier nicht bloß die Methode, das Verfahren; denn jedes Vorgehen bedarf bereits eines offenen Bezirkes, in dem es sich bewegt. Aber gerade das Öffnen eines solches Bezirkes ist der Grundvorgang der Forschung.«[7]

Inhalt und Kontext dieser Zitate sind höchst unterschiedlich. Zamecnik, Garen, Jacob und Heidegger sprechen über das Experimentieren unter ganz verschiedenen Aspekten: Es geht um Vertrautheit, Befriedigung, Erschließung und Beschränkung. In anderer Hinsicht stimmen sie jedoch überein: Sie alle sehen in einer Forschungsanordnung oder einem Experimentalsystem die Kernstruktur, in der wissenschaftliche Aktivität sich entfalten kann. Wenn man diese Ansicht ernst nimmt, so hat das sowohl epistemologische als auch historiographische Konsequenzen. Wenn wir davon ausgehen, daß *Forschung* der grundlegende Vorgang der modernen Wissenschaft ist, dann gilt es zu untersuchen, wie die Wissenschaftler sich an den Grenzen zwischen dem Bekannten und dem Unbekannten verhalten. Und wenn wir akzeptieren, daß jede – experimentelle – biologische Forschung in erster Linie mit der Wahl eines *Systems* beginnt und weniger mit der Wahl eines theoretischen Bezugsrahmens, dann tun wir gut daran, unsere ganze Aufmerksamkeit auf die Charakterisierung von Experimentalsystemen, ihre Struktur und ihre Dynamik zu richten. Wenn bei Jacob von der *Wahl* eines Systems die Rede ist, dann soll das natürlich nicht heißen, daß solche Arrangements von Anfang an vorhanden sind und man sich einfach eines aussuchen kann. Im Gegenteil, zu einem gut funktionierenden Experimentalsystem zu gelangen ist ein mühsamer Prozeß, wie meine Fallstudie über die Arbeitsgruppe am Massachusetts General Hospital zeigen wird. Besonderes Augenmerk lege ich auf die Materialitäten, an denen sich die Forschung abarbeitet. Mein Ansatz versucht, dem Primat der Theorie zu entgehen. In Ermangelung eines besseren Ausdrucks könnte man ihn als »pragmatogon« bezeichnen.[8] Ich möchte ein Gespür dafür erwecken, was es heißt, auf nicht mehr zu hinterfragende, weil letztlich nicht mehr ableitbare Weise in epistemische Praktiken, in experimentelle Situationen verwickelt zu sein. Frederic Holmes hat dieses Programm wie folgt formuliert: »Im Mittelpunkt des Lebens eines aktiv experimentierenden Wissenschaftlers steht das Forschen. Ideen fließen in die Forschung ein und entstehen daraus, für sich genommen jedoch sind sie nichts weiter als literarische Übungen. [...] Wenn wir die wissenschaftliche Tätigkeit im Innersten verstehen wollen, müssen wir uns daher so tief wie möglich auf diese Forschungsprozesse einlassen.«[9]

In diesem Kapitel beschäftige ich mich zunächst mit einigen strukturellen Eigenschaften solcher Forschungsoperationen. Obwohl hier keine Geschichte des Experimentierens angestrebt wird – das wäre ein anderes Projekt – möchte ich doch zu Beginn eine Episode aus dem ausgehenden 18. Jahrhundert in Erinnerung rufen. Im Jahre 1793, als Goethe die optischen Experimente durchführte, die ihn zu seiner Farbenlehre führten, schrieb er einen bemerkenswerten Aufsatz mit dem Titel »Der Versuch als Vermittler von Objekt und Subjekt«.[10] Goethes Ausgangspunkt ist dabei noch einmal ein etwas anderer als die, die wir bereits kennengelernt haben. Weder Virtuosität noch Familiarität, weder Offenheit noch Zwang, sondern die *Aufgabe* des Wissenschaftlers beschäftigt Goethe, und damit bewegt er sich im Rahmen des »Aufschreibesystems 1800«, wie Friedrich Kittler es genannt hat.[11] Der für unseren Zusammenhang zentrale Satz lautet: »*Die Vermannigfaltigung eines jeden einzelnen Versuches* ist also die eigentliche Pflicht eines Naturforschers.«[12] Goethe vergleicht das, was er den *Versuch* nennt, mit einem Punkt, von dem Licht in alle möglichen Richtungen ausstrahlt. Indem man allen diesen Richtungen Schritt für Schritt nachgeht, wird ein Versuchszusammenhang aufgebaut, der schließlich mit benachbarten Netzwerken von Versuchen in Berührung kommt und sich mit ihnen verknüpft. Die Hauptaufgabe des

Experimentators ist es, solche Versuchsfelder einzurichten. »Haben wir also einen solchen Versuch gefaßt, eine solche Erfahrung gemacht, so können wir nicht sorgfältig genug untersuchen, was *unmittelbar* an ihn grenzt? was *zunächst* auf ihn folgt? Dieses ists, worauf wir mehr zu sehen haben, als auf das was sich auf ihn *bezieht*?«[13] Goethe veröffentlichte seinen Essay zunächst nicht, schickte ihn aber fünf Jahre später mit der Bitte um einen Kommentar an Schiller.[14] In seiner Antwort griff Schiller sogleich das zentrale Argument auf: »Das ist mir z.B. sehr einleuchtend, wie gefährlich es ist, einen theoretischen Satz unmittelbar durch Versuche beweisen zu wollen.«[15]

Experimentalsysteme

Einer langen, diesen Ansatz hinter sich lassenden wissenschaftsphilosophischen Tradition zufolge hat man Experimente als wohldefinierte empirische Prüfverfahren angesehen, die in einen ebenso wohldefinierten theoretischen Rahmen eingebettet sind und die dazu dienen, bestimmte Hypothesen – je nachdem ob man sich zum Verifikationismus oder zum Falsifikationismus bekennt – entweder zu bestätigen oder zu widerlegen. Die klassische Formulierung von Karl Popper lautet: »Der Experimentator wird durch den Theoretiker vor ganz bestimmte Fragen gestellt und sucht durch seine Experimente für diese Fragen und nur für sie eine Entscheidung zu erzwingen; alle anderen Fragen bemüht er sich dabei auszuschalten. [...] Der Theoretiker [...] ist es, der dem Experimentator den Weg weist.«[16] Selbst in den sozialkonstruktivistischen Wissenschaftsstudien des *strong program* lebt die übliche Auffassung vom Experiment als Testverfahren für Hypothesen weiter – ungeachtet der radikalen Perspektivverschiebung dieser Studien, die dem einzelnen Experiment seine Fähigkeit, wissenschaftliche Kontroversen zu entscheiden, gerade absprechen. Harry Collins' Auseinandersetzung mit dem »Regreß des Experimentators« bleibt noch in ihrer Zurückweisung des Experiments als Entscheidungsinstanz letztlich der Auffassung vom Experiment als Schiedsrichter verhaftet.[17]

Wie verhält es sich nun, im Gegensatz zu diesem klaren Bild, sei es nun empiristisch oder kritisch-rationalistisch motiviert, in dem der Theoretiker dem Experimentator die Geschäftsbedingungen diktiert, wenn man von »Experimentalsystemen« spricht? Ludwik Fleck, der lange Zeit vernachlässigte Zeitgenosse Poppers, hat unser Augenmerk auf den Werkstattcharakter der biomedizinischen Forschung im 20. Jahrhundert gelenkt und gezeigt, daß – im Gegensatz zu Poppers Behauptung – Wissenschaftler im Normalfall gerade nicht einzelne Experimente im

Rahmen einer wohldefinierten Theorie ausführen: »Alle Experimentalforscher wissen, wie wenig ein Einzelexperiment beweist und zwingt; es gehört dazu immer ein ganzes System der Experimente und Kontrollen, einer Voraussetzung (einem Stil) gemäß zusammengestellt, und von einem Geübten ausgeführt.«[18] Ein Forscher hat es also Fleck zufolge in aller Regel nicht mit Einzelexperimenten zu tun, die eine Theorie und nur sie prüfen sollen, sondern mit einer Experimentalanordnung, die er so entworfen hat, daß sie ihm Wissen zu produzieren erlaubt, das er noch nicht hat. Noch wichtiger ist, daß der experimentierende Forscher mit Experimentalarrangements arbeitet, die für gewöhnlich keineswegs scharf definiert sind und die auch keine klaren Antworten liefern. Fleck geht sogar so weit zu behaupten: »Wäre ein Forschungsexperiment klar, so wäre es überhaupt unnötig: denn um ein Experiment klar zu gestalten, muß man sein Ergebnis von vorneherein wissen, sonst kann man es nicht begrenzen und zielbewußt machen.«[19] Diese Bemerkungen sollten nicht als eine triviale Charakterisierung der faktischen Unvollkommenheit aller experimentellen Tätigkeit angesehen werden. Wir sollten sie vielmehr als eine grundlegende Umorientierung unseres Blicks auf die inneren Abläufe des Forschungsprozesses auffassen. Thomas Kuhn hat ihn als einen Vorgang charakterisiert, der nicht auf ein Ziel hin orientiert ist, sondern den Impuls aus seiner eigenen Vergangenheit bezieht, also »von rückwärts getrieben« wird.[20] Ein solcher Prozeß wird nicht etwa bloß durch endliche Zielgenauigkeit begrenzt, sondern ist von vornherein durch Mehrdeutigkeit charakterisiert: er ist nach vorne offen.

Als die kleinsten vollständigen Arbeitseinheiten der Forschung sind Experimentalsysteme so eingerichtet, daß sie noch unbekannte Antworten auf Fragen geben, die der Experimentator ebenfalls noch gar nicht klar zu stellen in der Lage ist. Es sind »Maschinerie[n] zur Herstellung von Zukunft«, wie Jacob einmal gesagt hat.[21] Experimentalsysteme sind nicht Anordnungen zur Überprüfung und bestenfalls zur Erteilung von Antworten, sondern insbesondere zur Materialisierung von Fragen. In einer unauflösbaren Verquickung bringen sie sowohl die materiellen Einheiten hervor als auch die Begriffe, die sich in diesen verkörpern: Sie »treten zusammengepackt in Erscheinung«.[22] Ein Einzelexperiment als ausschlaggebender Test für eine deutlich umrissene Vermutung ist nicht die einfache, elementare oder grundlegende Situation in den experimentellen Wissenschaften. Im Gegenteil, wie Gaston Bachelard vermerkt hat, ist »das Einfache stets das Vereinfachte; es ist nur angemessen gedacht, wenn es als Produkt eines Vereinfachungsprozesses erscheint«.[23] Das einfache Phänomen ist so in gewisser Weise die »Degeneration« einer grundsätzlich komplexen Erscheinung. Man muß sich durch eine komplexe

Experimentallandschaft hindurchschlagen, bis sich wissenschaftlich relevante einfache Dinge abzeichnen. Im Gegensatz zur cartesianischen Illusion anfänglich klarer und distinkter Ideen ist das Einfache in einer »nicht-cartesianischen« Epistemologie von vornherein überhaupt nicht vorhanden. Es ist das zwangsläufig historische Produkt eines Reinigungsprozesses.[24] Immer wieder stößt man in den autobiographischen Schilderungen von Wissenschaftlern auf diese Erfahrung.[25] Sie zeigt sich aber auch immer dann, wenn man versucht, diesen oder jenen besonderen Fall in der Geschichte der neueren Biologie in seinen Einzelheiten nachzuvollziehen, wie z.B. den, mit dessen Schilderung ich im nächsten Kapitel beginne.

Der Begriff des Experimentalsystems dient mir als Orientierungspunkt innerhalb der überaus komplexen Vorgänge in den modernen empirischen Wissenschaften. Seine Quelle kann in der Alltagspraxis der Wissenschaften selbst lokalisiert werden, um die es in diesem Buch geht: in der Praxis und Alltagssprache der Biochemie und Molekularbiologie des 20. Jahrhunderts. Seine historische Entstehung kann hier nicht verfolgt werden, ebensowenig seine Ausbreitung in andere Disziplinen. Der Begriff Experimentalsystem wird jedenfalls von Wissenschaftlern in der Biomedizin, Biochemie, Biologie und Molekularbiologie häufig benutzt, um die Rahmenbedingungen der eigenen Forschungsarbeit zu charakterisieren. Fragt man heute einen Biowissenschaftler, der im Labor tätig ist, nach seiner Arbeit, so wird er von seinem »System« erzählen und dem, was alles in diesem System passiert. Es ist also in erster Linie ein Begriff der Praktiker, nicht der Beobachter. Um nur ein Beispiel aus der hier zu erzählenden Geschichte vorwegzunehmen, ein Beispiel unter Hunderten, die sich in der Forschungsliteratur finden lassen: Mahlon Hoagland spricht in seiner wissenschaftlichen Autobiographie von der »Wahl eines guten Systems« als Schlüssel zum Erfolg auf der »Reise ins Unbekannte«.[26]

Ich habe bereits in den ersten Entwürfen zu der vorliegenden Fallstudie auf das deskriptive und historiographische Potential dieses von den Praktikern unscharf und verschwommen verwendeten Begriffs aufmerksam gemacht.[27] David Turnbull und Terry Stokes haben in einer Studie über die Malaria den Ausdruck »manipulierbare Systeme« verwendet.[28] Robert Kohler sprach im Zusammenhang mit Drosophila, Neurospora und der Entstehung der biochemischen Genetik von »Produktionssystemen«.[29] Inzwischen beginnt der Terminus Experimentalsystem Eingang in die Literatur zu finden.[30]

Epistemische und technische Dinge

Betrachtet man Experimentalsysteme etwas näher, so wird man feststellen, daß in ihnen zwei verschiedene, jedoch voneinander nicht trennbare Strukturen ineinandergreifen.[31] Die erste kann man als Gegenstand der Forschung im engeren Sinne, Wissensobjekt oder auch *epistemisches Ding* bezeichnen. Epistemische Dinge sind die Dinge, denen die Anstrengung des Wissens gilt – nicht unbedingt Objekte im engeren Sinn, es können auch Strukturen, Reaktionen, Funktionen sein. Als epistemische präsentieren sich diese Dinge in einer für sie charakteristischen, irreduziblen Verschwommenheit und Vagheit. Claude Bernard hat seine experimentelle Erfahrung im Umgang mit ihnen wie folgt generalisiert: »Es ist [...] das Vage, das Unbekannte, das die Welt bewegt.«[32] In den Schriften von Ludwik Fleck stößt man im Rahmen seiner Geschichte der Wassermannreaktion auf eine Heuristik »unklarer Ideen«.[33] Yehuda Elkana greift für eine angemessene Beschreibung des frühen Entwicklungsstadiums der Thermodynamik auf die Konzeption von »Begriffen, die im Fluß sind« zurück.[34] Im Kontext einer Geschichte der Immunologie hebt Ilana Löwy die Funktion von »unscharfen Begriffen« bei der Organisation von Forschungsgebieten und dem Aufbau »föderativer Experimentalstrategien« hervor.[35] Abraham Moles spürt der Funktion des Unscharfen in den Wissenschaften systematisch nach.[36] Paul Feyerabend hat kategorisch konstatiert: »Ohne Zweideutigkeit gibt es keine Veränderung.«[37] Ich übergehe weitere Nuancierungen in diesem Versuch einer – wie man mit Hans Blumenberg etwas pointiert sagen könnte – Epistemologie des »nicht-Begrifflichen« in der Wissenschaft.[38]

Das heißt nicht, daß man die Begriffe als lediglich ephemere Zwischenstufen in einem ansonsten völlig empirisch bestimmten Prozeß der Feststellung von Tatsachen anzusehen hat. Es geht vielmehr darum, das Primat der im Werden begriffenen wissenschaftlichen Erfahrung, bei der begriffliche Unbestimmtheit nicht defizitär, sondern handlungsbestimmend ist, gegenüber ihrem begrifflich verfaßten und verfestigten Resultat zur Geltung zu bringen. Es geht um eine Rehabilitation des »Entdeckungszusammenhangs«,[39] um eine grundsätzliche Neubewertung der wissenschaftlichen Praxis, die in den letzten zwei Jahrzehnten unaufhaltsam in Gang gekommen ist.[40] Es geht um die Charakterisierung jenes Zustands, der sich nach Michel Serres der Beschreibung zu entziehen droht, um jene »freie und fluktuierende Zeit [...], die noch nicht determiniert ist, in der die Forscher auf ihrer Suche im Grunde noch nicht eigentlich wissen, was sie suchen, während sie es unwissentlich bereits wissen«. Serres fährt fort: »Wer forscht, *weiß* nicht, sondern tastet sich vorwärts, bastelt, zögert, hält seine Entscheidungen in der Schwebe. Nein, er konstruiert den Rechner von übermorgen nicht dreißig Jahre vor seiner Realisierung, weil er ihn nicht voraussieht; während wir, die wir ihn kennen und fortan benutzen, leicht dem Fehlschluß erliegen, er habe ihn vorausgesehen.« Und dann vergleicht Serres die Wissenschaftsgeschichte, die sich weniger in der Zeit entfaltet, als daß die Zeit vielmehr in ihr am Werk ist, mit einem »wirren, veränderlichen Flußbett mit zahlreichen Zuflüssen und Nebenarmen, dessen Fluten sich wie von ungefähr an Hindernissen, Sperren, Dämmen oder Eisschollen brechen, sich in engen Schluchten, schmalen Rinnen oder durch Eisgang in reißende Gewässer verwandeln, ganz zu schweigen von den Turbulenzen, den raschen, aber ziemlich gleichbleibenden Strömungen und Gegenströmungen, welche die Flußrichtung umkehren, von versickernden und toten Armen.«[41]

Solche Vorläufigkeit ist unvermeidlich, denn epistemische Dinge verkörpern, paradox gesagt, das, was man noch nicht weiß. Sie haben den prekären Status, in ihrer experimentellen Präsenz abwesend zu sein; aber sie sind nicht einfach verborgen und durch ausgeklügelte Manipulationen ans Licht zu bringen. Epistemische Dinge sind Mischgebilde wie Serres' Schleier, »noch Objekt und schon Zeichen, noch Zeichen und schon Objekt«.[42] Und mit Latour können wir sagen, daß »das neue Objekt zu Beginn noch undefiniert ist. [...] Zum Zeitpunkt seines Auftauchens kann man es nur dadurch beschreiben, daß man eine Liste seiner Aktivitäten und Eigenschaften erstellt. [...] Es hat *keine andere Form als diese Liste.* Beweis dafür ist, daß man *den Gegenstand* jedesmal *umdefiniert,* wenn man diese Liste um einen Eintrag erweitert; man gibt ihm jedesmal eine neue Gestalt.«[43] Wie die Frage nach dem Ding überhaupt ist die Frage nach dem epistemischen Ding eine eminent historische.[44]

Um in einen solchen Prozeß des operationalen Umdefinierens einzutreten, benötigt man jedoch stabile Umgebungen, die man als Experimentalbedingungen oder als technische Dinge bezeichnen kann; die epistemischen Dinge werden von ihnen eingefaßt und dadurch in übergreifende Felder von epistemischen Praktiken und materiellen Wissenskulturen eingefügt. Zu den technischen Dingen gehören Instrumente, Aufzeichnungsapparaturen und, in den biologischen Wissenschaften besonders wichtig, standardisierte Modellorganismen mitsamt den in ihnen sozusagen verknöcherten Wissensbeständen. Die technischen Bedingungen definieren nicht nur den Horizont und die Grenzen des Experimentalsystems, sie sind auch Sedimentationsprodukte lokaler oder disziplinärer Arbeitstraditionen mit ihren Meßapparaturen, dem Zugang zu, vielleicht auch nur der Vorliebe für spezifische Materialien oder Labortiere, den kanonisierten Formen handwerklichen Könnens, das von erfahrenen Laborkräften unter Umständen über Jahrzehnte weitergegeben wird. Im Gegensatz zu den epistemischen Dingen müssen die technischen Bedingungen im Rahmen der aktuellen Reinheits- und Präzisionsstandards von charakteristischer Bestimmtheit sein. Sie determinieren die Wissensobjekte in doppelter Hinsicht: Sie bilden ihre Umgebung und lassen sie so erst als solche hervortreten, sie begrenzen sie aber auch und schränken sie ein.[45] Dieser Zusammenhang sieht zunächst nicht sonderlich problematisch aus. Bei näherem Hinsehen stellt sich aber heraus, daß die beiden Komponenten eines Experimentalsystems zeitlich wie räumlich in ein nicht-triviales Wechselspiel verwickelt sind, in dessen Verlauf sie sich ineinanderschieben, auseinanderstreben und auch ihre Rollen tauschen können. Die technischen Bedingungen bestimmen nicht nur die Reichweite, sondern auch die Form möglicher Repräsentationen eines epistemischen Dings; ausreichend stabilisierte epistemische Dinge wiederum können als technische Bausteine in eine bestehende Experimentalanordnung eingefügt werden.

Um das zu verdeutlichen, will ich an dieser Stelle kurz auf eine Episode aus der Geschichte der Proteinsynthese vorgreifen, die im 12. Kapitel näher betrachtet wird. Als Heinrich Matthaei und Marshall Nirenberg 1961 in ihrem bakteriellen In-vitro-System zur Proteinsynthese unter anderen Ribonukleinsäuren auch synthetische Polyuridylsäure als mögliche Matrize für die Synthese von Polypeptiden einführten, nahm der genetische Code zum ersten Mal die Qualität eines experimentell handhabbaren epistemischen Dings an. Als der genetische Code um 1965 aufgeklärt war, wurde der Polyuridylsäure- oder Poly(U)-Versuch im Rahmen des gleichen In-vitro-Systems in eine Subroutine umgewandelt, die im weiteren Forschungsprozeß dazu diente, Aspekte der Struktur und vor allem die Funktion der proteinsynthetisierenden Organellen, der Ribosomen, aufzuklären. Er ging ein in die technischen Bedingungen der experimentellen Proteinsynthese. Vor allem wurde und wird er bis heute dazu verwendet, die Aktivität von Ribosomenpräparationen zu testen. Er wurde somit zu einem Maß für die Erhaltung der biologischen Funktion einer aus der Zelle isolierten Organelle. Latour hat in solchen Zusammenhängen von »black boxing« gesprochen.[46] Allerdings reflektiert dieser Ausdruck nur die eine Seite des Übergangs von einem epistemischen zu einem technischen Ding: den nachmaligen Routine-Charakter des transformierten Objekts. Mindestens ebenso wichtig sind jedoch die Auswirkungen dieses Vorgangs auf die neue Generation epistemischer Dinge, die gerade im Entstehen begriffen sind, die Eröffnung neuer Möglichkeiten der Untersuchung. Ich ziehe es deshalb vor, von technischen Dingen anstelle von *black boxes* zu sprechen.

Durch die rekurrente Bestimmung, die in solchen Transformationen liegt, werden gewisse Reihen von Experimenten in einigen Richtungen klarer, aber zwangsläufig zugleich auch weniger unabhängig, weil sie sich zunehmend auf eine Hierarchie bereits etablierter, aufeinander bezogener und abgestimmter Prozeduren stützen. »Ist ein Gebiet bereits so ausgearbeitet, daß die Schlußmöglichkeiten auf Existenz oder Nichtexistenz, eventuell auf quantitatives Feststellen begrenzt sind, so werden die Experimente immer klarer, sie sind aber nicht mehr selbständig, da sie vom System früherer Experimente und Entscheidungen geschleppt werden.«[47]

Die Unterscheidung zwischen technischen Bedingungen und epistemischen Dingen ist daher funktional zu verstehen und nicht material begründet; sie läßt sich nicht ein für allemal zwischen den verschiedenen Komponenten eines Systems vornehmen. Ob ein Objekt als epistemisches oder als technisches funktioniert, hängt von dem Platz oder dem Knoten ab, den es im experimentellen Kontext besetzt. Trotz aller möglichen Abstufungen zwischen den beiden Extremen und dem dadurch eröffneten Raum für Hybride jeglichen Grades wird ihre Unterschiedenheit in der Wissenschaftspraxis doch deutlich wahrgenommen. Man könnte auch sagen, sie setzt sich einfach durch, sie durchsetzt die Arbeit. Sie organisiert den Raum der Laboratorien, mit ihrem Durcheinander auf den Experimentiertischen und den spezialisierten Präzisionsverfahren in gesonderten Reinräumen. Sie bestimmt auch den Aufbau wissenschaftlicher Veröffentlichungen, wo man sie in den Standardrubriken »Material und Methoden« (technische Objekte), »Resultate« (Hybride zwischen technischen und epistemischen Dingen) und »Diskussion« (meist bezogen auf epistemische Objekte) wiederfindet.[48]

Man kann sich natürlich fragen, ob man nicht die Abgrenzung ganz aufgeben sollte, wenn die beiden Arten von Dingen in einer solchen Austauschbeziehung zueinander stehen, ja wechselseitig ineinander übergehen können. Setzt sie nicht einfach die inzwischen immer problematischer gewordene Tradition fort, zwischen reiner und angewandter Forschung, zwischen Wissenschaft und Technik einen prinzipiellen Unterschied zu machen? Wenn man schon die wissenschaftliche Tätigkeit nicht als asymmetrisch gerichtete Beziehung von der Theorie zur Praxis auffassen möchte, warum soll man dann an einem Gradienten zwischen epistemischen und technischen Objekten festhalten? Warum dann eine Unterscheidung konstruieren, die im historischen Verlauf eines Forschungsprozesses einer ständigen Revision unterliegt? Die kurze, vorweggenommene Antwort lautet: Weil sie uns hilft, das Spiel der Hervorbringung von Neuem zu verstehen, das Auftauchen unvorwegnehmbarer Ereignisse, und damit das Wesen der Forschung.

Die vorangegangenen Bemerkungen laden dazu ein, den Terminus »Technowissenschaft«, der heute oft zur Charakterisierung wissenschaftlicher Großvorhaben, aber auch der wissenschaftlichen Entwicklung insgesamt verwendet wird, mit Vorsicht zu genießen.[49] Worauf es mir hier ankommt ist, dem beweglichen Verhältnis zwischen epistemischen und technischen Momenten im Forschungsprozeß gerecht zu werden. In diesem Sinne hat auch Bachelard den Begriff der »Phänomenotechnik« für die modernen Naturwissenschaften verwendet. Phänomenotechnik findet ihre Untersuchungsgegenstände nicht vor, sie muß die Bedingungen erst schaffen, unter denen sie zum Vorschein kommen, sie »lernt aus dem, was sie konstruiert«.[50] Der Terminus Technowissenschaft hingegen suggeriert eine Beherrschung der Wissenschaft durch die Technik, in der die wesentliche Spannung, die den Forschungsprozeß trägt, aus dem Blickfeld gerät – gleich ob wir es mit Klein- oder Großforschung, harter oder weicher Wissenschaft zu tun haben. Der Begriff impliziert eine Sichtweise, die Heidegger mit einem Satz des späten Nietzsche verdeutlichte: »Nicht der Sieg der *Wissenschaft* ist Das, was unser 19. Jahrhundert auszeichnet, sondern der Sieg der wissenschaftlichen *Methode* über die Wissenschaft.«[51] Heidegger deutete diesen Satz als Unterwerfung des »Themas« (der epistemischen Objekte) unter die »Methode« (die technischen Objekte) und erklärte sie für den modernen Wissenschaftsprozeß insgesamt für verbindlich:

> »In den Wissenschaften wird das Thema nicht nur durch die Methode gestellt, sondern es wird zugleich in die Methode hereingestellt und bleibt in ihr untergestellt. Das rasende Rennen, das heute die Wissenschaften fortreißt, sie wissen selber nicht wohin, kommt aus dem gesteigerten, mehr und mehr der Technik preisgegebenen Antrieb der Methode und deren Möglichkeiten. Bei der Methode liegt alle Gewalt des Wissens. Das Thema gehört in die Methode.«[52]

In dieser Passage sieht Heidegger die Wissenschaften der Methode ausgeliefert, das heißt der Technik untergeordnet und schließlich von ihr aufgesogen. »Dieses Verhältnis«, behauptet er weiter, »ist vom wissenschaftlichen Vorstellen aus nicht nur schwer, sondern überhaupt nicht zu erblicken.« Nietzsche ergänzte den oben zitierten Aphorismus mit der Bemerkung, »die werthvollsten Einsichten sind die Methoden«.[53] Heidegger folgte diesem Wink nicht, sondern sah hier eine Aufgabe für die Philosophie: »Anders als im wissenschaftlichen Vorstellen«, das blind ist gegenüber sich selbst, »verhält es sich im Denken.«[54] Diese Gegenüberstellung von technikbeherrschter Wissenschaft und philosophischem Denken und die Identifikation allen wissenschaftlichen Wissens mit »Technowissen«

befördert in der Tat selbst die beklagte Austreibung des »Themas« aus den Bereichen des Wissens und führt letztlich, wie man hinzufügen kann, auch zur Auslieferung des »Denkens« eben an Philosophien wie die Heideggersche. Mir geht es hingegen darum, das Denken als nach wie vor konstitutiven Teil experimenteller Arbeit zu begreifen, als in ihr verkörperte Bewegung des Aufschließens, das immer schon in seinen technischen Bedingungen haust, diese aber zugleich transzendiert und einen offenen Horizont für das Auftauchen unvorwegnehmbarer Ereignisse schafft.

Ebenso wie viele andere Molekularbiologen, die man hier zitieren könnte, sieht auch der bereits genannte und in unserer Fallgeschichte an zentraler Stelle stehende Mahlon Hoagland die wissenschaftliche Tätigkeit grundsätzlich als »Generator von Überraschungen« an.[55] Forschung, heißt das, produziert Zukunft: Differenz ist für sie konstitutiv. Technische Konstruktionen sind im Prinzip darauf angelegt, Gegenwart zu sichern. Für sie ist Identität in der Ausführung konstitutiv, sonst könnten sie ihren Zweck nicht erfüllen. Wenn der Impuls der Wissenschaft sich zur Technologie verfestigt, gehen wir »von der Zukunft zur erstreckten Gegenwart« über.[56] Technische Gegenstände haben mindestens die Zwecke zu erfüllen, für die sie gebaut worden sind; sie sind in erster Linie Maschinen, die Antworten geben sollen. Ein epistemisches Objekt hingegen ist in erster Linie eine Maschine, die Fragen aufwirft.[57] Es ist an sich selbst nicht-technisch. Wie Samuel Weber im Kontext von Heideggers »Frage nach der Technik« zu zeigen versucht hat, ist letztlich auch die Technik, als *Fortgang* der Technik, differentiell konstituiert: »Der Fortgang der Technik liegt nicht bloß im Beständigen, im Bleiben im Spiel, im Dauern, sondern in dem mehr dynamischen Sinne des Wegbewegens von der reinen und einfachen Selbstidentität der Technologie. Was fortgeht in der und als Technik, ist nicht selbst technisch.«[58] Wie der Fortgang der Wissenschaft ein technisches Moment impliziert, so impliziert der Fortgang der Technik ein epistemisches Moment.

Jedes Forschungssystem wird durch technische Werkzeuge definiert, umgrenzt und in seinen Randbedingungen fixiert – »jede Untersuchung beginnt daher mit der Wahl eines ›Systems‹«. Sollen jedoch auch die epistemischen Dinge innerhalb eines Experimentalsystems fluktuieren und oszillieren können, so erfordert gerade das geeignete technische und instrumentelle Bedingungen. Ohne ein System hinreichend stabiler Identitätsbedingungen würde der differentielle Charakter wissenschaftlicher Objekte bedeutungslos bleiben; sie würden nicht die Charakteristika epistemischer Dinge an den Tag legen, sondern beliebig werden und verrauschen. Wir sind mit einem scheinbaren Paradox konfrontiert: Die Bedingung wissenschaftlicher Forschung ist, daß sie sich im Bezirk des

Technischen abspielt. In der Geschichte der Neuzeit ist die Technik sogar immer mehr zu einer Voraussetzung wissenschaftlicher Forschung geworden. Andererseits tendieren die technischen Bedingungen jederzeit dazu, das Wissenschaftliche an den wissenschaftlichen Objekten zu annihilieren. Das Paradox löst sich dadurch, daß die Wechselwirkung zwischen epistemischen Dingen und technischen Bedingungen selbst in hohem Maße nicht-technisch ist. Wissenschaftler sind vor allem »Bastler«, Bricoleure, weniger Ingenieure. In seinem nicht-technischen Charakter transzendiert das Experimentalensemble die Identitätsbedingungen der technischen Objekte, die es zusammenhalten. Auf der Seite der Technik finden wir schließlich ein analoges Prinzip. Gängig verwendete Werkzeuge können im Prozeß ihrer Reproduktion neue Funktionen annehmen. Geraten sie in Zusammenhänge, die über ihre ursprüngliche Zwecksetzung hinausgehen, so können Eigenschaften an ihnen sichtbar werden, die bei ihrem Entwurf nicht beabsichtigt waren.[59]

Die Proteinbiosynthese und ihr Kontext

Die vorliegende Untersuchung konzentriert sich in den Teilen, die der Fallstudie gewidmet sind, auf die Geschichte der molekularen Biowissenschaft in den Jahren ihrer Formation zwischen 1947 und 1962. Im Zentrum steht dabei ein bestimmtes Experimentalsystem, genauer gesagt: ein Reagenzglas-System zur Erforschung der Proteinbiosynthese. Noch enger gefaßt geht es um eine bestimmte Forschungsgruppe am Collis P. Huntington Memorial Hospital der Harvard University im Massachusetts General Hospital (MGH) in Boston. Die Arbeit von Paul C. Zamecnik, Mahlon Hoagland und ihren Kollegen nahm nach dem Zweiten Weltkrieg ihren Anfang in einem Krebsforschungsprogramm; innerhalb eines Zeitraums von 15 Jahren wurde daraus eines der Kernsysteme der »neuen Biologie«.

Die Molekularbiologie muß, wie ich zu zeigen hoffe, als Resultat einer außerordentlich komplexen Entwicklung angesehen werden, die etwa als Zusammenschluß bereits existierender biologischer Disziplinen wie Mikrobiologie, Genetik oder Biochemie noch keinesfalls adäquat beschrieben wäre. Ebensowenig handelt es sich bloß um eine weitere biologische Disziplin, die den traditionellen Kanon biologischer Disziplinen ergänzt. Es ist deswegen nicht einfach nur ein tautologischer Scherz, wenn Francis Crick vorschlug – aus »zweifelhaften Gründen«, wie er selbstironisch zugab – daß als Molekularbiologie »all das definiert werden kann, was Molekularbiologen interessiert«.[60] Vor allem gilt, daß das, was man mit Foucault die epistemische und technische *Formation* des

Diskurses der Molekularbiologie nennen kann, nicht die unmittelbare Folge der Anstrengungen einiger weniger Forschergruppen darstellt, die von prominenten Gestalten geleitet wurden – der Phagengruppe am California Institute of Technology in Pasadena und in Cold Spring Harbor, der Cavendish-Gruppe in Cambridge oder der *équipe* Pasteur in Paris. Dies ist ein Mythos, der durch einige den »Clubmitgliedern« gewidmete Festschriften in die Welt gesetzt wurde.[61] Die Molekularbiologie ist auch nicht das Resultat einer allumfassenden paradigmatischen Theorie, die auf dem Informationsbegriff basiert. Richard Burian ging sogar so weit, zu bestreiten, daß es überhaupt eine vereinheitlichende Theorie der Molekularbiologie gegeben hat. Das soll zwar keineswegs heißen, die Molekularbiologie sei lediglich aus einer »Batterie von Techniken« hervorgegangen.[62] Man kann jedoch allgemein sagen, daß das, was wir heute als Molekularbiologie bezeichnen, sich aus einer Vielzahl zunächst weit verstreuter, in unterschiedliche Forschungstraditionen eingebetteter und nur locker (falls überhaupt) miteinander verknüpfter Experimentalsysteme ergeben hat. Aus biochemischer, genetischer oder biophysikalischer Sicht waren sie alle in der einen oder anderen Weise um die Charakterisierung von Lebewesen auf der Ebene biologisch relevanter Makromoleküle bemüht. Durch die Implementierung verschiedener Modalitäten und Modelle trugen diese Systeme zur Schaffung eines neuen epistemisch-technischen Repräsentationsraums bei, in dem die Begriffe der Molekularbiologie, die sich zunehmend um die Metapher der Information drehten, allmählich miteinander verknüpft wurden. Dieser Prozeß ist trotz einer ganzen Reihe historischer Fallstudien noch kaum verstanden, insbesondere nicht, wenn man ihn unter dem Gesichtspunkt epistemischer Ereignisse und ihrer Ermöglichungsbedingungen betrachtet. Es scheint, daß eine angemessene Analyseebene immer noch aussteht, auf der die entscheidenden Züge der schließlich die gesamten Biowissenschaften durchdringenden Dynamik der neuen Biologie deutlich zu werden vermögen.

In den folgenden Kapiteln schlage ich vor, daß wir auf die Perspektive einer mehr oder weniger klar definierten disziplinären Matrix für die Biologie des 20. Jahrhunderts verzichten und uns dem zuwenden, was Wissenschaftler ihre Experimentalsysteme nennen. Solche Systeme sind, wie schon gesagt, hybride Einrichtungen: Sie sind zugleich lokale, soziale, technische, institutionelle, instrumentelle und epistemische Schauplätze. In der Regel halten sie sich weder, jedenfalls nicht soweit sie Forschungssysteme sind, an disziplinäre Grenzen der Kompetenz noch an nationale Grenzen der Forschungspolitik. Insofern sie die Kerne der Forschungstätigkeit darstellen, darf die Annahme berechtigt erscheinen, sie könnten sich auch für die Orientierung des Historikers als hilfreich erweisen. Wenn Experimentalsysteme ihr eigenes Leben haben, dann bleibt zu bestimmen, wie dieses Leben beschaffen ist.

Folgt man in erster Linie der Entwicklung von epistemischen Dingen und weniger der von Begriffen oder Problemen, Disziplinen oder Institutionen, müssen gewohnte Einteilungen aufgegeben werden: Gehört die vorliegende Untersuchung zur Geschichte der Krebsforschung? der Zytomorphologie? der Biochemie? der Molekularbiologie? Oder handelt es sich um eine Vorgeschichte der Proteinsynthese? All das trifft zu – und nichts von alledem. Zu Beginn der folgenden Fallgeschichte war die Untersuchung der Proteinsynthese Teil eines Krebsforschungsprogramms. Im Laufe einiger Jahre gewann sie eine eigene Dynamik differentieller Reproduktion durch Implementierung von neuen handwerklichen Fertigkeiten wie der Gewebehomogenisierung, durch radioaktive Markierungstechniken und Instrumente – zu diesem Ensemble gehörten Laborratten mit standardisierten Krebsgeschwüren, radioaktive Aminosäuren, biochemische Modellreaktionen, Ultrazentrifugen und anderes mehr. In der sich rapide wandelnden Landschaft der neuen Biologie wurde ihre Verbindung mit der Krebsforschung, aus der sie hervorgegangen war, zunächst völlig in den Hintergrund gedrängt. Statt dessen landete das Forschungsprojekt über mehrere unvorhergesehene Verschiebungen hinweg bei einem Nukleinsäuremolekül, der Transfer-RNA, das sich als einer der entscheidenden experimentellen Angriffspunkte zur Lösung des zentralen Rätsels der Molekularbiologie erweisen sollte: des genetischen Codes.

Der größte Teil des Materials, auf welchem diese Untersuchung basiert, wurde bisher von Biologie- oder Medizinhistorikern kaum beachtet.[63] Das ist kein Zufall. Die Geschichte ist zwischen der Entwicklung von Forschungstechnologien und Grundlagenforschung, zwischen Biologie und Medizin angesiedelt und liegt im Überschneidungsbereich verschiedener Disziplinen, einschließlich der in die Physik und die Chemie hineinreichenden Isotopentechnik und organischen Chemie. Wer hätte sich für dieses Gemisch interessieren sollen? Sie kann auch nicht in den Kategorien eines Paradigmenwechsels reibungslos rekonstruiert werden und widersetzt sich somit einer Geschichtsschreibung, die an konzeptuellen Durchbrüchen orientiert ist. Die Durchbrüche, die ich zu beschreiben habe, liegen vielmehr im Ausbreitungspotential der zutage tretenden epistemischen Dinge begründet, die schließlich als technische Dinge ein ganzes Experimentierfeld neu strukturierten. Sie liegen in den Potentialen einer besonderen Kultur der Darstellung biologischer Vorgänge, der experimentellen Manipulation biologischer Prozesse *in vitro*, also außerhalb der Zelle, im Reagenzglas. Diese für die Biowissenschaften des

20. Jahrhunderts so charakteristisch gewordene Form der Repräsentation gilt es in ihren epistemischen Dimensionen erst noch zu erschließen.

Experimentelle Vorrichtungen in der Physik erscheinen oft als Konstruktionen, die sich aus kleinen Prototypen mit zunehmendem Raffinement zu einer Maschinerie großen Maßstabs fortentwickeln und schließlich zu umfangreichen Installationen mit eigener Wartung und eigenem Management anwachsen. In der Biochemie und der Molekularbiologie des hier zu beschreibenden Zeitraums war das in der Regel nicht der Fall. Bei der Etablierung des In-vitro-Systems der Proteinsynthese, die in den nächsten beiden Kapiteln beschrieben wird, spielte beispielsweise die Ultrazentrifuge keinerlei Rolle, obwohl dieses Instrument für die nachfolgende Entwicklung des Systems entscheidend wurde, und auch dann blieb die Schnittstelle zwischen dem Gerät und der biologischen Probe »naß«. Die optimale Gestaltung dieser Schnittstelle war entscheidender als maximale Drehzahlen. In der Regel sind die wirksamsten biochemischen und molekularbiologischen Instrumente diejenigen, die sich in ihrer eigenen Materialität der Ebene der Analyse anpassen, d.h. die letztlich auf der molekularen Ebene kompatibel sind. Im System der In-vitro-Proteinsynthese übernahmen radioaktive Aminosäuren diese Rolle molekularer Werkzeuge. Selbstverständlich kann man keine routinemäßige Arbeit mit biologisch relevanten radioaktiven Isotopen durchführen, wenn es nicht solche Großeinrichtungen wie Zyklotrone oder Atomreaktoren gibt.[64] Aber die organische Synthese von Aminosäuren aus diesen Isotopen kann – und mußte anfangs auch – mit der bescheidenen, gebastelten Ausrüstung eines Labors für organische Chemie durchgeführt werden. Einerseits sind solche *Tracer*-Moleküle technische Hilfsmittel, um bestimmte Stoffwechselwege zu verfolgen. Aber insoweit sie zu integralen Bestandteilen der untersuchten Wissensobjekte werden, ist es nicht einfach möglich, im jeweiligen Fall zwischen dem Wissensobjekt und den technischen Bedingungen, mit denen man es dingfest zu machen versucht, eine eindeutige Grenze zu ziehen. So hängt es weitgehend vom experimentellen Kontext ab, ob ein radioaktiv markiertes Molekül als technisches Analysewerkzeug anzusehen ist, oder ob es sich dabei um das epistemische Ding handelt, das gerade erforscht werden soll.

Zudem sind Instrumente für sich genommen nicht die treibenden Kräfte des experimentellen Fortgangs, ausschlaggebend ist vielmehr ihre Einbettung in den Kontext von Experimentalsystemen. Instrumente entfalten ihre wissenschaftliche Wirkmächtigkeit nur als Ermöglichungsbedingungen bestimmter Darstellungsformen, als konstituierende Elemente von Räumen der Repräsentation.[65] Ohne Räume, in denen experimentelle Spuren gelegt und auch verfolgt werden können, werden materielle Gegenstände nicht zu Bestandteilen eines »Wissenschaftswirklichen«.[66] Solche Repräsentationen erst machen aus einem Zellhomogenat etwa eine epistemisch relevante Form des Zytoplasmas, auf der sich Operationen ausführen lassen, die schließlich so etwas wie einen materiellen Bedeutungsraum aufspannen.

Die Fallstudie dieses Buches zeigt, daß weder die allgemeinen Vorgaben eines institutionellen Rahmens noch die ursprüngliche Formulierung eines Forschungsprogramms, noch die bloße Einführung einer neuen Technologie festlegen, welche Richtung ein Forschungsprogramm nimmt und welche wissenschaftliche Produktivität es schließlich entfaltet. Das bedeutet, daß auch die Darstellung auf Determinismen, gleich ob sozialer, theoretischer oder technischer Natur, besser verzichtet. Experimentalsysteme können langsamer oder schneller wachsen und eine Art stabilen Rahmen ausbilden, innerhalb dessen die fragile Software der epistemischen Dinge – dieses Amalgam von Erst-halb-Begriff, Nicht-mehr-Technik und Noch-nicht-Standard – artikuliert, verbunden, getrennt, zurechtgeschoben und auch wieder verschoben werden kann. Sie umreißen gewiß den Bereich des jeweils als möglich Vorstellbaren. Jedoch erzeugen sie in der Regel keine rigiden Ausrichtungen. Es ist ganz im Gegenteil das Kennzeichen produktiver Experimentalsysteme, daß ihre differentielle Reproduktion zu Ereignissen führt, die immer wieder größere Verschiebungen nach sich ziehen, die entweder innerhalb der Grenzen des Systems verbleiben oder auch über es hinausweisen können. In gewisser Hinsicht schreiten sie fort, indem sie beständig ihre eigene Perspektive dekonstruieren. Es gibt kein hinreichend komplexes Experimentalsystem, das seine Geschichte im voraus erzählen könnte.

Ich möchte dieses Kapitel mit einem Zitat von Brian Rotman beschließen, mit einer Bemerkung über die Xenogenese von Texten, die ich zur Beschreibung eines Experimentalsystems höchst passend finde: »Was [einen Xenotext] auszeichnet, ist seine Kapazität, weitere Bedeutungen aus sich zu entlassen. Sein Wert wird bestimmt durch seine Fähigkeit, Lektüren seiner selbst hervorzubringen. Ein Xenotext hat daher keine abschließende ›Bedeutung‹, nicht eine einzige, kanonische, definitive oder endgültige ›Interpretation‹: er hat ein Signifikat nur in dem Maße, in dem er dazu gebracht werden kann, sich im Prozeß der Schaffung seiner eigenen interpretatorischen Zukunft zu betätigen.«[67] Experimentalsysteme sind die Xenotexte der Wissenschaften. Sie verleihen den Laboratorien ihren besonderen Charakter als Orte, an denen Strategien für materielle Signifikation entwickelt werden,[68] die tief hineinwirken in das, was eine Zeit als wissenschaftliche Kultur – und heute immer stärker als Kultur überhaupt – gelten läßt.

KAPITEL 2

Aus der Krebsforschung, 1947-1950

Als ich Paul Charles Zamecnik zum ersten Mal traf, am 16. März 1990 in der Worcester Foundation for Experimental Biology in Shrewsbury, Massachusetts, begegnete ich einem Mann in den späten Siebzigern, der sich als einer der ersten dem Studium der Hemmung von Viren mittels sogenannter *Antisense*-Oligonukleotide zugewandt hatte. Ich wollte etwas über die Anfangszeit der Proteinsynthese wissen, an der er vor ungefähr vierzig Jahren maßgeblich beteiligt war. Er wollte mir die Details seiner laufenden Forschung erklären, über den HIV-Virus und über Heilungsmöglichkeiten für AIDS.[1]

Paul Zamecnik wurde nach seinem Examen am Dartmouth College 1936 an der Harvard Medical School zum Doktor der Medizin promoviert. Die darauffolgenden Jahre verbrachte er am Collis P. Huntington Memorial Hospital in Boston, an der Harvard Medical School und an den Universitätskliniken in Cleveland. Während seines Medizinalpraktikums in Cleveland, 1938-1939, begann er, sich für die Regulation des Wachstums zu interessieren:

> »Ich fragte bei mehreren Medizinprofessoren an und stieß schließlich auf einen, der von einem Wissenschaftler am Rockefeller Institute wußte, der mit Proteinsynthese befaßt war. Das war Max Bergmann, ein Organiker, der kurze Zeit zuvor aus Deutschland gekommen war und mit einem neuen Verfahren Peptide synthetisierte. Er hatte in den Zellen Enzyme gefunden, die diese Peptide in sehr spezifischer Weise hydrolysieren konnten. Seine Vermutung war, daß dieselben Enzyme die Synthese von Peptiden und Proteinen katalysieren könnten. Ich bewarb mich um ein Forschungsstipendium, um bei ihm zu arbeiten und schlug ihm vor, Gewebekulturen zu züchten, in denen ich die Rolle seiner Enzyme bei der Proteinsynthese untersuchen wollte. Dr. Bergmann erklärte, er habe ausschließlich Organochemiker in seinem Labor, und wenn es mir mit der Sache ernst sei, solle ich meine Ausbildung in Chemie vertiefen und mich dann in ein oder zwei Jahren wieder bei ihm bewerben.«[2]

Um mehr über Proteinchemie zu lernen, verbrachte Zamecnik das folgende Jahr an den Carlsberg-Laboratorien in Kopenhagen bei Kaj Linderstrøm-Lang, einem Experten für die physikalische Chemie der

Proteine. Die deutsche Besetzung zwang Zamecnik 1940, Dänemark zu verlassen; er kehrte auf dem Umweg über Capri in die Vereinigten Staaten zurück und arbeitete ein Jahr bei Max Bergmann. »Dieses Mal nahm er mich auf (1941-42). Tatsächlich wußte ich kaum mehr als vorher, aber ein Widerschein des Glanzes der berühmten Carlsberg-Laboratorien war auf mich gefallen.«[3]

Nach seiner Rückkehr an das MGH war Zamecnik an Untersuchungen über die toxischen Faktoren beim experimentellen traumatischen Schock beteiligt. Das war ein Kriegsforschungs-Projekt, mit dem das Office of Scientific Research and Development (OSRD) den Leiter des Huntington-Hospitals, Joseph Charles Aub, und dessen Mitarbeiter beauftragt hatte.[4] Zamecnik konnte zu seinem eigentlichen Forschungsvorhaben erst zurückkehren, als der Krieg zu Ende war.

In diesem und in den folgenden Kapiteln geht es nicht um eine Institutionengeschichte des MGH,[5] auch nicht um Biographien, schon gar nicht um eine Hagiographie der beteiligten Forscher. Hinter prominenten Namen und Institutionen stehen diejenigen, die in den Laboratorien arbeiten und die selten in der Öffentlichkeit erwähnt werden. Ich will auch nicht versuchen, einer Arbeit, von der anfänglich keiner der Protagonisten auch nur ahnte, daß sie ins Zentrum der Molekularbiologie führen würde, eine nachträgliche logische Folgerichtigkeit zuzuschreiben. Vielmehr will ich in dieser Studie zeigen, wie im Rahmen der Krebsforschung an den Huntington Laboratorien ein zunächst medizinisch ausgerichtetes Experimentalsystem entstand, wie es eine biochemische Eigendynamik entwickelte und im Lauf der Jahre in ein System transformiert wurde, mit dem Fragen der Molekularbiologie untersucht werden konnten. Ich stütze mich dabei auf ein eingehendes Studium der publizierten Arbeiten, auf die Erinnerungen einiger Mitarbeiter und auf Laborbücher sowie weiteres Labor- und Archivmaterial. Einige Mitglieder der Arbeitsgruppe, darunter auch Zamecnik selbst, haben bei verschiedenen Anlässen über die Entstehung der In-vitro-Proteinsyntheseforschung berichtet; jedoch sind diese Berichte gerade bei den Details der frühen Phase nicht sehr ausführlich, wie dies bei naturwissenschaftlicher *Memorial*-Literatur üblich ist.[6]

Krebsforschung am Huntington Hospital

Am Ende des Zweiten Weltkriegs standen die John Collins Warren-Laboratorien des Huntington Memorial Hospital, die am MGH angesiedelt waren, unter der Leitung von Joseph Charles Aub, der im Jahre 1928

George Minot auf diesem Posten abgelöst hatte. Als Onkologe hatte Aub sich der Untersuchung von Stoffwechselerkrankungen zugewandt und damit dem Krebsforschungsprogramm am Huntington Memorial Hospital, dessen medizinische Laboratorien seit 1942 am MGH untergebracht waren, eine neue Richtung gegeben. Mit Zustimmung der Harvard Cancer Commission hatte er das Forschungsprogramm von Techniken zur künstlichen Erzeugung von Tumoren auf die Untersuchung normaler und pathologischer Abläufe bei Wachstums- und Regenerationsvorgängen umgestellt.[7] Zamecnik war ebenfalls Mediziner, und als er im Jahre 1945 sein Forschungsvorhaben neu definieren konnte, entschied er sich für einen Ansatzpunkt auf dem Gebiet der Krebsforschung, von dem aus er bis auf die Ebene der Zellen vorzudringen hoffte. »Wir möchten«, erklärte er im März 1945 in einem Antrag an die International Cancer Research Foundation, »das Problem der Proteinsynthese in der Tumorzelle angehen.«[8]

Robert Loftfield bemerkte dazu:

> »Sie dürfen nicht vergessen, daß wir in einem Krebslabor gearbeitet haben, der Leiter war ein sehr angesehener Krebsforscher, wir wurden von Krebsfonds finanziert, wir sammelten sogar vor Kinos; viele von uns hatten Krebspatienten und alle arbeiteten mit Krebsforschern zusammen [die nichts mit Proteinforschung zu tun hatten]. Wir gingen zu den Treffen der AACR (American Association of Cancer Research) und *wollten* uns selbst als Forscher sehen, die etwas taten, um den Krebs zu bekämpfen. Die Buttergelb-Hepatome und die Aszites-Tumorzellen waren vorhanden, weil unser Labor ein Krebs-Labor war.«[9]

Zamecnik entschied sich, die möglichen zellulären Angriffsstellen krebserzeugender Stoffe zu untersuchen und den »vielversprechendsten Punkt« ausfindig zu machen, »an dem eine Unterscheidung zwischen normalem und neoplastischem Gewebe auf der Ebene des Stoffwechsels ansetzen konnte.«[10] Da unkontrolliertes Wachstum ein allgemeines Kennzeichen bösartigen Gewebes ist, und da das Wachstum der Zelle engstens mit ihrer Fähigkeit zur Proteinsynthese verknüpft ist, war es durchaus nicht auszuschließen, daß die karzinogene Wirkung an der Steuerung des Proteinstoffwechsels ansetzte. Über die biochemischen Faktoren, die bei der Karzinogenese im Spiel waren, war wenig bekannt. Deshalb bestand die naheliegende Strategie nach Zamecniks Ansicht nicht darin, sich auf »eine einzelne biochemische Untersuchungsmethode« zu konzentrieren, sondern mit einem »praktischen« Ansatz zu starten und »jede sich bietende neue Gelegenheit beim Schopfe zu fassen, in der Hoffnung, daß in irgendeinem Winkel die entscheidende Spur auftauchen würde«[11] – eine Strategie also, die man mit dem Ausdruck Techno-Opportunismus belegen könnte.

Als Student von Bergmann, der viel über die Spezifik proteinabbauender Enzyme gearbeitet hatte, teilte Zamecnik die damals weitverbreitete Vorstellung von der Proteinsynthese als einfacher Umkehrung der Proteolyse.[12] Dementsprechend spielte diese Hypothese in dem oben erwähnten Antrag eine wichtige Rolle, in dem zu lesen stand: »Die Experimente von Bergmann und seiner Gruppe lassen es als wahrscheinlich erscheinen, daß intrazelluläre proteolytische Enzyme unter geeigneten Bedingungen auch für die normale Proteinsynthese in der Zelle verantwortlich sind.« Andererseits pflegte Zamecnik in Harvard engen Kontakt mit Fritz Lipmann; ihre Laboratorien waren benachbart, und sie arbeiteten gemeinsam an der Untersuchung eines Enzyms des Bakteriums *Clostridium welchii*.[13] Lipmann, der 1941 als Forschungsstipendiat an das MGH gekommen war,[14] zog die Möglichkeit in Betracht, daß die Proteinsynthese von freien Aminosäuren ausgehen und die dafür notwendige Energie von aktivierten Aminosäure-Zwischenprodukten stammen könnte.[15] Einen solchen »völlig andersgearteten Mechanismus«[16] hielt Zamecnik nicht für gänzlich ausgeschlossen, denn zu diesem Zeitpunkt konnte sich keine der Alternativen auf eine zwingende experimentelle Bestätigung stützen.

Während dieser ersten Nachkriegsjahre wurden am MGH neue forschungspolitische Strukturen etabliert. Seit 1938 gab es am Krankenhaus einen Forschungsrat. Im Jahre 1947 sprachen das General Executive Committee und die *Trustees* die Empfehlung aus, der Forschung im Hospital stärkeres Gewicht beizumessen. Auf ihr Ersuchen wurden ein Forschungskomitee (Committee on Research, COR) und ein Wissenschaftliches Beratungskomitee (Scientific Advisory Committee, SAC) bestellt. In letzterem waren führende Grundlagenforscher vertreten, unter ihnen Karl Compton vom MIT, Carl Cori von der Washington University, Herbert Gasser vom Rockefeller Institute und Eugene Landis aus Harvard; später kam Linus Pauling vom California Institute of Technology hinzu. Während das Forschungsbudget 1935 eine Höhe von 50 000 Dollar hatte, schnellte es 1948 bereits auf 500000 Dollar hoch – das war das Jahr, in dem das Forschungskomitee, mit Paul Zamecnik als Schriftführer, seine Tätigkeit aufnahm. Im Jahr 1955 war das Budget auf 2 Millionen Dollar gestiegen, wobei praktisch das gesamte Geld über Forschungsanträge eingeworben wurde.

Die Komitees hatten die Aufgabe, »die Forschung am Massachusetts General Hospital zu fördern, ihre Durchführung zu erleichtern und zu lenken, in der Annahme, daß die Mitarbeiter ihre Aufgaben besser als Partner erfüllen werden denn als Individuen«.[17] Dieses Konzept der Partnerschaft und des kooperativen Individualismus ist für den wissenschaftspolitischen Diskurs der frühen Nachkriegsjahre in Amerika charakteristisch.[18] Am MGH hatte es eine Tradition, die bis in die dreißiger Jahre zurückverfolgt werden kann, wobei besondere Betonung auf der Spontaneität und Entscheidungsfreiheit des Einzelnen bei der Aufnahme gemeinsamer Projekte lag. Schon 1934 hatte das General Executive Committee des Hospitals in seinem Jahresbericht festgestellt:

> »Kooperation, sofern sie spontan zustande kommt, ist in der Forschung gewiß fruchtbar. Jedoch muß die Zusammenarbeit dem natürlichen Interesse und der Neugier der Forschenden entspringen. Wenn sie auferlegt wird, um die Untersuchung eines bestimmten Gegenstandes zu erzwingen, entsteht leicht Sterilität. Qualitativ hochstehende Forschung kann nicht erzwungen werden. Sie entspringt den Köpfen und Händen derjenigen, die dafür die Gabe besitzen. Das sollten ihre Schirmherren wissen, und sie sollten dementsprechend eher in Forscher als in Forschung investieren. Um es dem befähigten Forscher zu ermöglichen, den größtmöglichen Beitrag zur Wissenschaft zu leisten, sollte er abgesichert sein; er sollte mit dem ausgestattet sein, was er zum persönlichen Leben braucht sowie mit den Mitteln, die er für seine Arbeit benötigt. Dann aber sollte man ihn sich selbst überlassen; seine Mitarbeiter sollte er allein wählen dürfen. Vielleicht mehr als bei jeder anderen menschlichen Tätigkeit führt in der wissenschaftlichen Forschung ein Schritt zum nächsten. Die Lösung eines Problems mag ein Dutzend neuer Probleme aufschließen, an die vor der Lösung des ersten vielleicht nicht einmal im Traum zu denken war. Die Freiheit, Fragestellungen selbst zu wählen, und die Freiheit, Anhaltspunkten nachzugehen, die sich durch die Lösung eines vorangegangenen Problems ergeben haben, muß das Privileg des Forschenden sein. Wenn er auf eine heiße Spur stößt, dann müssen die Mittel gefunden werden, die es ihm erlauben, ihr mit aller Energie nachzugehen.«[19]

Sechzehn Jahre später empfahl das nach dem Krieg neu zusammengesetzte Wissenschaftliche Beratungskomitee, ganz auf derselben Linie, daß das Hospital »unerschütterlich an einer Politik festhalten sollte, in der die Forschungsrichtung ausschließlich durch die hier tätigen Forscher selbst bestimmt wird.«[20]

Joseph Aub hatte diese Forschungsphilosophie übernommen, und auch Zamecnik folgte in diesem Punkt, mit Unterstützung des Forschungskomitees, seinem Beispiel. Es gab weder für die Forschungseinrichtungen des MGH insgesamt noch für die Huntington Laboratorien einen allgemein verbindlichen Forschungsplan. Die Verantwortung für die Wahl bestimmter Fragestellungen lag bei den jeweiligen Wissenschaftlern; Kooperation wurde auf freiwilliger Basis praktiziert, ohne daß den Forschern interdisziplinäre Projekte vorgeschrieben worden wären.[21] Es wird sich zeigen, daß Zamecniks wissenschaftlicher Weg diese Auffassung von Forschung auf besonders charakteristische Weise illustriert.

Radioaktive Aminosäuren

Nach dem Krieg wurden innerhalb weniger Jahre mit radioaktivem Kohlenstoff (^{14}C) markierte Aminosäuren für die Forschung verfügbar. Radioaktiv markierte Substanzen für die biologische und medizinische Forschung waren ein Nebenprodukt der Zyklotron- und später der Reaktortechnologie.[22] Das MIT verfügte über ein Zyklotron, während das Zyklotron der Harvard University 1942 stillgelegt worden war, »da keine physikalische Forschung, weder in reiner Physik noch solche von militärischer Bedeutung geplant war«.[23] Das Kohlenstoff-Isotop ^{14}C stellte man aus Stickstoff her, indem man diesen mit langsamen Neutronen beschoß und das Isotop dann als Karbonat aus der Lösung gewann.[24] Robert Loftfield war nach seiner Ausbildung in Harvard in Physikalischer Organischer Chemie zunächst Forschungsassistent am Radioactivity Center des MIT und kam 1948 als Forschungsstipendiat in Medizin zu der Huntington-Arbeitsgruppe. Aub, der als einer der ersten radioaktiv markierte Substanzen für Stoffwechseluntersuchungen eingesetzt hatte, war bereits seit den dreißiger Jahren an den neuen Isotopen interessiert.[25] Nach dem Krieg begann Aub mit seinem alten Freund Robley Evans vom MIT zusammenzuarbeiten, mit dem er schon 1936 Untersuchungen zur Ausscheidung von Radium angestellt hatte.[26] Im Rahmen dieser Zusammenarbeit fiel Loftfield die Aufgabe zu, eine technisch verbesserte Methode für die Synthese der ^{14}C-markierten Aminosäuren Alanin und Glycin auszuarbeiten.[27] Er machte sich an die mühsame Arbeit, »jeden Faktor [zu] variieren, die Zeit, die Temperatur, die Drücke von Ammonium und Kohlendioxid und die Beschaffenheit und physikalische Form des Reduktionsmittels«.[28] Mit Erfahrung, Geschick und Sorgfalt gelang es ihm schließlich, kleine Mengen von radioaktivem Alanin und Glycin herzustellen, das eine für biochemische Zwecke ausreichende Aktivität aufwies.

Zamecnik nahm die Zusammenarbeit mit Robert Loftfield und Warren Miller auf. Miller kam vom Physikdepartment am MIT; dort war er an der Entwicklung einer neuen Zählmethode für radioaktive Stoffe in der Gasphase beteiligt.[29] Ein Prototyp des neuen Instruments war am MIT konstruiert worden. Eines der Geräte wurde in den Huntington-Laboratorien aufgestellt, und man investierte erheblichen technischen Aufwand, um das Zählverfahren zuverlässig zu machen.[30] Evans und Miller waren davon überzeugt, daß die Gaszählmethode der einzige praktikable Weg zur Messung von ^{14}C sei. Zähltechniken, die die Proben in festem Zustand beließen, schlossen sie wegen der unüberwindbar scheinenden hohen Eigenabsorption der schwachen Beta-Strahlen aus. »Diese Überlegung schien logisch und wir haben sie akzeptiert«, so Ivan Frantz, einer der Beteiligten, aber »das hat uns eine gewaltige und unnötige Verzögerung eingebracht. Die internen Zähler wurden von den Glasbläsern am MIT gebaut, und sie erwiesen sich als ziemlich unberechenbar.«[31] Nach einer langen Serie wenig überzeugender Versuche wurde die neue Technik aufgegeben. Die Gruppe kehrte zurück zur Zählmethode mit Feststoffen.

Zamecnik realisierte sofort nicht nur die Möglichkeiten, die sich durch die Tracer-Technik für seine Forschungen boten, sondern auch die Tatsache, daß nach dem Zweiten Weltkrieg enorme Gelder für Forschungen zur medizinischen Anwendung der Atomenergie zur Verfügung gestellt wurden. Bereits 1948 schlug Zamecnik dem Forschungskomitee am MGH vor, an die Atomenergiekommission (AEC) heranzutreten: »Dr. Zamecnik erwähnte, daß es möglich sei, von der Atomenergiekommission bedeutende Forschungsmittel für Untersuchungen über die medizinische Anwendung der Atomenergie zu erhalten. [...] Mr. Ketchum gab die Empfehlung, Dr. Zamecnik solle eine Liste möglicher Projekte aufstellen, für die Unterstützung von seiten der Atomenergie in Frage käme.«[32] Noch im selben Jahr beantragte das Huntington Hospital eine große Summe. Ein überarbeiteter Antrag – »entsprechend der Richtung, aus der zur Zeit der Wind weht«, wie es in den Protokollen heißt – wurde 1949 akzeptiert. Zamecniks Arbeit wurde während der gesamten folgenden Dekade durch AEC-Gelder unterstützt.[33] Zwischen den Erfordernissen für die Etablierung eines Experimentalsystems zur Analyse des bösartigen Krebswachstums und der globalen politischen Situation gab es jetzt eine strukturelle Kopplung.

Die ersten Untersuchungen über die »Inkorporation«, d.h. den Einbau von radioaktivem Alanin in die Proteine von Rattenlebergewebe, führte Zamecnik in Kooperation mit einem weiteren Mediziner am MGH, dem bereits erwähnten Ivan Frantz, durch. Nach vier Jahren Dienst in der amerikanischen Marine hatte er eines der ersten zwölf Stipendien erhalten, die von der amerikanischen Krebsgesellschaft gestiftet worden waren und nahm seine wissenschaftliche Karriere in den

Laboratorien seines früheren Lehrers Joseph Aub wieder auf.[34] Frantz begann seine Arbeit mit einer Untersuchung der Aufspaltung von Peptiden durch proteinzerlegende Enzyme, machte sich dann aber bald mit der Technik der Inkubation von Lebergewebeschnitten vertraut.[35] Dies war eine bemerkenswerte lokale Konjunktur von technischen Neuerungen, institutioneller Zusammenarbeit, forschungspolitischen Möglichkeiten, Sachkenntnis sowie handwerklichem Können aus verschiedenen Gebieten von der organischen Chemie über die Strahlenphysik und die physiologische Chemie bis zur medizinisch-klinischen Laborpraxis. Diese Situation ermöglichte es der Arbeitsgruppe am Huntington Hospital, in kurzer Zeit und lange bevor markierte Aminosäuren in ausreichenden Mengen kommerziell erhältlich waren, eine Methode der Proteinmarkierung zu entwickeln. Diese lokale Konstellation wiederum bestimmte die Wahl des Experimentalsystems und führte nach einigen Jahren des Bastelns zu seiner Verwandlung in eine veritable »Maschinerie zur Herstellung von Zukunft«.[36] Beim Ingangsetzen dieser Maschine war es, wie Robert Loftfield einmal festgestellt hat, möglicherweise entscheidend, daß von den anfänglich Beteiligten niemand eine Ausbildung in Biochemie im traditionellen Sinn durchlaufen hatte. Keiner aus dem neuen Team war daher durch zu viel Wissen über das, was »ohnehin nicht funktioniert«, eingeengt. Es war, wie die Beteiligten rückblickend konstatierten, genau dieses Element des fehlenden disziplinären Spezialistentums, was ihnen ermöglichte, anders zu denken.[37]

Radioaktive Aminosäuren waren zu dieser Zeit nur in sehr geringen Mengen erhältlich. Zudem stellten sich bisher unbekannte Probleme bei der Kontrolle der Experimentalbedingungen. Eines der größten Probleme bei radioaktiven Studien mit lebenden Tieren war es, die Kontrolle über die spezifische Aktivität des injizierten Materials zu behalten. Zamecnik und seine Kollegen glaubten nicht, daß Einbaustudien *in vivo* jemals zu einem Routineverfahren werden könnten; deshalb faßten sie, ebenso wie andere, Gewebeanalysen außerhalb des lebenden Tieres ins Auge.[38] Die Wahl fiel dabei auf Rattenleber. Am Huntington Hospital wurden seit 15 Jahren Ratten aus dem Sprague-Dawley-Bestand gehalten. Indem man ihr Futter mit chemischem Buttergelb versetzte, konnte man routinemäßig Leberhepatome induzieren, die nach mehreren Monaten erkennbar wurden; damit war die Möglichkeit gegeben, die Leber von gesunden und kranken Tieren systematisch zu vergleichen.[39] Die aus den Tieren gewonnenen Gewebeschnitte behielten unter geeigneten Bedingungen über mehrere Stunden hinweg ihre Stoffwechseltätigkeit.[40] Dieses Verfahren erlaubte es, Experimente mit sehr kleinen Mengen von Gewebe und entsprechend kleinen Mengen von Radioaktivität durchzuführen.

Durch das Zerschneiden wurde allerdings das Lebergewebe teilweise zerstört, was einen beschleunigten Proteinabbau und Stoffwechselveränderungen in unbekanntem Ausmaß zur Folge hatte. Außerdem kam es zu einer generellen Verlangsamung der Reaktionen, die der Untersuchung nicht förderlich war. Das Zählverfahren für die markierten Proben war mühsam; jede Probe mußte einzeln montiert und dann gezählt werden. Zudem war beim »Einbau« von radioaktiv markiertem Alanin eine beträchtliche Varianz zu beobachten, die sich nicht erklären ließ. Wenn also die Forscher am Huntington Hospital behaupteten, daß »man sich für Gewebeschnitte entschied, um die Proteinsynthese unter Bedingungen zu untersuchen, die leichter unter experimenteller Kontrolle zu halten sind als im lebenden Tier«, entsprach das zu Anfang sicher mehr ihren Hoffnungen als der experimentellen Wirklichkeit.[41] Die ersten Resultate zeigten jedoch, daß das Arrangement »im Prinzip« funktionierte. Das Protein, das am Ende des Verfahrens isoliert wurde, gab ein deutliches radioaktives Signal von sich, das jedoch starken Schwankungen unterlag.[42] Der Inkubationsvorgang erwies sich darüber hinaus als sauerstoffabhängig, was sich mit Lipmanns Annahme einer Verbindung zwischen Proteinsynthese und energieliefernden Prozessen vertrug. Nicht völlig unwichtig war auch, daß nach dem anschließenden Proteinabbau ein großer Teil des radioaktiven Materials in Form von rekristallisiertem Alanin wiedergewonnen werden konnte.

Insgesamt durften zumindest die Beteiligten durchaus Hoffnungen in das System setzen. Natürlich hätte jeder Kritiker, der es etwas genauer nahm, bei einer der ersten Veröffentlichungen fragen können, wieso in der präsentierten Tabelle die aus dem Proteinabbau resultierende Kohlendioxidmenge und die in diesem Kohlendioxid gemessene Radioaktivität so wenig übereinstimmten.[43] Die Experimentatoren sahen jedoch über diese Diskrepanzen hinweg; waren Erklärungen gefragt, griff man zu Ausreden der Art, daß durch das Zerschneiden des Gewebes ein Zelltrauma verursacht worden sein könnte. Zamecnik und seine Kollegen hielten an dem fest, was ihnen als signifikante Differenz erschien, als ein Ja-Nein-Signal, das ihnen wichtiger erschien als seine tatsächliche Größe. Von dieser Differenz aus schien es ihnen möglich, weiter in die Details des Lebergewebeschnitt-Systems einzudringen: Seine Sauerstoffabhängigkeit schien eine Spur zu sein, die auf die Richtung deutete, in der die nächsten Schritte zu unternehmen waren.

Eine Kontrolle wird zum »eigentlichen« Experiment

Die Ergebnisse dieser ersten Erkundungen wurden im Frühjahr 1948 an das *Journal of Biological Chemistry* geschickt, und im April folgte ein Brief an den Herausgeber dieser Zeitschrift.[44] Darin stellte die MGH-Gruppe in einer zusammenfassenden Tabelle zwei Meßreihen einander gegenüber. Die eine war bei der Untersuchung der ursprünglichen krebsbezogenen Frage nach dem Aktivitätsunterschied zwischen normalen und Tumorzellen gewonnen worden, während die andere die erste differentielle Antwort darstellte, die aus der Anlage des Systems selbst hervorgegangen war. Daß beide Resultate gleichzeitig präsentiert wurden, ist als Hinweis auf die zeitweilige Unentschiedenheit der Autoren darüber zu betrachten, wie die sich ergebenden experimentellen Spuren zu deuten waren.

In seiner Einleitung erwähnt der Brief an die Herausgeber einen neuen Befund aus dem Labor Lipmanns,[45] mit dem die Arbeitsgruppe zu dieser Zeit gute Kontakte hatte. William Loomis, ein ehemaliger Klassenkamerad von Frantz, hatte vor kurzem bei Lipmann zu arbeiten angefangen und soeben herausgefunden, daß man mit der Chemikalie Dinitrophenol (DNP) die Prozesse des Sauerstoffverbrauchs und der Phosphorylierung entkoppeln konnte: Die Substanz hemmte die Bildung von energiereichen Phosphatverbindungen, hatte jedoch keinen Einfluß auf den Sauerstoffverbrauch. Da das auf Lebergewebe beruhende In-vitro-System auf Sauerstoff angewiesen war, mußte es verlockend erscheinen, die Wirkung von Dinitrophenol auf normale und Hepatom-Gewebeschnitte zu testen. Aus Abbildung 2.1, die eine Vereinfachung einer umfangreicheren Tabelle darstellt, lassen sich bei näherer Betrachtung drei verschiedene Effekte oder Beobachtungen herauslesen.

Die Ausgangsbeobachtung war, daß normale und Hepatomlebern Unterschiede sowohl im Sauerstoffverbrauch als auch beim Einbau von radioaktivem Alanin zeigten. Letzterer war im Krebsgewebe bis zu siebenmal höher; eine so große Differenz zwischen normalem und bösartigem Gewebe in bezug auf einen klar definierten biochemischen Parameter hatten die Forscher bisher nicht beobachtet. Die zweite Beobachtung war, daß in Hepatom-Gewebeschnitten der Sauerstoffverbrauch durch DNP gehemmt wurde, während in Proben von normalem Gewebe DNP keine Wirkung zeigte. Die dritte Beobachtung war, daß DNP den Sauerstoffverbrauch und den Alanineinbau entkoppelte. Bei Anwesenheit von Dinitrophenol ging die Atmung jedenfalls in der normalen Leber ungehindert weiter, aber es wurden keine Aminosäuren mehr eingebaut.

Der erste Befund entsprach den anfänglichen Erwartungen, und zwar in ganz unerwartetem Ausmaß. Loftfield hat später bemerkt, daß die

DNP	normale Leber		primäres Hepatom	
	O_2-Verbrauch	Alanin-Einbau	O_2-Verbrauch	Alanin-Einbau
nein	+	+	++	+++
ja	+	–	+(–)	–

Abb. 2.1: Abhängigkeit des Sauerstoffverbrauchs und des Einbaus von Aminosäuren in normales und Hepatom-Lebergewebe von Dinitrophenol. +: Aminosäureeinbau-Aktivität; –: keine Aminosäureeinbau-Aktivität. Zusammengestellt aus Frantz, Zamecnik, Reese und Stephenson 1948, dort Tabelle 1.

schiere Größe dieser *Differenz* zu weiteren Untersuchungen anspornte. Als er Nachricht vom Resultat erhielt, brach er einen Skiurlaub ab, um sofort ins Labor zurückzueilen. Dieser Befund leistete natürlich auch gute Dienste beim Beschaffen weiterer Gelder, besonders von der American Cancer Society.[46] Die Differenz in der Aminosäureeinbau-Aktivität bei normalem und bösartigem Gewebe stellte sich im Verlauf der weiteren Arbeit als zwar stabiles, in anderer Hinsicht aber auch stummes, in sich geschlossenes Resultat heraus: Es hatte keine Folgen, es blieb ohne Signifikanz für die Frage, was experimentell als nächstes zu tun war. Es half nicht weiter dabei, »Anhaltspunkte über das zu gewinnen, was wir noch nicht wissen«.[47] Befund Nummer zwei führte einen zusätzlichen Unterschied zwischen normalem und bösartigem Gewebe ein: Bei Hepatomzellen hatte DNP eine spürbare atmungshemmende Wirkung, die bei normalem Gewebe nicht auftrat. Zamecnik und seine Kollegen notierten penibel dieses eigenartige Verhalten, ohne jedoch den Versuch einer Erklärung zu machen. Dabei hätte man diesen Befund durchaus als ersten Hinweis auf ein krebsspezifisches metabolisches Verhalten ansehen können. Dieser zweite Befund wurde jedoch vom dritten übertönt, der dahingehend interpretiert werden konnte, daß es zwischen der Proteinsynthese und dem energieliefernden Prozeß der Phosphorylierung eine Verbindung gab. Dieses Ergebnis verschob schließlich den Fokus der Forschung vom Krebs auf die bioenergetischen Aspekte des Aminosäureeinbaus, und es verschob auch definitiv die Vorstellungen über den Mechanismus der Proteinsynthese: Statt nach einer Umkehrung der Proteolyse begann man jetzt am MGH, nach aktivierten Zwischenprodukten in der Proteinsynthese Ausschau zu halten. Das Ergebnis bot sich zudem als Handhabe an, um das Experimentalsystem von seinem hybriden Status zwischen *in vivo* und *in vitro* zu einem ausgewachsenen In-vitro-System weiterzuentwickeln, das nicht mehr länger von intakten Zellen und daher von einem intakten Atmungsapparat abhing. Das war 1948. Nach drei Jahren Arbeit war eine neue Option ins Spiel gekommen. Die Gruppe wurde, wie Loftfield es formulierte, dadurch »von neuer Energie erfüllt«.[48] Das Ergebnis lenkte ihre Überlegungen in die Richtung endergonischer Mechanismen und gab den Anstoß zu intensiven Bemühungen um die Etablierung eines vollständig zellfreien Systems.

Konkurrierende Laboratorien, flankierende Maßnahmen

Sobald nach dem Krieg radioaktiv markierte Aminosäuren für die Proteinsyntheseforschung hergestellt werden konnten, begannen sich mehrere Gruppen darauf zu konzentrieren, Aminosäuren in Schnitte tierischer Gewebe einzubauen. Noch vor Zamecniks Team am MGH gehörten Jacklyn Melchior and Harold Tarver zu den ersten, die Gewebeschnitte verwendeten, ebenso Theodore Winnick, Felix Friedberg und David Greenberg, alle von der Biochemistry Division der University of California Medical School in Berkeley.[49] Auch Chris Anfinsen und sein Mitarbeiter Art Solomon von der Harvard Medical School hatten mit Erfolg ein Gewebeschnittsystem etabliert.[50] Versuche, Aminosäuren in Proteine von Gewebehomogenaten einzubauen, wurden – ebenfalls vor der MGH-Gruppe – von Melchior und Tarver, von Friedberg, Winnick und Greenberg sowie auch von Henry Borsooks Team am California Institute of Technology in Pasadena publiziert.[51] Sie alle verwendeten anfänglich unterschiedliche Aminosäuren: Tarver benützte mit radioaktivem Schwefel markiertes Cystein und Methionin, Greenberg und Winnick mit radioaktivem Kohlenstoff markiertes Glycin, Anfinsen und Solomon mit Kohlenstoff markierte Glutamin- und Asparaginsäure und Borsook mit Kohlenstoff markiertes Lysin. Sämtliche dieser Marker wurden *in vitro* in höhermolekulares Material eingebaut, aber es stellte sich bald heraus, daß die beobachtete Inkorporation nicht immer mit der Proteinsynthese-Aktivität zusammenhing. Diese Arbeiten können hier nicht in allen Einzelheiten nachgezeichnet werden. Sie machen aber deutlich, daß Zamecniks Gruppe nicht im leeren Raum arbeitete. Die Gemeinde der Proteinsyntheseforscher war zwar klein, aber doch groß genug, um das Spiel von Wettbewerb und gegenseitiger Kontrolle in Gang zu setzen.

Eine riskante und an möglichen Fallgruben reiche Reise in eine unbekannte Experimentallandschaft hatte begonnen. Gegen ein mögliches Scheitern versuchte sich Zamecnik durch eine Reihe von Aktivitäten abzusichern, die nicht direkt auf das Ziel ausgerichtet waren, ein auf die Proteinsynthese bezogenes In-vitro-System zu errichten. Die Technik der radioaktiven Markierung von Aminosäuren wurde auf die experimentelle Erforschung anderer Aspekte des Proteinstoffwechsels ausgedehnt. Es war die Tracer-Technik, die diese verschiedenen – meist krebsbezogenen – Aktivitäten zusammenhielt. Umgekehrt diente die Erforschung der Reichweite der Technik als »exteriorisierte« Maschine zur Erzeugung von Fragen. Sie war ein ideales Probierwerkzeug. Diese experimentelle Kontextualisierung war von Zamecniks Hoffnung getragen, daß, wenn man das Netz nur weit genug spannte, »eine entscheidende Spur in irgendeinem Winkel auftauchen würde«.[52] Darüber hinaus hatte sie den Vorteil, der Gruppe für die kommenden Jahre weiterhin einen Platz im Gebiet der Krebsforschung und damit den Zugang zu deren Geldquellen zu sichern.

Der Traum der kleinen Proteinsynthese-Gemeinde war es damals, die in Proteinen natürlich vorkommenden Aminosäuren als kompletten Satz in radioaktiver Form zur Verfügung zu haben. Ivan Frantz kam auf den naheliegenden Gedanken, sie auf biologischem Wege herzustellen. Zu diesem Zweck züchtete er in einer Atmosphäre von radioaktivem CO_2 *Thiobacillus thiooxidans*, ein autotrophes schwefeloxidierendes Bakterium, isolierte die Proteine, hydrolysierte sie und gewann aus dem Hydrolysat bestimmte Aminosäuren, die auf chemischem Weg nicht in ausreichender Quantität und spezifischer Aktivität synthetisiert werden konnten. Mit ihnen sollten »weitergehende Tumorstudien an Tieren« durchgeführt werden.[53] Das war eine mühselige und zeitraubende Angelegenheit, die sich zudem innerhalb weniger Jahre erübrigte, waren doch bald alle notwendigen Aminosäuren im Handel.

Mary Stephenson verwendete erhebliche Zeit darauf, eine Technik zur Auftrennung von Aminosäuregemischen zu entwickeln, die an die Stelle des langwierigen Rekristallisationsverfahrens treten konnte und auch für präparative Zwecke geeignet war.[54] Sie basierte auf stärkegefüllten Säulen, die William Stein und Stanford Moore, zwei Mitarbeiter aus Bergmanns Labor am Rockefeller Institute for Medical Research, erstmals zur Trennung von Aminosäure-Gemischen verwendet hatten; die Gruppe am Massachusetts General Hospital stand mit Bergmanns Labor in regem Informationsaustausch.[55] Mary Stephenson war 1943 als Technikerin in die Huntington Laboratorien gekommen, und sie arbeitete von Anfang an mit Zamecnik zusammen an dem Proteinsynthese-Unternehmen.[56]

Nancy Bucher arbeitete ebenfalls in den Huntington Laboratorien. Sie hatte an der Johns Hopkins University Medizin studiert und kam nach dem Examen im Jahr 1945 als Forschungsstipendiatin an das MGH. Sie beschäftigte sich mit der Regeneration von Rattenlebergewebe.[57] Ihre Ergebnisse deuteten darauf hin, daß die Rate der Proteinsynthese in regenerierender Leber erhöht war. Als einem nicht-malignen Gewebe, das noch schneller wächst als die meisten neoplastischen Gewebe, kam regenerierender Rattenleber ein gewisses Vergleichspotential zu.[58] Buchers Ergebnisse besagten, daß man erhöhte Proteinsyntheseraten nicht als eindeutiges Kennzeichen für bösartiges Zellwachstum ansehen durfte, und demzufolge auch nicht notwendigerweise als die Ursache neoplastischen Gewebewachstums. Leider verminderten die Ergebnisse von Nancy Buchers Arbeit beträchtlich die Aussagekraft von Frantz' und Loftfields schönem Forschungsergebnis – der satten Differenz zwischen normalem und malignem Proteinumsatz. Es ist daher verständlich, daß Zamecniks Mitteilung über dieses Ergebnis ein wenig nüchtern klingt: »Eine erhöhte Synthese von Peptidbindungen ist offensichtlich kein eindeutiges Kennzeichen des Hepatoms; man kann sie jedoch dazu verwenden, den Proteinstoffwechsel eines Hepatoms von dem Stoffwechsel reifer Leberzellen im Ruhezustand zu unterscheiden.«[59] Die Formulierung verrät, wie wenig das Ergebnis weiterhalf. Der Stoffwechsel von Tumoren blieb eine Herausforderung.

Zusammen mit Ann Werner untersuchte Ivan Frantz das Gleichgewicht zwischen Dipeptiden und freien Aminosäuren in Anwesenheit von Peptidasen, d.h. eiweißspaltenden Enzymen.[60] Die Verwendung von radioaktivem Glycin und die Stärkesäulentechnik erlaubten es ihnen, die winzigen Anteile Dipeptid, die von diesen Enzymen aus großen Mengen Aminosäuren gebildet wurden, zu trennen. Die Möglichkeit und gegebenenfalls auch der Nachweis der Unmöglichkeit, daß die Proteinsynthese auf dem Weg einer Umkehrung der Proteolyse ablaufen könnte, stand weiterhin auf dem Experimentalprogramm am Huntington Hospital; sie wurde nicht von heute auf morgen zugunsten der Annahme eines endergonischen Prozesses aufgegeben. Borsook hatte diese letztere Sichtweise seit zehn Jahren propagiert, und war dabei, wie er bemerkte, lange Zeit nur auf »ablehnende Antworten« gestoßen.[61]

Dieses experimentelle Puzzle, dessen tragender Rahmen die Verwendung radioaktiver Aminosäuren war, kulminierte im Versuch der biologischen Synthese radioaktiver Seide, ein Projekt, das die Gruppe gemeinsam mit Carroll Williams von den Chemischen und Biologischen Laboratorien der Harvard University durchführte.[62] Die Drüse der Seidenraupe produziert ein Protein, das ungewöhnlich hohe Anteile von

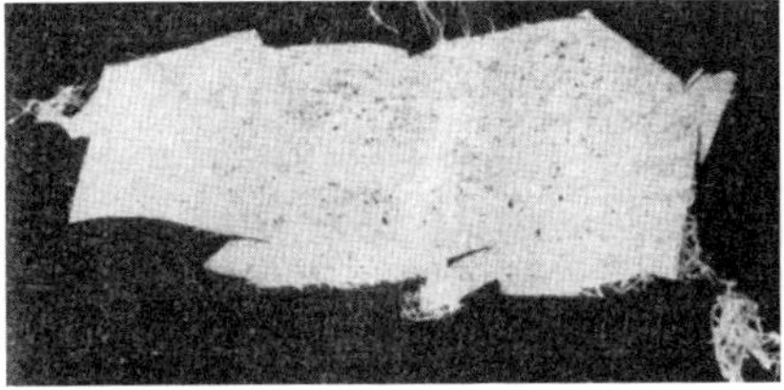
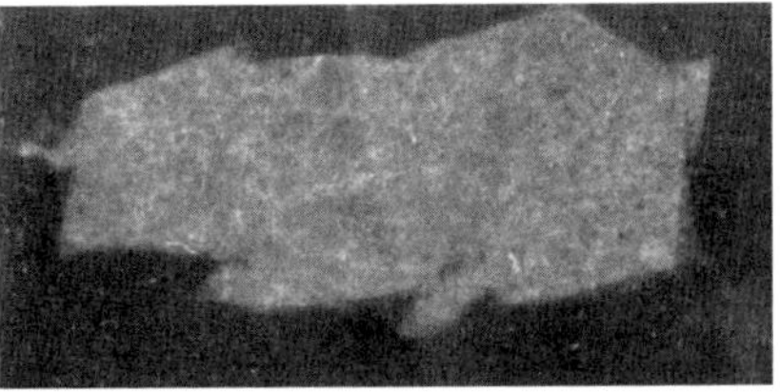

Abb. 2.2: Links: Fragment eines Seidenraupenkokons, rechts: Autoradiogramm desselben Fragments. Aus Zamecnik, Loftfield, Stephenson und Williams 1949, dort Abb. 2. Erlaubnis zum Wiederabdruck: American Association for the Advancement of Science.

Glycin und Alanin enthält. Das waren aber gerade die beiden Aminosäuren, die Loftfield in radioaktiver Form in ausreichenden Mengen synthetisieren konnte, und so schien die In-vitro-Synthese eines kompletten radioaktiven Proteins zum Greifen nah. Erste Experimente zeigten, daß die Seidenraupen tatsächlich die Markierungen in ihre Kokons einbauten (vgl. Abb. 2.2), und daß es möglich war, aus isolierten Seidendrüsen ein radioaktives Protein zu gewinnen. Das Seidenwurm-System wurde aber, obwohl es vielversprechend aussah, schließlich doch nicht weiterentwickelt, weil es aus eher trivialen technischen Gründen nicht zu einem Routineverfahren ausgebaut werde konnte. Es hätte das Präparieren von Hunderten von Seidendrüsen erfordert, um ein paar Gramm proteinsynthetisierendes Gewebe zu bekommen. Außerdem waren die Arbeiten stark von der Jahreszeit abhängig. Versuche, das Gewebe zu homogenisieren, um zu einem zellfreien proteinsynthetisierenden System zu kommen, scheiterten daran, daß die Homogenate »zu klebrig« waren, um mit ihnen problemlos im Reagenzglas zu arbeiten.[63] So waren es also technische Zwänge, nicht das Scheitern des Experiments, die es ausschlossen, dem exotischen Weg der Seidenwürmer zu folgen. Die Huntington Laboratorien waren traditionell ein Ort für solche eher ungewöhnlichen Versuche: In Joseph Aubs Forschungsprogramm über die Wachstumsprozesse kam sogar die Untersuchung sprießender Hirschgeweihe vor.

Beim näheren Blick auf das Huntington Hospital der frühen Nachkriegsjahre gewinnt man den Eindruck eines Netzwerks experimenteller Aktivitäten, die zwar in ihrer Stoßrichtung und Reichweite alle leicht unterschiedlich und nur lose miteinander verknüpft waren, auf die eine oder andere Weise jedoch sämtlich mit malignem Wachstum und Proteinstoffwechsel zu tun hatten. Das Netzwerk beschränkte sich nicht auf das Team von Zamecnik; es schloß Aubs Arbeitsgruppe ein, die einer

Vielzahl von Wachstumsphänomenen nachging, und erstreckte sich auch auf den klinischen Bereich. Die technische und institutionelle Einbettung in das Krebsprogramm wurde nicht abrupt aufgegeben, sondern mit beträchtlichem Aufwand weiterbetrieben. Auch wenn jeder der Forscher in den Huntington Laboratorien in erster Linie an seinen eigenen Projekten arbeitete, tauschten sie doch ihre Kenntnisse, die ein breites Fächerspektrum spiegelten, untereinander aus. Auf diese Weise konnte eine ganze Palette an disziplinären Fachkenntnissen zusammengeführt und nutzbar gemacht werden.[64] Die Beteiligten hofften, daß ein neues Forschungsidiom entstehen würde, getragen von einem Fächer miteinander verbundener Talente, die sich aus dem klinischen und dem nicht-klinischen Bereich gleichermaßen rekrutieren sollten.

Zamecnik war es gelungen, eine sich regelmäßig erneuernde Gruppe von Experten aus verschiedenen, sich überlappenden Forschungsgebieten in einen lockeren Zusammenhang zu bringen; sie waren, wie sich Hoagland ausdrückte, in eine »freiwillige« Zusammenarbeit integriert, ohne an eine strikte Zuweisung von Aufgaben gebunden zu sein.[65] Für Mary Stephenson war es ein »glückliches Labor«; und es war – so Nancy Bucher – ein »demokratischer Ort«.[66] Zamecnik hatte ein Team um sich versammelt, das auf verschiedene Fertigkeiten und Vorerfahrungen zurückgreifen konnte, und er konzentrierte diese auf die schrittweise Entwicklung eines Experimentalsystems, das mit der Zeit die Achse seiner Fortentwicklung durch die Ergebnisse auszurichten begann, die es selbst hervorbrachte. Robert Loftfield hat das Gleichgewicht zwischen den vereinten Anstrengungen der Gruppe und der Unabhängigkeit jedes einzelnen Mitarbeiters mit einer paradox anmutenden Formulierung unterstrichen: Es war eine »fest verbundene lockere Gruppe«. Diese Art der Bindung begünstigte ein wissenschaftliches Klima, das durch hohe Sensibilität für unvorwegnehmbare Ereignisse und für unerwartete Effekte gekennzeichnet war, die an irgendeiner Stelle auftreten und für etwas wichtig werden konnten, was an anderer Stelle vor sich ging. Loftfield hat in diesem Zusammenhang auch einmal von der »diffusiven Kraft des Labors« gesprochen.[67] Zamecnik hatte ein Gespür dafür, wieviel Identität, Stabilität, operationale Festlegung und Zusammenarbeit ein System braucht, um als Basis für die Produktion unvorwegnehmbarer Ereignisse zu dienen. Er achtete auf die Signale, die auftauchten, wo niemand sie erwartet hatte und ging ihnen so lange und unter so vielen Gesichtspunkten nach, bis sie entweder als Rauschen verschwanden oder als unerwartete epistemische Dinge Gestalt annahmen.

Krebsforschung: Ein Abschluß

Auf einem Symposium in Cold Spring Harbor 1949 brachte Zamecnik eine alternative Verknüpfung der Krebsforschung mit der Synthese von Proteinen zur Sprache.[68] Er äußerte die Vermutung, daß karzinogene Stoffe Enzyme verändern könnten, die ihrerseits zur Synthese veränderter Proteine und/oder zur Synthese veränderter Gene führen würden. Diese würden dann veränderte Apoenzyme liefern und diese wiederum die modifizierten Proteine reproduzieren. Wenn die Annahme stimmte, war zu erwarten, daß die Aminosäure-Zusammensetzung der Proteine aus malignem Gewebe sich von derjenigen der Proteine aus normalem Gewebe unterscheidet. Dies festzustellen würde eine praktikable Methode zur Trennung *sämtlicher* Aminosäuren eines Proteinhydrolysats voraussetzen. Die Stärkesäulen-Chromatographie erschien dafür am vielversprechendsten.[69] Die Ergebnisse einer entsprechenden Analyse waren jedoch enttäuschend. Von unbedeutenden Ausnahmen abgesehen war das Verhältnis zwischen den verschiedenen Aminosäuren in normalem und in bösartigem Gewebe dasselbe. Die wenigen signifikanten Unterschiede, die in Experimenten mit Lebergewebeschnitten auftauchten, konnten *in vivo* nicht erhärtet werden. Zamecnik sah sich nicht in der Lage, eine »angemessene Erklärung für die Diskrepanz zwischen diesen Resultaten und denen aus den Experimenten mit Gewebeschnitten« zu geben.[70]

Es war eine Sackgasse. Kein einziges der Experimente Zamecniks, Loftfields und ihrer Mitarbeiter, in denen normales und bösartiges Gewebe verglichen wurden, hatte Differenzen erzeugt, die spezifisch genug waren, um dem weiteren Experimentierprogramm die Richtung zu weisen. Die Lebergewebeschnitt-Technik stieß an unüberwindliche Grenzen. Der Vergleich verschiedener Gewebesorten hatte zwar Unterschiede sichtbar gemacht; aber diese Unterschiede konnten mit eben der Technik, die sie zutage gefördert hatte, nicht weiter analysiert werden. Zamecnik und Frantz kamen zu dem Ergebnis: »Der Gewebeschnitt ist eine nützliche Vorbereitung für die Untersuchung des Gesamtprozesses [der Proteinsynthese], hat aber bisher wenig Information über dessen Mechanismen geliefert.«[71] Vor allem ermöglichte die Technik keine Unterscheidung zwischen den drei folgenden möglichen Mechanismen der Proteinsynthese: erstens Synthese als Umkehrung der Proteolyse, zweitens De-novo-Synthese aus Aminosäuren mittels energiereicher Phosphatbindungen, oder drittens Ausschneiden und Wiedereinsetzen von Aminosäuren in bereits existierende Proteine. Um darüber weitere Klarheit zu bekommen, schien es vielversprechend, der Spur des Frantz-

Loftfield-Miller Effekts von Dinitrophenol weiter zu folgen: Er deutete auf eine Kopplung von Phosphorylierung und Proteinsynthese hin. »Vielleicht noch wichtiger«, urteilten Zamecnik und Frantz, blieb jedoch der Einblick in »die Art und Weise, wie verschiedene peptidartige Verbindungen synthetisiert werden«.[72] Dies war der Frantz-Loftfield-Werner Ansatz zum Studium der Peptidasen. In dieser verworrenen Situation nahm Zamecnik seine Zuflucht zur Poesie: »Wir tanzen und mutmaßen im Kreis, darinnen sitzt das Geheimnis und weiß«.[73]

Im Jahr 1950 versuchte Zamecnik, in einem Überblicksartikel für *Cancer Research* die bisherige Arbeit in größerem Zusammenhang darzustellen.[74] Die Gewebeschnittexperimente widersprachen einander in mehrerlei Hinsicht, und es war schwer, sie kohärent zu interpretieren. *In vivo* ergab eine ausgeglichene Mischung sämtlicher Aminosäuren, einschließlich der radioaktiven, die besten Resultate. Das »unterschied sich deutlich von den Resultaten der In-vitro-Gewebeschnittexperimente«, bei denen eine solche Mixtur nicht notwendigerweise vorhanden sein mußte.[75] Bei den Experimenten mit Gewebeschnitten war die Rate des Aminosäureeinbaus um mindestens eine Größenordnung geringer als beim intakten Organ, und es gab bis dahin nicht den geringsten Hinweis darauf, daß in diesen Experimenten überhaupt komplette Proteine erzeugt wurden.

Eine Bewertung der wenigen Berichte über den zellfreien Aminosäureeinbau in Homogenaten wurde durch sich verdichtende Hinweise darauf kompliziert, daß andere Stoffwechselvorgänge mit dem interferierten, was bis dahin für »reguläre« Proteinsynthese gehalten worden war.[76] Gegenüber den Gewebeschnitten litten diese Experimente außerdem unter einer weiteren substantiellen Verlangsamung der Einbaurate.[77] Zusätzlich kam es zu einer dramatischen Verkürzung der Zeit, in der das Homogenat aktiv war. Zamecnik hatte den Eindruck, daß die »Interpretation dessen, was bei den Einbauversuchen in Homogenaten abläuft, bisher unklar geblieben ist«, und daß »der Terminus ›Einbau‹ mehrere voneinander unabhängige Prozesse abdeckt, durch die Aminosäuren und Proteine in einer chemischen Bindung eng assoziiert werden«.[78] Es schien ihm daher zwingend geboten, die Entscheidung offenzuhalten und weiterhin sorgfältig auf die Unterschiede zwischen Experimenten mit lebenden Tieren, Gewebeschnitten und Homogenaten zu achten. Die Huntington-Gruppe war in die vorderste Reihe derer aufgestiegen, die mit der Gewebeschnitt-Technik arbeiteten. Andere hatten die ersten Schritte in Richtung der Homogenisierung getan, und Zamecnik registrierte aufmerksam die Fallen, in denen sie steckenblieben.

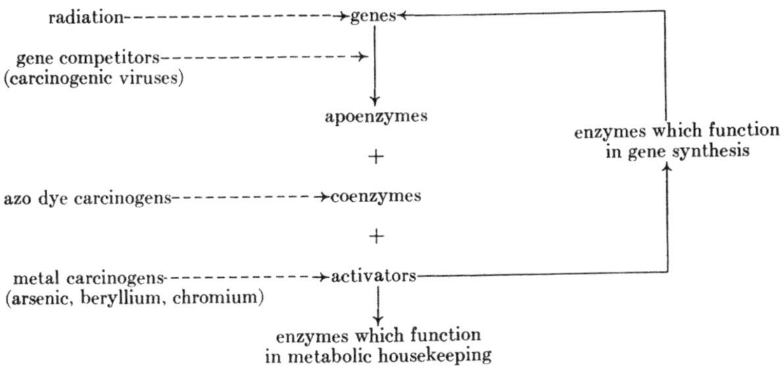

Abb. 2.3: Mögliche Angriffspunkte karzinogener Stoffe. Aus Zamecnik 1950, dort Abb. 1.

Trotz dieser Schwierigkeiten versuchte Zamecnik, seine experimentelle Arbeit in einen theoretischen Rahmen einzupassen. In einem Versuch, die möglichen Wirkungsweisen karzinogener Stoffe unter einen »einheitlichen Gesichtspunkt« zu bringen, entwarf er ein Diagramm, in dem auch »Gene« auftauchten, die bisher nirgendwo in seinem experimentellen Diskurs vorgekommen waren (vgl. Abb. 2.3). Die Produkte dieser Gene sollten dann entweder im »Stoffwechsel-Haushalt« oder bei der »Gensynthese« beteiligt sein – womit die Rückkopplungsschleife geschlossen war.

Das Diagramm unterstellt, wie Zamecnik erläuterte, daß »Gene – hier aufgefaßt entweder als nukleinsäurehaltiges Kern- oder als Zytoplasmamaterial, das mit der erblichen Weitergabe biochemischer Charakteristika zu tun hat – die Synthese von Apoenzymen ›steuern‹, d.h. der Synthese des Proteinanteils von Enzymen, die dann in einem geeigneten Ionenmilieu durch Verbindung mit einem Koenzym zum aktiven Katalysator werden«.[79] Krebs-induzierende Stoffe waren an den Stellen in das Diagramm eingefügt, an denen sie vermutlich ihre Wirkung ausübten. Das Schema deutete, wie Zamecnik sich ausdrückte, eine »Gerichtetheit« an, die von den Genen zu den Enzymen lief, und es ging davon aus, daß bestimmte Enzyme ihrerseits die »Synthese« von Genen beeinflußten. Dennoch heißt es bei der Interpretation vorsichtig sein: Dieses Diagramm ist nicht als Reaktionsschema biochemischer Zwischenprodukte bei der Enzymsynthese oder gar als molekularer Informationsfluß zwischen Genen und Genprodukten zu interpretieren. Es ist zunächst und vor allem ein *Überblicks*-Schema; es soll zeigen, wie krebserregende Stoffe den grundlegenden Stoffwechsel der Zelle affizieren, und wie ihre Wirkung dann an weitere Generationen von Zellen »vererbt« werden könnte; die konkreten Auswirkungen dieser Stoffe auf die Proteinsynthese sind der Abbildung nicht zu entnehmen. Da hier mutmaßliche Gebilde wie Gene, Apoenzyme, Koenzyme, Aktivatoren und ihre regulatorischen Beziehungen in einer Art Rückkopplungsschleife dargestellt sind, fehlen auch die zugrundeliegenden – ihrerseits mutmaßlichen – biochemischen Prozesse. Die Proteinsynthese ist in dem Schema, paradox formuliert, präsent durch ihre Abwesenheit. Die formale Darstellung möglicher Ursachen und Auslöser für beschleunigtes Wachstum – die »zweite Geschichte«, wie Zamecnik es 1950 sah – scheint in keiner Beziehung zu den ihr zugrundeliegenden Vorgängen zu stehen, zu der »ersten Geschichte«, d.h. den »eigentlichen Mechanismen der Proteinsynthese«.[80]

Abbildung 2.3 ist also eine angemessene Darstellung des Stands der Dinge um 1950. Die Experimente hatten ergeben, daß die Proteinsynthese in Tumoren beschleunigt abläuft, aber sie gaben keine Auskunft über die Ursache des beschleunigten Wachstums. Als Synopse verdichtet Abbildung 2.3 das gesamte Spektrum der Krebsforschung am Huntington Hospital um 1950. Aber sie bringt zugleich zum Ausdruck, wie wenig diese Art »müßiger« theoretischer Konzeptualisierung in der Lage war, der experimentellen Erforschung der Proteinsynthese eine Orientierung zu geben.

KAPITEL 3

Ein In-Vitro-System der Proteinsynthese entsteht, 1949-1952

In welche Richtung das Experimentalsystem weiterzuentwickeln wäre, um die »erste Geschichte« anzugehen – also die Geschichte der »Mechanismen der Proteinsynthese« –, war keineswegs ausgemacht. Sollte man »logisch« von ganzen Tieren zu isolierten Organstücken voranschreiten, von dort zu Zellhomogenaten und schließlich zu reduzierten Modellsystemen aus einzelnen Komponenten solcher Homogenate? Da es mit Tierversuchen und mit Gewebeschnitten aufgrund der vorliegenden Ergebnisse offensichtlich nicht getan war, blieben Homogenate und Modellsysteme als Optionen. Aber etwas ging hier nicht ganz auf. Zamecnik hielt Homogenate beim gegenwärtigen Stand der Dinge für »biochemischen Sumpf, in dem man nur mit Mühe festen Grund unter die Füße bekommt«.[1] Mit »einfacheren Systemen« oder Modellsystemen wiederum hatte man das Problem, »wie man das Ereignis interpretieren soll, das mittels des Markierungsvorgangs aufgezeichnet wurde«.[2] Offensichtlich garantierte Einfachheit nicht von selbst auch schon die Angemessenheit des Experimentalmodells. Die Lösung mußte irgendwo zwischen Sumpf und Simplizität liegen. Als er seinen Überblicksartikel an *Cancer Research* schickte, erwähnte Zamecnik nicht, daß in seinem Labor Elizabeth (Betty) Keller und Philip Siekevitz schon dabei waren, in diese Richtung erste Schritte zu unternehmen. Statt dessen fügte er der Fahnenkorrektur einen Nachtrag an, in dem er zwei Berichte über enzymatische Transpeptidierung und Transamidierung erwähnte und mit der Vermutung schloß, die Proteinsynthese könnte sich als Zweischritt-Verfahren herausstellen: In einem ersten Schritt würden einzelne Peptide unter Einsatz energiereicher Phosphatbindungen gebildet, in einem zweiten könnte dann eine enzymatische Transpeptidierung mit geringem zusätzlichem Energieaufwand erfolgen.[3] Indem er so die möglichen Alternativen für den Mechanismus der Proteinsynthese – Umkehrung der Proteolyse, Austausch von Aminosäuren oder Peptiden und schließlich die Verwendung energiereicher Phosphatbindungen – miteinander kombinierte, hielt er sich für den Augenblick sämtliche theoretischen Optionen offen.

Ein Forschungsprozeß ist ein Vorgang, in dem sich Dinge ereignen können, die in der Regel weder im Rahmen eines theoretischen Systems vorherzusagen sind noch zwangsläufig aus dem praktischen System des

Experimentierens hervorzugehen brauchen. Dementsprechend ist der Entwurf von Experimenten nicht notwendig durch Theorie determiniert, aber der Entwurf von Theorien auch nicht notwendig durch Experimente beschränkt.[4] Dieses wechselseitige Nicht-Zusammenpassen ist einer der wesentlichen Faktoren, die den Experimentalprozeß zu einem Forschungsvorgang machen. In der gerade beschriebenen Situation war sich Zamecnik nicht nur im unklaren darüber, auf welche von den theoretischen Alternativen er sich festlegen sollte, er wußte ebensowenig, welches Experimentalsystem für eine Entscheidung zwischen den möglichen Mechanismen letztlich hilfreich sein könnte. Die vorhandenen Optionen waren dabei alles andere als konsolidiert. Das auf Lebergewebeschnitten basierende System baute zwar Aminosäuren in Proteine ein. Aber es sagte nichts über den zugrundeliegenden molekularen Vorgang aus. Das Lebergewebesystem hatte einen einzigen Fingerzeig gegeben – das war seine Reaktion auf Dinitrophenol. Im Rahmen des bestehenden Systems konnte ihm aber nicht weiter nachgegangen werden; dazu wäre eine physische Trennung der Prozesse der Oxidation und Phosphorylierung nötig gewesen. Die experimentellen Alternativen – Zellhomogenate und einfachere Modellsysteme für die Bildung von Peptidbindungen – waren ihrerseits ziemlich schwache Kandidaten, wenn es um den Nachweis dessen ging, was in der intakten Zelle abläuft. Das Homogenat schließlich führte in einen »biochemischen Sumpf«, der nur schwer trockenzulegen sein würde. Einfache Modellsysteme konnten sich leicht als ganz und gar artifiziell herausstellen: Sie modellierten entweder einen Vorgang, der sich womöglich im normalen Stoffwechsel gar nicht ereignete, oder sie stellten eine Nebenreaktion in den Vordergrund, die gar nichts mit der Proteinsynthese zu tun hatte.

Zamecniks Strategie bestand wieder einmal darin, ein Abtasten aller Möglichkeiten zu organisieren. Ein Teil der Gruppe setzte die Arbeit mit einfachen Modellsystemen fort. Andere Mitarbeiter hingegen machten sich daran, den biochemischen Sumpf zu entwässern. Sie verfolgten dabei eine raffinierte Doppelstrategie: Sie kombinierten eine Verabreichung von Aminosäuren *in vivo* und anschließende Fraktionierung mit der vorgängigen Fraktionierung eines Rattenleber-Zellhomogenats und nachträglicher Zugabe von Aminosäuren.

Einfache Modellsysteme

Frantz und Loftfield setzten ihre Untersuchungen über Austauschreaktionen zwischen Peptiden und Aminosäuren unter dem Einfluß proteinabbauender Enzyme fort.[5] Daß die Proteinsynthese eine Umkehrung der Proteolyse darstellen sollte, war nach dem aktuellen Stand des Wissens nicht gänzlich auszuschließen, zumindest nicht als Erklärung für den im Reagenzglas beobachteten Einbau. Das »Multi-Enzym-Programm«, wonach sich die Proteinsynthese in der lebenden Zelle auf der Basis peptidspezifischer Enzyme abspielte, war immer noch ein weitverbreitetes Konzept, obwohl Loftfield und Frantz es nicht mehr für sehr wahrscheinlich hielten. Es bezog sein Gewicht aus der Analogie zu anderen makromolekularen Synthesen, und viele führende Biochemiker, unter ihnen Kaj Linderstrøm-Lang, Chris Anfinsen, Thomas Work und Harold Tarver waren zu Beginn der fünfziger Jahre nicht bereit, es einfach fallenzulassen.[6] Vor allem war zu bedenken, daß man Austauschreaktionen um so weniger vernachlässigen konnte, je langsamer die Inkorporation im Reagenzglas ablief.[7] Um diese Zeit gewann aufgrund der Arbeiten des Biochemikers Joseph Fruton und seiner Kollegen aus Yale, die ebenfalls mit »einfachen Systemen« arbeiteten,[8] die Rolle proteolytischer Enzyme in der Proteinsynthese erneutes Interesse.

Es hatte sich gezeigt, daß in Gewebeschnitten aus Leber die Proteinsynthese-Maschinerie weitgehend den Einbau solcher Aminosäuren verhinderte, die nicht zur Zusammensetzung regulärer Proteine gehörten. Folglich testete Loftfield proteolytische Enzyme aus Rattenleber in einem Modellsystem auf ihre hydrolysierenden Wirkungen bei natürlichen im Vergleich zu »nicht-natürlichen« Dipeptiden. Dabei stellte sich heraus, daß im Gegensatz zum Gewebeschnittsystem das Enzymsystem nicht trennscharf arbeitete: Es unterschied nicht zwischen regulär in Eiweißen vorkommenden und »nicht-natürlichen« Peptiden, im Gegenteil, es wurden alle Verbindungen mit vergleichbarer Effizienz hydrolysiert. Es lag nahe, ein solches Verhalten auch für die Umkehrreaktion anzunehmen. Loftfield gab zwar zu, daß diese Überlegung nicht »vollkommen schlüssig« war, dennoch wertete er sie als einen weiteren »Hinweis gegen die Beteiligung proteolytischer Enzyme bei der normalen Proteinsynthese«.[9] Und er brachte noch eine andere Argumentationslinie ins Spiel: Nach der spektakulären Arbeit von Frederick Sanger und Hans Tuppy aus dem Jahr 1951 über die Sequenz des Insulins mußte jedes Nachdenken über Mechanismen des Aminosäure-Zusammenbaus fortan der »absolut eindeutigen« Sequenzspezifik Rechnung tragen, wie sie für dieses Protein nachgewiesen wurde.[10] Es war kaum vorstellbar, daß eine solche Spezifik das Ergebnis der synthetischen Wirkung proteolytischer Enzyme sein könnte.

Da »einfache Systeme« als Modelle für die Proteinsynthese keine erfolgversprechenden Forschungsansätze mehr zu sein schienen, wurde die Suche nach Alternativen dringender. Die Bemühungen richteten sich nun darauf, sich dem Prozeß von der anderen Seite her zu nähern. Die Idee bestand darin, ein proteinsynthetisierendes System einzurichten, indem man ein zunächst äußerst komplexes Zellhomogenat schrittweise vereinfachte. Zamecnik folgte intuitiv dem, was Bachelard als Epistemologie der Vereinfachung beschrieb: Sie besagt, daß das Einfache nichts ist, was man als gegeben vorfindet; es ist nicht Ausgangspunkt und elementarer Baustein der Wissenschaft, vielmehr ist es immer das Ergebnis eines langwierigen Vereinfachungsverfahrens, wenn man so will, die Degeneration einer elementar komplexen Situation.[11] Man ist versucht zu glauben, daß es in diesem Fall wirklich eines Mediziners bedurfte, um die Trockenlegung des biochemischen Sumpfs in Angriff zu nehmen. Die Reinheitsstandards klassischer Proteinchemiker und erst recht die ästhetischen Ideale der Molekularbiologen hätten so manchen Forscher in eine andere Richtung gelenkt, und haben das auch tatsächlich getan. In den von Gunther Stent so genannten »strukturalistischen« und »informationellen« Schulen der frühen Molekularbiologie herrschte vielfach Verachtung gegenüber der schmutzigen Biochemie.[12] Mahlon Hoagland spricht in seiner Autobiographie von der »tiefen Kluft« in der Experimentalkultur, die von den 1950er bis in die frühen 1960er Jahre die Biochemiker von denjenigen Forschern trennte, die sich als Molekularbiologen verstanden.[13]

Die Gruppe von Forschern, die damit beschäftigt war, ein Reagenzglas-System auf der Basis von Leberhomogenaten einzurichten, folgte getreulich der Praxis des Hin- und Herpendelns zwischen dem weniger Einfachen und dem Einfacheren. Betty Keller, eine promovierte Biochemikerin, war nach ihrer Ausbildung an der Cornell University 1949 als Forschungsstipendiatin ans Huntington Hospital gekommen. Ein Jahr später begann sie, das Problem mit einem Ansatz anzugehen, der In-vivo- und In-vitro-Strategien kombinierte. Eine kurze Beschreibung ihrer ersten Experimente mag den Ansatz verdeutlichen: Lebenden Ratten wurde eine vergleichsweise niedrige Dosis markierter Aminosäuren injiziert, so daß sie Radioaktivität in ihr Leberprotein einbauten. Nach Ablauf einer bestimmten Zeit wurden die Tiere getötet, die Lebern entfernt, das Gewebe homogenisiert und der so gewonnene Brei in einer Zuckerlösung differentialzentrifugiert; dann konnte in den verschiedenen Fraktionen die in das Leberprotein eingebaute Radioaktivität gemessen werden. Es stellte sich heraus, daß der Großteil der rasch aufgenommenen Radioaktivität in der sogenannten »Mikrosomenfraktion« enthalten war, die bei 40000 x g (d.h. bei 40000facher Gravitationsbeschleunigung) in zwanzig Minuten sedimentierte; bei später abgenommenen

Proben verschwand sie aus dieser Fraktion wieder.[14] An dieser Stelle sind zum besseren Verständnis der nun folgenden Experimente einige Bemerkungen über die Frühgeschichte der »Mikrosomen« erforderlich.

Ein Exkurs über die Geschichte der Mikrosomen

Zwei Dinge verbanden sich am Ende der 1930er Jahre, um den Beginn der Auftrennung des Zytoplasmas im Reagenzglas zu markieren: die Charakterisierung eines fremdartigen Objekts, nämlich eines tumorerzeugenden Agens in der Krebsforschung; und die Einführung eines machtvollen neuen Instruments, der Ultrazentrifuge.[15]

Im Jahr 1910 hatte Peyton Rous erstmalig beobachtet, daß das Filtrat eines Hühnersarkoms, in gesunde Tiere injiziert, wieder zu Sarkomen führte.[16] Nach einigen Charakterisierungsversuchen wandte er sich anderen Dingen zu. Auch der Belgier Albert Claude, der knapp zwanzig Jahre später bei James Murphy in der Abteilung für Pathologie am Rockefeller Institute in New York versuchte, das »filtrierbare Agens« mit biochemischen Mitteln zu isolieren, sah sich zunächst von seinen Ergebnissen enttäuscht. 1936 wandte er sich schließlich der neuen Technik der Ultrazentrifugation zu, nachdem er Berichte aus England gehört hatte, wonach der Sarkom-Wirkstoff bei hoher Geschwindigkeit sedimentierte;[17] Murphy hatte Claude ermutigt, diesen Schritt zu tun, und bereits die ersten Resultate waren äußerst vielversprechend: In den Granula, die sich bei hohen Umdrehungszahlen aus dem infizierten Gewebe gewinnen ließen, lag das sarkomerzeugende Agens in einer um den Faktor 3000 erhöhten Konzentration vor; mit den bisherigen konventionellen biochemischen Methoden hatte Claude nur eine 30fache Anreicherung erzielt. Zu seiner Überraschung sedimentierte Claude jedoch in Kontrollexperimenten eine Fraktion aus normalem Hühnerembryogewebe, die in ihren chemischen und physikalischen Eigenschaften nicht von der Fraktion zu unterscheiden war, die das Agens enthielt – nur daß sie eben nicht infektiös war.

Was hatte das zu bedeuten? Zwei Interpretationen waren möglich. Entweder enthielt die Tumorfraktion neben dem angereicherten Agens selbst als hauptsächliche, aber inerte Komponente so etwas wie eine zelluläre »Vorstufe des Hühnertumor-Prinzips«. Die Idee, daß nicht ein exogenes Virus, sondern ein endogener Faktor das Hühnersarkom verursacht, war in der Tat eines der Motive gewesen, die Murphy Ende der 1920er Jahre zur Wiederaufnahme der Hühneragensforschung bewogen hatten. Die andere Möglichkeit bestand darin, daß es sich bei der stofflich überwiegenden Komponente in beiden Fraktionen einfach um »inaktive Elemente handelt, die auch in normalen Zellen vorkommen«.[18]

Es war diese zweite Möglichkeit, die Claude zuerst als Schreckgespenst verfolgte, ihn dann aber immer mehr gefangennahm und ihn schließlich innerhalb weniger Jahre von der Tumoragens-Forschung, die ihn fast zehn Jahre lang beschäftigt hatte, abbrachte – eine typische Verschiebung in der experimentellen Annäherung an ein epistemisches Objekt, verursacht durch die Einführung eines neuen Instruments in ein bereits bestehendes Experimentalsystem. Eine alternative Option war ins Spiel gekommen. Claude hatte die differentielle Ultrazentrifugation eingeführt, um ein submikroskopisches krebserzeugendes Prinzip zu isolieren. Nun versprach diese Technik, ein Werkzeug zur Fraktionierung des Zellsafts normaler Zellen zu werden – am Horizont zeichnete sich eine neue Zytologie ab.

In den folgenden zehn Jahren gelang es Claude, mit den Mitteln der differentiellen Zentrifugation das Zytoplasma in einen Darstellungsraum zu stellen, der bisher nicht verfügbar war, und der die Produktion, Charakterisierung, Isolierung und Reindarstellung subzellulärer Komponenten ermöglichte. Ungefähr hundert Jahre lang war die Zytomorphologie eine Domäne der lichtmikroskopischen Beobachtung und der dazugehörigen Methoden der Fixierung und Färbung von Präparaten gewesen. Neben dem Kern, dem hervorstechendsten Merkmal der eukaryotischen Zelle, hatte man in einer basophilen und – wie man einige Jahrzehnte lang annahm – mehr oder weniger homogenen zytoplasmatischen Grundsubstanz, für die sich der Ausdruck »Ergastoplasma« eingebürgert hatte,[19] körnige Strukturen oder »Mitochondrien« sichtbar gemacht.[20] Claudes neuer Ansatz wurde anfänglich von vielen traditionell eingestellten Zytologen und Histologen als ein Vorgehen belächelt, das höchstens zu einer Art »Zellmayonnaise« führen könne.

Auf einem Symposion in Cold Spring Harbor im Jahr 1941, das dem Thema »Gene und Chromosomen« gewidmet war, berichtete Claude über seine neuen Arbeiten. Die Einordnung seiner Ergebnisse in diesen genetischen Kontext ist aus heutiger Sicht erstaunlich. Sie erinnert uns aber an den wissenschaftlichen Kontext, in dem diese erste Generation isolierter, kleiner Partikel des Zytoplasmas Resonanz fand und Identität annahm – den Kontext der zytoplasmatischen Vererbung mit ihren »Plasmagenen« im Gegensatz zur Kern-Vererbung mit ihren Chromosomen. Claude identifizierte seine »kleinen Partikel«, die sich nach einer Stunde Zentrifugation bei 18000 x g am Boden des Reagenzglases absetzten, zunächst mit den zytologisch bereits gut charakterisierten Mitochondrien[21] oder mit Fragmenten derselben. [22] Ihre Größe lag knapp unterhalb des Auflösungsvermögens des Lichtmikroskops, aber noch im Bereich eines

Dunkelfeld-Mikroskops, in dem die Partikel als Cluster von kleinen reflektierenden Punkten erschienen. Ihre chemische Zusammensetzung gab Anlaß zu weitergehenden Vermutungen, enthielten sie doch neben Lipiden, die ungefähr die Hälfte der Masse ausmachten, Proteine und außerdem beträchtliche Mengen an Ribonukleinsäure (RNA).

Die chemische Zusammensetzung dieser Zytoplasmapartikel, vor allem aber ihr Gehalt an RNA, erregte bald die Aufmerksamkeit Jean Brachets an der Freien Universität Brüssel. Brachet hatte sich in den vorangegangenen zehn Jahren auf die Entwicklung differentieller histochemischer Färbemethoden konzentriert; insbesondere ging es ihm um die Quantifizierung der DNA- und RNA-Anteile in Geweben verschiedener Tierarten. Diese Untersuchungen dienten dem Ziel, einen chemischen Zugang zur Embryogenese zu bekommen und mittels zytobiochemischer Techniken die Wechselwirkungen zwischen Kern und Zytoplasma aufzuklären.[23] In Zusammenhang mit seinen Arbeiten über die Entwicklung von Seeigel-Eiern hatte Brachet in den 1930er Jahren das universelle Vorkommen von RNA im Organismenreich nachgewiesen; bis dahin war man davon ausgegangen, daß RNA nur in pflanzlichen Zellen und in gewissem Ausmaß in der Bauchspeicheldrüse vorkommt.[24] Durch Kombination des RNA-Abbaus mit einem spezifischen RNA-Färbungsverfahren auf der Basis von Methylgrün-Pyronin war Brachet zu dem Schluß gekommen, daß RNA vorzugsweise in den nukleolaren Strukturen der Kerne sowie im Ergastoplasma anzutreffen ist, und daß Zellen, die aktiv mit der Synthese von Proteinen beschäftigt sind, besonders viel RNA enthalten.[25] »Es liegt der Schluß nahe«, erklärte Brachet im Rückblick auf diese Untersuchungen im Jahr 1942, »daß die Pentosenukleinsäuren an der Synthese von Proteinen beteiligt sind. Wenn auch der Mechanismus ihrer Mitwirkung noch im dunkeln liegt, so stimmt diese Schlußfolgerung doch mit sämtlichen Fakten überein, die man bisher hat feststellen können.«[26] Torbjörn Caspersson in Stockholm war mit der Technik der Ultraviolett-Absorptionsmessung von Nukleinsäuren zur gleichen Zeit im wesentlichen zu demselben Schluß gekommen.[27]

Das war der Punkt, an dem, wie bereits erwähnt, Brachet auf Claudes Arbeit über »kleine zytoplasmatische Partikel« stieß. Aber es gab noch eine weitere Koinzidenz. André Gratia, einer von Brachets Kollegen in Lüttich, hatte zusammen mit André Paillot von der Station de zoologie agricole du Sud-Est de Saint-Genis-Laval (Rhône) zufällig eine Beobachtung ganz ähnlich derjenigen gemacht, die Claude auf die Spur der zytoplasmatischen Partikel gebracht hatte – obwohl Paillot mit einem völlig anderen Experimentalsystem arbeitete: Seine Untersuchungen hingen mit der französischen Seidenindustrie zusammen. Gratia und Paillot untersuchten mit Hilfe einer luftgetriebenen Henriot-Huguenard-Zentrifuge das Virus, das die Gelbsucht bei der Seidenraupe verursacht. Als sie das vermutete Virus aus dem Zellhomogenat herauszentrifugierten, stießen sie ebenfalls auf identische kleine Granula in den gesunden Kontrollzellen – nur waren diese eben auch nicht infektiös.[28]

Gratias Arbeit hatte die technische Brauchbarkeit von Henriots luftgetriebenem Apparat für die zentrifugale Fraktionierung von tierischem Gewebe erwiesen. Emile Henriot war Professor für Physik an der Universität Brüssel, und er hatte im Keller seines Instituts einen Protoyp seiner Zentrifuge stehen, die er zur Messung der Lichtgeschwindigkeit in verschiedenen Medien benutzte. Brachet und sein Kollege, der Tierphysiologe Raymond Jeener, die ihre Kräfte und ihre jeweils rudimentäre Ausrüstung zu gemeinsamer Arbeit zusammengetan hatten, erhielten Zugang zu Henriots Apparat. Zusammen mit Brachets Doktorand, dem Biochemiker Hubert Chantrenne, starteten sie ein Programm zur Isolierung von, wie sie es nannten, »zytoplasmatischen Partikeln von makromolekularer Dimension«.[29] Trotz der Besetzung Belgiens durch Deutschland im Mai 1940 konnte die Gruppe mit Hilfe von Henriots kleinen, aber sehr schnelldrehenden Rotoren (der eine erreichte 45000, der andere 75000 Umdrehungen pro Minute) noch eine beachtliche Vielfalt von Geweben verschiedener Tiere analysieren. Die Arbeitsbedingungen wurden jedoch zunehmend schwieriger. Jüdischen Professoren und vielen ihrer antifaschistischen Kollegen wurden öffentliche Tätigkeiten untersagt. Die Universität selbst blieb noch ein Jahr lang geöffnet; der Unterricht wurde im November 1941 unterbrochen, im Frühjahr 1942 wurden die Räume von den Besatzern in Beschlag genommen. Jeener und Chantrenne konnten nach Lüttich ausweichen. Brachet fand Aufnahme im Institut des Fermentations du Brabant, wurde aber im Dezember 1942 verhaftet und erst im Frühjahr 1943 wieder freigelassen, ohne fortan die Möglichkeit zu haben, seine experimentellen Arbeiten weiterzuführen.[30]

In den Jahren 1943-45 veröffentlichten Brachet, Chantrenne und Jeener eine Reihe von vorläufigen Zusammenfassungen ihrer Arbeit und kamen dabei im wesentlichen zu dem Ergebnis, daß in reifen Zellen praktisch die gesamte zytoplasmatische RNA in den makromolekularen Granula enthalten war. Darüber hinaus waren diese Körnchen von einer Masse von Enzymen umgeben, die entweder hydrolytische oder respiratorische Funktionen erfüllten. Brachet vermutete – den verbreiteten Vorstellungen von der Proteinsynthese als Umkehrung der Proteolyse folgend –, daß die auf den Granula vorhandenen Atmungsenzyme die notwendige Energie in den Syntheseprozeß einschleusten, wogegen die hydrolytischen Enzyme, darunter mehrere Peptidasen, in Umkehrung ihrer gewöhnlichen Funktion Peptidbindungen knüpfen würden. Um die Reaktion in die Syntheserichtung zu lenken, dachte er der RNA die Aufgabe zu, die synthetisierten Peptide einzufangen und sie damit sukzessive aus dem Gleichgewicht zu entfernen. Diese Ideen stützte er durch die zusätzliche Beobachtung, daß bei spezialisierten Zellen, wie z.B. den Insulin produzierenden Zellen der Bauchspeicheldrüse oder den Hämoglobin produzierenden Blutzellen, beträchtliche Anteile der jeweils zellspezifischen Proteine bei der Zentrifugation zusammen mit den zytoplasmatischen Partikeln anfielen.

Mit Blick auf die Masse an Informationen, die aus einem Jahr Arbeit mit der Hochgeschwindigkeits-Zentrifugation gewonnen worden waren, äußerte Brachet seine Zweifel an Claudes Hypothese einer Identität zwischen den RNA enthaltenden Granula und den Mitochondrien. Er kam jedoch nicht mehr dazu, sie in weitere Fraktionen aufzutrennen, was an »kriegsbedingten Schwierigkeiten und mangelnder Ausrüstung« lag, wie er später erläuterte.[31]

Anders war es bei Claude. Zu der Zeit, als Brachet und seine Kollegen ihre Ergebnisse veröffentlichten, hatte Claude die anfängliche Gleichsetzung seiner Partikel mit den Mitochondrien bereits aufgegeben. Unter leicht veränderten Puffer- und Zentrifugationsbedingungen enthielt das resuspendierte Partikelsediment offensichtlich keine körnigen Bestandteile von der geschätzten Größe von Mitochondrien mehr. In einem Akt von Anabaptismus gab Claude den kleinen Partikeln einen neuen Namen und nannte sie ab 1943 »Mikrosomen«.[32] Nach dem kurzen Leben seiner Partikel als Mitochondrien hatte Claude einige Verwirrung zu beseitigen, zumindest hinsichtlich der Terminologie. Er tat dies, indem er einen plastischen Ausdruck wählte, der dieses Mal, so glaubte er, den Vorteil haben würde, »unverfänglich« zu sein, denn er bezog sich nur auf die Größe der Granula, und auch das nur in allgemeiner Form.[33] Aber Claude hielt an der Idee fest, daß diese kleinen Partikel jedenfalls die Vorläufer von größeren sein und in späteren Stadien des zellulären Lebenszyklus zu Mitochondrien auswachsen könnten, und daß sie möglicherweise sogar zur Selbstreproduktion fähig waren. Ganz offensichtlich wollte er sich die Option offenhalten, daß seine Partikel als eine Art »Plasmagene« Anschluß fanden an die damals allgemein und hitzig geführte Debatte über plasmatische Vererbung, an der er allerdings selbst nicht aktiv teilnahm.

Es ist nicht schwer, heute im Rückblick festzustellen, daß die Ultrazentrifuge in den späten 1930er und frühen 1940er Jahren das richtige Werkzeug für die strukturelle Zerlegung des Zytoplasmas war. Anfänglich jedoch erzeugte sie eher Verwirrung, als daß sie zur Klärung der im

Raum stehenden Fragen beigetragen hätte. Ein Jahrzehnt mußte vergehen, bis die neue Technik standardisiert und der neue Repräsentationsraum an das traditionelle zytologische und biochemische Wissen angeschlossen war.

Diese Arbeit war das Werk von Claude, und sein Name verband sich dadurch mit dem neuen epistemischen Objekt, den Mikrosomen. In Zusammenarbeit mit einigen Biochemikern, Zytochemikern und Enzymologen vom Rockefeller Institute, unter ihnen vor allem Rollin Hotchkiss, George Hogeboom und Walter Schneider, gelang es Claude – durch die kriegsbedingten Schwierigkeiten kaum behindert –, allgemein anwendbare Bedingungen für die quantitative Trennung mitochondrialer und anderer zytoplasmatischer Vesikel von den Mikrosomen auszuarbeiten und die Fraktionen einer, wie die Gruppe es nannte, »biochemischen Kartierung« zu unterwerfen, das heißt einer Art Enyzm-Kartographie.[34] Dieser Spur folgend kamen Claude und seine Kollegen vom Rockefeller Institute zu dem Schluß, daß die Mehrzahl der Atmungsenzyme zu den Mitochondrien gehörten. Der entscheidende technische Durchbruch in dieser Richtung stellte sich erst nach Jahren mühsamer Optimierung der Sedimentationsbedingungen ein. Der Schlüssel zum Erfolg waren Saccharose-Lösungen.[35] Das Enzymmuster, das die Mikrosomen zeigten, erwies sich im Gegensatz zu dem der Mitochondrien als unergiebig: Es war irregulär und gab keinen Anlaß zu weitergehenden funktionellen Überlegungen. Was die mögliche Funktion der Mikrosomen anging, schien Claude noch 1948, als er seine Harvey-Vorlesung hielt, völlig ratlos zu sein. Er spekulierte ziemlich vage über eine mögliche Beteiligung an einem »anaerobischen Mechanismus«; auch mochten sie »Zwischenstufen im Energietransfer für verschiedene Synthesereaktionen« sein.[36] Obwohl Claude Brachets Hypothese einer Mitwirkung der Partikel bei der Proteinsynthese erwähnte, schien er doch von dessen Überlegungen nicht überzeugt zu sein. Jedenfalls bemühten sich weder Claude noch seine Kollegen in der Zeit um 1950 darum, die funktionellen Aspekte der Mikrosomen weiter aufzuklären, soweit man dies jedenfalls aus den veröffentlichten Arbeiten ersehen kann.

Brachets Gruppe in Brüssel konnte ihre reguläre Experimentiertätigkeit erst nach der Befreiung Belgiens Ende 1944 fortsetzen. Chantrenne nahm seine Arbeit im Sommer 1946 wieder auf. Er machte sich daran, die Größe und Regelmäßigkeit der »Makromoleküle« näher zu charakterisieren, für die sich Claudes Terminus Mikrosomen inzwischen eingebürgert hatte. Chantrenne untersuchte Mäuseleber-Homogenate; mit seiner improvisierten luftgetriebenen Henriot-Huguenard-Zentrifuge brachte er es unter verfeinerten Sedimentationsbedingungen auf fünf verschiedene Fraktionen. Ihre Eigenschaften veranlaßten ihn, die scharfe Dichotomie zwischen Mitochondrien und Mikrosomen, die von den Rockefeller-Forschern behauptet worden war, in Frage zu stellen. Obwohl Chantrennes Fraktionen sich in ihrer Zusammensetzung graduell voneinander unterschieden – in ihrem RNA-Anteil ebenso wie in ihrer Enzymausstattung – wiesen sie qualitativ doch durchaus vergleichbare Merkmale auf. Chantrenne kam zu dem Schluß, daß »man anscheinend die Granula in so viele Gruppen unterteilen kann wie man will, und nichts in unseren Experimenten oder Beobachtungen weist darauf hin, daß es saubere Grenzziehungen zwischen den verschiedenen Gruppen von Partikeln gibt«.[37] Das einzige klare Ergebnis war, daß die Partikel, je kleiner sie waren, um so höhere Anteile an Ribonukleinsäure enthielten. In Fortsetzung seiner Überlegungen über »freie« RNA im Hefe-Zytoplasma, die er noch vor der kriegsbedingten Unterbrechung seiner Arbeit angestellt hatte, erwog er jetzt, daß dieses Partikel-Kontinuum einen allmählichen Wachstumsprozeß widerspiegelte, und daß »anfänglich freie Ribonukleinsäure sich im Verlauf der Entwicklung allmählich mit sedimentierbaren Partikeln verbindet«.[38] Verdankten sich die Mikrosomen also, jedenfalls soweit es ihre Identität als Partikel betraf, lediglich willkürlichen Schnitten in ein zytoplasmatisches Kontinuum? Ihre Grenzen schienen eher den Zentrifugationsbedingungen geschuldet zu sein als selbst irgendeine klar bestimmbare biologische Bedeutung zu haben.

Brachet selbst ging weiter der Idee nach, die Mikrosomen könnten eine Rolle bei der Gewebedifferenzierung während der Embryogenese spielen. Die Analogie zu RNA-Viren und die Idee der plasmatischen Vererbung war bei seiner Darstellung der RNA enthaltenden Makromoleküle nicht nur im Hintergrund präsent, sondern als ganz explizite Perspektive. Zusammen mit John R. Shaver von der University of Pennsylvania begann Brachet ein Programm zur Überprüfung der möglichen morphogenetischen Aktivität dieser Granula bei der Induktion des Nervensystems zu entwickeln. Als erstes injizierte er isolierte Mikrosomen von verschiedenen embryonalen Geweben in sich teilende Eizellen von Amphibien. So verführerisch die Vermutung war, die Mikrosomen könnten bei der Neurogenese eine Rolle spielen, so konnte Brachet nach einer langen Reihe von mühseligen Versuchen doch nur feststellen, daß »unsere Resultate bisher negativ waren«.[39]

Claude und Brachet können beide als Pioniere der Mikrosomen gelten; deren mechanistisches Geheimnis, d.h. ihre biologische Funktion, wurde jedoch in der Dekade, die wir hier betrachten – den fünfziger Jahren – ohne ihr Mitwirken aufgedeckt. Während Brachets Gruppe immer noch aktiv am Geschehen beteiligt war, brach Claude seine Arbeit über Mikrosomen ab, als er 1949 nach Belgien zurückkehrte. Brachet hingegen scheint von der Möglichkeit der Beteiligung der RNA bei der Proteinsynthese besessen gewesen zu sein. Sein vorwiegendes Interesse an der Morphogenese veranlaßte ihn jedoch dazu, sich auf überaus komplexe embryologische Zusammenhänge zu konzentrieren, deren Verfolgung vom Kern der Proteinbiosynthese eher wegführte.

Experimentelle Bestätigungen für Brachets Vermutung, daß die Mikrosomen bei der Proteinsynthese eine Rolle spielten, ergaben sich erst aufgrund der einsetzenden Arbeiten mit isotopenmarkierten Aminosäuren von Henry Borsook am Caltech, Tore Hultin in Schweden sowie Norman Lee und Robert Williams in Harvard.[40] Betty Kellers Experimente in Zamecniks Labor ergaben wichtige zusätzliche Hinweise auf »die Bedeutung der Mikrosomen beim Prozeß des Aminosäureeinbaus«.[41] Die Experimente stimulierten die Bemühungen, die Proteinsynthese in einem vollständig fraktionierten Reagenzglas-System darzustellen. Wenn eine solche In-vitro-Darstellung Sinn haben sollte, mußte sie allerdings zur Situation *in vivo* ins Verhältnis gesetzt werden. Von einem gekoppelten In-vivo/In-vitro-Vorgehen erhofften sich Zamecnik und Keller interne, experimentell konvertierbare Referenten, die es erlaubten, mögliche Artefakte in Schach zu halten. Der drohenden Gefahr, daß durch Homogenisierung rein künstliche Arrangements hergestellt wurden, sollte durch eine Strategie des Hin- und Herpendelns zwischen einem vereinfachten, durchsichtigeren und dem komplexen, aber opaken System begegnet werden.

In der traditionellen Epistemologie herrscht Einigkeit darüber, daß Experimente Theorien entweder bekräftigen oder widerlegen, und daß umgekehrt Theorien bestimmte Experimente entweder nahelegen oder uninteressant erscheinen lassen. Hier dagegen sehen wir ein anderes epistemisches Prinzip am Werk. Nicht Theorie und Experiment, sondern verschiedene experimentelle Praktiken werden aufeinander abgestimmt. Eines der in den biologischen Wissenschaften wichtigsten Verfahren, solche Resonanz zu erzeugen, ist die Überlagerung von In-vivo- und In-vitro-Befunden. Das empiristisch/positivistische Mißverständnis solcher Stabilisierungs- und »Triangulations«-Verfahren[42] liegt in der Annahme, die Natur selbst stünde als letzte Instanz für solche Resonanzen im voraus immer schon zur Verfügung. Das theoretizistisch/konstruktivistische Mißverständnis liegt dagegen in der Annahme, daß Stabilisierungen letztlich auf der Ebene von Paradigmen stattfinden, die einer Wissenschaft zumindest in einer bestimmten historischen Phase Kohärenz verleihen. Im hier beschriebenen Fall basiert die Verstärkung jedoch auf der Herstellung interner Referenten, die experimentelle Handlungen aufeinander beziehbar machen, die keineswegs stabil sein müssen, aber doch vorläufig verläßlich genug, um den nächsten Schritt zu ermöglichen. Aus eben diesem Grund ziehe ich die Vorstellung einer Resonanz der konstruktivistischen Stabilisierungsmetapher vor.[43]

Ein aktives Homogenat

In erster Linie ging es darum, ein Homogenat zu erhalten, in dem die Stoffwechsel-Aktivität nicht sofort oder schon nach wenigen Minuten zum Erliegen kam. Solche Homogenate wurden dank der Einführung eines technischen Details verfügbar, das trotz seiner scheinbaren Geringfügigkeit die zytomorphologische Forschung gegen Ende der 1940er Jahre revolutionierte: Es war dies die Suspension aufgebrochener Zellen in einer Zuckerlösung.[44] Wie bereits erwähnt, hatten Walter Schneider und George Hogeboom am Rockefeller Institute das Verfahren ursprünglich im Zusammenhang mit der zytomorphologischen und biochemischen Charakterisierung von Mitochondrien entwickelt.[45]

Philip Siekevitz übernahm das Rezept von Schneider und Hogeboom für den Einbau radioaktiv markierter Aminosäuren in eine Fraktion von Partikeln aus Leberzellen.[46] Siekevitz hatte bei David Greenberg in Berkeley studiert. Nach seiner Promotion in Biochemie an der University of California Medical School's Division of Biochemistry in Berkeley schloß er sich mit einem Stipendium der National Institutes of Health (NIH) 1949 Zamecniks Gruppe an. Die Fraktion homogenisierter Rattenleber, mit der Siekevitz arbeitete, enthielt nur noch Mitochondrien und Mikrosomen; Kerne, intakte Zellen und größere Zellfragmente waren durch niedertouriges Zentrifugieren bereits entfernt. Selbst ohne zusätzliche Atmungssubstrate baute diese Partikelfraktion radioaktives Alanin in zwar geringen, aber nachweisbaren Mengen ein. Wurden dem mitochondrialen Atmungssystem geeignete Substrate zugeführt,[47] steigerte sich die Inkorporationsaktivität. Höchst bedeutsam war, daß Siekevitz diesen Effekt auch dadurch hervorrufen konnte, daß er unter Bedingungen, bei denen die Atmung ausgeschaltet war, der Partikelfraktion Adenosintriphosphat (ATP) zusetzte. Isolierte Mitochondrien hingegen bauten nur dann Alanin ein, wenn der mitochondrialen Fraktion ungereinigte Mikrosomen hinzugefügt wurden. Wenn man schließlich ein komplettes Homogenat mit radioaktivem Alanin inkubierte und es anschließend in Mitochondrien, Mikrosomen und einen Überstand fraktionierte, wiesen die Mikrosomen die höchste Aktivität auf.

Diese Befunde von Siekevitz stimmten sehr schön mit Kellers Untersuchungen über den Aminosäureumsatz *in vivo* überein. Darüber hinaus bestätigten sie die früheren Hinweise, die Zamecniks Gruppe durch den Einsatz von DNP gewonnen hatte. Diese hatten bereits nahegelegt, daß der Einbau von Aminosäuren nicht von einer intakten Atmung als solcher abhing, sondern nur von der Gegenwart von ATP. Zusammengenommen deuteten diese Ergebnisse sowohl auf eine topologische Verbindung der Proteinsynthese mit den Mikrosomen als auch auf die metabolische Verknüpfung des Vorgangs mit einer chemischen Energiequelle. Im Gegensatz zu den Untersuchungen im Gewebeschnittsystem lieferten die ersten Experimente mit dem »biochemischen Sumpf« des Zellhomogenats Differenzen, die nicht stumm blieben, sondern konkrete Anhaltspunkte zur weiteren Differenzierung des Systems boten. Der Anhaltspunkt im Bereich des Stoffwechsels war der Energiebedarf des Systems, der topologische Anhaltspunkt seine Abhängigkeit von einer speziellen Zellfraktion, die rein operational als »Mikrosomenfraktion« definiert wurde. Der topologische Raum der Zellkomponenten und der metabolische Raum energiereicher Zwischenprodukte in der Proteinsynthese fingen an, sich aufeinander zu beziehen. Die Proteinsynthese begann sich als ein System von Zellfraktionen und biochemischen Verbindungen darzustellen, die hinzugefügt und weggenommen werden konnten. Damit war ein erster Zug im experimentellen Spiel der Rekonstitution einer biologischen Aktivität im Reagenzglas getan.

Innerhalb kurzer Zeit hatte Siekevitz es geschafft, eine »erste Generation« zellulärer Fraktionen im Ansatz zu standardisieren und operational zu definieren. Im Juli 1951 stand das Versuchssystem in den Umrissen.[48] Die provisorische Stabilisierung des Systems begründete auch seine Differentialität, d.h. seine Fähigkeit, die experimentell stellbaren Fragen zu variieren. Von Anfang an hatten sich die wenigen Akteure auf dem neuen Gebiet des Aminosäureeinbaus in Proteine mit der höchst beunruhigenden Möglichkeit auseinanderzusetzen, daß die Einbauaktivität sich als ein Vorgang herausstellen könnte, der nur indirekt oder vielleicht überhaupt nicht mit der Bildung von Peptidbindungen zusammenhing. Das Ausmaß der eingebauten Radioaktivität war äußerst gering, so daß sich ständig die Frage stellte, ob der »Einbau« nicht doch auf unspezifischer Adsorption oder auf irgendwelchen sekundären Reaktionen der Aminosäuren beruhte.[49] Kurz, es lag nicht in jedem Fall klar zutage, was »Aufnahme« oder »Inkorporation« nun eigentlich bedeutete. Verschiedene Arbeitsgruppen gründeten ihre Experimentalsysteme auf unterschiedliche Gewebe (Rattenleber, Meerschweinchenleber, embryonales Gewebe von Mäusen oder Hühnern), sie verwendeten verschiedene Aminosäuren (Lysin, Glycin, Cystein, Methionin oder Alanin), und es standen ihnen verschiedene Isotope zur Markierung zur Verfügung (^{14}C, ^{35}S). Es war also keineswegs ausgemacht, daß in all diesen Systemen der gleiche Prozeß beobachtet wurde. Tatsächlich stellte sich heraus, daß einige der frühen »Proteinsynthesen« *in vitro* sich einer S-S-Brückenbindung von schwefelhaltigen Aminosäuren verdankten.[50] Siekevitz war sich der Möglichkeit solcher Fallen wohl bewußt. Er hatte in Greenbergs Labor zunächst über Proteinsynthese in Leberschnitten mit der markierten Aminosäure Glycin gearbeitet, dann über den Metabolismus von Glycin und Serin, ebenfalls unter Verwendung von Leberschnitten. Greenbergs Bericht aus dem Jahr 1947 war der erste über ein proteinsynthese-aktives Homogenat.[51] Zwei Jahre später mußte diese »Proteinsynthese«-Aktivität in die Umwandlung von Glycin in Serin umdefiniert werden, welches dann zu Phosphatidylserin konvertierte, das schließlich als eine Lipid-Verunreinigung mit dem Protein mitgeschleppt wurde.[52]

Ich will diesen experimentellen Pfaden und Sackgassen nicht im einzelnen nachgehen, sondern nur hervorheben, was mir daran verallgemeinerbar scheint: Das prominenteste experimentelle Signal des Systems – die »Inkorporation« von Radioaktivität in Protein – war nicht an sich schon signifikant. So stark es auch sein mochte, mußte es doch in ein Netzwerk zusätzlicher Hinweise eingebettet werden. Die Beherrschung eines solchen Netzwerks erfordert eine hohe Vertrautheit mit dem System; diese wiederum braucht Zeit, manchmal Jahre. Man versteht daher, warum Experimentatoren, sobald sie einmal ihr experimentelles Netzwerk ausgebildet haben, daran in fast symbiotischer Weise festhalten, geradezu »in ihm hausen«. Erst in einer solchen Symbiose mag dann das System selbst beginnen, der Arbeit die Richtung zu weisen. Es kann den Forscher und seine Forschung in eine Art inneren Ausschluß zueinander bringen: Je besser der Experimentator es handhabt, desto weitgehender spielt das System seine eigenen, inhärenten Möglichkeiten aus. Es beginnt, den Forscher an die Hand zu nehmen und ihn in ganz unvorhergesehene Richtungen zu lenken.

Die Etablierung des ersten fraktionierten zellfreien Systems der Proteinsynthese illustriert diesen Zusammenhang. Noch weit vom Zustand der »Extimität« entfernt, war die Experimentalanordnung doch immerhin schon genügend weit aus dem »Sumpf« heraus. Siekevitz homogenisierte das Lebergewebe nun mittels eines Potter-Elvehjem-Mixers, und er trennte die zytoplasmatischen Fraktionen nach der nur minimal veränderten Methode der Sucrosezentrifugation von Schneider und Hogeboom.[53] Eine neue Darstellungsform für das Forschungsobjekt – die fraktionale Zentrifugation des Zellsafts – nahm Gestalt an. Die technischen Bedingungen des Systems und das untersuchte epistemische Objekt begannen sich ineinander zu schieben.

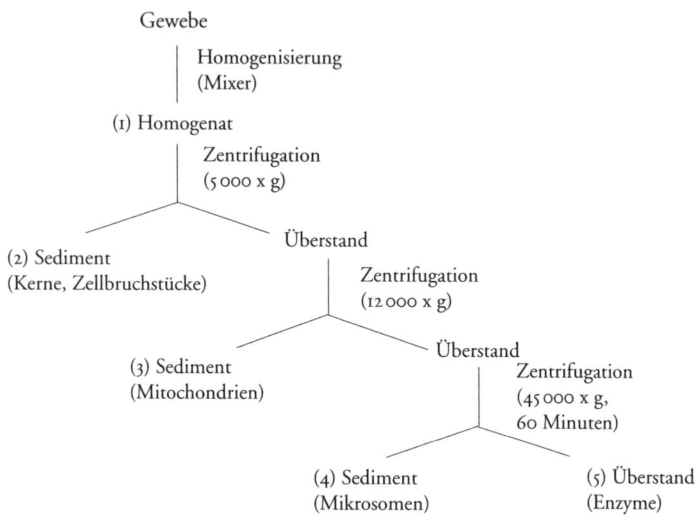

Abb. 3.1: Darstellung der Fraktionierung eines Homogenats von Rattenlebergewebe. Rekonstruiert nach Siekevitz 1952.

Abbildung 3.1 zeigt, wie der Inhalt der Zellen sich auf verschiedene Fraktionen verteilte. Die Fraktionen waren durch Angabe der zentrifugalen Beschleunigung und der Sedimentierungszeiten operational definiert. Einige der Fraktionen enthielten Zellbestandteile, die man mit dem Mikroskop identifizieren konnte, wie Kerne und Mitochondrien; das bedeutete aber nicht, daß sie durch diese auch definiert wurden. Es war vielmehr so, daß die Zentrifugationsparameter die Fraktionen definierten, und diese wiederum bestimmten die vorläufige Partition des epistemischen Objekts. So waren Techniken und Objekte in eine gegenseitige dekonstruktive Wechselwirkung verwickelt.

Siekevitz hatte eine ausgedehnte Wasch- und Isolierungsprozedur entwickelt, die gewährleisten sollte, daß die radioaktiven Isotope tatsächlich in Peptidbindungen eingebaut waren. Sie begann mit einer kalten und einer heißen Säurefällung, wobei letztere die Nukleinsäuren zerstörte; danach kam eine Extraktion mit einer warmen Alkohol-Äther-Chloroform-Lösung, um die Fette zu entfernen; und schließlich folgte die Dispersion des Proteins in Aceton und seine Ausbringung auf Filterpapier für das Zählverfahren. Weitere Kontrollen umfaßten die Behandlung des Proteins und seines Hydrolysats mit Ninhydrin sowie einen Vergleich der Menge an gebundener Radioaktivität vor und nach schwach alkalischer

Fraktion	cpm per mg Protein	
	minus α-Ketoglutarat	plus α-Ketoglutarat
Homogenat (1)	1,4	10,8
Kerne und Zellen (2)	1,2	2,9
Mitochondrien (3)	0,9	1,3
gemischte Fraktion	1,7	1,1
Mikrosomen (4)	1,6	1,0
Überstand (5)	0,1	0,4
Mitochondrien + Mikrosomen	1,1	4,2
Mitochondrien + Überstand	1,0	6,6
Motochondrien + Mikrosomen + Überstand	0,8	9,8
Alle Fraktionen	0,8	10,5

Abb. 3.2: Rekonstitution der Aminosäureeinbau-Aktivität durch Kombination verschiedener Rattenleberfraktionen. Dargestellt nach Siekevitz 1952, Tabelle 1.

Behandlung.[54] Diese Batterie von Verfahren war aus früheren Erfahrungen mit der Versuchsauswertung erwachsen und sollte sicherstellen, daß man es mit Peptidbindungen zu tun hatte. In ihrer ganzen Raffinesse waren diese Prozeduren aber nicht nur notwendige Bedingungen, die reproduzierbare Resultate gewährleisteten. Sie waren zugleich die Erzeugungsbedingungen für die Signale des Systems, und zwar auf Kosten anderer möglicher Signale, die auf diese Weise unterdrückt wurden. Sich auf die stabilen Peptidbindungen zu konzentrieren, hieß unvermeidlich, andere, labile Bindungen zu zerstören. Die harsche Analyse des Produkts, die dessen Identität gewährleisten sollte, schloß, wie sich erst später zeigen sollte, den Zugang zu den Mechanismen seiner Entstehung aus.

Es hatte schon früher Versuche zur Fraktionierung des Zellsafts gegeben. Bereits 1950 hatten Borsook und seine Mitarbeiter in Pasadena ihr Homogenat in vier verschiedene Komponenten zerlegt, drei Sedimente zu 750 x g, 24000 x g und 40000 x g und einen Überstand. Allerdings war es ihnen nicht gelungen, die Fraktionen funktional zu differenzieren: Alle vier nahmen radioaktive Aminosäuren auf.[55] Siekevitz hingegen konnte die Syntheseaktivität des kompletten Homogenats aus den verschiedenen für sich genommen inaktiven Fraktionen wieder rekonstituieren.

Die Strategie, die Siekevitz und Zamecnik in diesen Experimenten einschlugen, sieht auf den ersten Blick und dem Prinzip nach einfach aus; um so schwerer war sie praktisch umzusetzen. Aus Abbildung 3.2 kann folgende Anweisung herausgelesen werden: Man stelle solche Inkubationsbedingungen her, daß im kompletten Zellsaft ein Aminosäureeinbau gewährleistet ist (1). Man trenne dann das Homogenat auf und stelle fest, ob die einzelnen Fraktionen für sich genommen noch eine Aktivität aufweisen (2-5). Ist das nicht der Fall, so rekombiniere man die isolierten Komponenten in allen möglichen Permutationen und beobachte, welche Fraktionen dazu nötig sind, um die Ausgangsaktivität wiederherzustellen. Aber obwohl die Strategie, wie die Ergebnisse der Tabelle zeigen, im Prinzip funktionierte, blieb doch praktisch so gut wie alles offen. Das Homogenat war aktiv.[56] Von den einzelnen Fraktionen zeigte keine für sich genommen eine nennenswerte Aktivität. Wurden verschiedene Fraktionen miteinander kombiniert, so setzte bei sämtlichen Kombinationen die Aktivität bis zu einem gewissen Umfang wieder ein. Es sah also danach aus, als ob verschiedene Faktoren, die in verschiedenen Fraktionen des Zellsafts enthalten und durch Zentrifugation voneinander trennbar waren, kombiniert werden mußten. Was waren das für Faktoren?

Zunächst war da die Mikrosomenfraktion. Das war keine große Überraschung mehr, denn Kellers Fraktionierungsversuche hatten bereits auf deren Wichtigkeit hingedeutet. Was jedoch den Energiebedarf anging, war die Lage eher verwirrend. Der Einbauvorgang erforderte α-Ketoglutarat als Energiespender. Jedoch war im Gegensatz zu dem Bericht, den Siekevitz und Zamecnik in einer vorläufigen Mitteilung ein Jahr zuvor veröffentlicht hatten,[57] der aktivitätssteigernde Effekt von Adenosintriphosphat verschwunden. Dinitrophenol hingegen zeigte dieselbe hemmende Wirkung, die es auch im System der Gewebeschnitte gehabt hatte. Siekevitz faßte die Ergebnisse zu folgendem Bild zusammen: Die Mitochondrien produzierten mit Hilfe von α-Ketoglutarat einen »löslichen Faktor«, der seinerseits der Mikrosomenfraktion den Einbau von Alanin ermöglichte. Der postulierte Faktor hatte zwei eher ungewöhnliche Eigenschaften: Er war extrem hitze- und säurebeständig. Daß es sich um aktiviertes Alanin oder ein Triphosphat wie ATP handelte, schien daher eher unwahrscheinlich, und so stellte sich Siekevitz die Frage, ob vielleicht »ATP […] nur für die Bildung eines solchen Faktors gebraucht wird, wie er in diesem Artikel beschrieben wird, und dieser Faktor dann – obwohl ihm die energiereiche Phosphatbindung fehlt – Aminosäuren in Protein einbauen kann, vielleicht mit Hilfe der Ribonukleinsäuren«.[58]

Obwohl Siekevitz' »löslicher Faktor« so rasch wieder von der Bühne der Proteinsynthese verschwand, wie er dort aufgetaucht war, und obwohl in späteren Veröffentlichungen nie wieder auf ihn Bezug genommen wurde, markierte er doch eine strategische Position: Er bezeichnete die Leerstelle, die in dem sich abzeichnenden Bild von der Proteinsynthese zwischen den freien Aminosäuren und ihrer verknüpften Form im fertigen Protein lag. Eine weitere Fraktion, nämlich der Überstand aus dem letzten Zentrifugationsschritt, verstärkte ebenfalls die Aktivität. Allerdings schenkten die Forscher vom MGH ihr momentan keine besondere Beachtung. Insgesamt warf das System im vorliegenden Zustand mehr Fragen auf, als es löste. Was war das für ein seltsamer, offensichtlich den Mitochondrien entstammender Faktor? Sollte man der verstärkenden Aktivität des letzten Überstands überhaupt weiter nachgehen? Und was war schließlich mit der Kern-Fraktion los? Sie wies immerhin auch noch etwa 30 Prozent Aktivität auf. Die Ergebnisse waren ebenso vielversprechend wie sie vorläufig vieldeutig blieben.

Was die quantitativen Bestimmungen anging, so bewegten sich die Versuche, vorsichtig formuliert, allesamt an der Grenze der Auflösung des Zählverfahrens. Die operationalen Grenzen der Fraktionen waren keineswegs scharf. Eine befriedigende Absonderung der Mikrosomen würde höhere Touren erfordern, als sie mit einer gewöhnlichen Laborzentrifuge erzielt werden konnten. Die gesamte bisherige Arbeit war mit einer normalen Sorvall-Laborzentrifuge gemacht worden, die ungefähr 15 000 Umdrehungen pro Minute erreichte. Zamecnik und Frantz hatten beim Forschungskomitee des Hospitals zwar schon 1949 eine Hochgeschwindigkeitszentrifuge angefordert, jedoch wurde erst 1953 eine Ultrazentrifuge in den Huntington-Laboratorien installiert.[59]

Ein neuer Darstellungsraum

Die bisher erhaltenen Fraktionen waren im wesentlichen operational durch Zentrifugationsgeschwindigkeiten und Teilchengrößen definiert, biochemisch gesehen war jedoch jede von ihnen eine *black box*. Worin bestand in diesem Stadium dann die Leistung des Systems? Der entscheidende Punkt war, daß die Versuche, die erhaltenen Fraktionen zu rekombinieren, den *metabolischen* Raum der Reaktionen mit dem *topologischen* Raum der Fraktionen verbanden. Sie bildeten, wie Siekevitz und Zamecnik es später einmal formulierten, eine disziplinäre Brücke »zwischen den Morphologen und den Biochemikern, indem sie das, was bei der Proteinsynthese biochemisch vor sich ging, mit erkennbaren Strukturen in Beziehung zu setzen erlaubten«.[60] Sie verbanden zwei Markierungsmethoden miteinander, die zusammen einen neuen Darstellungsraum aufspannten: die radioaktive Markierung und die differentielle Zentrifugation. Die Kombination und Überlagerung dieser beiden Repräsentationsmodi lieferte einen ziemlich stabilen Unterbau für die Reproduktion des Systems und eröffnete ein ganzes Spektrum möglicher Orientierungen.

Auch die Sprache, in der die Forscher die experimentelle Darstellung der Proteinsynthese zu fassen suchten, begann das verwickelte Ineinander von technischen Verfahren und Untersuchungsgegenstand ebenso widerzuspiegeln wie die praktische Durchschlagskraft dieser Bündelung. Die Laborgemeinschaft sprach, wenn es um den Aminosäureeinbau in Proteine ging, nicht mehr über gewebespezifische Einbauraten, sondern von Zentrifugationsgeschwindigkeiten, von Sedimentationseigenschaften und Fällungsbedingungen. Man hantierte nun mit »pH 5-Präzipitaten«, »40 000 x g-Partikeln« und »löslichen Fraktionen«. Auch wenn das immer noch die vorsichtige Wortwahl von Experimentalwissenschaftlern war, die sich ihre interpretativen Optionen offenhalten wollten, wurde durch diese Sprache doch auch etwas festgelegt. Es gibt in der Wissenschaft keine unverfänglichen Ausdrücke. Diese Formulierungen konstituierten einen neuen Erfahrungsraum, und mit ihnen ging eine neue Art praktischer Rationalität einher, eine neue Art kombinatorischen Spiels bei der Planung von Experimenten, eine neue Art von Symmetrieerwägungen bezüglich der Anlage experimenteller Kontrollen, eine neue Art von Überlagerungsmöglichkeiten und Passungen. Sie repräsentierten die Bausteine des neuen Experimentalsystems, und sie begannen rasch, die Dynamik seiner differentiellen Reproduktion zu bestimmen.

Die anfänglich so zentrale, aus der Krebsforschung hervorgegangene medizinische Frage nach dem Unterschied zwischen normalem und malignem Gewebe war allmählich an den Rand der Aufmerksamkeit geraten. Die Krebsforschung, die sowohl für das Huntington Hospital als Institution als auch für Zamecniks beruflichen Werdegang entscheidende Bedeutung hatte, leistete auch bei der Beschaffung von Forschungsgeldern weiterhin gute Dienste. Zamecniks Arbeit wurde hauptsächlich durch die American Cancer Society, das United States Navy Department und die Atomic Energy Commission unterstützt; in kleinerem Umfang kamen dazu weitere private Mittel, die vom MGH Research Fund verteilt wurden.[61] Trotz des deutlichen Wechsels der Forschungsperspektive sah die American Cancer Society keinen Grund, ihre Zahlungen einzustellen. Sie hielt ihre Unterstützung während des gesamten folgenden Jahrzehnts aufrecht, wobei sie einer Philosophie der flexiblen Verteilung folgte. Diese Flexibilität bei der Gewährung von Fördermitteln an Institutionen wird sehr schön durch den folgenden sibyllinischen Auszug aus einer Diskussion zwischen einem Mitglied der American Cancer Society und dem Forschungskomitee des MGH aus dem Jahr 1952 dokumentiert:

> »Dr. Lipmann fragte, ein wie hoher Prozentsatz [der Gelder] für Grundlagenforschung ohne direkten Zusammenhang mit dem Krebsproblem verwendet werden könne. Mr. Runyon [American Cancer Society] erklärte, daß die Gesellschaft Grundlagenforschung für ebenso wichtig halte wie angewandte Forschung; jedoch müsse die Grundlagenforschung auch künftig in eine spezifische Krebsforschung münden, sonst könne sie keine weitere Unterstützung erfahren. Mr. Spike drückte das etwas anders aus, indem er sagte, Dr. Lipmann müsse zunächst definieren, was Krebsforschung sei, sonst könne er die Frage nicht beantworten.«[62]

Der Krebsschwerpunkt wurde Schritt für Schritt von einer immer dezidierteren biochemischen Perspektive abgelöst. Sie kam in der Suche nach Zwischenstufen der Proteinsynthese zum Ausdruck, die man durch Fraktionen des Zellsafts definieren konnte. Diese Fraktionen konnte man experimentell handhaben, und sie bildeten einen zunehmend spezifischen Rahmen für das experimentelle Denken der Gruppe. Um es zusammenfassend mit den Worten von Robert Loftfield zu sagen: »1950 war für uns die Proteinsynthese wichtig wegen ihrer möglichen Rolle beim Krebs. 1953 war Krebs für uns wichtig, weil er biologische Systeme zur Untersuchung der Proteinsynthese lieferte.«[63] Krebs war immer noch präsent, aber sein wissenschaftlicher Status hatte sich geändert. Krebsgewebe war nicht mehr das unmittelbare Ziel der Analyse. Es lieferte nur noch das Ausgangsmaterial für ein effizientes Experimentalsystem, und malignes Wachstum wurde zu einer Art Hintergrund, von dem die Grundlagenforschung über Proteinsynthese ihre Rechtfertigung herleiten konnte.[64]

Im selben Jahr, 1952, ging Zamecnik für ein Semester ans California Institute of Technology zu Linus Pauling. Er merkte, daß er mehr Wissen über Proteine brauchte, und Pasadena war damals das Mekka der »Proteingläubigen«.[65] Wie Zamecnik später bekannte, erfuhr er dort eine Menge über Proteinchemie, über Proteinsynthese hingegen wenig.[66] Auch Siekevitz verließ Boston, um mehr über oxidative Phosphorylierung zu lernen; er wechselte zu Van Potter an die McArdle Laboratories for Cancer Research in Wisconsin.[67]

KAPITEL 4

Reproduktion und Differenz

Experimentalsysteme sind, wie die in ihnen verhandelten epistemischen Objekte, offene Felder, in denen es allerdings Engpässe gibt. Solange sie als Forschungseinheiten wirksam sind, kann ihre Bewegungsrichtung nicht übermäßig weit vorausgesehen werden. Die möglichen Transformationen epistemischer Dinge in technische Objekte und *vice versa* sind in der Regel nicht abzusehen, insbesondere dann, wenn eine Experimentalanordnung gerade erst Gestalt annimmt. Wenn jedoch einmal ein überraschendes Ergebnis aufgetaucht und ausreichend stabilisiert ist, wenn somit klar geworden ist, daß es sich nicht nur um ein ephemeres Phänomen handelt, dann fällt es selbst denjenigen, die den ganzen Prozeß mitgestaltet haben, zunehmend schwer, nicht der Illusion zu erliegen, daß dieses Ergebnis das zwangsläufige Produkt einer logisch aufgebauten Untersuchung darstellt oder gar das Resultat einer Teleologie des Experimentalprozesses ist.

> »Wie eine Forschungsarbeit nachzeichnen? Wie eine fixe Idee, eine beständige Obsession nachvollziehen? Wie eine Denkarbeit, die auf ein winziges Fragment des Universums ausgerichtet war, auf ein ›System‹, das dabei endlos umgedreht und hin und her gewendet wurde? Wie vor allem sich jenes Gefühl eines Labyrinths ohne Ausgang vergegenwärtigen, jene unablässige Suche nach einer Lösung, ohne darauf Bezug zu nehmen, was sich inzwischen als *die* Lösung erwiesen hat – ohne sich von ihrer Evidenz blenden zu lassen?«[1]

Ein Experimentalsystem kann ohne weiteres mit einem Labyrinth verglichen werden, dessen Wände dem Experimentator zugleich sowohl die Richtung weisen als auch die Sicht verstellen. Wird ein Labyrinth Stück für Stück errichtet, so liegt es in der Natur seiner Konstruktion, daß die jeweils neu hinzugefügten Wände durch die bereits existierenden sowohl begrenzt als auch ausgerichtet werden. Der Bau eines Labyrinths, das diesen Namen verdient, ist nicht geplant, und deshalb kann man auch nicht aus ihm herausfinden, indem man einem Prinzip folgt. Es zwingt uns zum Herumtasten und Herumtappen, zum *tâtonnement*.[2] Wer beim Gang ins Labyrinth den Faden – das Anathema eines Plans – nicht vergessen hat, kann immer zum Ausgangspunkt zurückkehren. Der Faden jedoch, der einem zeigen könnte, wie man durch das Labyrinth hindurchgelangt, ist noch nicht erfunden. Es gibt hier eine bemerkenswerte

Parallele zwischen der Arbeit des Experimentators und der des Künstlers, wie sie der Kunsthistoriker George Kubler beschrieben hat: »Jeder Künstler arbeitet im Dunkeln und wird nur von den Tunnels und Schächten früherer Werke geleitet, während er einer Ader folgt in der Hoffnung, auf eine Goldgrube zu stoßen. Gleichzeitig aber muß er fürchten, daß die Ader schon morgen ausgeschöpft sein kann.«[3] Die Metapher des Labyrinths trifft sich hier mit der einer Goldmine.

Reproduktion

Die Kohärenz eines Experimentalsystems über die Zeit wird also im Rückgriff auf Vorhandenes und durch Wiederholung hergestellt, nicht durch ausholende Antizipation und Voraussicht. Die Entwicklung einer solchen Anordnung ist aber, soll das Ganze nicht in repetitivem Leerlauf enden, abhängig von der tastenden Suche nach Differenzen. Fügt man diese Aspekte zusammen, so ergibt sich etwas, was wir die *differentielle Reproduktion* des Systems nennen können. *Reproduktion* ist ein vielschichtiger Begriff. Ich will kurz andeuten, welche seiner Konnotationen für meine Argumentation wesentlich sind, und in welchem Sinne ich ihn *nicht* verwende. Ich verwende den Ausdruck nicht, um die Kontinuität eines Experimentalprogramms gegenüber plötzlichen Brüchen und häufigen Wechseln zu betonen. Ich benütze ihn auch nicht im Sinne des Kopierens – der Herstellung von Duplikaten oder Repliken nach einem Original. Ebensowenig will ich darauf hinaus, daß gute Experimente nach Belieben wiederholbar, daß ihre Ergebnisse also in dem Sinne reproduzierbar sein müssen, der hier gewöhnlich gemeint ist. Der für meine Argumentation bestimmende Sinn des Ausdrucks ist eher verwandt mit der Verwendung des Begriffes im Kontext von Evolutionen und Tradierungen. Der reproduktive Charakter des Experimentalprozesses hängt damit zusammen, daß er eine nicht abreißende Kette von Ereignissen darstellt, durch welche die materiellen Bedingungen zur Fortsetzung eben dieses Experimentalprozesses erhalten bleiben. Ein Experimentalsystem zu reproduzieren, heißt Bedingungen aufrechterhalten – epistemische Objekte, Registriervorrichtungen, Modellorganismen, verkörpertes Wissen, Erfahrenheit –, auf deren Basis es weiter proliferieren kann.

Letztlich ist jede Innovation in einem grundlegenden Sinn ein Resultat – vielleicht eher noch ein Zufall, ein Abfall – solcher Reproduktion. Weit davon entfernt, lediglich die adäquaten Randbedingungen für ein Experiment zuverlässig, und das heißt »reproduzierbar« bereitzustellen, charakterisiert Reproduktion die wissenschaftliche Tätigkeit als einen eminent materiellen Prozeß der Erzeugung, Akkumulation, Veränderung und Weitergabe von Wissen. Das Ereignis eines neuen Phänomens ist immer und notwendigerweise gekoppelt an die Miterzeugung bereits existierender Phänomene. Ohne diesen Rekurs gäbe es keine Möglichkeit des Vergleichs; das Ergebnis wäre eine rasche Dissipation des gesamten bis dahin gesammelten Wissens, das sich in der Reproduktion des Systems fortwährend neu verkörpert. Experimentalsysteme sollen aber Wissen hervorbringen und sind dabei an die lokale und situierte Aufrechterhaltung ihrer eigenen Reproduktionsbedingungen gebunden. Ihre zeitliche Kohäsion, also ihre Historizität, hängt an dieser reproduktiven Ortsgebundenheit, nicht an ihrer wie auch immer gearteten Logizität. Ein epistemisches Ding wird dadurch robust, daß es, nachdem es als Differential aufgetaucht ist, in den reproduktiven Zyklus eines Experimentalsystems einbezogen werden kann. Die Bedeutung eines epistemischen Dings leitet sich aus seiner Zukunft her, die zur Zeit seines Auftauchens jedoch nicht vorhersagbar ist. Epistemische Dinge sind somit inhärent historische Dinge; ihre Dingfestigkeit ergibt sich aus solcher Rekurrenz. Mit Heidegger läßt sich feststellen:

> »Das Verfahren, durch das die einzelnen Gegenstandsbezirke erobert werden, häuft nicht einfach Ergebnisse an. Es richtet sich vielmehr selbst mit Hilfe seiner Ergebnisse jeweils zu einem neuen Vorgehen ein. In der Maschinenanlage, die für die Physik zur Durchführung der Atomzertrümmerung nötig ist, steckt die ganze bisherige Physik. [...] In diesen Vorgängen wird das Verfahren der Wissenschaft durch ihre Ergebnisse eingekreist. Das Verfahren richtet sich immer mehr auf die durch es selbst eröffneten Möglichkeiten des Vorgehens ein. Dieses Sicheinrichtenmüssen auf die eigenen Ergebnisse als die Wege und Mittel des fortschreitenden Verfahrens ist das Wesen des Betriebcharakters der Forschung.«[4]

Aber seien wir vorsichtig. Gewiß gibt es in einer Experimentalanordnung etwas, das auf solch rekurrente innere Verbundenheit drängt. Jedoch nimmt es nicht die Form an, die es in den gängigen Forderungen nach theoretischer Konsistenz und Kommensurabilität besitzt. Außerdem bleibt die Konnektivität lokal, beschränkt also auf einige wenige experimentelle Arrangements unter vielen anderen, die die fraktalen Begrenzungen, aber auch Ausuferungen eines Forschungsgebiets ausmachen. Ich werde diesem Problem in Kapitel 8 weiter nachgehen.

Aus einem anderen Blickwinkel kann die Konstruktion von Experimentalsystemen, um es mit einem Wort von Jacob zu sagen, als »Spiel der Möglichkeiten« beschrieben werden.[5] Der Titel von Jacobs gleichnamigem Essay bezieht sich auf das »Herumbasteln« der Evolution ebenso wie auf den Prozeß des wissenschaftlichen Wandels. Um letzteren geht es in unserem Zusammenhang. Das »Mögliche« ist hier im doppelten Sinne des Wortes zu nehmen: Es ist etwas, das, wie man sagt, im Bereich des Möglichen liegt, und es ist zugleich etwas, das sich letztlich der Kontrolle entzieht. Das Mögliche erscheint in einer seltsamen und fragilen Verfassung. Einerseits existiert es nicht im strengen Sinne des Wortes; andererseits »muß man immer schon darüber entschieden haben – *il faut déjà avoir décidé* –, was möglich ist«.[6] Mit Jacques Derrida könnte man auch von einem Spiel der Differenz sprechen.[7] Darauf komme ich noch zurück. Vorerst sei nur darauf hingewiesen, daß es genau die Eigenart ist, durch die »eigene Arbeit vorangetrieben« zu werden, die das Treiben von Wissenschaft in die Nähe dessen bringt, was Derrida das Unternehmen der »Dekonstruktion« genannt hat.[8] Es ist vielleicht angebracht, hier auf eine Bemerkung des französischen Physiologen Claude Bernard zu verweisen. Sie steht in seinem philosophischen Notizbuch – der Autor der berühmten experimentalphilosophischen Abhandlung *Introduction à l'étude de la médecine expérimentale* scheute sich, sie zu Lebzeiten zu veröffentlichen. Die Physiologie, notierte Bernard, »besteht aus einer Aufeinanderfolge entwicklungsfähiger Tatsachen, die einander zwar zeitlich folgen, die aber nicht notwendigerweise auseinander hervorgehen. Es ist eine Kette, deren Glieder nicht in einer Beziehung von Ursache und Wirkung zueinander stehen, weder zu den nachfolgenden noch zu den vorangehenden.«[9] In der differentiellen Reproduktion, wie Bernard sie versteht und wie sie in diesem Kapitel dargestellt wird, gibt es kein notwendiges Verhältnis von Ursache und Wirkung, keine automatische Entwicklung in eine vorherbestimmte Richtung. Dafür bietet sie die Aussicht auf unvorwegnehmbare Ereignisse, und diese können gegebenenfalls im Sinne einer Verkettung auf das System zurückwirken. Wie es beim späten Althusser heißt: »Statt die Kontingenz als Modalität oder Ausnahme von der Notwendigkeit, muß man letztere umgekehrt als das Notwendigwerden des Zusammentreffens von Kontingentem denken.«[10]

Stummes Wissen

Was soeben über die differentielle Reproduktion von Experimentalsystemen gesagt wurde, hat seine Entsprechung in der Erfahrungsstruktur derjenigen, die forschen. Als Forscher, sagt wiederum Bernard, »muß man lange herumgetappt haben«! – *il faut avoir tâtonné longtemps*. »Tausendmal geirrt muß man sich haben«!!, steigert er sich. »Alt muß man geworden sein in der Experimentierpraxis«!!![11] Sich tastend zurechtzufinden erfordert vom Experimentator »Erfahrenheit«. In dem Sinn, den Fleck dem Ausdruck gegeben hat, ist das mehr als einfach Erfahrung.[12] Erfahrung versetzt uns in die Lage, ein Werk, einen einzelnen Gegenstand oder eine bestimmte Situation einzuschätzen und zu beurteilen. Erfahrenheit ermöglicht es uns, dergleichen Einschätzungen und Urteile im Prozeß der Erkenntnisgewinnung gewissermaßen zu verkörpern, das heißt mit Werkzeugen und, *à la limite*, mit den Händen zu denken. Erfahrung ist eine intellektuelle Errungenschaft. Erfahrenheit, das heißt erworbene Intuition, ist eine Tätigkeits- und Lebensform. Der Ausdruck »erworbene Intuition« birgt einen Gegensinn in sich. Erfahrenheit *muß* erworben werden, das liegt in der Natur der Sache, und zugleich ist sie mehr als das, was gelernt werden *kann*. Sie läuft auf das hinaus, was Michael Polanyi die »stumme Komponente«, die »stumme Dimension« des Wissens, kurz das »stumme Wissen« genannt hat.[13] Forschung beruht auf wildem Denken, und wildes Denken setzt stummes Wissen voraus, auch »listige Vernunft«.[14] Die Exuberanz von Wissenschaft im Machen liegt diesseits aller Axiomatik. Von intelligenten Akteuren in diesem Prozeß kann man nicht sagen, daß ihre »Pläne« in irgendeinem streng definierbaren Sinn des Wortes ihr Handeln kontrollieren; wenn es *in situ* zur Handlung kommt, greifen sie nicht auf ein zurechtgelegtes Schema zurück, sondern auf verkörpertes Geschick.[15] In Polanyis Konzept des »persönlichen Wissens« koexistieren das implizite und das explizite Wissen nicht einfach in einer harmonisch komplementären Beziehung nebeneinander. Alles Wissen, behauptet Polanyi, hat seine Wurzeln im stummen Wissen; das gilt für alltägliche Verrichtungen genauso wie für produktive wissenschaftliche Forschung. Vollkommen artikuliertes Wissen ist nach Polanyi eine der zwar großen, aber gescheiterten Illusionen der analytischen Philosophie. Sich auf stummes Wissen verlassen zu können ist ebenso wie der virtuose Einsatz »beiläufiger Aufmerksamkeit« unerläßlicher Teil des gestischen Repertoires jedes Forschers.[16]

Meine epistemologische Umdeutung von Polanyis Erkenntnistheorie läuft darauf hinaus, zwei komplementäre Modi von »Extimität« anzunehmen. Beide sind in ihren Verkörperungen aufeinander bezogen. Danach hat das stumme Wissen des Forschers seine äußere Form und seinen Ort in der technischen Apparatur des Experimentalsystems, während die beiläufige Aufmerksamkeit umgekehrt diese Apparatur mit ihren Werkzeugen auf der Seite des Forschers verkörpert. Diese duale Struktur reziproken Eingreifens und Ausgreifens habe ich das »Augenmerk« genannt.[17] Wenn wir uns also mit einem Verfahren oder mit einem Werkzeug eingehend vertraut machen, so können wir mit Polanyi sagen, daß wir diese uns »einverleiben«, und andererseits, daß wir in ihnen »hausen«.[18] Damit läßt sich der klassische Dualismus von Denken und Sein zwar nicht aufheben, aber vielleicht entschärfen als ein erkenntnistheoretischer Grenzfall im Rahmen einer nicht-Cartesischen Epistemologie. Diese würde es erlauben, das Denken in die Dinge übergehen zu lassen wie die Dinge ins Denken, mit hybriden Bildungen dazwischen, die sich weder formalisieren noch quantifizieren lassen und die gerade dadurch das Forschen in Gang halten.

Extimes Räsonnieren, wie ich es jetzt einmal nennen will, um die materiale Dimension des epistemischen Prozesses gegenwärtig zu halten, ist aufgrund seiner stummen Komponente dennoch keineswegs wahl- und regellos. Allerdings folgt der Verlauf einer gekonnten Ausführung, zum Beispiel einer Serie von biochemischen Experimenten, »einer Reihe von Regeln, die der Person, die sie befolgt, nicht als solche gegenwärtig sind«.[19] Diese Regeln oder Maximen können zwar, manche mehr, manche weniger, explizit gemacht werden; aber das unterwegs zu versuchen, würde den Verlauf der Ausführung nicht fördern, sondern sie im Gegenteil bestenfalls behindern, schlechtestenfalls verunmöglichen. Die Wirksamkeit solcher Regeln beruht auf ihrer beiläufigen Gegenwärtigkeit bei der Anlage und Durchführung der Versuche. Bei der Art biochemischen Denkens/Forschens, die in diesem Buch untersucht wird, können wir zudem einige einfache Handlungsanweisungen ausmachen. Eine erste kann man als *Symmetrieprinzip* bezeichnen. Dabei wird die Einfügung epistemisch und technisch motivierter Kontrollen in eine Experimentalanordnung von Symmetrieüberlegungen geleitet. Normalerweise nehmen diese Überlegungen die Form an, alle möglichen Kombinationen der in einem Versuch vorkommenden Komponenten durchzutesten, auch wenn nicht von sämtlichen Kombinationen signifikante Befunde erwartet werden. Ein Beispiel für dieses Verfahren bietet Siekevitz' Protokoll der In-vitro-Proteinsynthese im letzten Kapitel. Eine zweite Regel können wir als *Homogenitätsprinzip* bezeichnen. Es bezieht sich auf die Vorsichtsmaßnahmen, die getroffen werden müssen, wenn man Daten vergleichen will, die auf der Verwendung unterschiedlicher Präparationen oder Chargen einer Zellkomponente beruhen. Eine Ausführungsbestimmung lautet: Ändere nie das Versuchsmaterial innerhalb einer Serie von Experimenten, und wenn du ein neues Präparat ausprobierst, dann wiederhole mit ihm auf jeden Fall zuerst den letzten Versuch aus der vorhergehenden Serie. Die dritte Regel ist ein *Exhaustionsprinzip*. Es besagt, daß eine Reihe ähnlicher Verbindungen oder Präparate, die im selben experimentellen Kontext getestet werden, möglichst umfassend sein sollte. Laß keine aus, heißt das, weil du denkst, daß es damit sowieso nicht klappt.

Die meisten Regeln werden *in actu* erlernt, sie können die Forschung nicht von sich aus anleiten, sondern nur begleiten, und ihre Implementierung kann in verschiedenen experimentellen Zusammenhängen ganz unterschiedliche Formen annehmen. Sie ziehen ein Gerüst in jene materielle Ausstülpung des Einbildungsvermögens ein, die man eine Experimentalanordnung nennt. Sie sind eine Art experimentelles Spinnennetz. Das Netz muß so geknüpft werden, daß Aussicht auf unerwartete Beute besteht. Das Netz muß »sehen« können, was die bloßen Sinne des Erbauers nicht vorwegzunehmen vermögen. Aber es darf auch nicht zu fein gesponnen sein. Max Delbrück hat in diesem Zusammenhang einmal von einem »Prinzip der gemäßigten Schlampigkeit« gesprochen.[20] »Wenn Du nur schlampig bist, gibt es keine reproduzierbaren Ergebnisse, und man kann nichts erkennen. Wenn Du aber ein wenig nachlässig bist, und dabei etwas Auffälliges bemerkst, [...] dann versuche es zu fassen.«[21] Ein gewisses Maß an Ausfransung, etwas verschwommene Ränder gehören zum experimentellen Unternehmen. Im Innersten ist das Experimentieren viel mehr ein Geschehenlassen als ein streng geregeltes, direktes Ausgreifen und Vorpreschen. Wenn es überhaupt ein Prinzip gibt, das der experimentellen Wegmacherei zugrunde liegt, so besteht es darin, wie François Dagognet es einmal mit Bezug auf Claude Bernard formuliert hat, »auf Antworten zu merken, die an den Rändern oder sogar außerhalb des erwarteten Diskurses liegen«.[22]

Differenz

Dieses subtile, dynamische und flexible Muster der in lokale Idiosynkrasien eingebundenen und in privilegierte Darstellungstechniken eingebetteten differentiellen Reproduktion des Wissens läßt sich mit Gilles Deleuze, dem Denker der Differenz, auf etwas allgemeinere Begriffe und auf philosophisches Terrain bringen:

> »Die Differenz und die Wiederholung sind an die Stelle des Identischen und des Negativen, der Identität und des Widerspruchs getreten. Denn nur in dem Maße, wie man die Differenz weiterhin dem Identischen unterordnet, impliziert sie das Negative und läßt sich bis zum Widerspruch treiben. Der Vorrang der Identität, wie immer sie auch gefaßt sein mag, definiert die Welt der Repräsentation. Das moderne Denken aber entspringt dem Scheitern der Repräsentation wie dem Verlust der Identitäten und der Entdeckung all der Kräfte, die unter der Repräsentation des Identischen wirken. Die moderne Welt ist die der Simulacren.«[23]

Ich werde auf Deleuzes Behauptung vom Scheitern der Repräsentation im gegenwärtigen Denken in Kapitel 6 zurückkommen. Zunächst geht es mir um Identität und Widerspruch, die Schlüsselbegriffe der großen philosophischen Systeme des 18. und 19. Jahrhunderts, analytisch von Kant bis Frege, dialektisch von Hegel bis Marx. Im Gegensatz dazu sind Differenz und Wiederholung die Schlüsselbegriffe einer »Philosophie des epistemologischen Details«, einer »differentiellen wissenschaftlichen Philosophie« im Sinne Bachelards.[24] Diese Verschiebung der Aufmerksamkeit erweist sich als folgenreich. Sie erlaubt es, »alle Wiederholungen in einem Raum koexistieren zu lassen, in dem sich die Differenz verteilt«.[25] Während Identität schweigt, trägt Wiederholung stummes Wissen weiter. Während Widersprüche nach Auflösung und damit in die Identität drängen, können Differenzen koexistieren und damit in ein Spiel eintreten, das sie in den Vordergrund rückt oder marginal werden läßt, verschiebt oder artikuliert, versammelt oder verstreut. Experimentalsysteme sind Kerne der Distribution von Differenz, wie wir in den Kapiteln 2 und 3 gesehen haben. Experimentatoren repetieren unablässig, ohne deshalb an Identitäten interessiert zu sein. Sie suchen vielmehr nach dem, was sie »spezifische Differenzen« nennen.[26] So erstaunt es auch nicht, wenn soziologische Laborbeobachter an den Orten der Wissensproduktion einen »Hang zur Nichtübereinstimmung« festgestellt haben, eine implizite Strategie der Suche nach dem »bisher nicht Offensichtlichen«, und daß die Praktiker »das Prinzip der Variation dem der Replikation vorziehen«.[27] Replikation, so läßt sich zusammenfassen, zielt auf Identität, Wiederholung zielt auf Variation.

Einige zusätzliche Bemerkungen zur differentiellen Reproduktion eines Experimentalsystems mögen hier angebracht sein. Erstens wissen die damit Befaßten nie genau, wie und wohin sich die Anordnung differenzieren wird. Sobald man genau weiß, was dabei herauskommt, ist sie kein Forschungssystem mehr. Ich möchte also vermeiden, von Experimentalsystemen einfach als »Produktionssystemen«[28] zu sprechen, denn dieser aus der Sprache der Ökonomie entlehnte Ausdruck ist beladen mit Konnotationen wie Gerichtetheit, Effizienz, Automatisierung und Quantifizierung des Outputs an produzierten Gütern. Aber »keine Methode hat je zu einer Erfindung geführt«.[29] Experimentalsysteme sind zwar darauf angelegt, Resonanzen zwischen verschiedenen Befunden zu erzeugen und stabilisierten Signalen handhabbare Bedeutungen zuzuweisen. Gleichzeitig aber müssen sie einen Raum für das Auftreten von unvorwegnehmbaren Ereignissen schaffen. Um zu neuen Dingen vorzustoßen, muß das System destabilisiert werden – doch ohne vorherige Stabilisierung produziert es nur Geräusch. Stabilisierung und Destabilisierung bedingen einander. Die Währung, in der die Dynamik eines Experimentalsystems im Alltagsdiskurs des Labors gemessen wird, ist das »Resultat«. Resultate sind in der Regel Steinchen, die in ein gerade entstehendes Puzzle passen oder nicht. Um sie in genügender Menge zu produzieren, müssen Experimentatoren vorzugsweise an der Grenze des Zusammenbruchs ihres Forschungsaggregats lavieren.

Auch in dieser Hinsicht folgen Experimentatoren einem Ordnungsprinzip, ähnlich demjenigen, das den Kublerschen »formalen Sequenzen« in Kunst und Architektur zugrunde liegt.[30] Die Gedanken von Erfindern und Wissenschaftlern richten sich ganz ähnlich wie die von Künstlern nicht auf die Erkenntnis des Bestehenden, ihre Vorstellungen konzentrieren sich »mehr auf zukünftige Möglichkeiten. Ihr Denken und ihr Kombinationsvermögen gehorchen völlig andersartigen Ordnungsgesetzen«, die man als »verbundenes Fortschreiten von Experimenten, die zusammen eine formale Sequenz bilden«, beschreiben kann.[31] Solche Sequenzen setzen sich zwar aus zusammenhängenden Ketten von Ereignissen zusammen, ihre Klassifizierung erweist aber andererseits immer wieder »das Sporadische, Unvorhersehbare und Unregelmäßige ihres Eintretens«.[32] Der Kunsthistoriker Georges Didi-Huberman hat diesen Zusammenhang kürzlich aus der Perspektive einer Heuristik des Abdrucks behandelt. Einen Abdruck zu machen, faßt Didi-Hubermann zusammen, heißt, »*eine technische Hypothese aufstellen, um zu sehen, was sich daraus ergibt.* Das Resultat ist voller Überraschungen, übertroffener Erwartungen und sich plötzlich eröffnender Horizonte. Dieser *heuristische* Wert des Abdrucks, sein Wert als *Experiment mit offenem Ausgang* ist offensichtlich [...] von fundamentaler Bedeutung.«[33] Das Verhältnis von Reproduktion und Differenz im Experiment läßt sich so auch unter Bezugnahme auf die Operativität des Abdrucks fassen, der epistemischen Spuren, die in ihm geformt und umgeformt werden.

Aber noch einmal: Wenn Forschungssysteme zu starr werden, verwandeln sie sich in Testanlagen, in standardisierte Vorrichtungen zur Herstellung von Repliken. Sie verlieren ihre Funktion als Maschinerie zur Herstellung von Zukunft. Der Wissenschaftshistoriker hat es daher gewöhnlich mit einem »Museum ausgedienter Systeme« zu tun. Solche Verwandlungen ereignen sich allerdings regelmäßig, und sie müssen nicht unbedingt in Sackgassen enden. In technische Objekte verwandelte epistemische Dinge können als stabile Subsysteme in andere, noch differentielle Experimentalsysteme integriert werden und können dazu beitragen, in diesem neuen Kontext wiederum unvorweggenommene Ereignisse zu produzieren. Die Transformation von Forschungsobjekten in Subsysteme anderer Forschungsarrangements stellt einen dem Experimentierprozeß innewohnenden Mechanismus der materiellen Aufhäufung von Information dar. Aufgrund dieses Mechanismus erzeugt der Prozeß aber gleichzeitig eine historische Bürde, eine Art Massenwirkung des Wissens. Mit Norton Wise können wir von der »Widerständigkeit« oder »Pufferung« eines solchen Netzwerks sprechen, dessen »Gesamtstruktur dem darin enthaltenen Wissen und den damit möglichen Erklärungen scharfe Grenzen setzt; letztlich bestimmt sie, welche Dinge existieren können und welche nicht«.[34] Die meisten neuen epistemischen Dinge erhalten daher ihre erste Form durch alte Werkzeuge, die wiederum später durch technische Objekte ersetzt werden, die das aktuelle Wissen in subtilerer Art verkörpern. Das in Kapitel 2 beschriebene System der inkubierten Lebergewebe-Schnitte, das den Ausgangspunkt für die Charakterisierung bösartigen Wachstums im Sinne beschleunigter Proteinsynthese darstellte, wurde innerhalb weniger Jahre vollständig durch ein fraktioniertes Zellsaft-System ersetzt. Jedes erfolgreiche experimentelle Ensemble wird irgendwann in einen Baukasten transformiert und schließlich substituiert. Zu diesem Lebenszyklus gibt es ein symmetrisches Gegenstück: Werkzeuge können auch destabilisiert und in Instrumente der Forschung verwandelt werden, und zwar vorzugsweise durch Verpflanzung in neue Kontexte oder durch ihre Kombination mit anderen Darstellungstechniken.

Différance

Damit ein experimentelles Arrangement ein Forschungssystem bleibt, muß es auf Dauer Differenzen erzeugen können. Differenzen liegen seiner Verschiebungsdynamik zugrunde. Experimentalsysteme, die so angelegt sind, daß die Proliferation von Differenzen zum Orientierungsprinzip ihres eigenen Fortwirkens wird, sind durchdrungen von und schaffen gleichzeitig jenen subversiven Impetus, den Jacques Derrida »*différance*« genannt hat. Dieser Begriff zielt auf eine, wie Derrida sich ausdrückt, »irreduzible Abwesenheit der Intention«, die aller Erfindung eigentümlich ist, und schärft damit die Aufmerksamkeit für die »Ereignishaftigkeit«, die Forschungsexperimente auszeichnet.[35] Am ehesten enthüllt sich sein Sinn vielleicht in dem Sprachspiel »*différance*« selbst. Denn das Wort gibt im Französischen seine Differenz zur »*différence*« nur in geschriebener Form zu erkennen; will man sie sagen, wird sie – im Akt des Aussprechens selbst – unhörbar. Mit diesem Hintersinn verweist Derrida auf den unumgänglichen Umweg sprachlicher Diskursivität über die Schrift. Gleichermaßen irreduzibel ist wissenschaftliche Diskursivität an den Weg über die materiellen Spuren von Experimentalsystemen gebunden.

Und so heißt es bei Derrida an anderer Stelle auch: »Man könnte dies blinde Taktik nennen, empirisches Umherirren«.[36] »*Différance*« ist zugleich Modus und Operator aller »Dekonstruktionen«, wie Derrida vorzugsweise im Plural sagt, die gekennzeichnet sind durch »eine gewisse [...] metonymische [...] Verrückung, die jedem ›Text‹ im weiten Sinne des Wortes immer wieder passiert, das heißt der Erfahrung überhaupt, sei sie nun der sozialen, historischen, ökonomischen, technischen oder militärischen ›Wirklichkeit‹ zugeordnet«.[37] Dieser Liste möchte ich nachdrücklich die Wirklichkeit der Wissenschaften hinzufügen.

Die aufmerksame Untersuchung von Experimentalsystemen und der durch sie gebildeten Netzwerke kann einer zukünftigen »differentiellen Typologie von Iterationsformen« wesentliche Daten bieten.[38] Mit der Vielfalt ihrer experimentellen Iterationsformen können Epistemologie und Geschichte der biologischen Wissenschaften einiges zu einer solchen Typologie beitragen. Es ist an der Zeit, den synchronen und diachronen Dimensionen dieser Formen von Transfer, der räumlichen Anordnung von Experimentalsystemen und ihrem Vermögen, sich auszubreiten, mehr Beachtung zu schenken. Erste Versuche zu ihrer Charakterisierung hat Isabelle Stengers mit ihren Bemerkungen zu den »Operationen der Ausbreitung« und den »Operationen der Passage« von Wissen unternommen.[39]

Dieses Buch handelt von der iterativen Selbstverstärkung eines zunächst lokalen Forschungssystems und seiner anschließenden Verbreitung. Ich habe mich dafür entschieden, die Geschichte des auf Rattenleber beruhenden In-vitro-Systems der Proteinbiosynthese so detailgenau zu erzählen, daß die experimentellen Spielzüge auf der Mikroebene sichtbar werden, die geglückten ebenso wie die fehlgeschlagenen. Wie in Kapitel 2 erwähnt, hatte das Huntington Memorial Hospital unter der Leitung von Joseph Aub ein Krebsforschungsprogramm begonnen, das von der Untersuchung maligner Wachstumsprozesse ausging. Zamecniks Arbeitsgruppe am MGH hatte in einem biomedizinisch ausgerichteten Forschungsmilieu die ersten Jahre nach dem Zweiten Weltkrieg damit verbracht, das deregulierte Wachstum von Krebsgewebe im Verhältnis zu normalem und embryonalem Gewebe bei Ratten zu erfassen. Beschleunigte oder vermehrte Proteinsynthese wurde dabei als ein möglicher Angriffspunkt für das neoplastische Verhalten von Krebszellen aufgefaßt. Zwischen 1947 und 1952 jedoch änderte sich dieser Schwerpunkt aufgrund einer Reihe von differentiellen experimentellen Ereignissen, die das Forschungsprogramm verschoben. Die auf Krebs gerichtete Perspektive wurde zwar nicht vollständig und abrupt aufgegeben, aber sie wurde umorientiert und umgelenkt und glitt schließlich hinüber in eine Untersuchung über die Bedingungen des zellfreien Einbaus von Aminosäuren in die Proteine von normalem Zellgewebe. Ein erstes In-vitro-System stand der Gruppe um Zamecnik ab 1952 zur Verfügung. Im nächsten Kapitel folge ich seiner differentiellen Reproduktion zwischen 1952 und 1955.

KAPITEL 5

Die Definition von Fraktionen, 1952-1955

Das auf Rattenleber beruhende In-vitro-System war ein großer Schritt auf dem Weg zu einer experimentellen, operationalisierten Darstellung der Proteinsynthese, aber es brachte auch neue, zum Teil erhebliche Probleme mit sich. Zum einen bewegte sich die Aktivität des Systems, gelinde gesagt, an der Grenze der Auflösung – der Referenzwert der Proben lag bei etwa 10 cpm (counts per minute). Somit war die in das Protein eingebaute Radioaktivität um mindestens eine Größenordnung unter dem Wert, den man vorher in den Experimenten mit Gewebeschnitten erreicht hatte. Zum anderen bedeutete Siekevitz' Fraktionierungsmuster im Grunde, daß so gut wie alles, was im Zellsaft enthalten war, einschließlich der Mitochondrien, gebraucht wurde, um das kläglich schwache Rekonstitutionssignal zu erhalten. Die Zerlegung des Zytoplasmas in Fraktionen führte also keineswegs zu klar charakterisierten Partikeln oder Molekülen. In dieser Hinsicht war es eine Darstellung ohne eindeutig abgegrenzte Objekte, ein »System ohne Referenz«, wenn man so will. Dieser Ausdruck gibt die Laborsituation ziemlich gut wieder, in der die Huntington-Forscher steckten. Sie waren nicht in der Lage, die Fraktionen durch die für die Proteinsynthese erforderlichen makromolekularen Bestandteile zu definieren, die in diesen Fraktionen enthalten waren; die Nahtstellen, entlang derer das epistemische Objekt aufgetrennt und wieder zusammengefügt werden konnte, verdankten sich der verfügbaren niedertourigen Zentrifugationstechnik. Es entstand, um es mit Bachelards Worten zu sagen, eine zunehmende Spannung zwischen dem »Raum der gewöhnlichen Intuition« mit seinen Erfahrungsobjekten und dem »funktionellen Raum«, in dem die Phänomene der Proteinsynthese allmählich zur Darstellung kamen.[1]

Man sollte vermuten, daß es nahegelegen hätte, das Homogenat aus Rattenleber durch einen metabolisch hochaktiven bakteriellen Extrakt zu ersetzen, um damit die Signale zu verstärken. Schon 1951 hatten Zamecnik und Mary Stephenson zusammen mit David Novelli von Lipmanns Labor einen Versuch unternommen, *Escherichia coli*-Zellen aufzubrechen.[2] Sie erzielten tatsächlich einen Einbau von Aminosäuren, aber Stephenson schaffte es nicht, das Inkorporationssystem ausreichend von lebenden Bakterien zu »säubern«. Es konnte daher nicht ausgeschlossen werden, daß der Einbaueffekt nur diesen intakten Zellen zuzuschreiben war. Stephenson erinnert sich an endlose Stunden, in denen sie unter dem Mikroskop Bakterien zählte: »Es ging nur um ein paar Tausend Bakterien, aber die reichten aus, um das System vollständig zu verderben.«[3] Schließlich gaben sie den Versuch auf.[4]

Während dieser Zeit, im Juni 1951, stattete Ernest Gale von der Cambridge University den Laboratorien am MGH einen Besuch ab.[5] Gale beschäftigte sich seit langem mit mikrobieller Biochemie und hatte in den ersten Nachkriegsjahren Aspekte der Proteinsynthese mit intakten Zellen des grampositiven Bakteriums *Staphylococcus aureus* untersucht. Gale begann sich für Zamecniks In-vitro-Untersuchungen zu interessieren; kurz danach, im Jahr 1953, stellten Gale und seine Mitarbeiterin Joan Folkes der Fachöffentlichkeit ein bakterielles In-vitro-Einbausystem vor, das auf einer durch Ultraschall zerstörten Zellfraktion von Staphylokokken beruhte.[6] Zamecnik und seine Gruppe standen diesem System einigermaßen skeptisch gegenüber. Es funktionierte nur, wenn die aufgebrochenen Zellwände nicht abzentrifugiert wurden, und unter dem Mikroskop ließen sich zerstörte und unzerstörte Zellen nur schwer und nie mit letzter Sicherheit unterscheiden. Gale seinerseits nahm eine reservierte Haltung gegenüber den In-vitro-Experimenten am MGH und anderswo ein; er nannte sie abschätzig »Inkorporationsstudien«; diese seien kein Maßstab und Ersatz »für die Proteinsynthese in lebenden Zellen«, jedenfalls nicht, solange solche Experimente nicht von einer eindeutigen Zunahme der Proteinmasse begleitet seien; das war aber weder am MGH noch sonstwo der Fall.[7]

Sanfte Homogenisierung

Das Aktivitätsproblem lauerte in der Tat als Schreckgespenst hinter dem ganzen Unternehmen. In dieser schwierigen Situation kam Hilfe von einem Nachbarn – Beispiel einer Zusammenarbeit *hors de programme*, die aus der lockeren Verknüpfung verschiedener Forschungsaktivitäten an den Huntington Laboratorien resultierte. Nancy Bucher hatte ihr Medizinstudium an der Johns Hopkins Medical School 1943 abgeschlossen und war seit 1945 am MGH sowohl im klinischen Bereich als auch in der medizinischen Forschung tätig. Um 1952 beschäftigte sie sich mit einer Methode zur Isolierung intakter Leberzellen aus Lebergewebe.[8] Sie zerkleinerte Rattenleber mittels kleiner Glaskügelchen, aber die mechanische Zerstörung des Gewebes schien die Zellen zu perforieren. Ivan Frantz erinnert sich: »Nancy suchte nach einem biochemischen Verfahren, mit dem sie ihre Zellen überprüfen konnte. Die Cholesterolsynthese schien ein geeigneter Kandidat zu sein. *In vitro* war sie bisher nur mit

Gewebeschnitten gelungen. Sie bat mich um Rat wegen der Inkubationstechniken und Auswertungsmethoden, die ich zufällig gerade bei Gordon Gould gelernt hatte.«[9] Tatsächlich bildeten Buchers Zellen Cholesterol aus ^{14}C-markierter Essigsäure, wenn sie in dem Puffer, den sie ihr »Hexengebräu« nannte,[10] suspendiert wurden. Aber die Präparate enthielten auch aufgebrochene Zellen und Zellbruchstücke. Bucher wiederholte das Experiment also mit einer Kontrolle: Sie sedimentierte die ganzen Zellen und testete den Überstand. Zu ihrer Überraschung »funktionierten die Bruchstücke besser als die ganzen Zellen«.[11] Ein In-vitro-System zur Herstellung von Cholesterol war das Ergebnis.[12] Seitdem benutzte Bucher einen Potter-Elvehjem-Homogenisator mit einem locker eingepaßten Kolben zum vorsichtigen Aufbrechen ihrer Zellen. Mit diesem kleinen Trick leitete sie, ohne es beabsichtigt zu haben, auch eine neue Phase in der Proteinsyntheseforschung ein: Zamecnik erprobte die »sanfte Homogenisierung« an seinem zellfreien System, und sie erwies sich als elegantes Mittel zur Steigerung der Einbauaktivität. Die Inkorporationsrate stieg mindestens um den Faktor zehn.[13] Das war zwar immer noch weit entfernt von einer kräftigen Proteinsynthese in intaktem Gewebe, aber zumindest konnten die radioaktiven Counts jetzt zuverlässiger gezählt werden.

Im Laufe der Jahre wurden der Homogenisierungsmixtur eine Reihe weiterer Komponenten zugefügt. Sie wurde ziemlich komplex. Wann immer sich eine Substanz als systemstabilisierend herausgestellt hatte, wurde sie auch in den nachfolgenden Versuchen beibehalten. Saccharose beispielsweise fehlte bei keinem der Experimente in den kommenden zehn Jahren. Ursprünglich war die Zuckerlösung eingeführt worden, um Suspensionen von Mitochondrien zu stabilisieren.[14] Experimentelle Praktiken schaffen lokale Konventionen. Durch die Weitergabe von Rezepten, durch experimentellen Handel und Wandel können sie sich in einem ganzen Wissenschaftszweig ausbreiten und durchsetzen, selbst wenn sie bei weitem nicht die einzigen sind, die anwendbar wären.

Kleine Moleküle und große Maschinen

Den Experimenten von Philip Siekevitz waren dadurch Grenzen gesetzt, daß es am Hospital keine Zentrifuge gab, die mehr als 45000 x g lieferte. Unter diesen Bedingungen ließ sich das Mikrosomenmaterial, in dem der Hauptanteil des zellulären Ribonukleoproteins enthalten war, nicht vollständig sedimentieren. Eine quantitative Trennung der Mikrosomen von dem post-mitochondrialen Überstand war mit dieser Technik nicht zu bewerkstelligen. Als Alternative hatte Siekevitz versucht, eine Säurefällung durchzuführen. Dabei wurden jedoch zusätzliche Substanzen mit ausgefällt, die beim Zentrifugieren wiederum im Überstand blieben.[15] Das Ergebnis war entweder ein Überstand, der immer noch Mikrosomen enthielt, oder ein Überstand, in dem keine säurefällbaren Substanzen mehr enthalten waren. Weder die eine noch die andere Fraktion war geeignet, zur Klärung der Frage beizutragen, wo und mit welchen Zellkomponenten denn nun die Proteinsynthese stattfand.

Im Jahr 1953 wurde auf Betreiben Lipmanns in den Huntington-Laboratorien eine gekühlte präparative Ultrazentrifuge installiert, die zur gemeinsamen Benutzung durch Lipmanns und Aubs Laboratorien vorgesehen war.[16] Der Zugang zu einer Ultrazentrifuge veränderte die Situation. Zunächst jedoch trat das Instrument auf der Bühne der Proteinsynthese eher unauffällig an; es wurde als ein weiteres Hilfsmittel unter anderen vorgestellt. »In einigen Experimenten«, so lesen wir in einer Veröffentlichung von Zamecnik und Keller aus dem darauffolgenden Jahr, »wurde die 5000 x g-Überstandsflüssigkeit in einer präparativen Spinco-Zentrifuge aufgetrennt«.[17] Im Laufe dieses Jahres jedoch wurde mit Hilfe des neuen Instruments das gesamte Fraktionierungsverfahren reorganisiert. Allerdings waren präparative Hochgeschwindigkeitszentrifugen schon seit mehr als einem Jahrzehnt auf dem Markt. Claude und seine Mitarbeiter am Rockefeller Institute hatten eine Maschine der ersten Generation seit den frühen vierziger Jahren zur Identifizierung und strukturellen Charakterisierung zytoplasmatischer Partikel verwendet.[18] Es ist aber fraglich, ob der frühere Zugriff auf ein solches Gerät am MGH bei der Ausarbeitung eines funktionellen In-vitro-Proteinsynthesesystems von großem Nutzen gewesen wäre, insbesondere bevor stoffwechselaktive Homogenate verfügbar wurden. Mit der Verfügbarkeit solcher Homogenate jedoch nahm es an Bedeutung zu. Das Beispiel zeigt, daß die Instrumente nicht *per se* die Experimentalsysteme formen und leiten. Vielmehr hängt es umgekehrt von der Konfiguration des Experimentalsystems mit seinen vielen Parametern ab, ob in seinem Kontext ein bestimmtes technisches Verfahren oder Instrument Sinn und Funktion erhält.

Um die gleiche Zeit stellte sich eine Verfeinerung im Bereich der niedertourigen Zentrifugation als ebenso bedeutsam heraus wie der Übergang zu ultrazentrifugalen Fraktionen. Schon 1951 hatten Siekevitz und Zamecnik über eine stimulierende Wirkung von ATP auf eine gemischte Fraktion von Mitochondrien und Mikrosomen berichtet. Sie waren damals nicht die einzigen, die eine solche Stimulation beobachteten. Theodore Winnick hatte bereits 1950 über einen stimulierenden Effekt von ATP auf die Inkorporation von Aminosäuren in fötalen Lebergewebeschnitten berichtet.[19] Siekevitz hatte jedoch diesen Effekt in dem weiter ausgearbeiteten Versuchssystem des Jahres 1952 nicht reproduzieren können. Während des folgenden Jahres gelang es nun Betty Keller, die bei der Homogenisierung anfallenden Zellbruchstücke zusammen mit den Mitochondrien in einem einzigen vorbereitenden Zentrifugationsvorgang zu entfernen. Das dadurch erhaltene Homogenat war wiederum ATP-abhängig, was gleichzeitig bedeutete, daß die Reagenzglas-Proteinsynthese damit unabhängig von den Mitochondrien und der an diese gebundenen aeroben Energieumwandlung wurde. Dieses Ergebnis konnte vor dem Hintergrund von Lipmanns schon vor Jahren formulierten Bemerkungen über die Rolle von phosphorylierten Zwischenprodukten bei der Knüpfung von Peptidbindungen nicht völlig überraschen.[20] Dennoch war die vollständige Entfernung der Mitochondrien aus dem System eine wichtige Etappe bei den Bemühungen, den biochemischen Sumpf der Proteinsynthese trockenzulegen. Von nun an konnten die Experimente ohne die komplizierte und unübersichtliche Atmungsmaschinerie durchgeführt werden, die als Quelle biochemischer Energie diente, und damit auch ohne das umständliche sauerstoffabhängige Inkubationsverfahren. Die zelluläre »Energiefraktion« konnte durch eine kommerziell erhältliche biochemische Substanz ersetzt werden: durch ATP, ein Nukleosid-Triphosphat.

Zamecnik erkannte die mögliche Tragweite dieses Befunds und beantragte sofort Mittel bei der American Cancer Society, um die Rolle von »Purinen und Pyrimidinen als Ort der Aktivierung und des Transfers von Stoffwechsel-Zwischenprodukten« zu erforschen.[21] Der Antrag wurde vom Forschungskomitee im Oktober 1953 gebilligt. Meines Wissens faßte Zamecnik in diesem Antrag zum ersten Mal explizit die Möglichkeit der Aktivierung von Aminosäuren durch Nukleotide ins Auge und benutzte für diese Reaktion den Begriff »Transfer«. Ein topologisches Bild für die Proteinsynthese war im Entstehen, das Orte der Synthese – die Mikrosomen – und Aktivierungs- sowie Transportvehikel für Aminosäuren beinhaltete. Zamecnik schlug dem Generaldirektor des MGH, Dean Clark, bei dieser Gelegenheit vor, die institutionellen Beziehungen zwischen dem Hospital und dem MIT zu verstärken, um »einen freieren Fluß von Talent und Wissen« zu ermöglichen. Er hoffte, daß es damit möglich würde, »medizinische Krankheitserscheinungen in molekulare Begriffe zu übersetzen«.[22]

Eine weitere Errungenschaft ging auf den Einsatz der Ultrazentrifuge zurück. Mit einer Hochgeschwindigkeitszentrifugation von 105000 x g gewann Betty Keller ein »mikrosomenreiches Sediment« sowie eine »105000 x g-Überstandsfraktion«. Das mikrosomale Sediment allein war nicht in der Lage, Aminosäuren in die in ihm enthaltenen Partikel einzubauen. Die Kombination beider Fraktionen hingegen zeigte Aktivität, sobald man ATP und ein ATP-regenerierendes System hinzufügte.[23] Keller und Zamecnik schlossen daraus, »daß die 105 000 x g-Überstandsfraktion eines oder mehrere [lösliche] Proteine enthält, die für den Verbrauch von ATP bei der Einbaureaktion wesentlich sind«.[24] Neben den Mikrosomen begann jetzt auch der beim letzten Zentrifugationsschritt anfallende Überstand die Aufmerksamkeit der Experimentatoren zu erregen. Er wurde nicht mehr wie vorher lediglich aus Vollständigkeitsgründen mitgeführt. Aus dem Dunkel, in das er seit den ersten entscheidenden Versuchen von Siekevitz[25] gehüllt war, kam er jetzt ans Licht.

Das Forschungsinteresse hatte sich verlagert: Galt es im Jahr 1952 der Kombination von Mitochondrien und Mikrosomen, so war es nunmehr, nachdem die Mitochondrien inzwischen durch ein ATP-regenerierendes System ersetzt worden waren, auf die Mikrosomen und den Überstand der Hochgeschwindigkeitszentrifugation ausgerichtet. Das sieht aus wie eine unbedeutende Verschiebung, und doch veränderte sie die ganze Szene. Die Verlagerung der Perspektive führte zu einer Systemkomponente, die von dem »löslichen Faktor«, den Siekevitz 1952 beschrieben hatte, ziemlich verschieden war. Letzterer war inzwischen zusammen mit der sperrigen Mitochondrienfraktion aus dem Experimentaldiskurs verschwunden. Der neue Faktor kam aus dem postmikrosomalen Überstand.

Die Kohärenz eines Experimentalsystems hängt, wie hier zu sehen ist, nicht unbedingt von der expliziten Auflösung von Widersprüchen ab. Solange ein solches System sich differentiell repliziert, muß ein neues epistemisches Objekt oder eine neue Facette eines solchen Objekts frühere Merkmale nicht notwendigerweise annullieren. Letztere können einfach an Bedeutung verlieren, marginalisiert werden, im Hintergrundrauschen untergehen oder auch ganz schlicht vergessen werden. Im vorliegenden Fall wurde ein Ergebnis, das es noch 1952 wert gewesen war, im Vordergrund zu stehen, nun zu einem Hindernis auf dem Weg zu robusten Resultaten uminterpretiert. Siekevitz' Faktor verwandelte sich in den Preis, den man für den Schritt zum Experiment im Reagenzglas bezahlt hatte. Im Rückblick führten die Experimentatoren die geringe Einbaurate bei diesen Untersuchungen an, die, so behaupteten sie, es »schwierig« gemacht habe, »die Beziehung des Prozesses zu energieliefernden Mechanismen zu erforschen«.[26]

Das neue Fraktionierungsmuster führte zu einer Subversion des Forschungsprozesses vergleichbar derjenigen, von der die krebsbezogene medizinische Perspektive der im zweiten Kapitel beschriebenen Experimente mit Gewebeschnitten betroffen war.

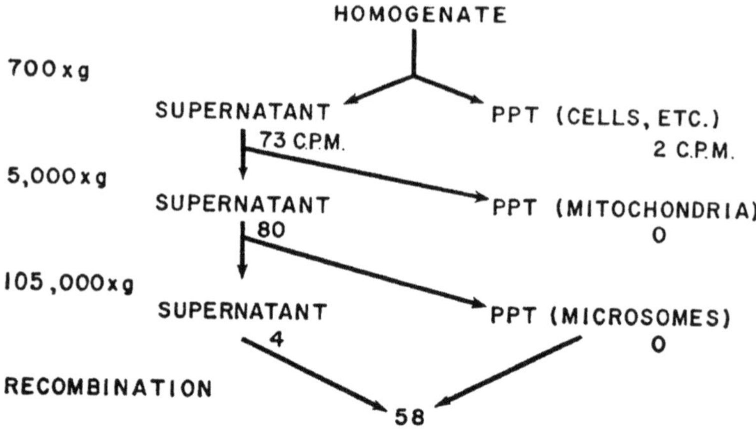

Abb. 5.1: Diagramm der Rekonstitution eines aktiven Homogenats. Die Fraktionierung erfolgte vor der Inkubation. Die Zahlen in der Abbildung stellen gemessene cpm an eingebauten ^{14}*C-Aminosäuren per Milligramm Fraktionsprotein dar. Entnommen aus Zamecnik und Keller 1954, dort Abb. 2.*

Abbildung 5.1 macht den experimentell vermessenen Raum ausschließlich als Raum von Fraktionen sichtbar. Paradoxerweise wird darin der Energiebedarf des Systems zum Verschwinden gebracht. Er kommt im Bild gar nicht vor. An welcher Stelle kam der Energiebedarf biochemisch ins Spiel? Zamecnik und seine Mitarbeiter hatten die Identifizierung der primären Energiequelle – ATP – bis zur Auflösung auf molekularer Ebene vorangetrieben; doch leider waren alle anderen Komponenten, die an dem Prozeß beteiligt waren, von dieser Ebene weit entfernt. Die Lokalisierung der Funktion von ATP in der Stoffwechsel-Reaktionskette war dadurch keineswegs leichter geworden.

Dynamik der Fraktionen

Die nächsten experimentellen Schritte ergaben sich jedoch nicht aus dem Energieaspekt des Systems, sondern aus der Charakteristik seiner Fraktionierung. Eine der Komponenten war, wie Zamecnik und Keller es umständlich ausdrückten, »eine mikrosomenreiche Fraktion, in deren Proteine die Aminosäuren vermittels einer Bindung eingebaut werden, die ebenso stabil ist wie die Peptidbindungen des Proteins«. Die andere war »eine lösliche, hitze-unbeständige, nicht dialysierbare Fraktion, die den Einbau von Aminosäuren in das Mikrosomenprotein erleichtert«.[27] Zwei Jahre zuvor hatte man dieser löslichen Fraktion lediglich die Eigenschaft zugesprochen, die Aktivität der Mitochondrien anzuregen. Tatsächlich erkennt man bei einem genaueren Blick auf die Tabelle in Abbildung 3.2, daß die Mitochondrien die Hauptkomponente bildeten, zu der alle anderen Bestandteile hinzugefügt wurden. Die Fraktionierung war anfänglich als ein technisches Mittel eingeführt worden, um den Energieaspekt der Proteinsynthesemaschinerie in den Griff zu bekommen; jetzt begann umgekehrt das Fraktionierungsmuster, die möglichen Komponenten dieser Maschinerie einzugrenzen und festzulegen. Dieser Übergang spiegelt sich in Abbildung 5.1; hier ist der Energieaspekt des Systems buchstäblich auf eine Fußnote reduziert, die festhält, daß *sämtlichen* Fraktionen energieliefernde Substanzen beigegeben worden waren. Der Brennpunkt verschob sich und driftete schrittweise von der Energiefrage in Richtung eines sich öffnenden Raums für die Darstellung von Fraktionen. »Man hangelte sich von einer Sprosse zur nächsten voran«, wie Mary Stephenson es ausdrückte.[28] Aber diese Verschiebung bedeutete nicht, daß der Energieaspekt aus dem Spiel sich differenzierender Optionen und Umwege ganz verschwand – er sollte bald in höchst überraschender Weise wieder auftauchen. Die ganze Episode illustriert die Mikrodynamik des Experimentierens. Sie zeigt, wie die Potentiale eines Experimentalsystems ins Spiel gebracht werden, und wie die Bewegungen des Systems ihre Dynamik aus einer fortwährenden Dekonstruktion und in einem Prozeß permanenter Bedeutungsänderung gewinnen.

Auch andere Fragen blieben vorerst offen. Trotz anderslautender Behauptungen z.B. von David Greenberg, die sich auf ähnliche Experimente stützten,[29] reagierte das Inkorporationssystem am MGH noch immer nicht, wenn man zu der einen radioaktiven Aminosäure einen vollständigen Satz nicht-radioaktiver hinzufügte. Als Vermutung bot sich an, in den verschiedenen Fraktionen könnten genügend endogene Aminosäuren vorhanden sein. Das war zumindest die Standarderklärung für ein Verhalten des Systems, das gleichwohl merkwürdig und letztlich unerklärlich blieb.[30] In dieser Situation wurde es für die kleine Proteinsynthese-Gemeinde zu einer wichtigen Herausforderung, ein komplettes radioaktives Protein im Reagenzglas herzustellen. Solange das nicht gelang, blieb offen, ob der beobachtete Einbau von Radioaktivität im Reagenzglas als Modell für die Proteinsynthese in der Zelle angesehen werden durfte. Worin aber bestand der Mechanismus der zellulären Proteinsynthese? Genau diese Frage galt es überhaupt erst aufzuklären. Ernest Gale in Cambridge entschloß sich aufgrund eigener experimenteller Schwierigkeiten nach längerem Hin und Her und in Anbetracht der

Unzulänglichkeiten der In-vitro-Inkorporation sogar dazu, auf »Isotope und Inkorporationsstudien als *das* Mittel zur Erforschung der Proteinsynthese ganz zu verzichten«.[31] Als Alternative zu diesem Verzicht nahm Zamecniks Gruppe über viele Jahre hinweg ihre Zuflucht bei dem für jedes Experiment streng geführten Nachweis, daß die Produkte ihres In-vitro-Systems die radioaktiven Aminosäuren in einer α-Peptidbindung enthielten. Robert Loftfield betonte noch Jahre später, daß »die Verantwortung für den Nachweis der α-Peptidbindung auch weiter zu jedem neuen Experimentalsystem gehört«.[32] Wessen Verantwortung? Im Modus einer Übertragung erscheinen letztlich die Untersuchungssysteme selbst als Gesprächspartner im wissenschaftlichen Dialog.

»Keine Methode des Waschens und Isolierens radioaktiver Proteine kann als ›Standardprozedur‹ akzeptiert oder als frei von Artefakten angesehen werden, bevor dies nicht für das jeweils betrachtete System nachgewiesen ist.« [33] Versuchen wir, diese tautologische Formulierung, dieses zirkuläre Postulat Loftfields zu übersetzen: Es gibt keine absolute Referenz für die Konstruktion eines In-vitro-Systems, die es uns zu beurteilen erlaubt, ob das System tatsächlich ein »Modell« für die »wirkliche« In-vivo-Situation ist. Ein Modell ist ebensowenig ein im Experiment immer schon Gegebenes wie das Reale selbst; Modelle stehen nicht für unhintergehbare letzte Referenten, sie stellen vielmehr opportunistisch gewählte, für die beabsichtigten Manipulationen besonders geeignet erscheinende Objekte dar. Sie leiten ihre privilegierte Stellung nicht von den Dingen ab, die sie modellieren sollen, sondern aus dem Vergleich mit anderen Modellsystemen. Harry Collins hat diese Situation eloquent als »Regreß des Experimentators« beschrieben; außerdem behauptet er, daß es nur eine »soziologische Lösung« für das Problem der experimentellen Zirkularität gäbe.[34] Aber in der Regel kümmern sich Wissenschaftler wenig um Collins' Postulat. Sie greifen weder explizit noch implizit auf gesellschaftliche Instanzen zurück, um ihre Fakten zu stabilisieren, noch nehmen diese Instanzen ihnen irgendwelche Entscheidungen ab. Statt dessen vermannigfachen sie ihre Modelldarstellungen und lassen sie sich in der laufenden differentiellen Replikation ihrer Experimentalsysteme aneinander abarbeiten und immer wieder aufeinander einstellen.[35] Sie erweitern den Zirkel einfach zur Spirale.

Das einzige, was bei der Proteinsynthese in der Zelle als einigermaßen unumstritten galt, war ihr Resultat: In der Regel waren in kompletten, aus der Zelle isolierten Proteinen die Aminosäuren über α-Peptidbindungen miteinander verknüpft. Zugegebenermaßen war das ein schwacher Anhaltspunkt und wenig hilfreich, um Fragen nach den Mechanismen zu beantworten, die beim Zustandekommen dieser Bindungen wirksam waren. Daher bestand der einzig gangbare – wenngleich umständliche – Weg darin, die Produkte beider Systeme, des intakten Organismus und des fraktionierten Homogenats, miteinander zu vergleichen. Der Charakter der Bindung konnte untersucht werden, indem man die Bedingungen ihrer *Zerstörung* miteinander verglich. Aus den Ergebnissen dieses analytischen Verfahrens konnte man dann indirekt Schlüsse auf den Prozeß ihrer Bildung ziehen.

In der Hoffnung, einen direkteren Zugang zum Problem zu finden, versuchte Robert Loftfield, ein bestimmtes, gut charakterisiertes radioaktiv markiertes Protein aus Rattenleber wiederzugewinnen.[36] Er induzierte in Ratten die Synthese von Ferritin und untersuchte nach zwanzig Stunden die Verteilung des Proteins zwischen den Lebermikrosomen einerseits und der partikelfreien Überstandsfraktion andererseits. Das so erhaltene Muster war, wie Loftfield sich in verräterischer Verdopplung ausdrückte, dem Radioaktivitätsmuster eines Parallelversuchs, der in Zamecniks In-vitro-System durchgeführt worden war, »vollkommen ähnlich« (*entirely similar*). Er hielt es daher in einer Art Umkehrschluß für vorstellbar, daß auch Zamecniks In-vitro-System »in der Lage war, ein natürliches, authentisches, isolierbares Protein zu synthetisieren«.[37] Diese Art von Experimenten brachte zwar keine neuen Einsichten in den Mechanismus der Proteinsynthese, lieferte dafür aber weitere, auf beobachtete Ähnlichkeiten gestützte Argumente dafür, daß zwischen den Prozessen im lebenden Gewebe und dem, was im Reagenzglas vor sich ging, zumindest eine enge Beziehung bestand. Die Unsicherheit solcher Vergleiche wird jedoch von dem folgenden Fall illustriert. Harold Tarver hatte beobachtet, daß Ethionin, ein Analoges der Aminosäure Methionin, den Einbau von Glycin und von Methionin im lebenden Tier hemmte.[38] Zamecnik und Keller fügten daraufhin ihrem In-vitro-System Ethionin zu, konnten aber keinerlei hemmende Wirkung feststellen. War dieses Ergebnis nun als Argument gegen das Reagenzglas-System zu werten? Die Antwort der Experimentatoren war ein intuitives, aber klares Nein, obwohl sich aus diesem negativen Vergleichsresultat keinerlei Bestätigung des In-vitro-Systems ergab.

RNA: Eine Frage ohne Antwort

Die eben beschriebenen Bemühungen drehten sich um ein klar definiertes Problem, für das sich kein ebensolches Experiment finden ließ. Im folgenden Fall haben wir es mit einem klar definierten Experiment zu tun, für das es keine überzeugende Erklärung gab. Die Zugabe von Ribonuklease zu Zamecniks In-vitro-System brachte den Aminosäureeinbau eindeutig zum Erliegen. Durch diese Beobachtung wurde die Verläßlichkeit des Systems nun aber weder unterstützt noch widerlegt. Der Ribonuklease-Test hatte einen anderen epistemologischen Status: Er gab einen Hinweis auf die Mitwirkung von Ribonukleinsäure bei der Proteinsynthese. Der Nachweis einer Beteiligung der Mikrosomen beim Aminosäureeinbau hatte einer alten Vermutung von Brachet und Caspersson neue Aktualität verliehen.[39] Damit wurde zugleich die Frage aktuell, ob der RNA-Anteil des mikrosomalen Sediments eine aktive Rolle bei der Proteinsynthese spielte. Andere Arbeitsgruppen waren inzwischen zu ähnlichen Beobachtungen gekommen – Gale in Cambridge mit fragmentierten Staphylokokken, Alfred Mirsky am Rockefeller Institute mit fraktionierten Rattenleberzellen.[40]

Die Mikrosomen enthielten offensichtlich den Hauptanteil der zytoplasmatischen Ribonukleinsäure. An welcher Stelle auf dem metabolischen Weg von Aminosäuren zu Proteinen war aber die mikrosomale RNA einzusetzen? Bis jetzt hatte man keine Vorstellung davon, welche Rolle die RNA als Zwischenprodukt auf diesem Weg spielen könnte. Wenngleich Zamecnik und Keller vage eine »Beziehung der Ribonukleinsäure der Mikrosomenfraktion zur Inkorporation der Aminosäuren in mikrosomales Protein« ins Auge faßten, sahen sie nicht einmal diese eindeutig »als erwiesen« an.[41] Als Zamecnik diese Vermutung Anfang des Jahres 1954 aufschrieb, war Ribonukleinsäure im experimentellen Spiel der differentiellen Reproduktion seines Systems als Komponente oder als Fraktion noch nicht in Erscheinung getreten. Sie existierte zwar als Schemen am Horizont der Gruppe, aber noch nicht als handfestes epistemisches Objekt in ihren Reagenzgläsern. Statt dessen betrachtete man das Verhältnis von Ribonukleinsäure zu Protein in den nicht-mikrosomalen Fraktionen des Systems als Maß der *Verunreinigung* dieser verschiedenen Fraktionen mit Mikrosomenfragmenten. Das Verhältnis betrug 1 zu 100 bei den Mitochondrien, 2,2 zu 100 für die lösliche Fraktion, »gute« Mikrosomen hingegen hatten ein Verhältnis von 14 Teilen RNA zu 100 Teilen Protein.[42] Loftfield erinnert sich: »Ich weiß, wir sahen das Problem, aber wir gingen darüber hinweg – wir nahmen an, daß irgendwo eine undichte Stelle war, vielleicht waren es zu Bruch gegangene Mikrosomen oder eine unvollständige Sedimentierung.«[43]

Die lösliche Fraktion

Zunächst einmal ging die Arbeit in anderen Richtungen weiter. Betty Keller unternahm verschiedene Anläufe, um die lösliche Fraktion weiter von kleinen Molekülen, Aminosäuren und Nukleotiden zu reinigen. Mittels Ionenaustausch-Chromatographie auf Dowex versuchte sie, die Nukleotide zu entfernen. Alternativ dazu fällte sie die aktiven »Proteinkomponenten« der löslichen Fraktion aus, indem sie den pH-Wert auf ungefähr 5 einstellte. Das Präparat, das man durch anschließende niedertourige Zentrifugation und Resuspension erhielt, konnte die lösliche Fraktion ersetzen. Ein System, das aus den Mikrosomen und dieser »gereinigten« löslichen Fraktion bestand, erforderte zusätzlich zu ATP das Nukleosid-Diphosphat GDP, um optimal zu funktionieren. War also auch ein GDP- oder GTP-Derivat »an der Bildung von Peptidbindungen« beteiligt?[44] Dieser Befund lieferte den ersten Hinweis darauf, daß noch ein weiteres Nukleotid in der Proteinsynthese eine Rolle spielen könnte, und er setzte eine langwierige Suche nach dessen Funktion in Gang. Zamecnik hatte GDP von Rao Sanadi vom Institut für Enzymforschung der University of Wisconsin in Madison bekommen, noch bevor man es von der Sigma Company beziehen konnte.[45] Das experimentelle Kalkül im Sinne des im letzten Kapitel erwähnten Exhaustionsprinzips bei dieser Suche war einfach – und erfolgreich. Die Anweisung lautete: Wenn das Ribonukleotid ATP im Energiehaushalt des Systems eine Rolle spielt, dann probiere aus, ob die drei anderen Ribonukleotide auch eine Wirkung haben. Wenn sie in irgendeinem Stadium der Fraktionierung unwirksam sind, dann lasse sie nicht gleich weg, sondern teste sie auch in allen nachfolgenden Fraktionen. Irgendwann wird ein Signal auftauchen und eine Differenz produzieren, der man nachgehen kann.

Obwohl der aktive Grundbestandteil des 105000 x g-Überstands jetzt als Proteinkomponente charakterisiert war, die man durch Säure ausfällen konnte, und obwohl GTP bei der energetischen Steuerung des Reagenzglas-Prozesses eine Rolle zu spielen schien, gab das System beim jetzigen Stand dennoch keinerlei Auskunft über die funktionalen Beziehungen, die der Rekonstitution seiner Aktivität zugrunde lagen. Die Schemata der fraktionalen und der funktionalen Darstellung befanden sich in unterschiedlichen Stadien. Diese *Ungleichzeitigkeit* der Repräsentationen war zwar einerseits ein Hindernis, andererseits aber auch eine Hauptantriebskraft bei der Differenzierung des Systems. Die physikalische Analytik der Zentrifugation war zwar eine Voraussetzung für die biochemische Analyse, aber weder ergänzten die beiden einander reibungslos noch folgten sie automatisch aufeinander. Beide Darstellungsmodi erforderten den Einsatz verschiedener Werkzeuge auf verschiedenen Ebenen.

Die Mikrosomen

Parallel dazu unterwarfen Zamecnik und seine Mitarbeiter das in der Ultrazentrifuge bei 105000 x g sedimentierende Material einer weiteren Fraktionierung. Eine der Hauptanstrengungen bei der Errichtung des zellfreien Versuchssystems war darauf gerichtet, »gereinigte«, aber immer noch aktive Mikrosomen zu gewinnen.[46] John Littlefield, ein weiterer Mediziner aus Harvard, der 1954 zu Zamecniks Gruppe hinzugestoßen war, widmete sich in den folgenden drei Jahren dieser Aufgabe.

Littlefield benutzte Natrium-Desoxycholat als Reinigungsmittel. Im Zusammenhang mit ihrer Arbeit über oxidative Enzyme in Rattenleber hatten Cornelius Strittmatter und Eric Ball vom benachbarten Department of Biological Chemistry an der Harvard Medical School zufällig herausgefunden, daß Desoxycholat die Trübung einer Mikrosomensuspension verminderte.[47] Offenbar wurden die Lipoprotein-Aggregate dieser Fraktion dadurch löslich gemacht. Nach der Behandlung mit Desoxycholat erhielt Littlefield ein locker gepacktes Sediment, das außer Protein praktisch die gesamte mikrosomale Ribonukleinsäure enthielt. Aber Littlefield stieß auch auf unerwartete und keineswegs triviale Schwierigkeiten mit der Reinigungstechnik. Es hing weitgehend von der Konzentration des Lösungsmittels ab, welches Verhältnis von RNA zu Protein das RNA-reiche »Ribonukleoprotein« aufwies, das aus dem unlöslichen Sediment gewonnen wurde. Im Bereich mittlerer Konzentrationen bewegte sich das Verhältnis von RNA zu Protein zwischen etwa zehn und etwa fünfzig Prozent.[48] Die Darstellung oder »Definition« der Partikel war also wiederum unlösbar verknüpft mit den Verfahren, denen sie unterzogen wurden; und da das Lösungsmittel jede nachfolgende Inkorporationsaktivität im Reagenzglas verhinderte, verfügte man zwar über eine wunderbare, präparativ zu handhabende, operationale Definition, nicht jedoch über ihr biochemisches Pendant. In dieser Situation mußten weitere Kriterien eingeführt werden, die dazu beitrugen, das Partikel »robust« zu machen. Eine neue Runde der Triangulation und Kalibrierung begann, an der sich eine allmählich wachsende wissenschaftliche Gemeinschaft von Zytologen, Biochemikern und Krebsforschern beteiligte.

Eines dieser zusätzlichen Kriterien, das verbreitete Anwendung fand, war die Homogenität der Partikel in Größe und Form. Die Frage nach der Funktion der Mikrosomen wurde dadurch mit einem anderen Forschungsfeld verknüpft, das sich um diese Zeit stürmisch entwickelte: die vergleichende Untersuchung der zytoplasmatischen Ultrastruktur *in situ* und *in vitro* mittels der Elektronenmikroskopie. Sie begann mit ersten

Arbeiten Albert Claudes am Rockefeller Institute über Mitochondrien.[49] In weiteren Studien führte die Elektronenmikroskopie zur Charakterisierung einer Struktur, die von Keith Porter »endoplasmatisches Retikulum« genannt wurde, eine Membranstruktur, die das ganze Zytoplasma von Eukaryontenzellen durchzog.[50] Wenig später gelang es George Palade, ebenfalls am Rockefeller Institute, durch eine Reihe avancierter Präparationstechniken die üblicherweise als Mikrosomen bezeichneten Partikel mit Fragmenten dieses endoplasmatischen Retikulums in Verbindung zu bringen. An diesen Membranfragmenten wiederum schienen kleine, elektronendichte Partikel zu haften.[51]

Philip Siekevitz hatte zwei Jahre bei Van Potter am McArdle Memorial Laboratory der University of Wisconsin in Madison verbracht und war dann 1954 zu Palade nach New York gegangen. Sein biochemisches Wissen über Proteinsynthese ergänzte die Strukturforschung am Rockefeller Institute und eröffnete der Gruppe neue Perspektiven. Palade und Siekevitz ging es um die Verbindung des »zytochemischen Verständnisses« der mikrosomalen Partikel *in vitro* mit ihrem »morphologischen Verständnis«, das auf sorgfältige elektronenmikroskopische Inspektion *in situ* gegründet war.[52] Die erwähnte Identifizierung der mikrosomalen Fraktion mit Fragmenten des endoplasmatischen Retikulums erfolgte im Verlauf dieser Untersuchungen. Die In-situ-Sichtbarmachung des Retikulums mit seinen elektronendichten Körnchen erzeugte jene Art von gegenseitiger Resonanz mit der biochemischen Arbeit *in vitro*, die ein wesentliches Merkmal dessen ist, was Wissenschaftler bei der Herstellung ihrer epistemischen Objekte als »unabhängige Evidenz« bezeichnen: die Übereinstimmung von Befunden aufgrund zweier verschiedener Darstellungstechniken.

Die postmikrosomale Fraktionierung, die den kleinen elektronendichten Partikeln galt, kam in Mode. Bei ihren gelegentlichen Untersuchungen am Elektronenmikroskop arbeitete die Gruppe am MGH mit Jerome Gross von der Harvard Medical School zusammen. Im Gegensatz zu der groben Mikrosomenfraktion, die ganze Klumpen von unregelmäßig geformtem granulösem Material enthielt, erschienen die Desoxycholat-Partikel unter dem Elektronenmikroskop ohne weitere Behandlung relativ homogen (vgl. Abbildung 5.2).[53] Die Herstellung stabiler Präparate für eine eingehende elektronenmikroskopische Beobachtung brachte jedoch wiederum erhebliche operationale Probleme mit sich. Die Elektronenmikroskopie beruht auf der physikalischen Wechselwirkung eines Elektronenstrahls mit dem zu visualisierenden Objekt. Die biologischen Proben waren daher doppelt gefährdet. Sie konnten leicht durch den Elektronenstrahl zerstört oder aber durch die Zugabe elektronen-

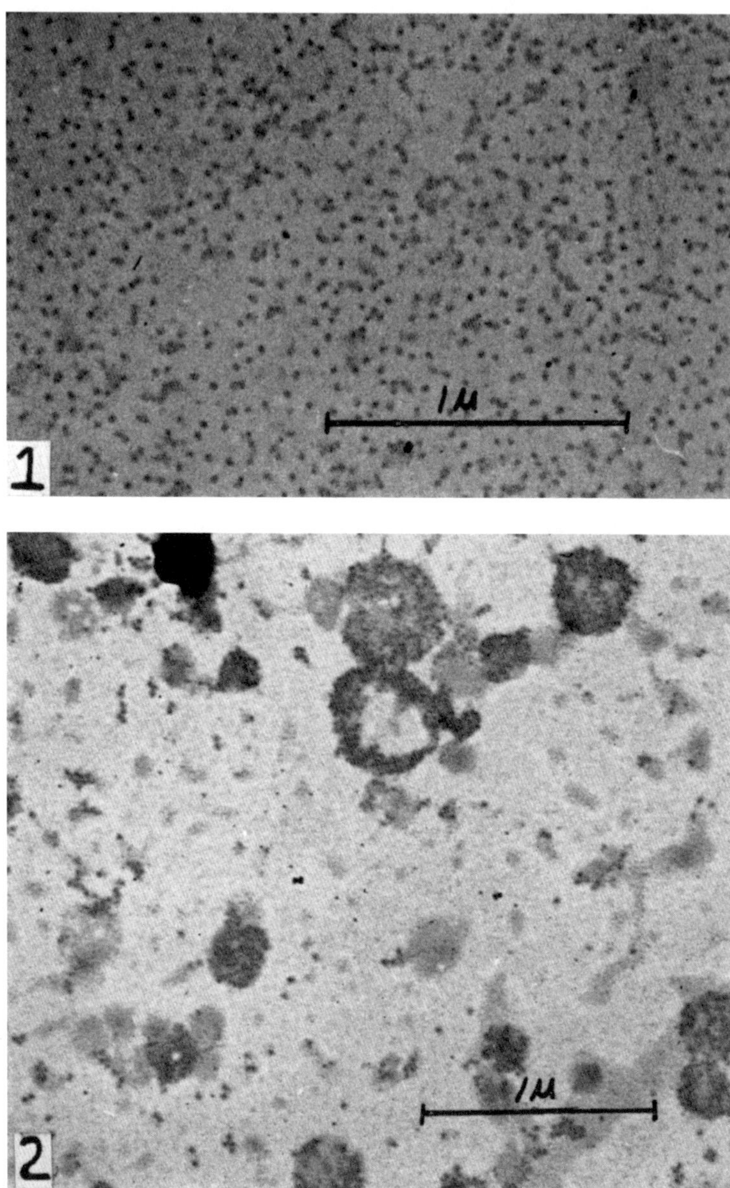

Abb. 5.2: Oben: Elektronenmikrographie von Desoxycholat-behandelten Mikrosomen. Nicht gefärbt, nicht beschattet, Vergrößerung 45900 x. Unten: Elektronenmikrographie einer unbehandelten Mikrosomenfraktion. Nicht gefärbt, nicht beschattet, Vergrößerung 35200 x. Entnommen aus Littlefield, Keller, Gross und Zamecnik 1955a, Tafel 1.

dichter Schwermetallösungen, mit denen die Proben gefärbt und fixiert wurden, deformiert werden. Abhängig von Unterschieden beim Präparieren maßen Littlefield und Gross' Partikel zwischen 19 und 33 Nanometer (nm), was an sich bereits eine beträchtliche Schwankungsbreite darstellt; die mit Osmium behandelten Teilchen von Palade und Siekevitz hatten dagegen nur einen Durchmesser von 10-15 nm.[54] Waren die Partikel nun homogen und klein oder waren sie heterogen und größer? Das Problem konnte offenkundig im Darstellungsraum der Elektronenmikroskopie alleine nicht gelöst werden.

Eine weitere Darstellungstechnik, der man die Mikrosomen unterziehen konnte, war die analytische Ultrazentrifugation. Um die Sedimentationsmuster und -koeffizienten seiner Teilchen mittels der analytischen Ultrazentrifuge zu bestimmen, kooperierte Littlefield mit Karl Schmidt, einem weiteren Mitarbeiter des Huntington-Hospitals. Hinweise auf mehrere diskrete Partikel unterschiedlicher Größe hatte bereits Mary Petermanns analytische Ultrazentrifugation von Mäusemilz- und Rattenleber-Homogenaten geliefert.[55] Wie Zamecnik kam Petermann, die am Sloan Kettering Institute in New York tätig war, ursprünglich aus der Krebsforschung. Zu Beginn ihrer Arbeit suchte sie nach Unterschieden in der Mikrosomenfraktion bei normalem und malignem Gewebe. Der Unterschied, den sie schließlich fand, war jedoch nicht eine Differenz zwischen normalem Gewebe und Tumorzellen, sondern eine Differenz in der Zusammensetzung der Mikrosomenfraktion selbst, die vom Gewebetyp gar nicht abhing. Petermanns Forschungsprogramm erhielt dadurch eine ganz andere Orientierung. Littlefields Partikel bildeten bei der optischen Aufzeichnung einen »47S-Gipfel«, welcher der makromolekularen Hauptkomponente ähnelte, die von Petermann und ihren Mitarbeiterinnen Mary Hamilton und Nancy Mitzen auch für die Rattenleber beschrieben worden war. Eine breitere Erhebung, die vor den 47S-Partikeln herlief, verschwand, sobald man das Material mit einer 0,5prozentigen Lösung von Desoxycholat behandelte. Zusätzlich zeigte sich aber auch noch eine schmalere Spitze hinter den 47S-Partikeln, die nicht verschwand, wenn man sie der Wasch-Behandlung unterzog (vgl. Abbildung 5.3). War der Ribonukleoprotein-Anteil der Mikrosomenfraktion am Ende selbst heterogen? Wiederum konnte die Frage im Rahmen der Darstellungstechnik der analytischen Ultrazentrifugation alleine nicht beantwortet werden.

Noch eine weitere Methode zur Gewinnung von Ribonukleoproteinpartikeln beruhte auf der von der Konzentration des Lösungsmittels Desoxycholat abhängigen Veränderung ihrer biochemischen Zusammensetzung. Erhöhte man die Konzentration, nahm das nicht in Lösung

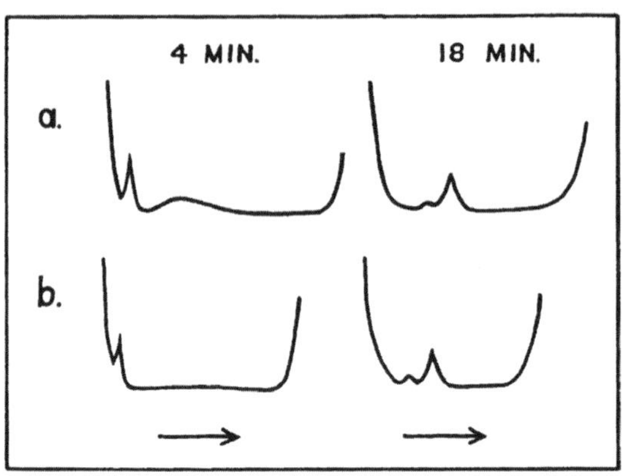

Abb. 5.3: Analytische Ultrazentrifugation von Rattenlebermikrosomen ohne (a) und mit (b) Desoxycholat-Behandlung bei 37020 Umdrehungen pro Minute. Aus Littlefield, Keller, Gross und Zamecnik 1955a, dort Abb. 2.

gehende mikrosomale Protein mehr oder weniger gleichmäßig ab, während sich für die Ribonukleinsäure-Komponente eine scharfe Grenze abzeichnete. Unterhalb von 0,5 Prozent Desoxycholat verblieb praktisch die gesamte RNA der Fraktion im unlöslichen Material. Oberhalb dieser Schwelle nahm die RNA kontinuierlich ab, bis sie schließlich ganz verschwand (vgl. Abbildung 5.4). Dieses zweiphasige Verhalten der Ribonukleinsäure gegenüber dem Lösungsmittel, das sich im Graphen als ziemlich scharfer Knick abzeichnete, konnte als Hinweis darauf aufgefaßt werden, daß an einem bestimmten Punkt eine qualitative Veränderung in der Kohäsion der Teilchen eintrat.

Für keine dieser Repräsentationstechniken existierte eine von vornherein feststehende Referenz, die als externer Bezugspunkt bei der Herausbildung des Wissenschaftsobjekts hätte dienen können. Seine Gestalt entstand nicht durch Vergleich eines »Modellpartikels« mit einem »wirklichen« Partikel; seine Konturen gewann es vielmehr erst allmählich aus der Korrelation und Überlagerung verschiedener Darstellungen, die wiederum auf unterschiedliche biophysikalische und biochemische Techniken zurückgingen. Latour hat ein solches Verfahren in wundervollem Küchenlatein einmal als »*adaequatio laboratorii et laboratorii*« bezeichnet.[56] Da die Mikrosomen nach den verschiedenen Isolierungsverfahren keinerlei Aminosäureeinbau mehr zeigten, gab es auch keine funktionellen Anhaltspunkte für einen wertenden Vergleich. Die experimentellen Darstellungen bestätigten sich zum Teil, doch zum Teil widersprachen sie einander auch und hoben sich gegenseitig auf. Das Desoxycholat-Partikel, das bei diesen Untersuchungen eine so prominente Stellung einnahm, betrat die Bühne der In-vitro-Proteinsynthese

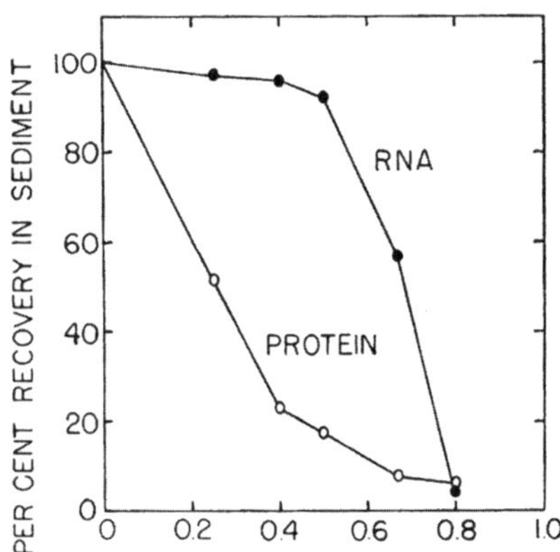

Abb. 5.4: Wirkung steigender Konzentrationen von Natrium-Desoxycholat auf das Verhältnis von RNA und Protein in der Mikrosomenfraktion. Die X-Achse stellt die Konzentration des Lösungsmittels dar. Aus Littlefield, Keller, Gross und Zamecnik 1955a, dort Abb. 1.

um 1953. Nach drei Jahren trat es dort wieder ab, weil man keinen Weg fand, es so zu modellieren, daß es einbauaktiv blieb und einen funktionalen Part im Geschehen übernahm. Doch hatten diese gewaschenen Mikrosomen die bei der Entstehung von epistemischen Dingen paradigmatische transitorische Funktion. Sie waren Ergebnis des Versuchs einer »Reindarstellung« und ein Schritt auf dem mühsamen Weg, die fraktionale Repräsentation des Zellsafts mit einigen funktionalen Merkmalen der Proteinsynthese in Resonanz zu bringen. Im Reagenzglas aktive Ribonukleoproteinpartikel wurden erst einige Jahre später verfügbar, als Folge eines Prozesses, in dem das Ionenmilieu der Puffer neu zusammengesetzt, ein anderes Lösungsmittel gefunden und schließlich andere Zellen als Ausgangsmaterial für die Partikel verwendet wurden.[57]

Erste Hinweise auf die Funktionsweise der mikrosomalen Partikel ergaben sich aus Fraktionierungen im Anschluß an kinetische Untersuchungen an lebenden Ratten.[58] Nach der Verabreichung und dem In-vivo-Einbau von radioaktivem Leucin gelang es Betty Keller, die Verteilung des markierten Proteins im Desoxycholat-löslichen und im unlöslichen Material zu verfolgen. Diese Verteilung wies ein bemerkenswertes Muster auf. Die RNP-Partikel nahmen die Radioaktivität sehr schnell auf und näherten sich dann einem stationären Zustand. Im Gegensatz dazu wurde das Desoxycholat-lösliche Protein viel langsamer markiert und akkumulierte dabei ständig weiter radioaktives Material. Der Isotopenumsatz der RNP-Partikel konnte somit berechnet werden. Nur ein geringer Anteil der Aminosäuren schien in schnellem Umsatz begriffen. Was spielte sich bei diesem Vorgang ab? War er ein »wesentlicher Schritt in der Proteinsynthese«, oder stellte er lediglich eine »unwesentliche

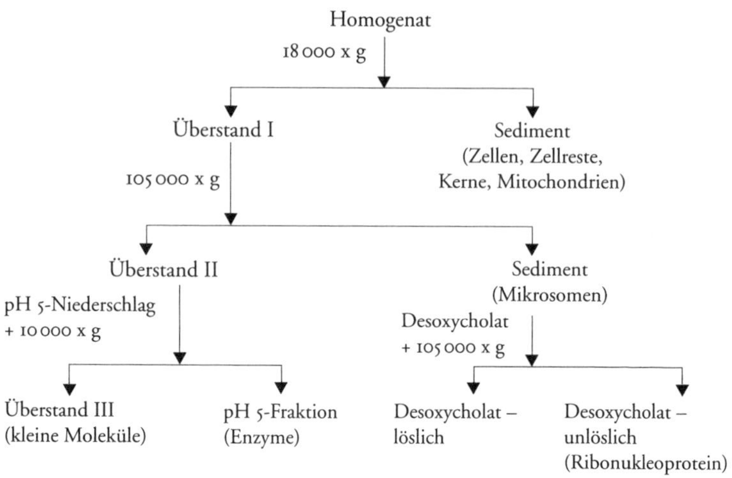

Abb. 5.5: Fraktionierungsmuster des Rattenleberzellsafts um 1955. Darstellung vom Autor.

Gleichgewichtsreaktion« dar?[59] Es bestand keine Hoffnung, diese Fragen durch die Weiterverfolgung dieser In-vivo-Untersuchungen zu beantworten. Es sah aber so aus, als seien die Desoxycholat-unlöslichen Partikel der Ort, an dem die Proteine zusammengebaut wurden, bevor sie schließlich ins Zytoplasma übergingen. Noch ein Jahr zuvor hatte Zamecnik ähnliche Ergebnisse als Beleg für eine weitere zytoplasmatische, nicht-mikrosomale Form der Proteinsynthese gedeutet. Dieser Hypothese zufolge wären die Mikrosomen für die Herstellung der jeweils gewebespezifischen Proteine verantwortlich, das Zytoplasma hingegen für die am Grundumsatz der Zelle beteiligten Proteine.[60] Die neue Ausrichtung auf ein dynamisches Bild der Synthese war einerseits das Ergebnis einer differenzierter werdenden Repräsentation von Mikrosomenkomponenten. Andererseits verdankte sie sich einem kinetischen Zugang, der über mehrere Jahre hinweg verfeinert worden war.

Ein komplexer Darstellungsraum

Der experimentelle Raum, in dem die In-vitro-Proteinsynthese zur Darstellung kam, war zu einem ziemlich komplexen Dispositiv geworden. An Techniken umfaßte er mittlerweile eine präparative Ultrazentrifuge,

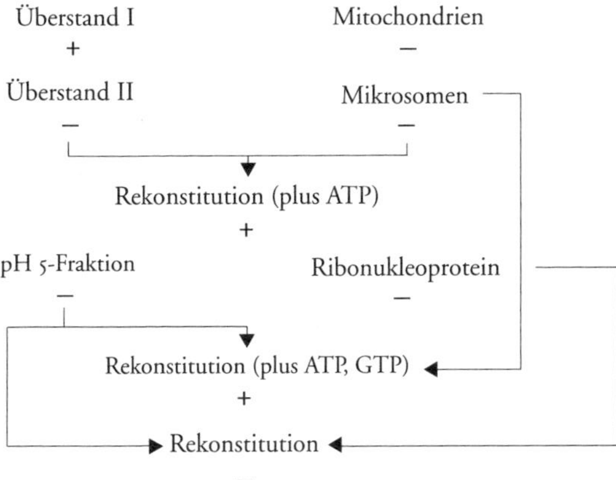

Abb. 5.6: Funktionale Rekonstitution der Proteinsynthese im Reagenzglas auf dem Stand von 1955. +: Einbauaktivität vorhanden; -: keine Einbauaktivität. Darstellung vom Autor.

die analytische Ultrazentrifuge, das Elektronenmikroskop, die radioaktive Markierung sowie die anderen bereits routinemäßigen Verfahren zur Homogenisierung der Zellen, zum Waschen der Fraktionen und zur Bestimmung von Ribonukleinsäuren und Proteinen. Trotz dieser zunehmenden Raffinesse mußte jedoch das gesamte biologische Material für jedes einzelne Experiment jeweils frisch präpariert werden. Zum Leidwesen der Experimentatoren konnte man bislang keine der Komponenten einfrieren und aufbewahren. Unvorhersehbare Abweichungen von einem Präparat zum nächsten waren die ebenso notwendige wie lästige Folge dieses Zustands.

Das gesamte Zerlegungsmuster des Rattenleber-Zellsafts, wie es sich zu diesem Zeitpunkt darstellte, ist in Abbildung 5.5 zusammengefaßt. Die Fraktionierung hatte mittlerweile eine beträchtliche Auflösung erreicht. Aber es kam zu keiner Resonanz mit den Versuchen einer funktionalen Rekonstitution der Proteinsynthese (vgl. Abbildung 5.6). Die Asynchronizität der beiden Darstellungsweisen war im Gegenteil ganz beträchtlich und beruhte im wesentlichen auf der Inaktivität der Ribonukleoproteinpartikel.

Alle Versuche, mit gereinigten Ribonukleoproteinpartikeln einen Aminosäureeinbau zu erreichen, waren bisher fehlgeschlagen. Was weiterhin die zugrundeliegenden Mechanismen anging, herrschte wenig Klarheit. Das System reagierte nach wie vor nicht auf die Zufügung eines vollständigen Satzes von Aminosäuren. Daher blieb das Verhältnis zwischen dem beobachteten Einbau einer einzigen radioaktiven Aminosäure und der Neusynthese von Proteinen unbestimmt. Es konnte nicht einmal mit Gewißheit davon ausgegangen werden, daß die beiden etwas miteinander zu tun hatten. Weiterhin konnten die Energielieferanten ATP und GTP keiner einzelnen Fraktion, geschweige denn einer Komponente derselben zugeordnet werden. Schließlich war auch kein plausibler Mechanismus in Sicht, der die lösliche und die mikrosomale Fraktion miteinander in Beziehung gesetzt hätte. Dieses ganze Bündel aus Unbekannten und Ungereimtheiten wurde jedoch durch die *différance* des Systems zusammengehalten: Es war ein Generator von Unterscheidungen. Es produzierte experimentelle Ereignisse.

Experimentelles Denken besteht darin, Fragen entlang der Achsen eines bestimmten Forschungssystems zu »zerlegen, damit sich aus ihnen Experimente ableiten« lassen.[61] Die Art und Weise, wie diese Fragen »in erkennbare Wirkungen«[62] und aufzeichenbare Spuren überführt werden, kann durch äußere Herausforderungen ebenso nahegelegt werden wie sie aus dem Innern des Systems selbst hervorgehen kann. Solche Übersetzungsleistungen können plötzlich eintreten oder sich langsam entwickeln. Es spielt keine Rolle, ob sie aus kühnen Spekulationen oder technischen Zwängen entstehen, aufgrund von theoretischem Vorwissen oder handwerklichem Geschick, ob sie durch opportunistisches Schielen auf Forschungsmittel, durch schieres Glück oder durch irgendwelche seltsamen, aber hartnäckigen Signale des Systems zustande kommen. In jedem Fall müssen die entscheidenden Differentiale, aus denen sich die epistemischen Ereignisse ergeben, letztendlich als technische Bestandteile in das System eingebaut werden. Sie müssen früher oder später zu Instanzen seiner differentiellen Reproduktion werden.

KAPITEL 6

Räume der Darstellung[1]

Wenn wir die Dynamik der differentiellen Reproduktion von Experimentalsystemen, die in den beiden letzten Kapiteln beschrieben wurden, voraussetzen, wie entfalten diese Systeme ihre epistemische Wirkmacht? Um diese Frage soll es im vorliegenden Kapitel gehen. Folgen wir Jacob, so läuft alles »über die Vorstellung, die man sich von einem unsichtbaren Prozeß macht und die man irgendwie in erkennbare Wirkungen übersetzen« muß.[2] Die Formulierung hört sich zunächst unproblematisch an, läßt bei näherem Hinsehen jedoch Entscheidendes offen. Geht es bei einer wissenschaftlichen Darstellung darum, »Unsichtbares« »erkennbar« zu machen, etwas Verborgenes nur zu entdecken? Handelt es sich um ein Versteckspiel? Oder haben wir es mit einem Vorgang der »Übersetzung« zu tun, was ja im wörtlichen Sinn bedeutet, Zeichen in andere Zeichen, Spuren in andere Spuren zu transformieren? Oder geht beides Hand in Hand?

Für welche Interpretation man sich auch entscheiden mag, im Zentrum dessen, worum es in der wissenschaftlichen Praxis geht, stoßen wir auf das Problem der Darstellung. Die Welt darzustellen, wie sie ist, um ihre Beherrschung möglich zu machen, war das große Projekt, das die Aufklärung geleitet hat. Im 17. und 18. Jahrhundert entstanden zwei philosophische Metaerzählungen, die zu umschreiben versuchten, wie dieses Projekt zu realisieren sei: der Empirismus und der Rationalismus. Unter Weglassung aller Nuancen können wir sagen, der Empirismus behauptete, daß wahre Darstellung auf ungestörter Beobachtung und deren Wiederholbarkeit gründet. Das machte allerdings den Eingriff in die Wirklichkeit zum Zwecke ihrer Beherrschung zu einem problematischen Unterfangen. Der Rationalismus sah umgekehrt in diesem Eingriff seine Grundlage, denn er verstand Repräsentation als Verwirklichung von Begriffen. Wie war dann aber die Darstellung der Wirklichkeit möglich? Mit seinen Kritiken versuchte Kant, sowohl die konventionalistischen Fallstricke des Empirismus als auch die konstruktivistischen des Rationalismus zu umgehen, indem er auf transzendentale Bedingungen der Erkenntnis zurückgriff. Das philosophische Unbehagen an beiden Konzepten konnte er jedoch nicht ausräumen. Es hat sich bis heute gehalten, ebenso wie die Unterscheidungen, von denen es herrührt und in denen es sich verkörpert: Beobachtung und Experiment, Induktion und Deduktion, Konvention und Konstruktion, und wie die Dichotomien alle heißen.

Bedeutungen der Repräsentation

Wovon reden wir, wenn wir von Repräsentation sprechen?[3] Intuitiv verbinden wir den Ausdruck »Repräsentation« oder »Darstellung« mit dem Vorhandensein von etwas, worauf diese Darstellung verweist. »Die Repräsentation eines Objekts beinhaltet die Herstellung eines anderen Objekts, das auf das erste intentional bezogen ist. Dabei wird eine bestimmte Codierungs-Konvention unterstellt, die festlegt, was zu Recht als ähnlich gilt.«[4] In seiner ganzen konventionalistischen Vorsicht und Vagheit – »bestimmte Codierungs-Konvention«, »was zu Recht als ähnlich gilt« – klingt dieser Definitionsversuch von Bas Van Fraassen und Jill Sigman recht dezidiert. Bei eingehenderer Betrachtung des Sprachgebrauchs jedoch erweist sich der Begriff als entschieden vieldeutiger. Wenn wir von der »Darstellung eines Sachverhalts« sprechen, haben wir es im Sinne des zitierten Definitionsversuchs mit einer Darstellung »von« etwas zu tun. Wenn wir dagegen berichten, daß wir diesen oder jenen Schauspieler gestern abend im Theater als diese oder jene Figur auf der Bühne gesehen haben, wird die Sache schon komplizierter. In diesem Fall einer Darstellung »als« hat Repräsentation den doppelten Sinn einer Stellvertretung und gleichzeitigen Verkörperung. Jedes Schauspiel lebt von dieser Spannung, diesem »paradoxen Trick des Bewußtseins, der Fähigkeit, etwas zur gleichen Zeit als ›da‹ und als ›nicht da‹ zu sehen«.[5] Wenn uns schließlich ein Chemiker berichtet, er habe im Labor eine bestimmte Substanz dargestellt, so ist die Bedeutung von »etwas Anderes wiedergeben« ganz verschwunden. Hingegen ist die Bedeutung von Verkörperung im Sinne der Herstellung eines spezifischen Stoffes in den Vordergrund gerückt. In diesem Fall bezeichnet Darstellen die Realisierung einer Sache. Die Bedeutung von »Darstellung« deckt somit einen Bereich ab, der sich von einer Stellvertretung über eine Verkörperung bis hin zur Realisierung einer Sache erstreckt.

Zu allen drei Konnotationen, die der Ausdruck »Darstellung« im alltäglichen Sprachgebrauch hat, findet sich eine Entsprechung, wenn wir in der Praxis der Wissenschaften von Repräsentation oder Darstellung reden. Grob gesprochen und ohne die Parallele allzu stark strapazieren zu wollen, haben wir es im ersten Fall mit Analogien zu tun, mit hypothetischen, mehr oder weniger willkürlichen Konstrukten, die man auch mit den Peirceschen Symbolen in Verbindung bringen kann. Im zweiten Fall sprechen wir von Modellen oder Simulationen, also gemäß Peirces Einteilung von Ikonen. Im dritten Fall schließlich handelt es sich um experimentell realisierte Spuren. Diese sind in Peirces semiotischem System vergleichbar mit einem Index.[6] Ganz ähnlich argumentiert Jacob, wenn er die experimentelle Biologie von »Analogien« über »Modelle« zu »konkreten Modellen«[7] fortschreiten sieht, wobei man die hierarchische Anordnung der Repräsentationsformen allerdings hinterfragen kann. Welche Form der Darstellung in einem bestimmten wissenschaftlichen Kontext im Vordergrund steht, ist vorzugsweise historisch bedingt und für jeden Fall neu zu bestimmen. Wohlgemerkt, es geht hier um die Funktion der Repräsentation auf der Ebene der Praxis der Wissenschaften, so wie sie in der materiellen Laborarbeit ins Werk gesetzt wird. Der Übergang zur Ebene der semiologischen Abstraktion und damit zu dem Problem, wie die Ergebnisse dieser Arbeit symbolisch festgehalten werden, ist jedoch keineswegs abrupt. Er vollzieht sich kontinuierlich und über beliebig viele Zwischenglieder, bei denen sich wiederum ohne Schwierigkeit ausmachen ließe, wie die drei Modi der Darstellung einander abwechseln. Mir geht es hier in erster Linie darum, den Prozeß der Verfertigung von Wissenschaft als einen Vorgang zu beschreiben, in dem ständig Repräsentationen erzeugt, verschoben und überlagert werden, und zwar im Sinne der eben erwähnten verschiedenen Bedeutungen von Repräsentation. Wenn man sich allzu früh auf den vermeintlich sauberen Schnitt zwischen Theorie und Wirklichkeit, Begriff und Sache einläßt, dann droht die – epistemologisch entscheidende – Vieldeutigkeit des Darstellungsvorgangs in der experimentellen Praxis aus dem Blickfeld zu geraten.

Das Thema der Repräsentation in der wissenschaftlichen Praxis hat in den letzten Jahren viel Aufmerksamkeit gefunden, nicht nur in der Wissenschaftsphilosophie, sondern vor allem auch in der Wissenschaftsgeschichte und in der Wissenssoziologie.[8] Michael Lynch hat vor wenigen Jahren sogar von einer »Überbewertung« des Begriffes sprechen können.[9] Dem ist zweifellos zuzustimmen, soweit die herkömmliche Konnotation der Referentialität, die Nähe zu dem, was man die »Abbildtheorie der Repräsentation« genannt hat, im Vordergrund steht. Mit Nelson Goodman kann man behaupten, daß »die Abbildtheorie der Repräsentation [...] schon zu Beginn durch ihr Unvermögen behindert [wird], zu spezifizieren, was kopiert werden soll«.[10] Es gibt weder konzeptuell noch materiell so etwas wie eine unproblematische Repräsentation eines Wissenschaftsobjekts im Sinne einer unmittelbaren Abbildung von etwas »da draußen«. Bei näherem Hinsehen entpuppt sich jede vermeintliche Darstellung »von« immer schon zugleich als eine Darstellung »als«. Michael Lynch und Steve Woolgar bemerken dazu: »Repräsentationen und Objekte sind unauflösbar miteinander verknüpft.«[11] Im Grunde läuft diese Argumentation darauf hinaus, daß jeder Referenzpunkt, sobald wir ihn festzuhalten suchen und ihn vom Rande unserer Aufmerksamkeit, wo er so etwas wie ein Schattendasein führte, in deren Mittelpunkt bewegen, selbst in eine Repräsentation verwandelt werden muß. Das hängt mit dem Verhältnis von explizitem und stummem Wissen zusammen, von gerichteter und beiläufiger Aufmerksamkeit, wie es von Polanyi beschrieben worden ist.[12] Die referentielle Bedeutung des Begriffs Repräsentation ist daher einfach nicht ein für allemal stabilisierbar. Mit der Produktion epistemischer Dinge sind wir in eine potentiell endlose Folge von Darstellungen verwickelt, in welcher der Platz des Referenten immer wieder von einer weiteren Darstellung besetzt wird. In semiotischer Perspektive weist die Produktion wissenschaftlicher Erkenntnis daher die gleiche Textur wie jedes andere symbolische System auf: Metaphorizität und Metonymie übernehmen entscheidende Funktionen. Die wissenschaftliche Tätigkeit besteht darin, im Raum der ihr verfügbaren Repräsentationen in einem noch zu spezifizierenden Sinne materiale Metaphern und Metonymien zu produzieren. Die Semiotik hat uns gelehrt, daß ein Zeichen seine Bedeutung nicht von der bezeichneten Sache erhält, sondern von seinen diakritischen Beziehungen zu anderen Zeichen. Es ist hervorzuheben, daß die wissenschaftliche Aktivität diese Struktur mit anderen symbolisch-materiellen Welten teilt. Erst dann kann ihre Besonderheit und Unverwechselbarkeit gegenüber anderen kulturellen Leistungen herausgestellt werden.

Wissenschaftliche Repräsentationen können letztlich nur in *Ketten* von Darstellungen Bedeutung erhalten. Es handelt sich dabei – um noch einmal an Claude Bernards Reflexion über die physiologische Praxis zu erinnern – um Ketten, »deren Glieder nicht in einer Beziehung von Ursache und Wirkung zueinander stehen, weder zu den nachfolgenden noch zu den vorangehenden«.[13] So stellt sich denn für den Physiologen Bernard wissenschaftliche Darstellung als ein Prozeß heraus, dem man keinen definitiven »Anfang« zuweisen kann. Ohne sich auf Bernard zu beziehen, aber in auffälligem Gleichklang betont auch Latour, daß wir es in der Praxis der Wissenschaften mit einem »seltsamen, transversalen Objekt« zu tun haben, einem »Ausrichtungsoperator, der nur insoweit wahrheitsgetreu ist, als er den Übergang zwischen dem erlaubt, was vorangeht und dem, was folgt«, einer Kette von Objekt-Transformationen, die sowohl Dinge als auch Zeichen sind.[14] So paradox es klingen mag, genau dies ist die Bedingung dessen, was wir unter wissenschaftlicher Objektivität verstehen, wenn wir sie nicht abbildtheoretisch fassen wollen: Sie ist auf die nächste Runde verpflichtet, die sie zugleich mit einer spezifischen Geschichtlichkeit ausstattet.

Grapheme, Spuren, Inskriptionen

Ein Wissenschaftsobjekt, das im Rahmen eines Experimentalsystems erforscht wird, ist zunächst einmal ein Gefüge von materiellen Spuren in einem historisch lokalisierbaren Repräsentationsraum. Solche Räume werden durch die technischen und instrumentellen Besonderheiten des jeweiligen Systems erschlossen und zugleich begrenzt. Räume wissenschaftlicher Darstellung konstituieren dabei zugleich eine bestimmte Form der Iteration.[15] Repräsentationsräume existieren nicht unabhängig von solchen Spurengefügen, sondern diese spannen die Räume erst auf. Die Elemente, aus denen sich solche Gefüge zusammensetzen, könnte man im Rückgriff auf Derridas *Grammatologie* auch als »Grapheme« bezeichnen, insofern sie – zum Schrecken der Logiker – nicht-elementar sind, sich weniger einer originären Abstraktion als vielmehr einer ursprünglichen Synthese verdanken. Das Einfache entsteht aus ihnen erst in einem Prozeß des Verschleißes. Wie Derrida bemerkt: »Noch bevor man es als human (mit allen dem Menschen seit je zugesprochenen Unterscheidungsmerkmalen und dem ganzen System von Bedeutungen, das sie implizieren) oder als a-human bestimmte, wäre *Gramma* – oder *Graphem* – der Name für das Element. Dieses Element wäre kein einfaches: wäre, ob als Mittelpunkt oder unteilbares Atom verstanden, Element der Ur-Synthese im allgemeinen [...]«[16] Auf die Elementarform des graphischen Abdrucks bezogen bemerkt der Kunsthistoriker Georges Didi-Huberman in diesem Zusammenhang: »Die technische Geste des Abdrucks war von Beginn an komplex, und von Beginn an waren in ihr imaginär und symbolisch überdeterminierte Möglichkeiten angelegt.«[17]

Innerhalb der Grenzen einer Experimentalanordnung wird das Rauschen des experimentellen Betriebs durch die Verknüpfung von Spuren oder Graphemen kanalisiert. Ian Hacking hat sie auch als »Marken« bezeichnet.[18] Graphematische Gefüge von Marken sind zunächst und vor allem materiale Systeme von Signifikanten, die zwischen den Polen »Dichte« und »Artikuliertheit« oszillieren. Diese Unterscheidung wurde von Goodman benützt, um auf der Basis einer Grammatik der Differenz Hybride aller Art zwischen kontinuierlichen und diskontinuierlichen Symbolsystemen zu erfassen, von Bildern auf der einen Seite bis zu Texten auf der anderen. Dazwischen gibt es alle möglichen Formen diagrammatischer Übergänge. Und irgendwo dazwischen liegt auch die Vielfalt der möglichen Spuren, die im Experiment erzeugt werden. Quer zu dieser Grammatik der Darstellungsdifferenzen steht das oben erwähnte Kontinuum, das zwischen Analogien und Konkretionen aufgespannt ist; auch da liegen die Modelle im engeren Sinne irgendwo in der Mitte. Im

Koordinatennetz dieser beiden Kontinua hat Ähnlichkeit aufgehört, als Kriterium der Bewertung zu dienen, und es läßt Raum für alle möglichen Hybridformen, diesen Garanten für »Innovation, Auswahl und unvorwegnehmbare Verschiebungen.«[19]

Auch Latour faßt wissenschaftliche Repräsentation als eine spezielle Art von Tätigkeit auf, als Inskriptionsvorgang, bei dem eine besondere Art von Objekten entsteht, die er »unwandelbare Mobile« nennt.[20] Ausgezeichnet sind sie nicht durch das, was sie transportieren, sondern durch die Art, wie sie funktionieren. Die Leistung der unwandelbaren Mobile besteht darin, flüchtige Ereignisse zu fixieren, sie dauerhaft und dadurch in Raum und Zeit verschiebbar und verfügbar zu machen. Durch solche Einschreibungsprozesse können Entitäten aus ihren ursprünglichen, lokalen Kontexten entfernt und in andere Zusammenhänge eingefügt werden. Latour zufolge sind Inskriptionen daher nicht einfach Abstraktionen, sondern Re-Präsentationen im Sinne dauerhafter und mobiler Reindarstellungen, die auf die graphematischen Gefüge zurückwirken können, aus denen sie entstanden sind und, was noch wichtiger ist, auch auf räumlich und zeitlich entfernte.

Die Materialität dieser Einschreibungen macht sie widerständig gegenüber beliebig an sie herangetragenen Interpretationen. Aufgrund dieser Widerständigkeit kommt das Spiel der »Zukunftsmaschine« grundsätzlich nicht an ein Ende. Ob die in einem Experiment erzeugten Spuren sich als »signifikant«[21] erweisen, hängt davon ab, ob sie in weitere experimentelle Kontexte eingefügt werden können, um dort weitere Spuren zu erzeugen. Es gibt kein experimentelles Arbeiten, das dieser Rekursivität entkommt, einem iterativen Prozeß, in dem eine Inskription von ihrer flüchtigen Referenz abgelöst und die Referenz selbst in eine Inskription verwandelt wird. Die Signifikanz eines experimentellen Befundes liegt in der Bedeutung, die er annehmen wird. Sie kommt immer *ex post*. Sie kann nicht deklariert, sie muß eingeholt werden. Die Besonderheit wissenschaftlicher Repräsentation liegt in dieser Besonderheit ihrer differentiellen Iteration. Wie sie im einzelnen und über einen längeren Zeitraum funktioniert, habe ich versucht, in den Kapiteln 2, 3, 5, 7, 9, 11 und 12 am Beispiel der Geschichte der Reagenzglas-Proteinsynthese darzustellen.

Die experimentelle Erzeugung von Spuren ist letztlich gleichzusetzen mit dem Hervorbringen epistemischer Dinge. Sind diese erst einmal rekursiv stabilisiert, so können sie als Verkörperungen von Begriffen fungieren, als »verdinglichte Theoreme«, wie Gaston Bachelard es ausgedrückt hat.[22] Die Instrumente der Forschung hat er »materialisierte Theorien« genannt und gefolgert: »Die zeitgenössische Wissenschaft denkt mit(ten)/in ihren Apparaten.«[23] Sie verkörpern und sie tragen die gewaltige Last des Wissens, das zu einem gegebenen Zeitpunkt als gesichert gilt. Doch in dieser Form sind sie für die Forscher nicht mehr als primäre Erkenntnisobjekte von Interesse, sondern nur noch als Werkzeuge, als technische Objekte zur Konstruktion neuer Forschungsarrangements. Um es noch einmal mit Jacob zu sagen: »Aber schon interessierten mich die Erkenntnisse nicht mehr, zu denen wir gekommen waren. Wichtig war nur, was wir mit diesem Instrument weiter erreichen konnten.«[24]

Der eigentliche experimentelle Prozeß der Hervorbringung von neuen Wissensspuren, diese »Epigraphie der Materie«,[25] ist gezeichnet von Ungewißheit. Seine hauptsächliche Fortbewegungsart ist das »Tappen«.[26] Sein Medium sind »die gescheiterten Versuche, die mißlungenen Experimente, die stotternden und gänzlich verfehlten Ansätze«.[27] Diese notwendige Unterbestimmtheit in der Zielrichtung hängt aufs engste mit der Natur der Mittel zusammen, durch welche die experimentelle Produktion von Graphemen realisiert wird. Die epistemischen Verfahren, durch die das experimentelle Spiel sie hervorbringt, führen immer wieder zu einem Überschuß, der nicht vorausgesehen werden kann und sich im Machen selbst einstellen muß. Wie Goodman bemerkt hat, ist Repräsentieren nicht ein »Widerspiegeln«, sondern ein »Erfassen und Erzeugen«.[28] Repräsentation ist immer auch Intervention, Invention und Kreation. Doch die List dieser Dialektik von Fakt und Artefakt, die List des Ereignisses schlechthin besteht eben darin, daß sie nur um den Preis der permanenten Dekonstruktion ihres konstruktivistischen Aspekts funktioniert. Das Neue kommt gerade nicht durch die dafür vorgesehene Pforte, sondern durch den unvorhergesehenen Riß in der Wand. Polanyi hat diese Erfahrung geradezu seiner Definition des Realen der Wissenschaft zugrunde gelegt: »Das Vertrauen, daß ein uns bekanntes Ding real ist, bedeutet daher: Wir ahnen, daß es die Unabhängigkeit und Kraft hat, sich in der Zukunft auf eine Weise darzustellen, auf die noch niemand gekommen ist.«[29]

Modelle

Wir können das vertrackte Problem der Repräsentation noch aus einem etwas anderen Blickwinkel betrachten. Ich habe behauptet, daß mit einem Experimentalsystem ein Repräsentationsraum für Sachverhalte aufgespannt wird, die auf andere Weise nicht als Objekte des epistemischen Vorgehens dingfest gemacht werden können. Biochemische Experimentalsysteme wie die in diesem Buch beschriebenen schaffen einen extrazellulären Raum für die Darstellung von Reaktionen, die in der lebenden Zelle ablaufen. Man sagt, daß eine solche Repräsentation ein *Modell* abgibt, an dem ein Vorgang oder eine Reaktion studiert werden kann. Biochemische »In-vitro-Systeme« stellen dann also Modelle für »In-vivo-Prozesse« dar. Das Problem ist nun wiederum das der Referenz. Was spielt sich innerhalb der lebendigen Zelle ab? Es gibt keinen anderen Weg, darüber Näheres und vor allem Neues in Erfahrung zu bringen, als ein Modell zu konstruieren. Selbstverständlich gibt es auch In-vivo-Experimente. Aber als Bestandteile und im Rahmen von Forschungsarrangements nehmen sie ebenfalls den Charakter von Modellsystemen an. Der Modellierungsprozeß ist schließlich eine Hin- und Herbewegung zwischen verschiedenen Darstellungsformen in verschiedenen Repräsentationsräumen. Wissenschaftsobjekte nehmen durch Vergleichen, Verschieben, Marginalisieren, Hybridisieren und Pfropfen verschiedener Modelle Gestalt an – miteinander, gegeneinander, voneinander, aufeinander. Jean Baudrillard hat das einmal so zugespitzt: »Fakten [...] entstehen am Schnittpunkt von Modellen.«[30] Man könnte einwenden, daß diese Sichtweise auf einen je nach Herkunft als banal oder gefährlich erachteten Konventionalismus, gar Relativismus hinausläuft. Nicht Konvention ist hier im Spiel, sondern Konvenienz im Sinne der Zusammenführung von Modellen, der iterativen Verkettung epistemischer Figurationen.

Biochemiker sprechen von Modellsubstanzen, Modellreaktionen, Modellsystemen, Biologen und Molekularbiologen auch von Modellorganismen. Diese Verwendung des Begriffs ist ziemlich weit entfernt von seinem Gebrauch in der mathematischen Logik, wo als Modell die semantische Interpretation einer formalen, d.h. rein syntaktisch definierten Zeichenkette bezeichnet wird.[31] Der im Labor übliche Gebrauch des Begriffs ist hier instruktiver und verrät genauer, worum es beim Modellieren in der experimentellen Praxis geht. In den Sprachspielen der Wissenschaftler ist »Modell« ein Terminus für Substanzen, Reaktionen, Systeme oder Organismen, die zur Herstellung von Inskriptionen im oben ausgeführten Sinn besonders geeignet sind. Ein Modell stellt ein »materiales Allgemeines« dar. Es kann im Netzwerk einer Experimentalkultur verbreitet werden, genauer gesagt, es ist eben die Ausbreitung von solchen Modellen, die derartige Netzwerke schafft. Um wieder im Laborjargon zu sprechen: Modelle sind »ideale« Wissenschaftsobjekte im doppelten Sinn: Erstens eignen sie sich in ganz bestimmten Hinsichten besonders gut für das experimentelle Manipulieren. Das ist die praktische Bedeutung von »ideal«. Zweitens sind es idealisierte Objekte in dem Sinne, daß es – in gewissem Ausmaß – standardisierte, gereinigte, isolierte, verkleinerte und in ihren Funktionen reduzierte Entitäten sind. Modelle verkörpern somit wissenschaftliche Fragen in einer Form, »die im Laboratorium beantwortet werden können«.[32] Sie sind transportabel und können lokalen Modifikationen unterworfen werden. Ob das Bakterium *Escherichia coli* beispielsweise als Modell für die Replikation des genetischen Materials, für die Wirkungsweise von Antibiotika oder für die Verursachung von Infektionen angesehen wird, hat im Verlauf seines Daseins als Modellorganismus unmittelbare und einschneidende Auswirkungen auf seine jeweilige materielle Beschaffenheit. Die außerordentlich unterschiedlichen Laborstämme von *E. coli,* die in Referenzsammlungen konstant gehalten werden müssen, um die Vergleichbarkeit der Ergebnisse zu gewährleisten, dokumentieren dies eindrücklich.

Die Natur als solche ist somit kein ein für allemal gegebener Referenzpunkt für das Experiment. Sie wird vom Forscher sogar oft als eine Gefahr angesehen, die ein wissenschaftliches Unternehmen zum Scheitern zu bringen droht. Es besteht stets die Gefahr, daß sie ungewollt in ein Experimentalsystem eindringt. Wenn Zellen fraktioniert werden, müssen unfraktionierte Zellen aus dem Repräsentationsraum ausgeschlossen werden. In einem In-vitro-System verhält sich jede ganze Zelle als »Ganzzell-Artefakt«, wie Paul Zamecnik einmal treffend gesagt hat.[33] Ein In-vitro-Experiment darf keinesfalls durch lebende Zellen kontaminiert werden. Wir kommen in die eigentümliche Lage zu konstatieren, daß etwas, das wir »natürlich« zu nennen gewohnt waren, zu etwas Artifiziellem gerade dadurch wird, daß es »natürlich« bleibt. Die referentielle Verankerung eines experimentell kontrollierten Systems führt letztlich auf ein weiteres experimentell kontrolliertes System. Die Referenz für ein Modell muß letztlich von einem weiteren Modell übernommen werden. Als Grundregel der wissenschaftlichen Erzeugung von Spuren stellt sich heraus: Was die Spuren erzeugt, kann jeweils nur mit Hilfe weiterer Spuren arretiert werden. Es gibt keinen Weg, der hinter diese Batterie von Spuren führt. Das, was Inskriptionen von einem Objekt herstellt, sind nicht einfach Aufzeichnungstechniken. Das Wissenschaftsobjekt selbst besteht aus einer Konfiguration von Spuren.

Zwischen epistemischen Dingen und technischen Bedingungen nimmt das, was wir gewöhnlich ein Modell nennen, eine Mittelstellung ein. Als epistemisches Objekt ist ein Modell in der Regel so weit etabliert, daß es als erfolgversprechender Forschungsattraktor wirken kann. Andererseits ist es normalerweise nicht so weit stabilisiert und standardisiert, daß es in der differentiellen Reproduktion anderer Experimentalsysteme einfach als unproblematische Subroutine eingesetzt werden könnte. Ein experimentelles Modellsystem hat daher immer etwas vom Charakter eines Supplements, in dem Sinne, den Derrida diesem Begriff gegeben hat.[34] Es steht für etwas, das seine Wirksamkeit aus seiner Abwesenheit bezieht. Ein Modell ist gerade ein Modell durch den Bezug auf eine vorgestellte Wirklichkeit, an die es nicht herankommt.

Die im Experiment fixierten Objekte des Wissens ziehen oft von sich aus ablesbare Spuren, wenn sie etwa Pigmente enthalten oder Strahlen absorbieren. Wenn sie nicht selbst zeichengenerierende Maschinen sind, werden Spurenerzeuger – Tracer – in sie eingeführt. Das können radioaktive Marker sein, Inskriptoren, deren Weg durch den Stoffwechsel man dann verfolgen kann. Die Geschichte der Molekularbiologie ist undenkbar ohne die Einführung schwach strahlender radioaktiver Tracer und die Entwicklung der Maschinerie, um sie zu messen.[35] Es ist insofern auch unnötig, wie Latour und Woolgar zwischen solchen Maschinen zu unterscheiden, die »Materie aus einem Zustand in einen anderen transformieren«, und »Inskriptionsapparaten«, die »Materiestücke in geschriebene Dokumente transformieren«.[36] Man nehme als Beispiel die Fraktionierung der Komponenten des Zellsafts von Bakterien oder von einem Gewebe mittels einer Ultrazentrifuge. Eine solche Fraktionierung transformiert Materie – sie trennt Moleküle auf – und sie produziert gleichzeitig eine Inskription. Diese kann etwa in einem Streifenmuster im Zentrifugenröhrchen bestehen. Aber man muß hier noch einen Schritt weiter gehen und das gesamte Experimentalarrangement – einschließlich der beiden Arten von Apparaten – als Konfiguration von Spuren ansehen. Tabellarische Aufzeichnungen, gedruckte Kurven und Diagramme sind lediglich weitere Transformationen einer graphematischen Disposition von Materiestücken, die bereits in der Experimentalanordnung verkörpert ist. Sedimentierte Partikel und Überstände bilden eine Partition des Zytoplasmas, und sie werden zugleich als Inskriptionen gehandhabt. Es sind also nicht einfach die Meßapparaturen, die die Inskriptionen erzeugen. Die epistemischen Dinge selbst sind Bündel von Inskriptionen. Sie stellen eben das vor, was sich als spurenförmiges Dispositiv handhaben läßt. Sie funktionieren nach dem Prinzip des Graphismus – nach Derrida die Produktion einer Markierung oder eines Zeichens –, »das eine Art ihrerseits nun produzierende Maschine konstituiert, die durch mein zukünftiges Verschwinden prinzipiell nicht daran gehindert wird, zu funktionieren und sich lesen und nachschreiben zu lassen«.[37]

Sehen wir uns ein weiteres Beispiel an. Ein Agarosegel in einem molekularbiologischen Labor stellt einerseits ein analytisches Werkzeug zur Auftrennung von Nukleinsäure-Fragmenten dar, zugleich aber auch ein Muster von Komponenten, die als gefärbte, fluoreszierende, absorbierende oder radioaktive Flecken sichtbar gemacht werden können – eine graphematische Anordnung. Solche Inskriptionen werden dann mit anderen Inskriptionen verglichen, um herauszufinden, ob eine Repräsentation die andere verstärkt, marginalisiert oder verdrängt. In der experimentellen Tätigkeit wird beständig der Gegensatz zwischen Repräsentation und Referenz, zwischen Modell und Natur unterwandert. Repräsentation ist nicht die Möglichkeitsbedingung für die Erkenntnis von Dingen, sie ist die Bedingung dafür, daß Dinge zu epistemischen Dingen und damit dem Transformationsprozeß experimenteller Bedeutungszuschreibung unterworfen werden können. Die Frage beispielsweise, wie die Energie in den Prozeß der Proteinsynthese hineinkommt, verwandelte sich nacheinander in die Frage nach der Sauerstoffabhängigkeit des Systems, seiner Hemmung durch DNP, seiner Stimulation durch ein mitochondriales Sediment, in die Suche nach einem mitochondrialen Faktor und schließlich in die Zufügung von ATP, um nur einige der Umwandlungen zu erwähnen, die in den letzten Kapiteln dargestellt wurden.

Das heißt nicht, daß die Produktion von Inskriptionen willkürlich geschieht. Obwohl Wissenschaftler sich »schon immer am Schauplatz der Repräsentation befinden«, sind sie dennoch mit »Zwängen« konfrontiert.[38] In Latours Worten: »Egal, wie künstlich die Veranstaltung ist, etwas Neues, etwas von ihr Unabhängiges muß dabei herauskommen, sonst ist die ganze Mühe umsonst. Diese ›Dialektik‹ von Fakt und Artefakt, wie Bachelard es nennt, bringt es mit sich, daß es ganz unmöglich ist, von einem konstruktivistischen Argument für mehr als drei Minuten überzeugt zu sein – obwohl kein Philosoph eine Korrespondenztheorie der Wahrheit verteidigt. Gut, sagen wir für eine Stunde, um fair zu sein.«[39] Denn Repräsentationen zählen in der wissenschaftlichen Praxis langfristig nur, wenn sie einerseits untereinander kohärent und stimmig gemacht oder zumindest als komplementär betrachtet werden können, und wenn sie andererseits zu Voraussetzungen einer erweiterten Praxis werden. Glücklicherweise ist der ganze Prozeß jedoch nicht vollständig determiniert durch technische Bedingungen und die Instrumente, auf denen sie beruhen. Sonst würde er sich schnell totlaufen. Bei der experimentellen Produktion von Spuren ist ein ständiges Spiel von Anwesenheit/Abwesenheit, von Erscheinen und Verschwinden im Gange, insofern jedes Hervorbringen eines Graphems das Unterdrücken eines anderen ist. Will man eine Spur hervorheben, ist man gezwungen, eine andere zu verwischen. Im laufenden Forschungsprozeß steht normalerweise nicht gleich fest, welches der möglichen Signale verstärkt und welches unterdrückt werden sollte. Daher muß das Spiel von Anwesenheit/

Abwesenheit zumindest für eine gewisse Zeit reversibel gehalten werden. Epistemische Dinge müssen zwischen verschiedenen Zuschreibungen oszillieren können.

Eine Pragmatogonie des Realen

Das Problem der Darstellung nimmt somit ein anderes Aussehen an, wenn man es vom Standpunkt einer Pragmatogonie, einer Entstehungsgeschichte von Repräsentationen ansieht, die in der wissenschaftlichen Praxis ihre Wurzeln haben. »Der Mensch ist ein darstellendes Wesen« sagt Hacking, und er fährt fort: »Ich spreche nicht vom *homo faber*, sondern vom *homo depictor*. Der Mensch verfertigt Darstellungen.«[40] Hacking will unter Repräsentationen aber ausdrücklich nicht in erster Linie mentale Vorstellungen oder visuelle Abbilder verstanden wissen. Wie die Verknüpfung von Darstellung und Eingriff im englischen Titel seines Buches – *Representing and Intervening* – anzeigt, geht es ihm gerade nicht um eine »Zuschauertheorie der Erkenntnis«.[41] Primär ist für ihn der Vorgang der Verfertigung physikalischer Objekte, die ihren Charakter des »Ähnelns« dem Prozeß ihrer eigenen Replikation verdanken. Der Begriff der Realität kommt dann als »Begriff zweiter Ordnung« ins Spiel, als Folge der Praxis des Repräsentierens, als Reflexion über den Status der Replik: »das Reale als Eigenschaft von Darstellungen«.[42] »Das Reale ist das«, wie sich Baudrillard ausgedrückt hat, »was sich äquivalent reproduzieren läßt.«[43] Das heißt, der Begriff der Realität als problematischer Begriff ist nur im Kontext solcher Replikation sinnvoll, und er wird erst dann zum Problem, wenn alternative Systeme der Repräsentation ins Spiel gebracht werden. Aber was für den Begriff der Realität gilt, läßt sich ebenso auf den Begriff der Repräsentation anwenden. »Zum Problem wird Repräsentation als Folge der analytischen Anstrengungen, Strukturen des praktischen Handelns einen stabilen Sinn und Wert zuzuordnen, die zuvor aus analytischen Gründen aus den Zusammenhängen, in denen sie benutzt werden, herausgelöst worden sind.«[44]

Die Wissenschaften leben davon, daß sie alternative Systeme und Räume der Repräsentation hervorbringen. Bereits Edmund Husserl hat den Versuch unternommen, die Wissenschaften in ihrer Verknüpfung mit der Lebenspraxis und schließlich mit einer »universal interessierten Praxis« von der Vorstellung einer »Unendlichkeit von Aufgaben«, einem »unendlichen Aufgabenhorizont« her zu definieren.[45] In seinem Vortrag vor dem Wiener Kulturbund 1935, in dem er dies näher ausführt, fragt er herausfordernd: »Wo wird nun das gewaltige Stück Methode, das von der anschaulichen Umwelt zu den Idealisierungen der Mathematik und zu ihrer Interpretation als objektives Sein führt, der Kritik und Klärung unterworfen?«[46] Die Ausführungen dieses Kapitels zur Dynamik der Darstellungsformen in der wissenschaftlichen Praxis verstehen sich als Versuch, zur Kritik und Klärung dieses gewaltigen Zwischenraums in epistemologischer Perspektive beizutragen. In seiner kurzen, erst posthum veröffentlichten Abhandlung über den *Ursprung der Geometrie* skizzierte Husserl die Umrisse einer historischen Pragmatogonie, die sich dieser Aufgabe zu widmen hätte. Was sich bei Husserl noch als rekursives Einholen von Ursprungsgesten präsentierte, als »historisches Apriori« im Rahmen einer »universalen Teleologie der Vernunft«,[47] hat dann bei Derrida eine anti-teleologische, rein iterative Wende zur Geste der Schrift erfahren. Die eigentümliche Geschichtlichkeit der idealen Objekte der Wissenschaft verdankt sich letztlich dem Prozeß ihres Auf- und Umschreibens.[48]

KAPITEL 7

Die Aktivierung von Aminosäuren, 1954-1956

»Von einem unruhigen, bewegten Leben bleibt oft nur eine kümmerliche, nüchterne Geschichte übrig, eine Reihe sorgfältig geordneter Resultate, die sich scheinbar logisch ergeben haben [...]. Der Geist wird [...] nicht durch die Logik geleitet, sondern durch Instinkt, Intuition.«[1] Welche Unruhe leitete das Experimentieren mit der Proteinsynthese? Aufgrund welcher Wendungen kam es zu einer Experimentalsituation, in der die Aufmerksamkeit sich dem Bereich der Zwischenstufen der Proteinsynthese zuwendete? Wir werden in diesem Kapitel sehen, wie in der Frage des Energiebedarfs bei der Bildung von Peptidbindungen eine verblüffend klare Lösung aus dem Irrgarten der Rattenleberhomogenate führte und wie diese Lösung dazu beitrug, daß ihre Entstehungsgeschichte nachträglich logisch erschien.

Drei Komponenten hatten sich für die Proteinsynthese *in vitro* als unerläßlich erwiesen: Erstens ATP und GTP als Lieferanten von Energie; zweitens eine lösliche Proteinfraktion des Zellsafts, die hauptsächlich aus Enzymen bestand; und drittens ein Partikel, das vorwiegend aus Proteinen und RNA zusammengesetzt erschien. Es sah so aus, als ob dieses Teilchen die »Stelle« sei, an der die »Inkorporation freier Aminosäuren in Protein ansetzt«, und als ob RNA dabei eine wesentliche Rolle spielte.[2] Aber die Darstellung der Zellfraktionen, an der die Arbeit der vergangenen drei Jahre vorwiegend ausgerichtet war, hatte so gut wie keine Hinweise auf den Mechanismus der Wechselwirkung zwischen den Fraktionen geliefert.

Noch immer stand Lipmanns Vermutung im Raum. Danach mußten die freien Aminosäuren aktiviert werden, um als Substrat für die Bildung von Peptidbindungen dienen zu können, und die Annahme war, daß bei diesem Vorgang die Phosphatbindungsenergie von ATP eine Rolle spielte. Aber wie? Zu dieser Zeit waren Lipmanns Mitarbeiter Werner Maas und David Novelli gerade mit dem Mechanismus der Synthese von Pantothensäure beschäftigt,[3] und Lipmann dachte, wie er sich ausdrückte, an eine »Übersetzung« dieses Mechanismus in ein »Modell für die Polypeptidsynthese«.[4]

Nach diesem in Abbildung 7.1 dargestellten Modell wurde ein enzymatisches »Template« bzw. eine Matrize durch ATP phosphoryliert. In einem zweiten Schritt wurden die Phosphatbindungen durch die Carboxylgruppen spezifischer Aminosäuren angegriffen. Derartig aufgereiht

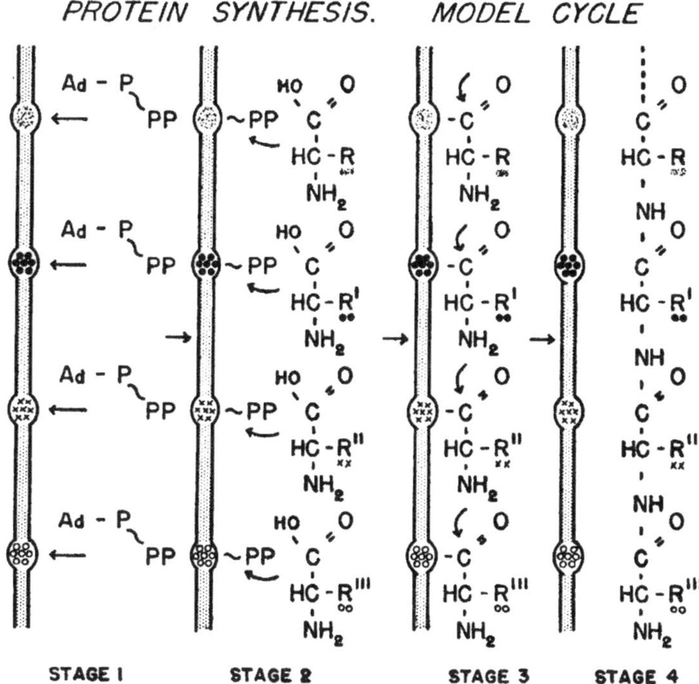

Abb. 7.1: Lipmanns Vorstellung eines Modellzyklus der Proteinsynthese. Ad-P-PP: Adenosintriphosphat; R: spezifische Aminosäure-Seitengruppe. Entnommen aus Lipmann 1954, dort Abb. 2. Abdruckerlaubnis: Johns Hopkins University Press.

reagierte dann der C-Terminus der einen Aminosäure mit dem N-Terminus der benachbarten, so daß sich schließlich eine Polypeptidkette bildete. Wie Lipmann sich später erinnerte, habe er »naiverweise angenommen, die Proteinsynthese könne mehr oder weniger entschlüsselt werden, wenn man nur den Mechanismus der Aminosäureaktivierung verstand«. Er »brauchte lange, um zu begreifen, daß dies, anders als bei den meisten Biosynthesen bei der Herstellung eines Proteins lediglich eine Voraussetzung war«.[5] Aber nicht einmal die Abklärung dieser Voraussetzung gelang so, wie der Nobelpreisträger Lipmann es sich dachte.

Soviel war klar: Wer sich an dieses Problem wagen wollte, mußte mit energiereichen Verbindungen und ihrer Biochemie umgehen können. Das alleine reichte jedoch offensichtlich nicht aus. Um die Aufgabe anzugehen, brauchte man ein fraktioniertes In-vitro-Proteinsynthesesystem; außerdem war radioaktives ATP nötig, damit die während der Reaktion durchschrittenen Zwischenstufen markiert werden konnten. Alle diese Voraussetzungen waren am MGH gegeben. Zamecnik und Lipmann arbeiteten in benachbarten Labors, und sie trafen sich regelmäßig bei den Sitzungen des MGH-Forschungskomitees. Dennoch unternahmen sie keinerlei Versuch, das Problem gemeinsam anzupacken. Lipmann »hielt Freundschaft und Wissenschaft streng voneinander getrennt«, so Zamecniks diplomatischer Kommentar.[6] Die nun folgende Geschichte ist daher ein Beispiel für das, was man eine »Zusammenarbeit wider Willen« nennen könnte.

Mahlon Hoagland war nach seinem Doktorexamen an der Harvard Medical School im Jahre 1948 mit einem Postgraduiertenstipendium an die Huntington Laboratorien gekommen. Er hatte hier mit einer Arbeit über Phosphatasen, den Phosphatumsatz und über die Auswirkungen von Beryllium auf das Wachstum begonnen.[7] Während dieser Zeit kam er auch mit Zamecnik und dessen Proteinsynthesegruppe zusammen. Auf Zamecniks Vorschlag hin beschloß Hoagland, seine medizinische Ausbildung zu ergänzen und sein »Handwerkszeug«[8] auf den Gebieten Proteinchemie und biochemische Energetik auf den neuesten Stand zu bringen. Wie sein Mentor verbrachte er ein Jahr bei Kaj Linderstrøm-Lang in Kopenhagen. Es folgte ein weiteres Jahr bei Fritz Lipmann im sechsten Stock des MGH; Ende 1953 schloß er sich Zamecniks Arbeitsgruppe an.[9] Ein Jahr lang hatte er an einem von Lipmanns großen Projekten mitgearbeitet, der Synthese von Koenzym A und der Aktivierung von Azetat durch ATP. Von Werner Maas und David Novelli hatte er dabei gelernt, mit ATP und seinen Spaltprodukten umzugehen.[10] Zu der Zeit, erinnert sich Lipmann, »dachten wir viel über Proteinsynthese nach, aber wir waren in erster Linie mit Koenzym A und der Azetat-Aktivierung beschäftigt; da war eine Art Sperre, die uns davon abhielt, auf diesem Gebiet einen aktiven Part zu übernehmen. Werner Maas arbeitete in unserem Labor, ebenso Mahlon Hoagland und natürlich Dave Novelli. Sie wurden jedoch durch einige Aspekte der Azetylierung und der CoA-Synthese auf ein Nebengleis gelenkt.«[11] Hoagland sah es später als eine der »Launen des Glücks in der Wissenschaft« an, daß ihm irgendwann die Möglichkeit dämmerte, den »Phosphataustausch vermittels ATP« als Werkzeug in Zamecniks Projekt über »Purine und Pyrimidine als Ort der Aktivierung und des Transfers von Stoffwechsel-Zwischenprodukten« einzusetzen.[12] Die Technik dieser Untersuchungen über Isotopenaustausch war Ende der vierziger Jahre entwickelt worden, und Maas hatte sie zur Analyse einer Reaktion eingesetzt, die zu einer Peptidbindung führte.[13] Hoagland pfropfte diese Technik auf das fraktionierte Proteinsynthesesystem auf, und im Dezember 1954, nicht einmal ein Jahr, nachdem er zu Zamecnik gekommen war, konnte er eine Mitteilung über einen »Enzymatischen Mechanismus zur Aktivierung von Aminosäuren in tierischem Gewebe« an *Biochimica et Biophysica Acta* schicken.[14] Die Arbeit umfaßte nur zwei Seiten, aber sie war ein Meilenstein.

Modellreaktionen

Am Anfang stand eine Symmetrieüberlegung. Wenn es im System der In-vitro-Proteinsynthese eine Art Aktivierung von Aminosäuren gab, konnte sie ebensogut im Überstand wie in den Mikrosomen stattfinden. Tatsächlich wurde sowohl im 100000 x g-Überstand wie in der Mikrosomenfraktion radioaktives Pyrophosphat (^{32}PP) in ATP eingebaut. Im Überstand wurde jedoch, im Gegensatz zur Mikrosomenfraktion, der Einbau durch ein Komplement weiterer nicht-radioaktiver Aminosäuren stimuliert. Das war das differentielle Signal, auf das Zamecniks Gruppe so lange gewartet hatte. Es wies in Richtung eines Aminosäure-abhängigen Umsatzes von ATP in der löslichen Fraktion. Das Signal war anfänglich sehr diffus: Die Stimulation war gering, und sie hob sich kaum von dem hohen systeminhärenten Phosphataustausch ab. Es war also noch nichts entschieden, zumal der Effekt einer einzelnen Aminosäure unterhalb der Nachweisgrenze lag.[15]

Da war noch eine andere Beobachtung, die Hoagland verblüffte. Durch seine früheren Arbeiten über Phosphatasen war er mit den Wirkungen von Kaliumfluorid (KF) vertraut, und er wußte, daß KF die Hydrolyse von Pyrophosphat verhinderte. Also fügte er Kaliumfluorid zu seinen Proben hinzu. Zu seiner Überraschung war jedoch keine Akkumulation von Pyrophosphat festzustellen. Es schien, daß ein perfektes Austausch-Gleichgewicht bestand. *Wenn* Aminosäuren in der Reaktion als Zwischenprodukte auftraten, mußten sie an die sie aktivierenden Enzyme gebunden bleiben. Es schienen also keine zellulären Akzeptoren für die hypothetisch aktivierten Aminosäuren in der dialysierten löslichen Fraktion vorhanden zu sein. Natürlich konnte Hoagland vermuten, daß die Mikrosomen als Akzeptoren fungierten. Aber eine Zugabe von Mikrosomen zu der Mischung hätte das gewünschte Signal zunichte gemacht. Hoaglands Trick bestand nun darin, eine Modellsubstanz einzuführen, die den mutmaßlichen Akzeptor ersetzte. Hydroxylamin (NH_2OH) mußte er nur aus dem Regal nehmen, der Rest war dann Chemie. Die Verbindung mußte salzfrei sein, und sie wirkte nur in Anwesenheit von Kaliumfluorid. Obwohl dadurch der Ansatz ziemlich kompliziert wurde, lieferte die Modellreaktion bei sauberer Durchführung zwei Ergebnisse. Erstens produzierte das Gesamtsystem einschließlich Hydroxylamin meßbare Mengen von Hydroxamaten, was auf die Anwesenheit aktivierter Aminosäuren als Donoren für die Reaktion hindeutete. Zweitens hing die Bildung von Hydroxamat von der Zugabe von Aminosäuren ab, und ihr Ausmaß korrelierte mit der Spaltung von ATP und einer entsprechenden Bildung von anorganischem Phosphat (P_i). Zusammengenommen waren dies Ergebnisse eines ausgeklügelten Kontrollnetzwerks. Daß die Befunde überhaupt signifikant wurden, hing an diesem Netzwerk.

Wie aus Abbildung 7.2 hervorgeht, wies das System einen enormen spontanen Verlust von ATP auf (zweite Spalte). Entsprechend hoch war die Bildung von anorganischem Phosphat (dritte Spalte). Die Zugabe von Aminosäuren (AA in der Tabelle) veränderte diese Parameter nicht (wie aus den Zeilen drei und vier ersichtlich). Aus diesen Zahlen allein hätte sich also noch überhaupt kein Signal ergeben. Das differentielle Signal entstand erst durch den Einschluß von Hydroxylamin (zweite Zeile). Aus unbekannten Gründen sank bei Zugabe von NH_2OH die endogene ATP-hydrolysierende Aktivität des Reaktionsgemischs ab. Nur wenn Hoagland die Aminosäuren unter diesen Bedingungen einführte, wurde ihre stimulierende Wirkung auf die Zersetzung von ATP sichtbar (Zeilen zwei und vier). Die Differenz, die auf eine Aminosäureaktivierung hindeutete, war also gänzlich im endogenen Hintergrund des Systems versteckt. Ohne ein symmetrisches und exhaustives Netz von Kontrollen hätte Hoagland überhaupt keine Differenz gemessen. Allein diese exteriorisierte »Denkmaschine« lieferte ein Ergebnis, das man als Beweis für eine Aktivierung von Aminosäuren ansehen konnte. Nur durch eine raffinierte Parallelisierung der meßbaren Quantitäten, nur dadurch, daß die einzelnen Experimente in eine »Kontrollumgebung« hineingestellt wurden, nahmen die experimentellen Spuren gegenseitig Bedeutung an. Einzeln war jede von ihnen bedeutungslos. Aber selbst wenn die Werte so konstelliert wurden, daß sie signifikant waren, fiel doch einer der Parameter immer noch heraus: Die »Bildung von Hydroxamat« korrelierte nicht mit dem »Verlust von ATP«, wie aus der letzten Zeile der Tabelle ersichtlich ist, denn der Verbrauch von ATP war doppelt so hoch wie die Entstehung von Hydroxamat. So wies die Konstruktion des experimentellen Spurennetzes nicht allein den Ergebnissen einen Sinn zu, sondern die dadurch zutage tretende Diskrepanz legte auch nahe, was als nächstes zu tun war.

Obwohl noch immer keine aktivierte Aminosäure im System aufgetreten war – niemand hatte bisher eine solche Verbindung isoliert dargestellt –, verschob dieser Befund doch die experimentellen Anstrengungen

Addition	*Hydroxamate formed*	*ATP lost*	*Pi formed*
—	0	2.31	4.64
NH_2OH	0.34	1.39	2.78
AA	0	2.25	4.51
AA + NH_2OH	0.69	2.25	4.51
△ due to AA alone	0	0	0
△ due to AA in presence of NH_2OH	0.35	0.86	1.73

Abb. 7.2: Verbrauch von ATP und Bildung von Hydroxamat in Gegenwart von Aminosäuren und Hydroxylamin. Die Angaben sind in mMol/ml. Aus Hoagland 1955a, dort Tabelle 2.

von allgemeinen energetischen Betrachtungen auf die Suche nach einem spezifischen metabolischen Zwischenprodukt der Proteinsynthese. Er lieferte erste Umrisse einer Vorstellung von dieser Synthese. Danach waren Enzyme und Zwischenprodukte als Reaktionskette angeordnet.

Bleiben wir einen Moment bei der Darstellung, die mit diesem Experiment verbunden war. Sie bestand aus zwei im Reagenzglas ablaufenden Modellreaktionen, von denen jede für sich die Proteinsynthese zum Stillstand gebracht hätte. Die erste, der Pyrophosphateinbau in ATP, war genau die Umkehrung der Reaktion, die man bei der Proteinsynthese unterstellen konnte, nämlich die Freisetzung von Pyrophosphat aus ATP. Jedoch war dies unter den gegebenen experimentellen Bedingungen der einzig gangbare Weg, auf dem sich ein meßbares Signal erhalten ließ. Radioaktives ATP konnte nämlich durch Anlagerung an Aktivkohle nachgewiesen werden. Die zweite Reaktion, die für die Visualisierung der Aminosäureaktivierung im Reagenzglas entscheidend war, beruhte auf einer Modellverbindung. Da anscheinend in der löslichen Enzymfraktion kein Aminosäureakzeptor vorhanden war, diente die Chemikalie Hydroxylamin zum »Einfangen« der aktivierten Aminosäuren; damit wurde zwar die Gesamtreaktion von den Edukten zu den Produkten getrieben und damit meßbar gemacht, jedoch wurden alle anschließenden Reaktionen durch die Verwendung dieses Substituts unterbunden. Die beiden Reaktionen zusammen bildeten ein Experimentalmodell in einem besonderen Sinn: ein epistemisches Objekt, das durch Substitution und Reversion konstituiert wurde. Daraus leitete Hoagland die »versuchs-

(1) $E_1\text{—}\lrcorner\quad\quad\llcorner\text{—} + ATP \rightleftharpoons E_1\text{—}\lrcorner AMP—PP\llcorner\text{—}$

(2) $E_1\text{—}\lrcorner AMP—PP\llcorner\text{—} + AA_1 \rightleftharpoons E_1\text{—}\lrcorner AMP—AA_1\llcorner\text{—} + PP$

(3) $E_1\text{—}\lrcorner AMP—AA_1\llcorner\text{—} + NH_2OH \rightarrow E_1 + AA_1—NHOH + AMP$

Abb. 7.3: Reaktionsschema der Aktivierung von Aminosäuren. Aus Hoagland 1955a, S. 289.

weise Formulierung« einer Reaktionskette her (vgl. Abb. 7.3), die zu einem Teil auf experimentellen Befunden beruhte, zu einem anderen jedoch interpoliert war.[16]

Wie bereits erwähnt, hatte Hoagland die aktivierte Verbindung selbst, die im Schema von Abbildung 7.3 als AMP-AA_I bezeichnet ist, nicht nachgewiesen. Er verband die beiden Testreaktionen, indem er auf ein anderes System zurückgriff: die bereits erwähnte Reaktionskette bei der Synthese von Pantothensäure.[17] Seine biochemischen Befunde waren fragmentarisch, aber »versuchsweise« schloß er die Lücken mit Hilfe einer experimentellen Analogie, die Lipmann schon ein Jahr zuvor, wenn auch ohne viel Glück, benutzt hatte. Zudem gilt es festzuhalten, daß das Ganze auf der Annahme beruhte, daß NH_2OH das »natürliche intrazelluläre Komplement« der Aminosäure ersetzte. Der Akzeptor, dessen Existenz man unterstellte, wurde in der Aminogruppe der »Peptidketten in den Mikrosomen« vermutet, »an den Stellen also, an denen die Aminosäuresequenzen gebildet und die Peptidketten kondensiert würden«.[18]

Aus Hoaglands mechanistischem Teilmodell der Proteinsynthese ergab sich eine bemerkenswerte Wendung für die fraktionale Darstellung des Systems. Was bisher die »lösliche Fraktion« oder der »105000 x g-Überstand« oder die »pH 5-Fällung« gewesen war, wurde jetzt in ein Ensemble von Aminosäure-aktivierenden Enzymen übersetzt. Die »hitzelabilen löslichen Faktoren« wurden als eine Klasse von Enzymen mit spezifischer Funktion rekonfiguriert, obgleich sie immer noch ein zytoplasmatisches Gemisch völlig unbekannter Zusammensetzung darstellten. Ein neues, stimmiges Bild begann sich abzuzeichnen, das nun durch weitere Experimente befestigt werden mußte.

Die Feinabstimmung seines Systems kostete Hoagland ein halbes Jahr, in dem sich kleine, aber bedeutsame Änderungen ergaben.[19] Den Überstand ersetzte er durch ein saures Präzipitat, die pH 5-Enzyme. Ihre Aktivität schwankte zwar von Tag zu Tag, aber sie waren jedenfalls erheblich aktiver als der Proteinüberstand, der zum Vergleich diente. Der Vorteil des Präzipitats bestand darin, daß es die endogene Hydroxamatreaktion des Systems verringerte. Wurde es verwendet, entsprach der Aminosäure-abhängige Zuwachs an Hydroxamat quantitativ gerade der Phosphatmenge, die aus ATP freigesetzt wurde.[20] Die Wirkung der einzelnen Aminosäuren auf die ATP-Austauschreaktion und auf die Hydroxamatbildung war zwar sehr uneinheitlich, doch war sie immerhin kumulativ, ohne Anzeichen von Konkurrenzreaktionen. ATP konnte bei der Aktivierungsreaktion auch nicht durch GTP ersetzt werden. Mittels einer Ammoniumsulfatfällung der löslichen Proteinfraktion gelang Hoagland zudem eine teilweise Reindarstellung der spezifischen enzymatischen Aktivitäten für Methionin, Leucin, Tryptophan und Alanin. In biochemischer Perspektive war das eine enorme Herausforderung und eine »lästige« dazu[21], war doch für jede der etwa 20 Aminosäuren ein spezifisches Enzym aus dem Set der pH 5-Enzyme zu erwarten. Um die Reinigung des Tryptophan-aktivierenden Enzyms kümmerte sich in erster Linie Earl Davie aus Lipmanns Labor.[22] Hoagland erinnert sich: »Als ich die Aktivierung der Aminosäuren entdeckt hatte, sauste ich sofort nach oben und erzählte Fritz Lipmann jubelnd von meinen Befunden. Bevor ich recht wußte, wie mir geschah, hatte er schon einen jungen Assistenten an die Arbeit gesetzt, um zu tun, was jetzt zu tun war: eines der vielen Aminosäure-aktivierenden Enzyme, die wir in der löslichen Zellfraktion vermuteten, zu isolieren und es rein darzustellen.«[23]

Kurz nach der Veröffentlichung von Hoaglands vorläufiger Notiz stellten sich andere mit ähnlichen Beobachtungen ein. Einer von ihnen war David Novelli, der gerade Lipmann verlassen hatte und an das Department of Microbiology der Case Western Reserve University in Cleveland gegangen war. Bereits im September 1955 berichteten John DeMoss und Novelli über eine Aminosäure-abhängige PP/ATP Austauschreaktion mit Extrakten von Bakterien.[24] Paul Berg hatte sich auf die Arbeit mit Hefekulturen verlegt. Begonnen hatte er mit der Aktivierung von Azetat an der Washington University School of Medicine in St. Louis, wo er von 1952 bis 1954 als Fellow der American Cancer Society arbeitete und auch danach noch bis 1959 durchgehend mit der Krebsforschung verbunden blieb. Berg wurde, genau wie Zamecnik, in den frühen 1950er Jahren vom amerikanischen Krebsbekämpfungsprogramm finanziell unterstützt, obwohl seine biochemischen Forschungen wenig mit Krebs zu tun hatten. Seine ersten Experimente über die PP/ATP-Austauschreaktion datieren vom November 1953. Ende März 1955 sehen wir ihn auf der Suche nach einem Methionin-aktivierenden Enzym in seinen Hefeextrakten[25] und im April 1955 bei der Herstellung von »salzfreiem NH_2OH nach der Methode Hoaglands«. Unter Verwendung von Aminosäure-Hydrolysaten aus Hefe(-extrakten) als Vergleichsproben gelang es Berg im Mai 1955, das entscheidende Experiment zur Aktivierung von Methionin durchzuführen.[26] Eine vorläufige Bemerkung hatte er jedoch schon Ende April 1955 in eine Mitteilung an das *Journal of the American Chemical Society* über die Adenylierung von Azetat eingefügt.[27] Nach Verlauf eines halben Jahres konnte der »ziemlich allgemeingültige Charakter« des Carboxyl-aktivierenden Mechanismus bereits als »gesichert« gelten.[28] Ihn zu erhärten verlangte eine Verfeinerung des Versuchssystems und darüber hinaus die Einbettung des Befunds in das Feld verwandter Reaktionssysteme, die auf Extrakten anderer Organismen beruhten und von anderen Kollegen untersucht wurden, die sich alle »auf derselben heißen Spur« befanden.[29]

Um einen eindeutigeren Nachweis für die Bildung eines Aminoacyl-Adenylats sowie näheren Aufschluß über die Art der an der Reaktion beteiligten Bindung zu erhalten, gingen Hoagland und Zamecnik schließlich eine Zusammenarbeit mit Lipmanns Labor sowie mit Paul Boyer und Melvin Stulberg von der University of Minnesota ein. Lipmann steuerte ein gereinigtes Enzym bei, und Boyer führte die notwendigen Messungen von L-Tryptophan durch, das mit dem Sauerstoffisotop ^{18}O markiert war. [30] Es war eine nachgereichte Arbeit, eine Art gegenseitige Bestätigung, nachdem die Felder zwischen den beiden Rivalen am MGH abgesteckt waren; und sie brachte eine dritte Partei ins Spiel, von der beide abhängig waren. Dieser Austausch des Materials jedoch und die Kombination experimenteller Subroutinen – dazu gehörten biochemische, enzymologische und biophysikalische Hilfsmittel – verliehen sowohl dem Modell als auch seinen Verfechtern zusätzliches Gewicht.

Hinsichtlich der restlichen, immer noch völlig unbekannten Reaktionskette klingt die folgende Aussage von Hoagland, Keller und Zamecnik wie eine versuchsweise Ankündigung, unbestimmt genug, um überlesen zu werden, und andererseits auch wieder präzise genug, um nachträglich als prophetische Ahnung interpretiert zu werden: »Die enzymgebundene Aminosäure-AMP Verbindung würde dann mit einem natürlich zellulären Akzeptor reagieren: entweder mit einem anderen Nukleotid-Träger oder der Nukleinsäure des Mikrosoms. Der nächste Schritt wäre dann die Kondensation des Polypeptids, die anscheinend in den Ribonukleinpartikeln der Mikrosomenfraktion stattfindet.«[31] Auf diese Vermutung werde ich in Kapitel 9 zurückkommen.

Das Umfeld

Im Kontext der Aminosäureaktivierung gab es sowohl bestätigende wie auch kontroverse Arbeiten. Wie in den Kapiteln 3 und 5 erwähnt, hatte es zu Beginn der 1950er Jahre eine anhaltende Debatte darüber gegeben, ob die Proteine einer Zelle ausschließlich aus freien Aminosäuren zusammengesetzt werden oder ob sie aus einer Umsetzung von Peptidfragmenten entstehen. Um 1955 hatte sich aufgrund der Arbeiten über die bakterielle Enzyminduktion von Jacques Monod und seinen Kollegen in Paris sowie von Sol Spiegelman und dessen Mitarbeitern in Urbana die Ansicht erhärtet, daß in Bakterienzellen neues Protein aus dem Pool freier Aminosäuren hergestellt wird.[32] Was höhere Organismen betraf, gab es dagegen keine einheitlichen Ergebnisse. Untersuchungen in verschiedenen Laboratorien an Kaninchenmuskeln und Ziegenmilch sowie über die Synthese von Amylase konnten eher im Sinne einer Synthese aus freien Aminosäuren interpretiert werden.[33] Experimente mit Plazenta- und anderem Gewebe von Ratten hingegen wiesen in die entgegengesetzte Richtung.[34] Die Schwierigkeiten hingen mit der Wahl des jeweiligen Systems zusammen. Bei niederen Organismen lieferten Experimente mit radioaktiven Pulsen und anschließender Verdünnung in Verbindung mit der Induktion spezifischer Enzyme einigermaßen verläßliche In-vivo-Signale. Dagegen war bei höheren Tieren die Situation sehr viel komplizierter. Dies lag am Abbau der Proteine, am Aminosäuretransport und am Fehlen von Mechanismen der Enzyminduktion, die denen bei Bakterien vergleichbar gewesen wären. Diese Schwierigkeiten waren einer der ausschlaggebenden Gründe, warum die Forscher im Bereich der Proteinsynthese bei Tieren viel früher versuchten, In-vitro-Systeme zu konstruieren, als diejenigen, die die Proteinsynthese bei Bakterien erforschten: Hier gab es dazu keinen unmittelbaren Anlaß.

Am MGH unternahm Loftfield zusammen mit seiner Mitarbeiterin Anne Harris einige Experimente zur Induktion des Enzyms Ferritin in der Leber von lebenden Ratten. Begleitend versuchten sie, die spezifische Aktivität der markierten Aminosäuren im Gewebe chromatographisch zu bestimmen.[35] Loftfields Experimente konnten zwar als Bestätigung dafür gedeutet werden, daß die Proteinsynthese von freien Aminosäuren ausging, jedoch waren die Ergebnisse keineswegs so eindeutig, daß sie endgültige Klarheit in die Debatte hätten bringen können. Eine der grundlegenden Fragen der Proteinsynthese blieb somit weiterhin offen. Ein anderes Problem, das Loftfield mit seinem Verfahren anging, war die Frage, mit welcher Geschwindigkeit die Peptidbindungen gebildet wurden. Zur Dauer der Synthese eines Proteins bei Säugetieren existierten in der Literatur weit auseinanderliegende Schätzungen, die von weniger als zwei Sekunden bis zu 100 Minuten reichten.[36] Es war somit wünschenswert, verläßlichere Daten unter Bedingungen zu gewinnen, bei denen die Herstellungszeit eines gut definierten Proteins abgeschätzt werden konnte. Das wäre auch für die Beurteilung der Qualität des In-vitro-Systems, das die Gruppe am MGH benutzte, von erheblicher Bedeutung gewesen. Ausgehend von seiner Kinetik errechnete Loftfield, daß die Synthese von Ferritin zwei bis sechs Minuten erforderte.[37] Das war natürlich sehr viel schneller als alles, was bisher im Reagenzglas beobachtet wurde. Folglich konnten auch diese Experimente den Verdacht nicht ausräumen, der zu ihrer Durchführung Anlaß gegeben hatte: daß nämlich der Inkorporationsprozeß im Reagenzglas möglicherweise ein reines Kunstprodukt war.

Die Mikrosomenfrage

Die Frage nach Struktur und Zusammensetzung der Mikrosomen blieb ebenfalls auf der Tagesordnung. Ihre Analyse, die mittlerweile auf den fortgeschrittensten Techniken der Elektronenmikroskopie und der analytischen Ultrazentrifugation beruhte, hatte sich eng mit den Bemühungen um eine Partitionierung der *black box* der Proteinsynthese verknüpft. In der Zwischenzeit hatte sich Philip Siekevitz, dessen Arbeit in Zamecniks Labor ich in Kapitel 3 beschrieben habe, dem Pionier der Elektronenmikroskopie des Rockefeller Institute George Palade angeschlossen und widmete sich der Visualisierung von Mikrosomen.[38]

Eine kurze Erinnerung ist an dieser Stelle angebracht. Albert Claude hatte Anfang der vierziger Jahre im Verlauf seiner Zentrifugationsuntersuchungen von Zellhomogenaten zytoplasmatische Partikel mit einem hohen Anteil an Proteinen, Phospholipiden und RNA identifiziert und sie zunächst als »submikroskopische Partikel«, dann als »Mikrosomen« bezeichnet.[39] Etwa zur gleichen Zeit hatten sowohl Caspersson als auch Brachet die Vermutung geäußert, daß eine enge Verbindung zwischen zytoplasmatischer RNA und Proteinsynthese existierte. Die Mikrosomen wurden jedoch erst zu Beginn der 1950er Jahre und in einem von ihrer ursprünglichen Charakterisierung ganz verschiedenen Kontext experimentell mit der Proteinsynthese *in vivo* und *in vitro* in Verbindung gebracht. Zunächst blieb diese Verbindung rein operational auf Fraktionierung, Visualisierung und die chemische Analyse ihrer Zusammensetzung bezogen.[40] Fast eine weitere Dekade sollte vergehen, bevor aus dieser Verbindung eine Definition hervorging, die diese Partikel funktionell mit der Proteinsynthese verknüpfte.

Die Mikrosomen waren durch vergleichende Elektronenmikroskopie von intakten Zellen und fraktioniertem Zellmaterial allmählich zu einem integralen Bestandteil der subzellulären Morphologie geworden. Diese Arbeiten wurden möglich durch und stimulierten zugleich die Einführung neuer Probeneinbettungstechniken und verbesserter Mikrotome, insbesondere am Rockefeller Institute, mit denen man Schnitte von einer Schichtdicke bis herunter zu 20-50 nm herstellen konnte.[41] Die In-situ-Unterscheidung eines »endoplasmatischen Retikulums« mit daran haftenden »kleinen dichten Partikeln« und die Gleichsetzung der mikrosomalen Fraktion mit dem aufgebrochenen Retikulum hatten interessante methodologische Implikationen und einige wichtige Konsequenzen. Palade und Siekevitz beschrieben den methodologischen Aspekt folgendermaßen: Die kleinen elektronendichten Partikel konnten, sobald sie *in situ* identifiziert waren, als eine Art Markierung benutzt werden, als interner Tracer sozusagen, um »das Schicksal des endoplasmatischen Retikulums durch die verschiedenen Stufen der Homogenisierungs- und Fraktionierungsprozedur hindurch zu verfolgen«.[42] Sie waren also zugleich Gegenstand und Werkzeug der Forschung. In der Folge bemühte man sich darum, die Partikel von der restlichen mikrosomalen Fraktion, also vor allem den Retikulumfragmenten abzusondern. Sogenannte »postmikrosomale Fraktionen« versuchte man mittels unterschiedlicher Verfahren zu gewinnen.[43] Außer der Elektronenmikroskopie wurden zur Kalibrierung dieser »Makromoleküle« vor allem von der Gruppe um Mary Petermann am Sloan Kettering Institute auch Geschwindigkeitssedimentation und elektrophoretische Mobilitätsuntersuchungen eingesetzt.[44] Diese Batterie physikotechnischer Zugriffe führte wiederum zu einer zytochemischen Rekonfiguration, die sich in dem neuen Namen »Ribonukleoproteinpartikel« widerspiegelte: Um 1955 verdichteten sich die Vermutungen, daß diese Ribonukleoproteinpartikel die zytoplasmatischen Orte der Proteinsynthese sein könnten.[45] In der Folge wurden die Granula zu einer Art Synonym für zytoplasmatische RNA, obwohl auch der postmikrosomale Überstand unverändert RNA enthielt – schätzungsweise etwa 10% der gesamten RNA der Zelle.[46] Die RNA der Ribonukleoproteinpartikel rückte ins Zentrum der Aufmerksamkeit. Die Konsequenzen dieser Verschiebung werden in Kapitel 9 weiter verfolgt.

Auf diesem Feld epistemischer Transformationen und Umschichtungen spielten Präparationsverfahren eine herausragende Rolle, und die Terminologie spiegelte in der Regel getreulich deren technischen Charakter wider. Die verschiedenen Mittel und Modi der Repräsentation beeinflußten sich dabei wechselseitig: Wahl des Materials, Untersuchungsinstrumente, physikalische Trennverfahren, chemische Behandlung. Auf langen Umwegen führten sie schließlich zu operationalen Begriffen, die entweder mit der subzellulären Morphologie oder mit den biologischen Funktionen in Verbindung gebracht werden konnten, ohne daß damit notwendig eine Vereinigung beider Aspekte verbunden gewesen wäre. So waren Palade und Siekevitz zwar in der Lage, in der unaufgebrochenen Zelle, also *in situ*, zwischen membrangebundenen und freien elektronendichten Partikeln zu unterscheiden. Aber sie konnten kein Homogenat herstellen, das diese Unterscheidung in der Form verschiedener Fraktionen beibehalten hätte. Das war besonders enttäuschend, denn diese Unterscheidung hatte zu weitreichenden Spekulationen über die unterschiedliche Funktion dieser zwei Sorten Granula geführt: Die membrangebundenen wurden als verantwortlich für gewebespezifische Proteinherstellung angesehen, wogegen die freien Partikel den allgemeinen Proteinhaushalt aufrechterhalten sollten. Im Gegensatz dazu konnte man Desoxycholatpartikel zwar routinemäßig herstellen, aber sie waren anschließend nicht mehr biologisch aktiv. Die verschiedenen Repräsentationen überlappten sich nur zum Teil, und es gab keinen Weg, die Unsicherheit zu umgehen, die jedem neuen Versuch anhaftete.

Pflanzliche Systeme

Mary Stephenson beschäftigte sich zwischen 1954 und 1956 mit einem weiteren Forschungsvorhaben. Mit Hilfe von Ivan Frantz hatte Zamecnik seine frühere technische Assistentin endlich dazu bringen können, ihre Promotion anzufertigen. Sie versuchte, ein zellfreies Proteinsynthesesystem auf der Basis von Tabakblättern auszuarbeiten. Eines der ungelösten Probleme des Rattenlebersystems war nach wie vor, daß es auf die Zugabe einer kompletten Mischung von Aminosäuren nicht ansprach. Ein weiteres fehlendes Bindeglied war die Gewinnung eines einzelnen spezifischen Proteins aus einem synthetisierenden Homogenat. Für dieses Problem eine Lösung zu finden war eines der Hauptziele des Tabakblätter-Projekts.[47] Da Tabakblätter nach einer entsprechenden Infektion große Mengen von Tabakmosaikvirus (TMV) produzierten, hatte Stephenson die Idee, TMV-Protein *in vitro* aus infizierten Tabakblätterhomogenaten zu synthetisieren. Ausgestochene Scheibchen von Tabakblättern, vergleichbar den Lebergewebeschnitten des tierischen Systems, bauten radioaktive Aminosäuren in ihr Protein ein. Aber die nach dem üblichen Muster hergestellten Homogenatfraktionen wiesen nicht das gewohnte differentielle radioaktive Muster auf. Überraschenderweise war dafür in Stephensons Chloroplastenfraktionen eine gewisse Aktivität nachweisbar. Sie fand zudem heraus, daß der Einbau von Aminosäuren in Chloroplasten durch Licht und Sauerstoff angeregt wurde, durch Erhitzen oder Zufügung von Hydroxylamin aber unterbunden werden konnte. Ein ganzes Arsenal weiterer metabolischer Hemmstoffe dagegen zeigte keinerlei Wirkung.[48] Aus der beeindruckenden Liste der »wirkungslosen« Verbindungen ließ sich wenig Ermutigung ableiten: Keine Wirkung von Dinitrophenol, keine Ribonukleasewirkung? Das war angesichts früherer Resultate einigermaßen überraschend, wenn nicht gar verwirrend. Ein Versuch schließlich, radioaktives TMV-Protein aus einem virusinfizierten Homogenat zu gewinnen, endete mit der Feststellung: »keine Aktivität im Virus«. Am Ende zweier arbeitsreicher Jahre zog Stephenson den Schluß, daß »die intakte Zelle oder ein weniger stark aufgebrochenes Zellpräparat nötig ist, damit markierte Aminosäuren in Virusprotein eingebaut werden«.[49] »Das war nicht gerade eine umwerfende These«, meinte sie später dazu, »jedenfalls ist es mir nicht gelungen, eine zellfreie Synthese von viralem Protein zu erreichen; es war kein großes Projekt, aber – es war ein Projekt. Und es war spannend.«[50]

Warum dieser ausführliche Bericht über einen fehlgeschlagenen Versuch? Er kann uns etwas über die Heuristik des Experimentierens sagen. Der Versuch, einer Strategie der »Wiederholung« zu folgen[51] und einfach das Rattenlebersystem auf der Basis von pflanzlichem Gewebe zu reproduzieren, führte eben nicht zu einer Wiederholung, sondern tendenziell zur Subversion des ganzen Projekts. Denn da die Chloroplastenfraktion das stärkste Einbausignal lieferte, rückten diese pflanzlichen Zellorganellen durch eine Verkettung kleiner experimenteller Ereignisse in den Mittelpunkt der Untersuchungen, die Stephenson in ihrem Pflanzensystem durchführte. Daß die Proteinsynthese in einer membranumschlossenen Zellorganelle stattfand, dem photosyntheseaktiven Chloroplasten, war eine Schlußfolgerung, zu der auch Norair Sissakian vom Bach-Institut für Biochemie in Moskau gekommen war, und zwar im selben Jahr, 1955.[52] Für eine gewisse Zeit erwog Stephenson sogar die Möglichkeit, daß Photosynthese und Proteinsynthese miteinander gekoppelte Prozesse sein könnten. In ihren Experimenten war ein Befund aufgetaucht, der sich erheblich von dem unterschied, wonach sie gesucht hatte. So faszinierend das Chloroplastensignal aber auch war, so schien es doch nicht direkt den Schlüssel zum Mechanismus der Proteinsynthese zu liefern. Die Aufdeckung der Mechanismen, die der Proteinsynthese zugrunde liegen, blieb aber das vordringliche Ziel der Gruppe. Es mußte daher eine Entscheidung getroffen werden, und sie fiel gegen die Chloroplastenforschung aus. Nachdem Stephenson am Radcliffe College in Biochemie promoviert hatte, kehrte sie wieder zum Rattenlebersystem zurück. Sie hatte etwas Wichtiges gelernt: Ein pflanzliches Inkorporationssystem, das dem Säugetiersystem äquivalent war, würde sich nicht einfach durch die Anwendung eines bereits existierenden Zentrifugationsprotokolls ergeben. Vielmehr mußte dafür der gesamte Fraktionierungsweg neu konzipiert werden. Und das Tabakmosaikvirus? Es war eine kühne Idee, virales Protein *in vitro* herstellen zu wollen. Aber der Metabolismus der Virusvermehrung war immer noch eine *black box*, und Stephensons Versuch stand in keinem unmittelbaren Zusammenhang mit der damaligen Virusforschung im allgemeinen und den Arbeiten über TMV im besonderen. Hätte sie Erfolg gehabt, wäre dieses Ereignis der Rekonstitution von TMV aus seinen Komponenten im Reagenzglas vergleichbar gewesen,[53] obwohl die Arbeit ursprünglich aus anderen Gründen ins Auge gefaßt worden war: Die anfängliche Motivation kam aus dem Bedürfnis zu zeigen, daß In-vitro-Systeme »gute« proteinsynthetisierende Systeme waren.

Der größte Teil der täglichen Laborarbeit, die den Weg zu größeren, unvorwegnehmbaren Ereignissen bahnt, der Löwenanteil des damit verbundenen *tâtonnement*, endet in solchen Listen »wirkungsloser« Versuche. Sie nimmt diese und jene Richtung, führt vom Weg ab und produziert Befunde, die dann in die Laborakten wandern. Dennoch sind diese Erkundungen und Auslotungen eines Experimentalraumes unabdingbar und ebenso wichtig wie die nachträglich gefeierten Durchbrüche. In der Ausmessung eines solchen Raumes ist das Wissen über das, was nicht funktioniert, ebenso wichtig wie die Kenntnis dessen, was funktioniert. Die Vermerke »kein Ergebnis« sind in die Geschichte eines Labors unauflöslich verwoben, in den Geschichten, die in der Öffentlichkeit erzählt werden, haben sie jedoch keinen Platz.

Das G-Nukleotid

Betty Keller ging inzwischen einer anderen Spur nach: der Rolle, die das G-Nukleotid bei der Proteinsynthese spielte.[54] Ihr Interesse an Guanosindiphosphat (GDP) und Guanosintriphosphat (GTP) ging auf eine Beobachtung von Rao Sanadi aus Madison zurück, der GTP als Kofaktor bei der Phosphorylierung von ADP identifiziert hatte.[55] Sanadi hatte Zamecnik GDP und seine gereinigte Transphosphorylase geschickt. Zamecnik schrieb zurück: »GDP scheint unser System zu stimulieren, aber wir konnten bisher nicht die geeigneten Bedingungen herstellen, um eine gleichbleibende Wirkung zu bekommen.«[56] Eine der Voraussetzungen, um den Bedarf des Systems an Nukleotiden feststellen zu können, war, daß man Verbindungen mit niedrigem Molekulargewicht vorher aus den Fraktionen entfernte. Die löslichen Fraktionen konnte man zu diesem Zweck einer Säurefällung unterziehen, mit der Mikrosomenfraktion war dagegen schwerer umzugehen. Desoxycholat inaktivierte die Partikel, und das Passieren der Mikrosomen durch Ionenaustauscher führte auch zu keinem Ergebnis. Es war schließlich ein sehr sanftes Verfahren, das den Weg zu weiteren Analysen bereitete. Keller sedimentierte die Mikrosomen mittels Saccharose aus einem verdünnten Überstand. Die mit Zucker gewaschenen Mikrosomen lieferten ein schwaches Inkorporationssignal, wenn ATP vorhanden war, wurde das System jedoch mit GTP supplementiert, kehrte seine volle Stärke zurück.

Welche Rolle spielte also GDP/GTP? Diente das Nukleotid als Akzeptor für die aktivierten Aminosäuren und agierte dann seinerseits als »Donor der Aminoacylgruppe bei der Verlängerung der Polypeptidkette«?[57] War es das zelluläre Gegenstück zum Hydroxylamin, dem Modellakzeptor in Hoaglands Versuchen zur Aktivierung von Aminosäuren? Jedenfalls hing der Effekt von GTP/GDP vom Vorhandensein intakter mikrosomaler RNA ab,[58] obwohl der Grund für diesen Bedarf an RNA im Dunkeln blieb. Das G-Nukleotid wurde zu einer weiteren Wand im experimentellen Labyrinth, die die Sicht zugleich lenkte und sie verstellte.

Rückgriff auf Krebszellen

All diese Versuche, Licht ins funktionale Dunkel zu bringen, hingen von den Mikrosomen ab. Sobald die Fragmente des endoplasmatischen Retikulums von den Partikeln abgelöst wurden, verloren sie ihre Aktivität. War etwa das Retikulum wesentlich für die Proteinsynthese? Auf der Suche nach aktiven, Retikulum-freien Partikeln griff John Littlefield auf eine Ressource aus dem verlassenen Arsenal der Krebsforschung zurück.[59] Das Krebsgewebe erhielt jetzt einen ganz neuen Kontext: Es war nicht mehr Untersuchungsobjekt, sondern wurde als Mikrosomenquelle verwendet. Das Wissenschaftliche Beratungskomitee des MGH würdigte diese weitgefaßte Auffassung von Krebsforschung bei seinem Treffen im Dezember 1955: »Das Wissenschaftliche Beratungskomitee plädiert eindringlich dafür, daß der Geist, in dem die Krebsforschung am Massachusetts General Hospital durchgeführt wurde, nicht nur fortleben soll, sondern noch verstärkt wird. Das schließt die Erwartung ein, daß ein erheblicher Anteil der Forschung notwendigerweise nicht zu eng an

Forschungsgegenstände gebunden wird, die unmittelbar mit Krebs identifiziert werden können, die vielleicht nicht einmal erkennbar mit Krebs zusammenhängen, es sei denn in der Vorstellung der Forschenden selbst.«[60] Zamecnik hatte also freie Hand.

Ein Ehrlich-Maus-Aszitestumor war im Huntington Hospital 1950 eingeführt und seitdem in Labormäusen weiter gezüchtet worden. Asziteszellen waren relativ arm an endoplasmatischem Retikulum.[61] Das gab Hoffnung, daß Ribonukleoproteinpartikel leichter von den Mikrosomen separiert werden konnten. Um Aszitespartikel zu isolieren, reaktivierten Littlefield und Keller eine weitere Technik, die noch vom Ende der 1940er Jahre stammte.[62] Statt Desoxycholat benutzten sie zum Waschen der Mikrosomen Natriumchlorid. Der RNA-Anteil der erhaltenen Partikel war vergleichbar mit dem der Desoxycholatpartikel. Ungefähr 20 Prozent der zytoplasmatischen RNA blieb in der löslichen Fraktion, weitere 5 bis 10 Prozent wurden durch das Salz von den Mikrosomen gelöst. Was mit der zytoplasmatischen RNA während der Reinigungsprozedur geschah, wurde sorgfältig registriert, jedoch nicht als eine funktionale Verteilung verschiedener RNA-Komponenten, sondern als zunehmender Verlust, der von einer einzigen Quelle ausging: den Mikrosomen. Aber obgleich das Verhältnis von RNA zu Protein bei den Desoxycholat- und den NaCl-Partikeln nahezu gleich war, wiesen die Sedimentationskoeffizienten wider Erwarten dramatische Unterschiede auf. Littlefield und Keller hatten für dieses Phänomen keine Erklärung. Einige der Gipfel, die man mittels analytischer Ultrazentrifugation aufzeichnen konnte, waren mit denen vergleichbar, die Petermann und ihre Mitarbeiter identifiziert hatten. Andere waren es wieder nicht.[63] Das Sedimentationsmuster war instabil und schlicht verwirrend.

Trotz dieser Konfusion waren die mit einer Salzlösung gewaschenen Partikel zum ersten Mal bei der Einbaureaktion von Aminosäuren aktiv. In dieser Hinsicht waren es »gute« Partikel, so gut jedenfalls, daß man trotz der ganzen Unstimmigkeiten mit ihnen leben konnte. Das Aszites-homogenat hatte den zusätzlichen Vorteil einer niedrigen ATP-abbauenden Aktivität, weswegen man ATP ohne Zusatz eines energieregenerierenden Systems benutzen konnte. Die pH 5-Enzyme, die Lebermikrosomen und die Partikel aus Aszitesmäusen konnten sogar gegeneinander ausgetauscht werden. Aus diesen Experimenten ließ sich der Schluß ziehen, daß die Membrankomponente der Mikrosomen für die Proteinsynthese nicht erforderlich war. Damit war das fraktionierte System in ein beträchtlich bereinigtes Stadium getreten.

Obwohl die eben beschriebenen Veränderungen klein waren, führten sie doch zu einer weiteren Verschiebung der Perspektive. Ein halbes Jahrzehnt zuvor hatte die Gruppe die Analyse von Tumorgewebe aufgegeben, weil sie in eine experimentelle Sackgasse geführt hatte. Jetzt wurden die Tumorzellen in einem ganz anderen Zusammenhang wieder eingeführt: Sie lieferten aktive Ribonukleoproteinpartikel. Ihre erneute Einführung hatte jedoch noch einen Nebeneffekt, der wiederum eine neue experimentelle Perspektive eröffnete: die Möglichkeit aktiver Hybridsysteme, die aus Fraktionen verschiedener Zelltypen zusammengesetzt waren. Die Hybridsysteme ihrerseits erlaubten den Forschern, ungelöste Fragen wieder aufzugreifen, die mit dem Verhalten von neoplastischem Gewebe zusammenhingen. Die alltägliche Laborarbeit, das Spiel der Auflösung und Bildung neuer experimenteller Attraktoren, bleibt tatsächlich unvorhersehbar.

Der Beginn einer Geschichte

Die mittlerweile erreichte Feinkörnigkeit des auf Rattenleber basierenden Inkorporationssystems und besonders die Aktivierung von Aminosäuren zog zunehmend die Aufmerksamkeit einer größeren wissenschaftlichen Öffentlichkeit auf sich. Das MGH-System wurde zu einer Art Referenzpunkt für die Proteinsyntheseforschung. Seine Entstehung und die wichtigsten Stufen im Prozeß seiner differentiellen Reproduktion erhielten dadurch allmählich den Status einer schlüssigen Geschichte. In Überblicksdarstellungen zogen die Autoren jetzt eine gerade, logische Linie, die von Lipmanns früher »Prophezeiung« betreffend energiereiche Zwischenstufen in der Proteinsynthese über die schrittweise Etablierung des In-vitro-Rattenlebersystems bis hin zu der »vernünftigen« Annahme führte, daß »entweder die Mikrosomen oder die Aminosäuren selbst durch Adenosintriphosphat aktiviert werden«.[64] Dieser Geschichte zufolge wurde das System so lange gereinigt, bis die Synthese nicht mehr durch ATP alleine aufrechterhalten wurde. Daher mußte noch ein anderes Nukleotid involviert sein, und es stellte sich heraus, daß dieses Nukleotid GTP war. Was lange Zeit ein zentraler Teil des ganzen Unterfangens gewesen war, nämlich herauszufinden, was sich hinter dem Phänomen der »Inkorporation« von Aminosäuren überhaupt verbarg, wurde im nachhinein zu einer Geschichte, in der es nur darum ging, bei der Identifizierung von Peptidbindungen gewisse Fallen zu vermeiden. Jetzt sah es so aus, als ob es von Anfang an eine Art Liste gegeben hätte, aus der hervorging, was man zu vermeiden hatte, wenn man es am Ende wirklich mit »echter« Proteinsynthese zu tun haben wollte. Der kontingente Verlauf des langwierigen empirischen Umherstocherns im biochemischen Sumpf der Homogenate nahm die Form logischer Alternativen an, die durch klar abgegrenzte entscheidende Experimente ausgelotet und entschieden wurden. Das heuristische Prinzip der kontrollierten Unreinheit, das dem Experimentalprozeß den Weg wies, wurde umgeschrieben zu einer Logik der Purifizierung.

Bis zu diesem Zeitpunkt war das System fraktional repräsentiert worden. Mit Hoaglands Aminosäureaktivierung wurde das fraktionale Muster allmählich durch ein energetisches Konzept überlagert. Die daraus entstehende Darstellung war ein Mosaik aus zentrifugierten Fraktionen, Modellreaktionen des Energietransfers und einer möglichen Sequenz von enzymatisch katalysierten Zwischenstufen auf dem Weg von der freien Aminosäure zum fertigen Protein. Das Mosaik enthielt sowohl morphologisch-topologische als auch energetisch-biochemische Elemente.

Anders als bei früheren Darstellungen[65] wurde dem Energiebedarf jetzt ein Platz in der Anordnung der Fraktionen zugewiesen. Er wurde in der löslichen Fraktion angesiedelt und mit einer speziellen Aktivierungsreaktion verknüpft. Man nahm an, daß die aktivierten Aminosäuren entweder direkt oder durch einen anderen Nukleotidträger zu den Ribonukleoproteinpartikeln transferiert und dort in den Proteinanteil des Ribonukleins eingebaut wurden. Abbildung 7.4 zeigt, daß Zamecnik sich einer »Beteiligung der Ribonukleinsäure (RNA) bei der Proteinsynthese« wohl bewußt war.[66] Das Geschehen stellte sich aber nach wie vor als *black box* dar, die längst die Aufmerksamkeit anderer Biochemiker auf sich zog und ganz allmählich auch die von Molekulargenetikern, deren Experimentalmodelle sich auf Bakterien und Viren stützten.[67] Spielte möglicherweise die Ribonukleinsäure-Komponente des Partikels eine Rolle bei der »Sequentialisierung der aktivierten Aminosäuren«?[68]

Matrizenmodelle

Vorstellungen über molekulare Paßformen in Gestalt von Matrizen oder »Templates« waren während der vorangegangenen Jahre unter Biochemikern häufig diskutiert worden. Gegen Ende der 1940er Jahre favorisierte Felix Haurowitz noch immer Proteine als Matrizen der autokatalytischen Proteinsynthese.[69] Wenig später skizzierte Alexander Dounce einen Mechanismus, der die Phosphorylierung einer RNA-Matrize vorsah, welche dann die Bildung einer kovalenten RNA-Aminosäurezwischenstufe erlauben würde (und zwar unter Einschluß des Aminoanteils der Aminosäure), die schließlich in einer Polypeptidkette resultieren würde.[70] Wie

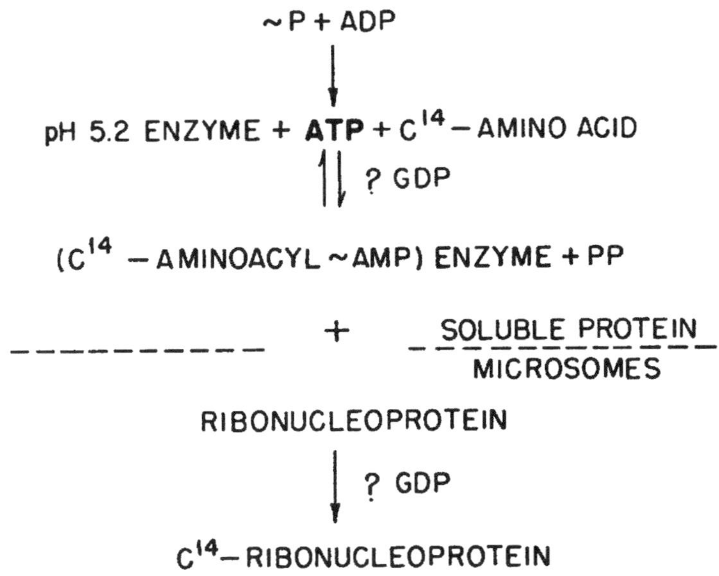

Abb. 7.4: Schematische Zusammenfassung des Mechanismus der Aminosäure-Inkorporation in Proteine aus der Sicht von 1955. Entnommen aus Zamecnik, Keller, Littlefield, Hoagland und Loftfield 1956, dort Abb. 5. Abdruckerlaubnis: Wistar Institute Philadelphia.

wir bereits in Abbildung 7.1 am Anfang dieses Kapitels gesehen haben, unterschieden sich Lipmanns Vorstellungen davon noch einmal. Er schlug eine Pyrophosphorylierung anstelle einer einfachen Phosphorylierung vor, seine kovalente Aminosäure-Zwischenverbindung enthielt die Carboxyl- und nicht die Aminokomponente der Aminosäure, und schließlich verzichtete er vorsichtigerweise darauf, die molekulare Identität der Matrize zu spezifizieren.[71] Einer Anregung von Hubert Chantrenne folgend, enthielt auch Victor Koningsbergers Modell[72] – wie auch dasjenige des Nukleinsäurespezialisten Alexander Todd[73] – als Ausgangspunkt eine Carboxyl-Phosphat-Bindung zwischen Aminosäure und Matrize. Alle diese RNA-Matrizenmodelle nahmen kovalente Zwischenstufen an, und keines konnte die Sequenzspezifik der Proteine aus den chemischen Mechanismen ableiten, auf denen die Modelle beruhten. Dafür mußten Enzyme postuliert werden, die zwischen den verschiedenen Aminosäuren und der spezifischen Umgebung des Nukleotids, an das jeweils eine Aminosäure angeheftet wurde, vermittelten. Inspiriert durch James Watsons und Francis Cricks Doppelhelixmodell der DNA postulierte George Gamow im Jahr 1954 ein Modell, das auf

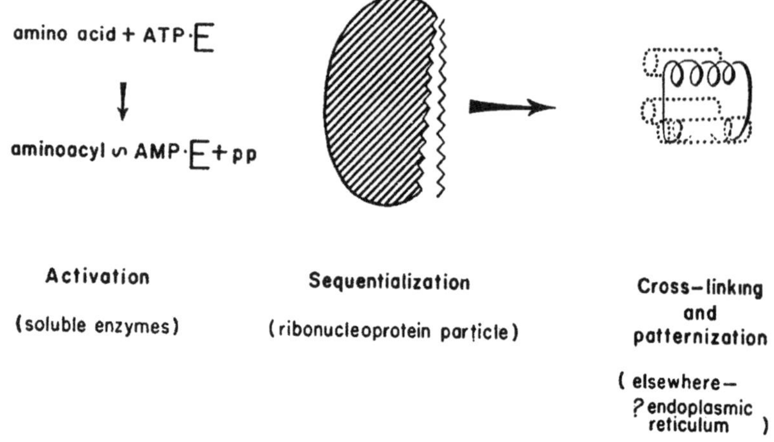

Abb. 7.5: Aminosäuresequenzialisierung aus der Sicht von 1956. »Cross-linking and patternization« (Kreuzverknüpfung und Musterbildung) bezieht sich auf die dreidimensionale Faltung des Proteins. Entnommen aus Zamecnik, Keller, Hoagland, Littlefield und Loftfield 1956, dort Abb. 2. Abdruckerlaubnis: J. &. A. Churchill Ltd., London.

einer geometrischen Passung zwischen DNA und Aminosäuren beruhte.[74] Wie Lily Kay zeigte, löste er dadurch unter den Molekularbiologen eine ausgedehnte Diskussion aus, die sich um formale, kombinatorische Überlegungen über einen Nukleotid-«Code« drehte.[75] Diese Debatte lief einige Jahre lang weitgehend unabhängig von und parallel zu den Entwicklungen, die ich in diesem Buch beschreibe.

Zamecnik und seine Kollegen sahen die in Abbildung 7.5 vorgestellte »Sequenzialisierung« als einen Prozeß an, in dem »aktivierte Aminoacyl-Nukleotid-Verbindungen sich entlang einer Ribonukleoprotein-Matrize aufreihen, wobei die Seitenketten-R-Gruppen durch ihre Fähigkeit, sich in spezielle Dellen in der Ribonukleoprotein-Oberfläche einzupassen, die Sequenz determinieren«.[76] Sie sprachen also von »Ribonukleoprotein«, als sie im Jahre 1955 erstmals die Begriffe »Template« und »Sequenzialisierung« in der Öffentlichkeit benutzten. Den Versuch einer detaillierteren Definition machten sie jedoch nicht. Im Gegensatz zu Dounce und Koningsberger unterstellten Zamecnik und seine Mitarbeiter eine komplexe Matrize aus Proteinen und RNA, die die je spezifischen Seitenketten der verschiedenen Aminosäuren in einer Art von Schlüssel-

Schloßbeziehung erkennen konnte. Alles in allem waren diese Vorstellungen keineswegs direkt mit den Experimenten verschränkt, von denen die Arbeitsgruppe aus Boston berichtete. Und so tauchten denn diese Überlegungen auch lediglich in der Rubrik »Diskussion« und vorzugsweise in Übersichtsartikeln auf. Dennoch war die Rolle der RNA bei der Expression der Gene und bei der Proteinsynthese zum Gegenstand ernsthafter Überlegungen geworden.

Wie ich in Kapitel 9 näher ausführen werde, entfaltete sich 1955 und Anfang 1956 auf mehreren Tagungen zwischen Molekulargenetikern und Biochemikern eine Auseinandersetzung. Die Molekulargenetiker »nahmen gegenüber den Biochemikern, die sich auf das Zerschneiden der Zellmaschinerie konzentrierten, häufig eine verächtliche Haltung ein«. Die Biochemiker wiederum »sahen die Molekularbiologen gerne als Spielverderber an, deren glanzvolle neue Anwendungen von Physik und Genetik die eher traditionellen biochemischen Zugänge in den Schatten stellten«.[77] Das Problem bestand jedoch weniger darin, disziplinäre und korporative Identitäten zu etablieren oder gegeneinander zu behaupten. Vielmehr sprachen die Disputanten zwei verschiedene Sprachen. Sie gehörten unterschiedlichen Forschungswelten an. Alles hing davon ab, was sich als mögliches gemeinsames Objekt experimenteller und theoretischer Anstrengungen herausstellen würde.

KAPITEL 8

Konjunkturen, Experimentalkulturen

Wenn »die Experimentiertätigkeit eine Vielzahl von Eigenleben« führt,[1] so fristen Experimentalsysteme doch deshalb kein einsames und isoliertes Dasein. Vielmehr treten sie in der Regel in Populationen mit vielen Varianten auf, sie bevölkern Forschungsfelder, die sich überlappen, und die Entwicklung jedes von ihnen kann zu Konjunkturen, zu Schnittpunkten führen. Zamecnik sprach von einer »Junktur«, als er im Jahr 1959 auf die im letzten Kapitel beschriebenen Ereignisse zurückblickte.[2] Der Ausdruck verweist auf das Auftreten einer außergewöhnlichen Konstellation. Eine Konjunktur ist nicht zu verwechseln mit einer »Anomalie« oder einem »Paradigmenwechsel« im Sinne Kuhns.[3] Sie bezeichnet weder eine störende Irregularität innerhalb eines etablierten und akzeptierten Denkschemas, noch die Ersetzung einer umfassenden Theorie durch eine neue; vielmehr meint sie die unvorhergesehenen Richtungen, die sich im Verlauf eines Experimentalprozesses eröffnen.

Konjunkturen

Konjunkturen sind das Ergebnis unvorwegnehmbarer Ereignisse und können zu größeren Reorganisationen im Darstellungsraum eines Experimentalsystems oder zur Rekombination solcher Räume führen. Wir kennen den Begriff der Konjunktur aus der Ökonomie, wo er Schwankungen des Produktionsvolumens bezeichnet, die durch die veränderte Konstellation ökonomischer Faktoren bedingt werden. Althusser hat historische Konjunkturen allgemein als »Konjunktionen« bezeichnet, »das heißt als das aleatorische Zusammentreffen von Elementen, die zum Teil offen zutage liegen, zum anderen unvorhersehbar sind« und er hielt sie für notwendig, um »die Öffnung der Welt auf das Ereignis hin zu denken«.[4] Die Entwicklung von Experimentalsystemen führt immer wieder zu Konstellationen, die eine Verbindung von Phänomenen und Ereignissen aufweisen, deren Beziehung keine von Ursache und Wirkung ist, die aber dennoch, sobald sie einmal da sind und als solche wahrgenommen werden, eine Art struktureller Kopplung eingehen können. Sie beruhen also auf Kasualität, nicht auf Kausalität.

Ich ziehe den Begriff des »unvorwegnehmbaren Ereignisses« dem in diesem Zusammenhang oft benutzten Begriff der »Entdeckung« vor.[5]

Letzterer ist Teil eines positivistischen Vokabulars, das ich in diesem Buch durchgängig zu vermeiden versucht habe. Zur Klärung eines anderen in diesem Zusammenhang häufig gebrauchten, unübersetzbaren Begriffs, dem der »serendipity«,[6] scheint mir eine Bemerkung von Royston Roberts sehr nützlich: »Ich habe«, sagt er, »den Begriff *pseudoserendipity* geprägt für die zufällige Entdeckung von Wegen zu einem Ziel, das man anstrebt, im Gegensatz zu (wahrer) *serendipity*, das heißt der zufälligen Entdeckung von Dingen, nach denen man gar nicht gesucht hat.«[7] Unvorwegnehmbare Ereignisse meinen eben dieses Auftreten von Dingen und Zusammenhängen, nach denen man nicht gesucht hat. Sie kommen überraschend, aber trotzdem passieren sie nicht einfach so. Sie werden aus der inneren Mechanik der experimentellen Zukunftsmaschine herausprozessiert. Dennoch können sie einen Experimentator dazu veranlassen, eine einmal eingeschlagene Forschungsrichtung vollständig zu verändern. Konjunkturen können verschiedene Formen annehmen. Es bleibt die Aufgabe historischer Fallstudien, eine Typologie ihrer Formen zu erstellen.

Das Auftreten einer löslichen, kleinen Ribonukleinsäure in dem zellfreien Proteinsynthesesystem, das ich in Kapitel 9 ausführlich beschreiben werde, erfüllt alle Kriterien einer bedeutenden Konjunktur. Dieses Molekül trat auf als unvorwegnehmbares Ereignis, als eine Verbindung, nach der man nicht gesucht hatte. In der Folge verschob es den Charakter des ganzen Experimentalsystems weg von einer Darstellung von Stoffwechselzwischenprodukten im Prozeß der Proteinsynthese und hin zu einer Darstellung dessen, was man dann als genetischen Informationstransfer von der DNA zur RNA und von dort zu den Proteinen zu sehen begann. Allgemeiner gesagt, erzeugte es einen Kristallisationspunkt für eine Junktur zwischen klassischer Biochemie und Molekularbiologie und damit für eine Verschiebung des Proteinsynthesesystems in Richtung Molekularbiologie. Da solche Ereignisse *per se* nicht vorhersehbar sind, gibt es keine logische Anweisung, keinen Algorithmus, dem der Experimentator einfach nur folgen müßte, um sie herbeizuführen. Ihr Auftreten hängt ab von der »extimen« Führung des Forschungsprozesses, die ich zu Beginn des ersten Kapitels beschrieben habe. Was bei der Betrachtung eines bestimmten epistemischen Dings wie Hintergrundrauschen erscheint, kann im Verlauf der weiteren Kette von Transformationen dieses Dings plötzlich eine unerwartete Bedeutung annehmen. Wie ich in Kapitel 4 skizziert habe, hängt die Fähigkeit, auf solche Hintergrundgeräusche zu hören und sie gegebenenfalls als Signale zu deuten, ebensosehr von erworbener Intuition ab, davon, daß man »seinem Instinkt folgt, ohne genau zu wissen, wohin er einen führen wird«, wie vom Entwurf des Experimentaldesigns selbst.[8] Das experimentelle Spiel der Spurensuche hat seine eigenen heuristischen Regeln, die nicht einfach nur zur Ausschaltung von Irrtümern und zum Ausscheiden von »Artefakten« dienen.[9] Sie organisieren das experimentelle Herumtasten, sie fungieren als exteriorisierte Imaginationsgeräte, als Apparaturen einer gezähmten Phantasie, wie wir sie schon bei Johannes Müller beschrieben finden,[10] als Überraschungsgeneratoren.

Experimentalsysteme, wie sie in Kapitel 1 eingeführt wurden, sind jene materiellen Formationen oder Dispositionen der epistemischen Praxis, innerhalb derer Wissenschaftler die epistemischen Produkte erzeugen, die sie als die »Resultate« ihrer Arbeit apostrophieren. Ein – positives – Resultat ist ein Befund, der im Prinzip als Komponente wieder in das System eingebaut werden und es damit erweitern oder verändern kann. Bachelard folgend bezeichne ich solche retroaktiven Kopplungen, Vereinnahmungen oder Anheftungen mit dem Begriff der Rekurrenz. Insofern sie Innovationen darstellen, ergeben sie sich nicht als logische Folge aus der Anlage des Systems. Trotz ihrer reproduktiven Kohärenz sind Experimentalsysteme keine mechanischen Konstrukte. Im Gegenteil: Sie operieren, wenn sie ihrem Ruf als Forschungssysteme gerecht werden sollen, an der Grenze des Zusammenbruchs. Sie sind zudem Gebilde mit ausfransenden Rändern, die in keinem einigermaßen präzisierbaren Sinn abgeschlossen, nicht einmal operational geschlossen sind. Sie beziehen deshalb ihre Dynamik auch nicht aus einem antizipierbaren Abschluß, sondern einerseits aus interner Fluktuation, andererseits aber auch aus ihrer quasi-ökologischen Vernetzung und Vernischung mit und in Abgrenzung von anderen, sie umgebenden Experimentalsystemen. So wie die Artikulation einzelner experimenteller Spuren diesen innerhalb des Systems Mikrosignifikanz verleiht, so wird die Makrosignifikanz individueller Experimentalsysteme durch deren Artikulation in einem Experimentalfeld bedingt. Welche Beziehungen zwischen solchen Systemen bestehen können, soll im folgenden kurz angedeutet werden.

Hybride

Es gibt eine Art von Ereignissen, die eng mit der ausfransenden oder sogar fraktalen Ränderung, den in der Regel unscharfen Konturen von Experimentalsystemen zusammenhängen. Das sind Ereignisse, die zu stabilen Verknüpfungen zwischen zunächst voneinander unabhängigen Systemen und damit zu hybriden Formationen führen. Schnittstellen zwischen zwei oder mehreren Experimentalanordnungen können sich ergeben. Die

Geschichte der Molekularbiologie ist voll von solchen Hybridisierungsereignissen. Ein Beispiel aus dem hier beschriebenen Zusammenhang ist die Verkopplung des von François Jacob und Elie Wollman etablierten Systems der Bakterienkonjugation und Phagenreplikation mit Jacques Monods ebenfalls am Institut Pasteur über viele Jahre hinweg entwickelten System zur Induktion von ß-Galaktosidase in *Escherichia coli.* Sie führte zur Darstellung der Messenger-RNA, die ich in Kapitel 12 noch ausführlicher beschreiben werde, und zu einem wegweisenden Modell der genetischen Regulation.[11] Durch solche zufälligen Fügungen können einzelne Experimentalsysteme zu größeren integrierten Einheiten zusammenfinden. Aus der Hybridisierung verschiedener, ursprünglich nicht miteinander verbundener Experimentalsysteme entstehen oft Forschungsanordnungen mit gänzlich unerwarteten neuen Eigenschaften. Ich habe mich bei der Verwendung des Ausdrucks »hybride Systeme« von Latour anregen lassen, gebrauche den Begriff allerdings in einem veränderten Sinne. Latour qualifiziert »Hybride« als Amalgame von gesellschaftlichen und natürlichen Faktoren und sieht insbesondere wissenschaftliche Unternehmungen als Beispiele für solche Hybride an.[12] Ich möchte folgende Konnotation des Begriffs »Hybridisierung« hervorheben: Er zeigt an, daß Dinge zusammengebracht werden, von denen man eine solche Artikulation, Amalgamierung oder auch Vermischung nicht erwartet hätte. Solche Hybridisierungen sind eine Voraussetzung für »feldübergreifende Verbindungen«, wie sie Lindley Darden beschrieben hat, die schließlich zu »feldübergreifenden Theorien« führen können.[13]

Verzweigungen

Ein weiterer Typ von Ereignissen kann als komplementär zur Bildung von Hybriden betrachtet werden. Derartige Ereignisse führen zur Verzweigung eines Experimentalsystems und damit zur Erzeugung von Abkömmlingen. Solche Abkömmlinge bilden typischerweise Ensembles, die zu umfassenderen Experimentalräumen führen. Diese werden dann nicht von einer einzelnen, lokalisierten Gruppe von Wissenschaftlern bevölkert, sondern von größeren Wissenschaftlergemeinschaften. Ich stelle im nächsten Kapitel einige Beispiele für die Verzweigung eines Experimentalsystems vor. Für eine Gruppe mit begrenztem Aktionsradius kann sich eine solche Verzweigung als Bifurkation darstellen, an der über die einzuschlagende Forschungsrichtung entschieden wird. Die sich verästelnde Untersuchung der löslichen RNA führte zu mehreren Abkömmlingen des In-vitro-Proteinsynthesesystems, die zwar mit diesem verbunden blieben, deren Perspektive aber vom ursprünglichen System abwich.

Allgemeiner gesprochen ereignen sich Verzweigungen eines Experimentalsystems dann, wenn es erlaubt, verschiedene leicht voneinander abweichende epistemische Pfade zu verfolgen, wobei die Abweichung groß genug sein muß, damit bei ihrer Verfolgung signifikant unterschiedliche Ergebnisse herauskommen. Typischerweise bleiben Cluster solcher aus Verzweigungen hervorgegangener Systeme für einige Zeit miteinander verbunden, da sie einen oder mehrere materielle Bestandteile gemeinsam haben und es damit den mit ihnen befaßten Forschern erlauben, sich gegenseitig auszuhelfen und gegebenenfalls eingeführte Neuerungen zu übernehmen. Das muß jedoch nicht so bleiben. Die Systeme können völlig vom Muttersystem abgekoppelt werden und sich entweder getrennt weiterentwickeln oder auch in andere Ensembles, die sich als anschlußfähig zeigen, aufgenommen werden.

Um diese verschiedenen Arten der experimentellen Artikulation epistemischer Dinge, Verfahren und Anordnungen angemessen zu erfassen, müssen wir drei Modi der Verknüpfung unterscheiden, die ich als Operationen der »Einverleibung«, der »Pfropfung« und der »Spreizung« bezeichnen möchte. Auf der Ebene der epistemischen Objekte entsprechen sie der Konjunktur, der Hybridisierung und der Verzweigung, die ihrerseits auf Systemereignisse abzielen. Wir können aber auch die Unterscheidungen aufgreifen, die Isabelle Stengers zur Beschreibung der Organisation eines Ensembles von Phänomenen innerhalb eines bestimmten Forschungsgebiets einerseits und über herkömmliche Disziplinengrenzen hinaus andererseits gebraucht hat. Sie spricht in diesen beiden Zusammenhängen von »Operationen der Propagation« und »Operationen der Passage«.[14] Durch sie können epistemische Dinge einerseits getempert, andererseits neu konfiguriert werden.

Experimentalkulturen

Die Begriffe der Konjunktur, der Hybridisierung und der Verzweigung erlauben uns also, eine größere Anzahl von Experimentalsystemen und ihre verwickelten Wechselwirkungen in den Blick zu nehmen. Sie ermöglichen, sich ein experimentelles Netzwerk von Objekten und Praktiken vorzustellen, dessen Zusammenhang, genau wie beim einzelnen Experimentalsystem, immer etwas Zusammengebasteltes und Flickwerkartiges an sich hat. Seine Kohäsion ist kollateral. Das bedeutet, daß das, was das Netzwerk zusammenhält, nicht seine vertikale Beziehung auf eine verborgene Referenz ist, sondern seine horizontale Verkettung. Die Zirkulation und der Austausch epistemischer Dinge, Modelle, technischer Subroutinen und impliziten Wissens sind zum einen die Grundlagen seines Zusammenhalts, zum anderen bestimmen sie dessen Reichweite. Konjunkturen, Hybridisierungen und Verzweigungen beschreiben die grundlegenden Typen von Verschiebung, von Kopplung und von Ableitung, mit denen die Dynamik der Reorientierung, der Fusion und der Proliferation von Experimentalsystemen einhergeht und die sie in Gang halten. Die Betrachtung solcher Prozesse ermöglicht es, von der Mikrodynamik lokalisierter und situierter Experimentalsysteme zur Makrodynamik größerer Experimentalfelder überzugehen.

Konjunkturen, Hybridisierungen und Verzweigungen sind also Ereignisse, die Ensembles von Experimentalsystemen strukturieren. Innerhalb solcher Ensembles gewährleistet der Austausch hinreichend robuster Verfahrensweisen und epistemologisch reizvoller Objekte die Verknüpfung und Wechselwirkung der Systeme. Sie können sich allerdings auch irgendwann voneinander ablösen. Aus der Evolutionsbiologie kennen wir die Prozesse des Artenwandels, der Speziation und der Bastardisierung. So verlockend die Analogie zu biologischen Vorgängen auch sein mag, ist dennoch Vorsicht geboten: Experimentalsysteme sind keine Organismen. Dennoch haben beide Arten von Entitäten etwas Fundamentales gemeinsam, das Konzeptualisierungen ermöglicht, die sich zwar im Detail unterscheiden mögen, aus einer weiter gefaßten ökohistorischen Perspektive jedoch durchaus Vergleiche epistemischer, wenn auch nicht ontologischer Art zulassen. Als kohärente Arrangements von Praktiken in Raum und Zeit sind Experimentalsysteme Gebilde, durch die Information material vermittelt wird, die in eben diesem Prozeß der Weitergabe auch angehäuft wird und sich verändert. Im Anschluß an ein Argument aus *Die Struktur wissenschaftlicher Revolutionen* hat Kuhn in diesem Zusammenhang einerseits von »Prozess[en] der Proliferation« gesprochen, andererseits vom »Aussterben« wissenschaftlicher Spezialbereiche, die er mit einer »Vielfalt von Nischen« verglich, »in denen die Praktiker dieser Spezialitäten ihren Handel treiben«. Diese Nischen beeinflussen sich gegenseitig, aber sie »fügen sich nicht zu einem einheitlichen kohärenten Ganzen zusammen«.[15]

Wir können Ensembles von Experimentalsystemen demnach als Cluster von Materialien und Praktiken ansehen, die sich durch Drift (Konjunkturen), Fusion (Hybridisierungen) und Spaltung (Verzweigungen) fortentwickeln. Wir können aber auch noch einen Schritt weiter gehen und nach Verbindungen zwischen Ensembles von Experimentalsystemen selbst Ausschau halten. Damit kommen wir auf die Ebene dessen, was man als Experimentalkultur bezeichnen könnte.[16] Experimentalkulturen sind somit Cluster von Gruppen von Experimentalsystemen, in denen ein bestimmter material bedingter Forschungsstil vorherrscht. Ich ziehe es hier vor, von Formen der »experimentellen Vernunft« zu sprechen, statt wie Fleck vom »Denkstil«.[17] Experimentalkulturen sind durch spezifische Formen dessen charakterisiert, was Hacking den »Laborstil« genannt hat.[18] Der Begriff der Experimentalkultur fällt keineswegs mit dem klassischen Begriff einer Disziplin zusammen. Im Gegenteil, Experimentalkulturen sind bewegliche Forschungsfelder, die ständig dazu tendieren, die Konturen und Grenzen etablierter Fächer mit ihren Ausbildungsnormen, Lehrplänen und institutionell verankerten und verfestigten Kommunikationsstrukturen zu verschieben, sie zu verwischen, aufzulösen und umzuschreiben. Experimentalkulturen, nicht Disziplinen, legen fest, wie weit zu einem bestimmten Zeitpunkt die materiell vermittelte wissenschaftliche Kooperation, die wissenschaftliche Konkurrenz und der Spielraum epistemischer Verhandlungen reichen. Sie bestimmen die möglichen Zirkulationskanäle für epistemische Dinge, und sie markieren die fluktuierenden Grenzen jener immer wieder spontan entstehenden informellen Wissenschaftlergemeinschaften, die den Informationsfluß des Wissens unterhalb der Ebene wissenschaftlicher Organisationen und Korporationen in Gang halten. Was ich Experimentalkultur nenne, ist daher in erster Linie ein epistemologisch und nicht ein soziologisch geprägter Begriff.

Epistemische Dinge, Experimentalsysteme und Experimentalkulturen sind also die Einheiten, mit denen ich versuche, den Rahmen einer Geschichte und Epistemologie des Experimentierens abzustecken, welche die traditionelle Hierarchie zwischen dem »Rechtfertigungszusammenhang« und dem »Entdeckungszusammenhang« auflösen und das Experiment aus seiner untergeordneten Rolle befreien, die es in rationalistischen Darstellungen von Theorieentwicklung und Theoriewandel einnimmt. Meine Erzählung handelt keineswegs in erster Linie von der Geschichte wissenschaftlicher Institutionen und Disziplinen.[19] Sie ist auch nicht an wissenschaftssoziologischen Kategorien wie Akteuren, Interessen, Politik, Macht und Autorität ausgerichtet.[20] Sie ist vielmehr ein Versuch, die epistemische Dynamik der empirischen Wissenschaften von der besonderen Struktur der Praktiken her zu verstehen, in denen diese Wissenschaften wurzeln und aus denen sie sich nähren.[21] Experimentalkulturen sind ebensowenig homogene Räume wie die Experimentalsysteme, aus denen sie bestehen. Sie sind ebenso zusammengestückelt und gebastelt wie diese. Zusammengehalten werden sie durch eine besondere Art Kitt: durch eine materiale, nicht eine institutionell formalisierte Wechselwirkung; durch epistemische, nicht durch im engeren Sinne theoretische Kompatibilität.

Der biologische Gehalt evolutionärer und ökologischer Konzepte hat für den Wissenschaftshistoriker keine besondere Bedeutung und sollte daher in einer wissenschaftshistorischen Darstellung keine Rolle spielen. Von Interesse ist hingegen ihr Potential zur Erfassung sich reproduzierender Systeme, die über lange Zeiträume Wissen speichern, weitergeben und verändern und zudem hochgradig vernetzt sind. Sagt man, daß Experimente ein Eigenleben führen, dann bedürfen beide Teile dieses Ausdrucks der Erläuterung: Was bedeutet es, wenn man von einem System von Praktiken behauptet, es habe ein »Leben«, und was soll heißen, daß dieses Leben ein »eigenes« ist? Wenn wir Hackings Begriff ernst nehmen, dann gilt es herauszuarbeiten, in welchem spezifischen Sinn die wissenschaftliche Praxis Stück um Stück Wissen erzeugt. Was mir aus der evolutionären Metapher erhaltenswert erscheint, möchte ich noch einmal mit Kuhn sagen: »Die Wissenschaftsentwicklung ist wie die Darwinsche Evolution ein Prozeß, der von hinten getrieben wird, statt zu einem festgesetzten Ziel hingezogen zu werden, dem er sich immer weiter annähert.«[22]

Nicht nur die Geschichte, sondern auch die Geschichtsschreibung der Wissenschaften ist ein »von rückwärts getriebener« Prozeß. Die Begriffe der historischen Erzählung werden erst durch das Eintauchen in ein »epistemologisches Laboratorium« geformt und umgeformt. Die Erforschung des experimentellen Denkens hat selbst experimentellen Charakter. Wie Eduard Dijksterhuis einmal bemerkte, »stellt die Geschichte der Wissenschaft nicht allein das Gedächtnis der Wissenschaft, sondern auch ihr epistemologisches Laboratorium dar«.[23] Dieses Labor besteht aus der historischen Entwicklung der Wissenschaften mit all ihren Kleinigkeiten und Details. In seiner *Einführung in das Studium der experimentellen Medizin* hat Bernard die Notwendigkeit einer solchen Epistemologie des Details hervorgehoben: »Für die wissenschaftliche Forschung sind die geringsten Einzelheiten von größter Bedeutung. Die glückliche Wahl des Versuchstiers, ein in bestimmter Weise konstruiertes Instrument, die Verwendung eines Reagens anstelle eines anderen genügen oft, um Fragen von höchster allgemeiner Bedeutung zu lösen.« Und er fährt fort: »Man muß in den Laboratorien erzogen worden sein und dort gelebt haben, um die ganze Bedeutung dieser Einzelheiten der Forschungsmethoden zu erkennen, die so oft [...] mißachtet oder nicht berücksichtigt werden.« Schließlich vergleicht er die Wissenschaft vom Leben mit einem »prachtvollen Saal [...], in den man nur durch eine lange, abscheuliche Küche gelangen kann.«[24] Ähnlich hat Bachelard für eine »distribuierte Philosophie« plädiert, die in der Lage wäre, die Wissenschaften in der Vielfältigkeit des Prozesses ihrer Verfertigung zu erfassen.[25] Eine solche Epistemologie des Details muß der Versuchung des Homogenen und des Hegemonialen, der Verführung der großen Erzählungen widerstehen, ganz gleich, ob diese nun eine affirmative oder kritische Position gegenüber ihrem Untersuchungsobjekt einnehmen. Statt dessen wird eine Epistemologie des Details das Heterogene und Regionale hervorheben, das, was sich einer bequemen Klassifizierung widersetzt und deswegen leicht unter den Tisch fällt.

Lange Zeit sind viele Wissenschaftshistoriker lieber in den »prachtvollen Sälen« geblieben und haben sich am imaginären Verlangen der Geschichte nach Kohärenz, Integrität, Totalität und Abgeschlossenheit erfreut,[26] das heißt nach einem Leben jenseits der mit Rezepten, Annalen und Chroniken vollgestopften »abscheulichen Küche«. Diese Vorliebe ist inzwischen der Kritik ausgesetzt. Unter dem Stichwort »Wissenschaft als Praxis und Kultur« erleben wir zur Zeit eine lebhafte Debatte über den kontingenten, kontaminierten, lokalen und situativen Charakter der Erzeugung von Wissen. Kultur meint hier die Gesamtheit der vielgestaltigen epistemischen, technischen, institutionellen und sozialen Ressourcen, die der Experimentalpraxis ihre Gestalt geben; Praxis bezieht sich auf das Ensemble der Tätigkeiten, die von diesen Ressourcen getragen werden.[27] Die Charakterisierung von Experimentalkulturen zielt nicht auf Sozialgeschichte oder Ideologiekritik im Sinne der Darstellung von Faktoren, die auf die Wissenschaft einwirken, sie vielleicht hemmen oder auch fördern. Worum es geht, ist eher umgekehrt eine Schärfung des Blicks für die Wissenschaften als kulturelle Systeme, die ihrerseits unsere Gesellschaften formen. Dabei gilt es, die schwierige Balance zu finden, die Wissenschaften in der ihnen eigentümlichen spezifischen Bewegung zu erfassen und sie von anderen kulturellen Systemen zu unterscheiden, ohne sie zugleich zu privilegieren.

Wie will man ein solches Projekt beschreiben? In seiner Antrittsvorlesung am Collège de France aus dem Jahr 1970 hat Michel Foucault eine Reihe von Begriffen skizziert, auf die wir heute zurückgreifen können und die es – mit Blick auf die genuinen Aufgaben, die sich einer Wissenschaftsgeschichte als Geschichte der Verfertigung von Wissen stellen – gleichzeitig zu präzisieren gilt:

> »Die grundlegenden Begriffe, die sich jetzt aufdrängen, sind nicht mehr diejenigen des Bewußtseins und der Kontinuität (mit den dazugehörigen Problemen der Freiheit und der Kausalität), es sind auch nicht die des Zeichens und der Struktur. Es sind die Begriffe des Ereignisses und der Serie, mitsamt dem Netz der daran anknüpfenden

> Begriffe: Regelhaftigkeit, Zufall, Diskontinuität, Abhängigkeit, Transformation. Unter solchen Umständen schließt sich die Analyse des Diskurses, an die ich denke, nicht an die traditionelle Thematik an, die gestrige Philosophen noch immer für ›lebendige‹ Historie halten, sondern an die wirkliche Arbeit der Historiker.«[28]

Foucault hat eine solche historisch motivierte Epistemologie als »Archäologie des Wissens« bezeichnet.[29] Daß er von Wissen und nicht von Wissenschaften spricht hat seinen Grund. Dem Archäologen geht es darum, zunächst einmal die Bedingungen zu rekonstruieren, unter denen Wissen als Wissenschaft in Szene gesetzt und wirksam werden kann. Der Archäologe legt die materialen Sedimente frei, die Bestände und die Ablagerungen, in denen das Wissen einer Zeit eingeschlossen ist.

Mit der Rede von epistemischen Dingen, Experimentalsystemen und Experimentalkulturen versuche ich, die Geschichte der Wissenschaften von diesen Sedimenten her zu denken. Es geht mir darum, den praktischen und instrumentalen Lebensformen der Wissenschaften dieselbe Aufmerksamkeit zu widmen, die ihrer theoretischen Dynamik seit langem zuteil wird. Ich will aber noch einen Schritt weitergehen und behaupten, daß die Entwicklung eines bestimmten wissenschaftlichen Problemhorizonts mit seinen Begriffen und Theoremen gar nicht richtig erfaßt werden kann, wenn wir nicht die experimentelle Textur ins Auge fassen, die sie trägt und durch die sie Bedeutung erlangen. Ich möchte weiterhin auf die irreduzible Pluralität der Formen hinweisen, die Wissen annehmen kann, eine Pluralität, die unsere Rede von *der* Wissenschaft im Singular verdeckt.

Alles Experimentieren ist technisch verfaßt. Ich folge deshalb ohne Zögern Heideggers Behauptung, daß die Dynamik der neuzeitlichen Wissenschaften die Konsequenz eines historisch einzigartigen technokulturellen Zugriffs darstellt, und nicht etwa umgekehrt die ganze moderne Technik mit ihren Maschinerien und Machinationen auf die begriffliche Macht der Wissenschaften als einem systematischen Denken zurückzuführen ist. Ich folge dieser Behauptung mit derselben notwendigen Einschränkung, die mich zur funktionalen Unterscheidung zwischen den technischen und den epistemischen Aspekten von Experimentalsystemen geführt hat. Die epistemischen Dinge, die den Experimentalwissenschaften zugrunde liegen, gehen aus dem Bestand des Technischen hervor und aus den Basteleien, die dieses Arsenal möglich macht. Daraus folgt aber, daß sie auch immer wieder in den Bestand des Technischen eingehen können. Diese Konstellation ist das, was Heidegger als das »Gestell« der neuzeitlichen Wissenschaft und Technik bezeichnet hat.[30] Das Treibende der Wissenschaften ist die Forschung, und Forschung besteht darin, »daß das Erkennen sich selbst als Vorgehen in einem Bereich des Seienden [...] einrichtet.«[31]

Proteinsynthese und Informationsdiskurs

Das nächste Kapitel behandelt eine bestimmte historische Konjunktur, in deren Verlauf sich eine Verbindung der biochemischen Forschung über die Proteinsynthese mit dem Diskurs der Molekulargenetik ergab.[32] Ich werde einen genauen Blick darauf werfen, wie auf der Ebene des Experimentierens die Bedingungen für diese Konjunktur geschaffen wurden, und ich werde zeigen, daß und wie das anhebende Sprechen über »Code« und »Information« an diesem Kreuzungspunkt zunächst die Form eines Supplements annahm. Obwohl Zamecniks lösliche RNA das Feld eröffnete, auf dem sich die Darstellung der Proteinsynthese als Prozeß einer Übersetzung genetischer Information entfalten konnte, scheint das Sprechen über Code und Information ohne erkennbaren heuristischen Wert für die Charakterisierung jenes Moleküls gewesen zu sein, das aus dem In-vitro-Proteinsynthesesystem heraus Gestalt annahm und das wir heute als Transfer-RNA bezeichnen. Diese Sprechweise wurde dann jedoch entscheidend für die Wahl zwischen den Optionen, die sich *nach* dem Auftauchen der Transfer-RNA ergaben und die verschiedenen Gruppen in unterschiedliche Richtungen führten. Die Wegbereiter im biochemischen Diskurs der Proteinsynthese am MGH entwickelten eine informationelle Auffassung ihrer Befunde erst, als die nächste Spielrunde bereits eröffnet war. Sie waren also nicht die Subjekte des Prozesses im Sinne seiner Beherrschung – in der klassischen Interpretation der rationalistischen Philosophie; sie waren diesem Prozeß und seinen Konsequenzen vielmehr unterworfen. Auf solche Situationen spielt Lacan an, wenn er sagt, daß in der modernen Wissenschaft das Subjekt mit seinem Objekt vernäht ist, einem zugleich hinhaltenden und vorantreibenden Objekt. Ich werde zeigen, daß im Fall dieser besonderen Konjunktur ein Prozeß voller Reibungen zwischen biochemischer Verhaltenheit und molekularbiologischem Zugzwang ausgelöst wurde. Im Alltag des Experimentierens selbst führte das nicht zu einer plötzlichen Ersetzung des energetisch und enzymologisch geprägten biochemischen Denkens durch ein Denken in Begriffen der Übertragung genetischer Information. Vielmehr kam es durch Supplementierung zu einer Art Diskursmischung, die den hybriden Status reflektierte, den das Experimentalsystem in der Auseinandersetzung mit Francis Cricks Adaptorhypothese annahm. Die

Bewegung der Supplementierung, die ich anhand des Auftauchens der löslichen RNA nachzeichnen werde, scheint ein generelles Charakteristikum der Diskursverläufe an der Schnittfläche zwischen Biochemie und Molekulargenetik in der zweiten Hälfte der 1950er Jahre zu sein. Soweit ich sehe, änderte sich das auch in der nachfolgenden Dekade nur zögernd.

Historiker sollten nicht versuchen, in ihrem Verlangen nach Epochenschwellen im kleinen wie im großen ihre Rekonstruktionen sauberer zu gestalten als das experimentelle und rhetorische Flickwerk ihres Gegenstands sich darstellt. Sein Auf und Ab zeigt die Wirkung transdisziplinärer Konjunkturen, in deren Verlauf bislang akzeptierte Verhandlungsspielräume und Dissensmargen in Frage gestellt und neu definiert werden. Sprachen – die wissenschaftlichen nicht ausgenommen – schreiben sich selbst in Praktiken ein und wirken aus ihnen heraus. Daher rührt ihre Kraft, ihre verführerische Macht und das Durcheinander der kreuzweisen Befruchtungen, die ihnen entspringen. Die Wissenschaft funktioniert nicht *trotz* der Tatsache, daß es verschiedene Sprachen auf verschiedenen operationalen Ebenen gibt, sie funktioniert, *weil* es so viele gibt und damit auch die Möglichkeit differentieller Kontexte, unerwarteter Hybridisierungen und aller Arten von Interferenz- und Interkalationseffekte, ohne die es das nicht gäbe, was wir Forschung nennen.

KAPITEL 9

Die Emergenz einer löslichen RNA, 1955-1958

In einer Diskussion im Jahr 1979 antwortete Zamecnik auf eine entsprechende Frage des Historikers Robert Olby:

> »Als wir herausfanden, daß das Ribosom bei der Proteinsynthese eine wichtige Rolle spielte, sprach ich mit Paul Doty, der in Boston und Umgebung der Hohepriester der RNA-Gemeinde war, und fragte ihn: ›Wie kommt Ihrer Meinung nach der Sequenzierungsschritt bei der Proteinsynthese zustande, und in welcher Beziehung steht er zur DNA?‹ Er antwortete: ›Keine Ahnung, aber gerade ist ein junger Mann namens Watson bei mir gewesen, dem werde ich sagen, daß er mal bei Ihnen vorbeischauen soll. Er hat ein Modell der Doppelhelix dabei, das er und sein Kollege Crick gerade beschrieben haben.‹ Von diesem Modell hatte ich bis dahin, 1954 war das, noch nie etwas gehört.«

Zamecnik fuhr fort:

> »Watson kam mich also besuchen und ich sagte: ›Es kommt mir so vor, als hätten wir durch die Arbeiten Brachets und Casperssons starke Hinweise darauf, daß RNA eine Rolle bei der Proteinsynthese spielt. Zumindest haben die beiden gezeigt, daß Organe wie die Bauchspeicheldrüse, in der die Proteinsynthese für die Sekretion sehr hoch ist, auch eine hohe Konzentration sogenannter zytoplasmatischer Nukleinsäure haben.‹ Dann zeigte Watson mir sein Modell. ›Hier ist ein DNA-Modell; wo paßt da jetzt die RNA rein? Wenn Brachet und Caspersson recht haben und die DNA tatsächlich ein Generator für den Code der Proteinsynthese darstellt, wie wird dann ihre Botschaft weitergegeben?‹ Wir schauten zusammen auf das Modell und ich sagte: ›Könnte die RNA möglicherweise in die Mulde hier passen?‹ Watson stutzte, zuckte mit den Achseln, hob die Hände und ging auf eine Vogelexkursion.«[1]

Diese Wiedergabe eines Gesprächs, das 1954 stattfand und 1979 wiedererzählt wurde, läßt einige interessante Beobachtungen zu. Erstens, die Nachricht vom Doppelhelixmodell der DNA von 1953 hatte offensichtlich keine unmittelbaren Auswirkungen auf Zamecniks Überlegungen zur Proteinsynthese ein Jahr später. Zweitens, die Möglichkeit der experimentellen Erforschung der Proteinsynthese *in vitro* hatte offensichtlich keinen direkten Einfluß auf Watsons Überlegungen dazu, wie die genetische Information zu den Proteinen gelangen könnte. Drittens hatte 25 Jahre später die Rede von Botschaften und Codes eine derartig universelle Verbreitung erlangt, daß Zamecnik, ohne es zu wollen, die Episode von 1954 in genau diesen Begriffen erzählte – obwohl sie damals in seinem Vokabular zur Proteinsynthese überhaupt nicht existiert hatten.

In diesem Kapitel versuche ich, den experimentellen Kontext der Proteinsynthese darzustellen, wie er sich zwischen 1955 und 1958 entwickelte, und dabei die Verschiebungen der epistemischen Objekte, der Metaphern und der Rhetorik nachzuzeichnen, die mit dem Hauptereignis dieser Entwicklung verbunden sind, nämlich dem Auftreten der löslichen RNA, durch die das System der Proteinsynthese sich allmählich mit der molekularen Genetik assoziierte.

Revisionen der RNA

In der Beziehung zwischen RNA und Proteinsynthese war deutlich etwas in Bewegung geraten. Wie am Ende von Kapitel 7 erwähnt, war man 1955 allgemein zu der Auffassung gelangt, daß die RNA der Mikrosomen die schließliche Zusammensetzung der Aminosäuren steuere und dabei als Matrize fungiere, die auf die eine oder andere Weise für die Spezifik des entstehenden Proteins sorge.[2] Das war aber nicht der wesentliche Punkt in der anwachsenden Diskussion. Während der vergangenen Jahre hatten viele Laboratorien indirekte Hinweise für eine Kopplung der Proteinsynthese, nicht an die fertig synthetisierte RNA an sich, aber an ihre *De-novo-Synthese* gesammelt. Im Jahre 1952 hatte Jacques Monod beobachtet, daß die Induktion des Enzyms β-Galaktosidase im Bakterium *Escherichia coli* von Uracil abhing, der für RNA charakteristischen Base, und hatte einen »Organisator« postuliert, der die induzierte Synthese des Enzyms steuerte.[3] Andere Hinweise kamen aus Untersuchungen über Enzymbildung in Hefe,[4] über Proteinsynthese in Protoplasten und in entkernten Zellen,[5] über Proteinsynthesesysteme sowohl *in vivo* als auch *in vitro*,[6] und über Phagenreplikation.[7] Alfred Hershey hatte bei Experimenten in Cold Spring Harbor 1953 beobachtet, daß nach einer Phageninfektion in den Bakterien sehr schnell eine kleine Menge an Ribonukleinsäure produziert wurde. Wie Hoagland meint, wußte Hershey nicht so recht, »was er mit dem Befund anfangen sollte; er veröffentlichte ihn und vergaß ihn auch gleich wieder«.[8] Wie dem auch sei, das RNA-Problem spukte in den Köpfen all derer herum, die sich um die Mitte des Jahrzehnts mit Proteinsynthese befaßten. Für Ernest Gale in Cambridge jedenfalls gab es 1955 keinen Zweifel, »daß zumindest in induzierbaren Systemen die Proteinsynthese mit der Synthese von RNA einhergeht, wenn sie nicht sogar von ihr abhängig ist«.[9]

Als Zamecnik sich im Jahr 1954 fragte, »ob dieselben zellfreien Bedingungen, die wir vor einem Jahr als Auslöser für die zellfreie Proteinsynthese identifiziert haben, auch die Synthese von RNA bewirken könnten«,[10] spielte sicherlich auch die Erinnerung an Messungen zum RNA-Umsatz in Rattenleber mit, die sein früherer Kollege am Huntington Hospital, Waldo Cohn, noch während des Krieges durchgeführt hatte.[11] Zamecnik fragte seinen neuen Mitarbeiter John Littlefield, ob er sich dieser Frage annehmen wolle. Littlefield erinnert sich: »Ich stimmte zu, ein paar Experimente durchzuführen, um die Möglichkeit einer RNA-Synthese im Proteinsynthesesystem zu überprüfen. Die wenigen Experimente, die ich zur RNA-Synthese durchführte, waren aber leider nicht besonders vielversprechend, während die Arbeit mit den Ribosomen [zur gemeinten Zeit Mikrosomen] sehr gut vorankam; also gab ich jene auf und konzentrierte mich auf diese.«[12] Bei einem Treffen in Oak Ridge, Tennessee, im Frühjahr 1955 hatte Erwin Chargaff gefragt: »Dr. Zamecnik, enthält Ihre lösliche 100 000 x g-Überstandsfraktion Ribonukleinsäure? Wenn ja, könnte man sich nicht vorstellen, daß neben den Mikrosomenpartikeln auch sie eine Rolle spielt bei dem, was Sie für den Beweis der Proteinsynthese halten?« Auf diese vorsichtige Frage hatte Zamecnik ebenso vorsichtig und im Modus der doppelten Verneinung geantwortet: »Man kann nicht sagen, daß die RNA, die sich in der 100000 x g-Proteinüberstandsfraktion befindet, keine besondere Rolle im Inkorporationsprozeß spielt.« Dann verwies er auf die niedrige Konzentration der RNA in dieser Fraktion und auf die Möglichkeit einer Restverunreinigung durch Mikrosomen. Dennoch, sagte er, »Ihr Punkt bleibt bestehen, Dr. Chargaff, daß sich möglicherweise einige kritische Nukleinsäuren in diesem 100000 x g-Überstand befinden«.[13] Zamecnik und seine Mitarbeiter hatten wiederholt bemerkt, daß ihr Enzymüberstand kleine Mengen RNA enthielt. Sie hatten diese RNA als Maß für eine *Restverunreinigung* der löslichen Fraktion mit Fragmenten von mikrosomaler RNA angesehen.[14] Sie war zwar schwer zu beseitigen, aber ihr wurde auch keine funktionelle Bedeutung zugeschrieben. Deshalb antwortete Zamecnik wie berichtet und schenkte Chargaffs Anregung keine weitere Aufmerksamkeit.[15]

Im Verlauf desselben Treffens verwies Sol Spiegelman von der University of Illinois in Urbana auf seine Experimente zur Enzyminduktion in

Hefekulturen und äußerte, man dürfe sich die vermutete Matrizenfunktion der RNA wohl kaum als »passive Form« vorstellen; die Matrize müsse eher als ein aktives, kurzlebiges Material angesehen werden. Er schloß, »daß entweder die Proteinsynthese obligatorisch an die Synthese neuer RNA-Moleküle gekoppelt ist, oder die Zerstörung eines RNA-Moleküls obligatorisch an seine Funktion als proteinsynthetisierende Maschine«. Richard Roberts von der Carnegie Institution in Washington hatte verschiedene Experimente mit Bakterien ausgeführt, die darauf hindeuteten, daß die Aminosäuren auf einer Matrix eingefangen wurden, bevor sie ins Protein eingebaut wurden: vielleicht auf einer Matrix von der Art, wie sie Gamow sich vorstellte. Und Walter Vincent von der State University of New York in Syracuse merkte an: »Ich arbeite gerade an einer Untersuchung über Kerne von Seestern-Eiern, die es als sehr wahrscheinlich erscheinen läßt, daß diese Organelle zwei Klassen von RNA enthält. Eine von ihnen scheint eine lösliche, metabolisch sehr aktive Fraktion zu sein, die andere eine weniger aktive und stark gebundene Fraktion. Eine aufregende Schlußfolgerung bezüglich der aktiven – oder labilen – Form wäre, daß sie am Transfer von ›Information‹ aus dem Kern zu den Zentren der Synthese im Zytoplasma beteiligt ist.«[16] Der Begriff des »Transfers von Information« war dabei, in die Welt der Biochemie einzudringen, wo noch immer die eingeführten und vertrauten Vorstellungen von Enzymspezifik, Stoffwechselkreisläufen und von makromolekularer Synthese als Wachstumsvorgang vorherrschten.

Ebenfalls im Jahr 1955 stieß Marianne Grunberg-Manago im Labor von Severo Ochoa am College of Medicine an der New York University schließlich auf ein Enzym, das sie »Polynukleotidphosphorylase« nannte, und das Ribonukleinsäureketten aus Nukleotiden zusammenbauen konnte. Sie veröffentlichte darüber im Juni eine kurze Notiz, [17] von der Zamecnik aber erst gegen Ende des Jahres 1955 Kenntnis nahm.[18] Die enzymatische RNA-Synthese im Reagenzglas wurde damit zu einem aussichtsreichen Experimentierfeld.

Auf dem *Symposium über ionisierende Strahlen und Zellmetabolismus*, das die CIBA Foundation im März 1956 in London veranstaltete, wurde ebenfalls viel über RNA geredet. Auch in der Diskussion über Zamecniks Beitrag dominierten Bemerkungen über RNA. Thomas Work vom National Institute for Medical Research in London hatte zwei Fraktionen von Ribonukleoproteinen voneinander getrennt, aber seine radioaktive Markierung sammelte sich nur in einer der beiden. Niemand hatte auch nur die leiseste Ahnung, was man mit diesem Befund anfangen könnte. George Popjak vom Hammersmith Hospital in London erwog die Existenz weiterer Zwischenstufen nach der Aminosäureaktivierung, aber bisher hatte noch niemand solche Verbindungen beobachtet. Jean Brachet aus Brüssel fragte nach den Wirkungen von Ribonuklease. Sie scheint das Partikel zu zerlegen, war Zamecniks Antwort, und vielleicht, so seine weitere Vermutung, könnte das ein Weg sein, auf dem sich herausfinden läßt, an welchen Bestandteil die Radioaktivität angelagert wird. Tatsächlich hatte er einige Anstrengungen zur Zerlegung seiner Partikelfraktion unternommen, bisher allerdings ohne Erfolg. Barbara Holmes aus Cambridge wollte wissen, ob in dem System überhaupt RNA synthetisiert werde. Zamecnik ließ dazu die Bemerkung fallen, es habe den Anschein, als ob markiertes ATP in die RNA eingebaut würde. »Wir haben in unserem Labor noch keine entscheidenden Experimente durchgeführt«, sagte er, »aber aufgrund der wenigen, die wir gemacht haben, vermute ich doch, daß RNA hergestellt wird, denn während der Zeit [der Proteinsynthese] wandert ^{14}C-markiertes ATP in die RNA.«[19]

Verschiebung I: Von einer Verunreinigung der löslichen Fraktion zu einem Zwischenglied der Proteinsynthese

Wovon handelte Zamecniks Bemerkung über die RNA-Synthese in seinem System? Gegen Ende des Jahres 1955 hatte Zamecnik damit begonnen, nach einer RNA-Syntheseaktivität zu suchen, nachdem Littlefield eine andere Richtung eingeschlagen hatte. Was die einzelnen Forscher am MGH taten, war schon immer weitgehend ihre persönliche Entscheidung gewesen, und das blieb auch weiterhin so. Zamecnik fühlte sich durch Experimente ermutigt, von denen ihm Van Potter vom McArdle Laboratory aus Madison berichtet hatte. Potter untersuchte den Nukleotidmetabolismus und die Inkorporation von Nukleotiden in RNA, und zwar unter Reagenzglasbedingungen, die denen des Zamecnikschen Proteinsynthesesystems recht ähnlich waren.[20] In Hoaglands Erinnerung stellt sich die Situation so dar: »Beim Herumgrübeln über die Aktivierungsreaktion fragte sich Zamecnik, ob die beteiligten Enzyme vielleicht auch bei der Synthese von Ribonukleinsäuren mitwirkten. Konnten Adenyl-Aminosäuren eine Doppelrolle spielen – indem sie entweder ihre Aminosäuren an die Protein-polymerisierende Maschinerie abgaben oder aber ihre Adenylkomponente an ein System, das Nukleotide polymerisierte?«[21]

Indien suchen, Amerika finden

Der Versuch, mit dem das Spiel eröffnet wurde, war einfach und direkt: Zamecnik gab radioaktiv markiertes ATP zu einer Mischung aus seinem Enzymüberstand und der mikrosomalen Fraktion. Zu seiner Über-

(11/3/55)

Expt to repeat the essential conditions of 10/31/55, but to 1) improve the washing procedure; and 2) introduce various controls and variants.

		1 (0°)	2	3	4	5	6 (0°)	7	8 (0°)	9	10	
0.05 ml l-leucine-C^{14} 8K .002M [80,000 cpm, 0.1 µM]	✓	X	X	X								
0.3 ml microsomes (4 vol)	✓	✓	✓	✓	✓	✓	✓	✓	✓	✓	✓	3.6 cc
0.2 ml pH 5.2 ppt	✓	✓	✓	✓	✓	✓	✓	✓	✓	✓	✓	2.4 cc
0.1 ml Mg Na_2 ATP 0.01M [1 µM]	✓	X	X		X	X	X	O	O	O	O	
0.05 ml GDP .005M [.25 µM]	✓	X	X		X	X	X	X	X		X	
0.1 ml PEP 0.1M [10 µM]	✓	X	X		X	X	X	X	X		X	
0.05 ml pyr. Kinase 1:20 ~~1:10~~ dilution	✓	X	X		X	X	X	X	X		X	
0.1 ml K-orotate-C^{14} 0.012M [1.6 µC, 1.2 µM]	✓				X	X	X					
0.1 ml Mg Na ATP-C^{14} 0.012M [0.55 µC, 1.2 µM]	✓							X	X	X	X	
0.05 ml 0.005M UTP [.25 µM]	✓					X	X				X	
0.05 ml 0.005M CTP [.25 µM]	✓					X	X				X	
0.1 ml 0.08M ribose-5-P [8 µM]	✓					X	X					
	✓	.85	.85	.55	.9	1.1	1.1	.8	.8	.6	.9	
Isotonic KCl		.25	.25	.55	.2	-	-	.3	.3	.5	.2	Counter:
cpm/aliquot (0.2 ml) Hot TCA fraction		28	73	22	34	27	23	56	74	21	62	Nuclear micromil
Total cpm hot TCA " (x25)		700	1800	560	850	700	575	1400	1850	525	155	
cpm/mg protein		4	140	2	8	5	3.5	8	4	2.5	7	" "
Total cpm in protein		47	1275	25	76	43	28	87	40	26	80	

Incubate 10' 37° 95% N_2-5% CO_2; or else 0° for 10'. Stop reactions by plunging test tubes (they better be lustroid) into powdered CO_2 snow. Keep in CO_2 ice box overnight & then work up.

Abb. 9.1: Protokoll eines frühen Versuchs vom November 1955, der auf eine Verbindung von Aminosäure und Ribonukleinsäure hindeutete. Aus den Laborbüchern von Zamecnik.

raschung schien das Nukleotid tatsächlich in eine RNA-Komponente des Systems eingebaut zu werden. Aber er blieb vorsichtig und fragte sich: »Ist die Radioaktivität in dem ›heißen Trichloressigsäure‹-Extrakt wirklich fest an die RNA gebunden oder nicht?« Und er fügte hinzu: »Wäre es nicht angebracht, diese Art von Experiment zu wiederholen, und zwar mit größerer Sorgfalt bei der Waschprozedur?«[22]

Da war aber ein weiteres, noch spannenderes Ergebnis. Hoaglands Experimente hatten gezeigt, daß die pH 5-Enzymfraktion in der Lage war, Aminosäuren zu aktivieren. Die Frage war, ob das dabei entstehende Aminoacyl-AMP bei der beobachteten Anlagerung von ATP an RNA als Donor fungierte. Wenn ja, so die Überlegung, dann würde die radioaktive Aminosäure wieder freigesetzt werden. Daher inkubierte Zamecnik in einem Parallelexperiment nicht-radioaktives ATP und ^{14}C-markiertes Leucin zusammen mit den Fraktionen anstelle von nicht-radioaktivem Leucin und ^{14}C-markiertem ATP wie beim vorherigen Versuch. Das war allerdings mehr als nur eine spezifische Kontrolle, die dann »zum Hauptexperiment« wurde, wie Judson meint.[23] Auch spätere Verlautbarungen von Zamecnik und Hoagland sollte man nicht so lesen, als ob bei der ganzen Aktion einfach Glück dabei gewesen sei und sonst nichts.[24] Zamecnik folgte vielmehr dem in Kapitel 4 beschriebenen Symmetrieprinzip. Er wäre nicht auf den Gedanken gekommen, *Aminosäuren* einem *RNA*-»synthetisierenden« System zuzugeben, wenn er nicht über die Adenylierungsreaktion »nachgegrübelt« hätte. Dennoch war das Resultat völlig unerwartet.

Der Versuch vom 3. November 1955, dessen Protokoll in Abbildung 9.1 zu sehen ist, ließ auf das Gegenteil dessen schließen, was Zamecnik erwartet hatte. Radioaktives Leucin blieb ebenfalls irgendwie an der RNA haften. Am 10. November 1955 wurden die Zählungen durchgeführt. Dabei zog Experiment Nr. 3 die Aufmerksamkeit auf sich (dritte Spalte in Abbildung 9.1). Ein Drittel der Mischung, das heißt 182 von den 550 gezählten radioaktiven Zerfallsereignissen, die säuregefällt worden waren, wurde einer Ninhydrinreaktion unterzogen. In einer Notiz folgerte Zamecnik: »Obiges Resultat weist darauf hin, daß nur 44 cpm von den errechneten 182 cpm Radioaktivität durch die Ninhydrin-CO_2-Prozedur freigesetzt werden. Wenn das stimmt, dann ist dieses Leucin-C^{14} fest an die RNA gebunden.« Und er kommentierte: »Es erscheint unwahrscheinlich, daß die Radioaktivität in 1N [der Nukleinsäurefraktion] auf die Verunreinigung durch Protein zurückzuführen ist (jedenfalls nicht als einzige Erklärung), weil die spezifische Aktivität von 1N höher ist als die von 1 [die Proteinfraktion].«[25] Noch am selben Tag wurde ein Fällungsversuch durchgeführt, um RNA zu bekommen, »an die sowohl C^{14}-ATP

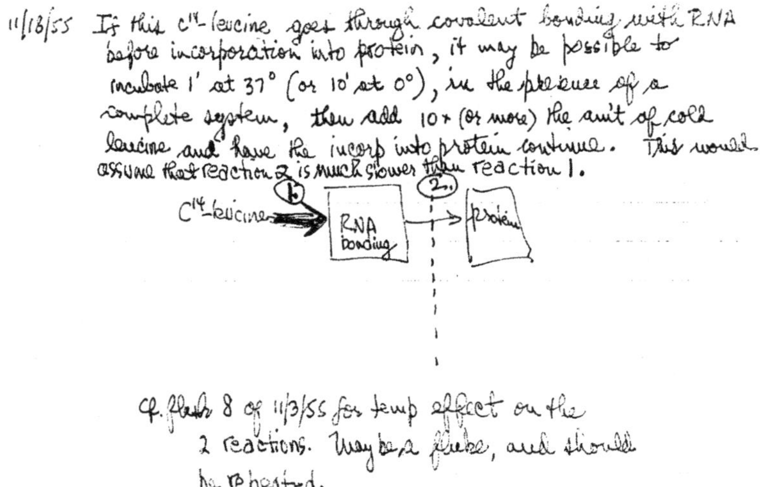

Abb. 9.2: Erste Skizze einer Verbindung von Aminosäure und RNA, November 1955. Aus den Laborbüchern von Zamecnik.

als auch C^{14}-Leucin gebunden ist, so daß zu einem späteren Zeitpunkt ein partieller Abbau und eine Papierelektrophorese durchgeführt werden können.« Auf die Rückseite seines Laborprotokolls schrieb Zamecnik eine zusammenfassende Bemerkung: »Wenn dieses C^{14}-Leucin eine kovalente Bindung mit RNA eingeht, bevor es in Protein inkorporiert wird«, dann, so die Vermutung, könne man eine zweistufige Reaktion annehmen, wobei »Reaktion 2 viel langsamer abläuft als Reaktion 1«.[26] Dann entwarf er noch ein Experiment, um festzustellen, wie das kontrolliert werden könnte und fügte die in Abbildung 9.2 dargestellte Skizze hinzu.

Ablenkungen

Zamecnik hatte diese Versuche gegen Ende des Jahres 1955 mit technischer Unterstützung von Meredith Hannon und Marion Horton abgeschlossen.[27] Während der folgenden Monate war er von klinischen Verpflichtungen voll in Beschlag genommen, im Januar und Februar 1956 von Verwaltungsarbeit für das Hospital, und im März fuhr er nach London zum Symposium der CIBA Foundation. Nach seiner Rückkehr wurde er als Nachfolger von Joseph Aub zum Collis P. Huntington Professor für Onkologische Medizin und zum Direktor der John Collins Warren Laboratories des Huntington Memorial Hospital an der Harvard University ernannt. Zamecnik mußte sich jetzt um die gesamten Laboratorien mit ihren fast 60 Wissenschaftlern kümmern. Außerdem wartete er noch auf Liselotte Hecht, eine Studentin aus dem Labor von Van Potter, die verabredungsgemäß nach Beendigung ihrer Doktorarbeit zu ihm kommen sollte. Sie hatte bei Potter Erfahrung mit Nukleinsäuren gesammelt, und Zamecnik sagte später, daß er mehr prospektives Vertrauen zu ihr hatte »als zu uns selbst«.[28] Mit den Ribonukleinsäuren in seinem System hatte sich Zamecnik auf ein neues Feld vorgewagt, und wie bei früheren derartigen Änderungen seines Untersuchungsgegenstandes war ihm daran gelegen, daß er jemanden mit spezieller Sachkenntnis, in diesem Fall über RNA-Biochemie, im Team hatte. Aber Potter wollte Hecht noch bis Ende des Jahres bei sich behalten, so daß sich ihre Ankunft bis Anfang 1957 hinauszögerte.[29]

Zwischen November 1955 und Juli 1956 verzeichnen die Laborbücher der MGH-Gruppe gut 25 Präparationen und Tests, darunter pH 5-Fraktionen von allen möglichen Gewebesorten. Diese Versuche hatten offenbar keinen direkten Bezug zu den Experimenten mit der neuen RNA-Aminosäureverbindung.[30] Es waren Arbeiten, die mit der weiteren Charakterisierung der löslichen Enzym- und der Mikrosomenfraktion zu tun hatten. Im Juni testete Zamecnik das Rattenlebersystem auf seine Fähigkeit, die radioaktive Aminosäure Tryptophan einzubauen, wenn gewaschene Mikrosomen und das gereinigte Tryptophan-aktivierende Enzym, das Earl Davie und Victor Koningsberger hergestellt hatten, dem System zugegeben wurden.[31] Koningsberger hatte mit seiner Arbeit bei Lipmann angefangen, nachdem er seine Doktorarbeit bei Theo Overbeek in Utrecht fertiggestellt hatte.[32] Sehr zum Bedauern, um nicht zu sagen zum Ärger von Hoagland und Zamecnik hatte Lipmann praktisch sein gesamtes Labor auf Proteinsynthese umgestellt. Er war zum Konkurrenten geworden. Man tauschte zwar weiterhin Erfahrungen aus, aber eher über Dinge und Versuche, die nachträglich bestätigenden Charakter hatten. Die Experimente mit Tryptophan gelangen nicht und wurden daher auch nicht publiziert.[33] Instruktiv waren sie aber gerade deswegen, weil sie fehlschlugen, denn das ließ Zamecnik darauf schließen, daß eine wesentliche Komponente, möglicherweise eine RNA, in diesem »überreinigten« System fehlte. Die Dinge begannen sich ganz allmählich zu sortieren.

Rekrutierungen

In der Zwischenzeit war auch Mary Stephenson mit ihrer Doktorarbeit fertig geworden und beteiligte sich ab Juli 1956 an den Arbeiten zur Markierung von RNA mit radioaktivem ATP.[34] Das Experiment vom 12. Juli 1956 ist ein weiteres Beispiel für den Effekt eines Überschusses an Kontrollen, durch die, wie Stephenson sich erinnert, die Arbeit vorangetrieben wurde: »Ich denke, wir haben außerordentlich gut kontrollierte Experimente durchgeführt. Ich denke, ein Experiment gab jeweils das nächste.« [35] Auch Loftfield meint: »Das war der Schlüssel.«[36] Das Experiment hatte das Ziel, »(1) die Wirkung von Pyrophosphat auf den Einbau von C^{14}-ATP in RNA zu testen, (2) die Wirkung einer Aminosäuremischung auf selbiges«.[37] Als zusätzliche Kontrollen setzte Stephenson radioaktives Leucin anstelle von radioaktivem ATP ein, und in je einem Versuch in beiden parallelen Serien ließ sie die lösliche Fraktion aus der Mischung weg. Weder Pyrophosphat noch die Aminosäuremischung, auf deren Effekt das Experiment abzielte, zeigten nennenswerte Effekte. Statt dessen stellte sich heraus, daß der Einbau von ATP (und Leucin) in RNA gänzlich von der löslichen Fraktion abhing – ein Ergebnis, das der »Zusatz«-Kontrolle geschuldet war. »Beide Systeme scheinen pH 5-Enzyme zu erfordern«, schloß Stephenson vorsichtig. Als sie dem im September weiter nachging,[38] stellte sich heraus, daß im Gegensatz zu dem, was man anfangs unausgesprochen vorausgesetzt hatte, ATP und Leucin nicht von der mikrosomalen RNA aufgenommen wurden, sondern von der RNA-«Verunreinigung« der pH 5-Enzymlösung! Dementsprechend wurde diese RNA als lösliche (*soluble*) RNA bezeichnet, abgekürzt S-RNA.[39]

Hoagland hatte sich mittlerweile ebenfalls dem gemeinsamen Unternehmen einer Vermessung der löslichen RNA angeschlossen, wie aus seinen Erinnerungen hervorgeht: »Paul erzählte mir erst im Juni von den Entdeckungen, die immerhin schon fünf Monate alt waren, in seinem üblichen zurückhaltenden Ton, halb die Sache herunterspielend, halb selbst verblüfft. […] Paul war glücklich, daß ich der Sache weiter nachgehen wollte.«[40] Während der folgenden Monate vergewisserte sich Hoagland, daß die Markierung der S-RNA mit Leucin durch ATP stimuliert wurde und daß sie additiv war, wenn mehrere verschiedene Aminosäuren gleichzeitig verabreicht wurden. Darüber hinaus konnte das markierte Molekül, wenn es einmal gebunden war, nicht mehr wegdialysiert oder ausgetauscht werden, es war säurestabil und alkalilabil, was in bemerkenswertem Gegensatz zu den alkalistabilen Komplexen stand, die Joseph Potter und Alexander Dounce gerade als mögliche »Zwischenverbindungen« in der Proteinsynthese isoliert hatten.[41] Äußerst wichtig war, daß die Aminosäuren von der S-RNA auf die Mikrosomen übertragen werden konnten und daß dieser Schritt durch GTP verstärkt wurde. Insgesamt war ein neues epistemisches Objekt im Entstehen begriffen, und typischerweise nahm es zuerst die Form einer »Liste« an: dessen, was es tat und was es nicht tat. Es änderte daher seine Umrisse mit jedem neuen Eintrag.[42]

Quantitative Messungen wurden durch die Tatsache erschwert, daß man die RNA aus der Fällung mittels einer heißen Salzlösung extrahieren mußte.[43] Das Verfahren funktionierte zwar, aber nur, weil der Säuregrad der Lösung nicht kontrolliert und korrigiert wurde. Die günstige Auswirkung dieser Nachlässigkeit wurde offenkundig, als Mary Stephenson die »verbesserte« Nukleinsäure-Extraktionsmethode der neuen RNA-Expertin Lisa Hecht überprüfen wollte. Die RNA-Ausbeute war bei neutralem pH tatsächlich größer, aber zugleich ging die als Aminosäure in sie eingebaute Radioaktivität verloren. Die Methode, die man für die effizientere hielt, hätte bei konsequenter Anwendung das neue Signal völlig zum Verschwinden gebracht bzw. es gar nicht erst sichtbar werden lassen.

Aus stöchiometrischer Perspektive war die Situation ziemlich verwirrend. Die Inkorporationsziffern sagten nicht sehr viel, solange niemand genau wußte, welche Größe die RNA eigentlich hatte. Zamecnik errechnete, daß ungefähr 5% der Adenosinmonophosphat-Reste in der RNA-Fraktion ersetzt wurden, aber er zögerte, daraus weitergehende Schlüsse zu ziehen. »Wir wissen weder, ob der C^{14}-ATP-Einbau mit dieser Geschwindigkeit weitergehen würde, noch ob es überhaupt RNA ist, noch ob das C^{14}-ATP sich im Gefüge der ›RNA‹ befindet.«[44] Für die Aminosäure Leucin ergab eine erste Berechnung, daß etwa eines von 300 RNA-Nukleotiden die Markierung aufnahm. Daher ist, schloß Zamecnik, »möglicherweise nur das terminale Nukleotid einer Kette beteiligt: entweder an einem terminalen 5'- oder einem 3'- oder an einem zyklischen 2'3'-Rest.«[45] Bald zeigten sich jedoch höhere Werte. Das bedeutete – wie in einer Labornotiz vermerkt ist – daß »das Leucin [für sich genommen] vollständig terminal sein könnte, aber nicht sämtliche 20 Aminosäuren. Dann müßten ja ungefähr 1/3 der Mononukleotid-Reste der S-RNA besetzt sein.«[46] Konnte die lösliche RNA etwa mehrere Aminosäuren gleichzeitig tragen? Als Zamecnik, Hoagland und Stephenson im Januar 1957 ihre »Vorabnotiz« an *Biochimica et Biophysica Acta* schickten, war das völlig unklar. [47] Trotz all dieser Ungewißheiten ließen die Experimente aber darauf schließen, daß der zunächst stattfindenden Aktivierung der Aminosäuren eine »Transacylierung an S-RNA« folgte, und daß schließlich GTP den »Transfer« zu den Mikrosomen durch einen »bisher noch nicht bekannten Mechanismus« vermittelte.[48] Eine neue »Zwischenreaktion« im Verlauf der Proteinbiosynthese hatte im Reagenzglas eine erste Darstellung gefunden.

Konkurrenz

Bereits 1955 war Eugene Goldwasser von der University of Chicago ein Einbau von AMP in die RNA eines zellfreien Taubenleberhomogenats gelungen.[49] Im Verlauf des Jahres 1956 hatte man auch an der University of Wisconsin Hinweise auf eine In-vitro-Inkorporation von Nukleotiden in RNA gesammelt.[50] Die Arbeitsgruppe am MGH hielt engen Kontakt mit Van Potter in Madison, während sie immer noch auf die Ankunft von Lisa Hecht wartete. Im Spätsommer desselben Jahres wurde Hoagland auf einen Artikel von Robert Holley aufmerksam, der ihm zur Begutachtung geschickt worden war.[51] Holley, der von der Cornell University kam und zu dieser Zeit mit einem Guggenheim-Stipendium an der Division of Biology des California Institute of Technology (Caltech) arbeitete, hatte einen Ribonuklease-empfindlichen Schritt gefunden, der vermutlich auf den Schritt der Aminosäureaktivierung folgte, wobei dieser nur für die Aminosäure Alanin zu funktionieren schien.[52] Zweifellos beschleunigte diese Information erheblich die Anstrengungen der Gruppe am Huntington Hospital um eine möglichst rasche Publikation ihrer Ergebnisse. Nach Monaten des entspannten Herumprobierens am Labortisch begannen sie, »den heißen Atem ihrer ›Konkurrenten‹ im Nacken zu spüren«, wie Hoagland es später ausdrückte.[53]

In diesem Zusammenhang ist ein weiterer Versuch bemerkenswert, der dem von Holley ganz ähnlich war, der aber gleichwohl fehlschlug. Paul Berg von der Washington University School of Medicine in St. Louis hatte mit Arbeiten zur Aktivierung der Aminosäure Methionin begonnen, kurz nachdem Hoagland seine bahnbrechende Arbeit zur Aminosäureaktivierung fertiggestellt hatte. Schon im November 1955 kritzelte Berg in sein Notizheft: »Wird irgend etwas aus ATP + Methionin gebildet?« Im März 1956 untersuchte er daraufhin die »Auswirkung der Anwendung von RNAase und DNAase auf den Methionin-katalysierten PP-Austausch«. Das Resultat war negativ: »Kein Effekt bei der Anwendung von RNAase und DNAase«, lesen wir in seinem Laborbuch. Berg war enttäuscht und ging der Frage in den folgenden Monaten nicht weiter nach. Seine später von Erfolg gekrönten Untersuchungen zum Einbau von Aminosäuren in lösliche RNA aus Bakterienextrakten begann er erst im Mai 1957, einen Monat nach der Veröffentlichung von Hoaglands, Zamecniks und Stephensons vorläufigem Bericht.[54]

Tore Hultin vom Wenner Gren-Institut in Stockholm hatte unabhängig von diesen Forschungen bei kinetischen Untersuchungen auf der Basis der Technik der Isotopenverdünnung Hinweise auf einen Zwischenschritt in der Proteinsynthese gefunden.[55] Ein Jahr zuvor hatte er bereits über eine mögliche Beziehung zwischen »zytoplasmatischen Nukleoproteinen« mit einer hohen Markierung in der RNA und Mikrosomen mit einer hohen Markierung in den Proteinen nachgedacht. Doch hielt er es für »verfrüht, zum gegenwärtigen Zeitpunkt über mögliche

Erklärungen für dieses inverse Verhalten zu spekulieren«, d.h. über eine mögliche Funktion der nicht-mikrosomalen, zytoplasmatischen RNA.[56]

Inzwischen hatten auch Kikuo Ogata und Hiroyoshi Nohara von der medizinischen Fakultät der Niigata-Universität in Japan Hinweise auf ein Aminosäure-RNA-Intermediat in der Proteinsynthese gefunden. Ogata hatte über den In-vitro-Einbau von radioaktivem Glycin in Antikörper immunisierter Kaninchen geforscht[57] und war aus diesem Grund an der Arbeit mit zellfreien Systemen interessiert. Anfang 1956 begann er zusammen mit seinem Mitarbeiter Nohara, ein fraktioniertes Rattenlebersystem in Niigata einzurichten. Den Spuren von Hoaglands Studien über Aminosäureaktivierung folgend, fanden Ohara und Nogata, daß radioaktives Alanin an die RNA ihrer löslichen Fraktion gebunden wurde. Ogata erinnert sich: »Da ich wußte, daß die Fraktion von NaCl-Extrakten, die bei pH 5 gefällt wurde, Ribonukleoprotein enthielt,[58] und außerdem davon ausging, daß RNA für die Proteinbiosynthese wichtig ist, nahm ich an, daß die in der pH 5-Fraktion enthaltene RNA das Zwischenprodukt der Proteinsynthese in den Rattenlebermikrosomen darstellt.«[59] Während man von Hultins Experimenten am MGH sicher Kenntnis hatte,[60] wurde man auf die Arbeiten aus Japan erst aufmerksam, als sie 1957 veröffentlicht wurden. Von Hoaglands, Zamecniks und Stephensons Mitteilung in *Biochimica et Biophysica Acta* wiederum erhielten die japanischen Forscher erst Kenntnis, als sie ihre eigene Veröffentlichung schon eingereicht hatten.[61] Es war eine bemerkenswerte Konvergenz: Unterschiedlich motivierte Arbeiten mit dem gleichen System führten zu ähnlichen Ergebnissen.

Epistemologische Hindernisse

Die RNA der löslichen Fraktion hatte ungefähr drei Jahre lang eine Existenz als »Verunreinigung« gefristet. Warum hatte am MGH niemand früher bemerkt, daß diese Fraktion Aminosäuren von aktiviertem Aminoacyl-AMP aufnahm? Warum war Zamecnik seinem Befund nach den ersten Hinweisen nicht konsequenter nachgegangen? Bei dem Versuch, diese Frage zu beantworten, möchte ich auf einen Gedanken von Bachelard zurückgreifen: Ein Experimentalsystem ist im Hinblick auf sein produktives Potential in der Regel und vielleicht sogar konstitutiv zweideutig. Es schafft Möglichkeiten und Hindernisse zugleich. Wenn ich von epistemologischen Hindernissen spreche, geht es dabei nicht so sehr um

> »eine Betrachtung äußerer Hindernisse, wie der Komplexität und der Flüchtigkeit der Erscheinungen, auch nicht um eine Klage über die

Schwäche der Sinne und des menschlichen Geistes: im Erkenntnisakt selbst, in seinem Innersten, erscheinen – aufgrund einer Art funktioneller Notwendigkeit – Trägheit und Verwirrung. [...] Das empirische Denken ist klar erst *im nachhinein*, wenn der Apparat der Erklärung zum Zuge gekommen ist.«[62]

Dieses Zitat dürfen wir als angemessene Beschreibung dessen ansehen, was mit dem Proteinsynthesesystem vor sich ging. Zur Erinnerung: Hoagland hatte die Aktivierung von Aminosäuren durch eine Modellreaktion sichtbar gemacht, die gerade die Umkehrung des metabolischen Prozesses war, den man sich in der Zelle vorstellte. Er maß die Anlagerung von radioaktivem Pyrophosphat an AMP, und nicht umgekehrt die Spaltung von ATP während seiner Bindung an eine Aminosäure. Die daran anschließende Reaktion hatte er mittels einer Modellverbindung untersucht, die aufgrund ihrer Eigenschaften ihr natürliches Gegenstück unsichtbar machte: Hydroxylamin nahm nicht nur Aminosäuren aus Aminoacyl-Adenylat auf, sondern auch – wie sich allerdings erst später zeigte – aus aminoacylierter S-RNA.[63]

Wieder einmal schlossen die Bedingungen zur Identifizierung einer einzelnen Teilreaktion – biochemisch gesehen eine Adenylierung – die Identifizierung einer anderen, noch unbekannten Teilreaktion – eine Transacylierung – aus. Die eine darstellen hieß die andere verstellen. Vielleicht am wichtigsten war jedoch, daß Zamecnik seit dem Beginn der Arbeit immer Gewicht darauf gelegt hatte, ausführlich zu zeigen, daß die Aminosäuren tatsächlich über α-Peptidbindungen in das Protein eingebaut wurden. Das erforderte jedoch die Einhaltung harscher Bedingungen zur Eliminierung anderer möglicher Bindungen, worunter auch – wie sich nachträglich herausstellen sollte – die Bindung der Aminosäuren an die RNA fiel. Zamecnik wich von diesen strengen Identifizierungs- und Reinigungsprozeduren erst ab, als er aus Gründen der experimentellen Symmetrie identische Auswertungsbedingungen für die Parallelversuche zur Aminosäure- und Nukleotidinkorporation benötigte, denn der Nukleotideinbau erforderte sanftere Reinigungsverfahren.

Außerdem spielt hier ein gewisser Forschungsstil mit. Zamecnik war vorsichtig.[64] Obwohl er sich der Konkurrenz im Feld durchaus bewußt war und damit auch erfolgreich umging,[65] praktizierte er Forschung nicht als ständigen Wettlauf um den ersten Platz. Vor allem sollten seine Mitarbeiter zwischen möglichen Forschungsgegenständen selbst entscheiden. So deckte er ein weites Spektrum von Forschungsproblemen ab und konnte mehreren Fragen gleichzeitig und im Zusammenhang nachgehen; er konnte verschiedene experimentelle Fähigkeiten effektiv miteinander verbinden und eine Umgebung schaffen, in der unvorwegnehmbare Dinge auftauchen konnten. Zugleich ließ dieser Stil aber allerlei Möglichkeiten der Ablenkung, der Zerstreuung und letztlich der Verzögerung entstehen.

Die Verschiebung in der Einschätzung der S-RNA von einer nicht zu beseitigenden Verunreinigung der Überstandsfraktion zu einem aminoacylierten Zwischenprodukt in der Proteinsynthese ist ein Musterbeispiel für ein serendipes Ereignis. Zamecnik hatte nach einer Aktivität gesucht, die in seinem fraktionierten Rattenlebersystem RNA synthetisieren würde, und er hatte sie in den Mikrosomen vermutet. Was er fand, war aber ein bereits synthetisiertes kleines RNA-Molekül, an das dann ATP und Aminosäuren angehängt wurden, und er fand es auch nicht in den Mikrosomen, sondern in der komplementären Enzymfraktion. Ein neues Objekt mit überraschenden Eigenschaften hatte sich bemerkbar gemacht. Operational war es zunächst einfach als »löslich« definiert, funktionell gesehen als Zwischenglied in der Proteinsynthese. Der spezifische Weg, auf dem epistemische Dinge sich einstellen, legt fest, als was sie jeweils gelten. Dieses Experimentalobjekt trat als zelluläres Gegenstück für die Modellsubstanz Hydroxylamin in Erscheinung, die bislang zum Einfangen aktivierter Aminosäuren aus dem Zellsaft benutzt worden war, als biochemisches Zwischenprodukt im Proteinmetabolismus. Als ein RNA-Molekül, an das ATP angeheftet werden konnte, hatte es sich zuerst bemerkbar gemacht.

Die RNA des Proteinsynthesesystems wurde nun unter zwei verschiedenen Überschriften dargestellt. Zamecnik beschäftigte sich mit der Möglichkeit, daß die mikrosomale RNA einerseits und die lösliche RNA andererseits unterschiedliche Funktionen erfüllen könnten. Eine neue Phase in der fraktionalen Repräsentation des Systems war eröffnet. Die Forscher am MGH erkannten bald, daß das neue Signal, das im System aufgetreten war, dazu beitragen konnte, noch ungestellte Fragen zu beantworten. So nahmen die Umrisse der neuen Kette von Zwischenreaktionen im Proteinstoffwechsel bis Ende 1956 innerhalb weniger Monate Konturen an. Der letzte Eckstein – das Experiment, das den Transfer der RNA-gebundenen Aminosäure an die Mikrosomen nachwies – wurde in nur wenigen Stunden gelegt. Es waren allerdings, wie Hoagland später meinte, die »spannendsten und aufregendsten paar Stunden meines Berufslebens«.[66]

Verschiebung II: Von der Biochemie zur Molekularbiologie

Im Jahr 1955 hatte Francis Crick eine Notiz für den von George Gamow ins Leben gerufenen »RNA-Krawattenklub«[67] mit dem Titel »Über degenerierte Matrizen und die Adaptor-Hypothese« entworfen, die jedoch nie im Druck erschien. Crick zufolge wurde der Entwurf »nie in einer wissenschaftlichen Zeitschrift veröffentlicht. [...] Schließlich veröffentlichte ich doch einen kurzen Hinweis, in dem ich die Idee umriß und versuchsweise vorschlug, daß es sich bei dem Adapter um ein kleines Stück Nukleinsäure handeln könnte.«[68] Cricks Hypothese bestand im wesentlichen darin, daß der Zusammenbau der Aminosäuren zu Proteinen durch Oligonukleotide gesteuert werden könnte, wobei diese Nukleotide einerseits die Aminosäuren transportieren und andererseits die codierenden Einheiten der RNA-Matrize durch komplementäre Basenpaarung erkennen sollten. Das Manuskript kreiste nur unter den Mitgliedern von Gamows »RNA-Krawattenklub«, die sich für die Avantgarde der Molekularbiologie hielten, dazu ausersehen, das Rätsel des genetischen Codes zu lösen. Cricks Aufsatz gelangte nicht zu den Proteinsyntheseforschern in Harvard, denn sie gehörten dem Klub nicht an.[69] Ob Lipmann, der Mitglied war, Kenntnis davon hatte, läßt sich heute wohl nicht mehr feststellen. Aber auch wenn er es kannte, hatte es jedenfalls keinen unmittelbaren Einfluß auf seine Arbeiten zur Proteinsynthese.

Welches epistemische Feld? Welche Experimentalkultur?
Wie bereits erwähnt, wurde in der von Zamecnik, Hoagland und Stephenson veröffentlichten vorläufigen Mitteilung die lösliche RNA vorgestellt als »Hinweis auf einen weiteren Schritt in der Reaktionsfolge zwischen Aminosäureaktivierung und der Knüpfung einer Peptidbindung«.[70] Nicht ein Wort über molekularen Informationstransfer in diesem Zusammenhang. Doch um diese Zeit ging die biochemische Unschuld allmählich verloren. Hoagland erinnert sich:

> »Gegen Ende 1956 bekam ich erstmals Besuch von einem waschechten ›Molekularbiologen‹. (Wir am Huntington betrachteten uns als Biochemiker.) Jim Watson war gerade Professor für Biologie in Harvard geworden und war dabei, die Struktur der Ribosomen [Mikrosomen zur gemeinten Zeit] zu untersuchen. Er hatte Gerüchte über unsere Entdeckung der Transfer-RNA [lösliche RNA] gehört und ich erzählte ihm voller Begeisterung, was wir gefunden hatten. Er hörte mit gespannter Aufmerksamkeit zu, und als ich fertig war, sagte er mir, Francis Crick habe die Existenz von Transfer-RNA-ähnlichen Mole-

külen vorausgesagt! Ob ich noch nichts von der Adaptorhypothese gehört hätte? Ich war überrascht und gab zu, daß sie mir neu war. Ich war überwältigt von der Brillanz und der Schönheit der Idee und spürte, daß das die Erklärung für unsere experimentellen Entdeckungen sein mußte.«[71]

Judson zitiert Hoagland, wie er sich – deutlich weniger überschwenglich – in einem Interview äußerte: »Tatsächlich kann ich mich lebhaft daran erinnern, wie ich im Laboratorium über eine Zentrifuge lehnte und mit Jim darüber sprach und wie er sagte: ›Dies ist die Interpretation Ihrer Ergebnisse‹. [...] Und ich fühle noch heute deutlich meinen damaligen Ärger, als Jim mir vorschrieb, wie ich meine Ergebnisse zu interpretieren hätte – und auch, wie ich damals [...] spürte, verdammt nochmal, daß er recht hatte. Wissen Sie. Es war richtig; es war genau richtig!«[72] In Hoaglands Bemerkungen aus dem Jahr 1990, die er einem Reprint des folgenreichen Artikels aus dem Jahre 1957 voranstellte, liest sich das so: »In meinem Kopf entstand ein Bild: Wir biochemischen Forschungsreisenden bahnen uns den Weg durch einen dichten Dschungel, um einen schönen Tempel zu entdecken, während Francis Crick auf den zarten Flügeln der Theorie über unseren Köpfen schwebt und geduldig wartet, bis wir das Ziel sehen, das er schon die ganze Zeit von oben im Blick hat!«[73]

So stellte es sich für Hoagland gut dreißig Jahre später im Rückblick dar, aus der unabweislichen Perspektive einer Lösung, die seitdem Karriere gemacht hat. Aber in den letzten Monaten des Jahres 1956 war das Problem weder die fehlende Erklärung für ein unerwartetes Ergebnis noch eine psychologische Hemmung, die elegante Erklärung eines Konkurrenten anzunehmen. Das »Resultat«, das Hoagland, Zamecnik und Stephenson erhalten hatten, *war* zunächst etwas anderes. Es stellte keinen »Adaptor« dar. Die aus dem Experimentalsystem hervorgegangene RNA war ein Glied in der Kette von Zwischenreaktionen innerhalb der Proteinsynthese – sie war ein durch und durch biochemisches Ding. Ihre Identität zu ändern bedeutete nicht einfach, dem »experimentellen Befund« eine »Erklärung« oder einen anderen Namen zu geben; vielmehr lief es darauf hinaus, sich auf ein anderes Forschungsprojekt einzulassen. Doch das war nicht damit getan, daß man über Zentrifugen lehnte und James Watson zuhörte. Der ganze Vorgang müßte in einem anderen Repräsentationsraum neu arrangiert werden. Nicht nur der Interpretationsrahmen wäre zu ändern, sondern es müßten neue Experimente in einem veränderten experimentellen Kontext durchgeführt werden, um die S-RNA dazu zu bringen, als Adaptor eines vermuteten genetischen Codes zu fungieren. Und da dieser Code immer noch ein großes Rätsel war, würde

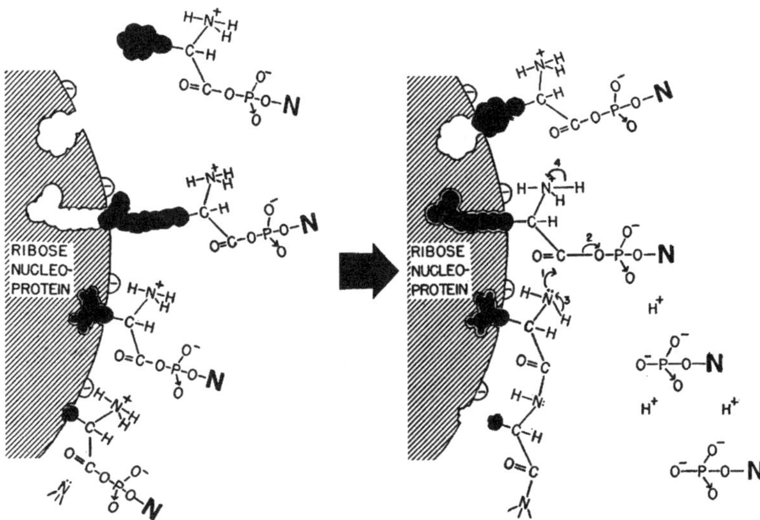

Abb. 9.3: Schematische Darstellung des Mechanismus der Proteinsynthese. N (fettgedruckt), Nukleotid-Rest. Aus Loftfield 1957a, dort Abb. 13. Abdruckerlaubnis: Elsevier Science Ltd.

dies bedeuten, die lösliche RNA zu einem Instrument zu machen, mit dem er entziffert werden konnte. Es hieß, daß man das Ribonukleoproteinpartikel nicht mehr nur als »Aufspannrahmen« zur Anordnung von Aminosäuren auffassen würde, sondern daß man es in eine aktiv arbeitende Matrize transformierte. Und so weiter.

Alternativ konnte das neue Objekt auch nach dem Schema weiter untersucht werden, auf dessen Grundlage es in seine experimentelle Existenz getreten war: als ein Molekül, an das zusätzliche Nukleotide und schließlich Aminosäuren angehängt wurden, bevor sie sich zu Proteinen zusammenschlossen. Einerseits hatte das System eine Situation erzeugt, in der »die verschiedenen Erscheinungen sich plötzlich gleichsam bündeln und in eine andere, unvorhergesehene Richtung weisen«.[74] Es versprach die experimentelle Implementierung eines der dringlichsten Probleme der Molekularbiologie, des genetischen Codes. Andererseits gehorchte das In-vitro-System einer Art Massenträgheit und widerstand der Adaptorhypothese. Wie Hoagland zu Recht feststellt, konnte »in diesem Fall auch eine große Theorie die erfolgreiche analytische Zerlegung der Maschinerie der Proteinsynthese weder leiten noch sie ersetzen«.[75] Das biochemische Denken in Begriffen metabolischer Zwischenprodukte stieß auf ein Denken in Begriffen des genetischen Informationstransfers. Das wird nirgends deutlicher als in der schematischen Darstellung des Mechanismus der Proteinsynthese in Abbildung 9.3, die aus einem Überblick stammt, den Robert Loftfield in dieser Übergangszeit verfaßte.

In dieser Abbildung reihen sich verschiedene Anhydride – wenig später verständigte man sich statt dessen auf eine Esterbindung – zwischen Aminosäuren und Nukleotiden (mit einem fettgedruckten N bezeichnet) auf der Oberfläche des Ribonukleoproteinpartikels. In diese sind sie entsprechend den spezifischen Seitenketten der verschiedenen Aminosäuren nach einem Schlüssel-Schloß-Prinzip eingelassen.[76] Eine aktivierte, nukleotidgebundene Aminosäure dockt an das Schloß nächst dem bereits zusammengebauten Peptid an und geht mit dem bereits synthetisierten Faden eine Peptidbindung ein. In diesem Bild hat das Nukleotid nur die eine Funktion, die Aktivierung der Aminosäuren für die anschließende Peptidbindung zu gewährleisten. Die Matrizenfunktion übernimmt das Mikrosom, und als spezifische Erkennungszeichen fungieren die jeweiligen Aminosäure-Seitenketten. Wie paßte das zu dem von Loftfield in dem begleitenden Text ausgebreiteten »spannenden Vorschlag von Crick, Griffith und Orgel (unveröffentlicht)«,[77] daß die RNA-Matrize aus Tripletts bestehen könnte, an die sich die Adaptor-Trinukleotide »durch Wechselwirkung des Nukleotids mit dem Ribonukleoprotein anlagern«?[78]

Schlimmer noch war, daß die S-RNA von Hoagland, Zamecnik und Stephenson nicht im entferntesten die für den Trinukleotid-Adaptor von Crick, Griffith und Orgel geforderten Eigenschaften aufwies. Das Molekül schien für diese Funktion viel zu groß zu sein. Eine vorläufige Berechnung von Zamecnik ergab, daß die Kette 60 Monomere lang sein müßte, »wenn alle eingebauten AMP-Komponenten endständig sind«.[79] Loftfields »Gedanken über Mechanismen« bestanden darin, Puzzlesteine nebeneinanderzulegen, die vorerst nicht zueinander paßten.[80] Ein Austausch zwischen zwei wissenschaftlichen *communities* war in Gang gekommen, aber es gab noch keine gemeinsame Währung. Das Molekül der Biochemiker, das die Lücke in der Stoffwechselreaktionskette zwischen den freien Aminosäuren und dem jeweiligen Protein schloß, war nicht unbedingt dasselbe wie das Ding, dem die Molekularbiologen verzweifelt nachjagten, um die Lücke zwischen dem genetischen Code und dem Proteincode zu schließen. Die Biochemiker hielten das Reden über Information für supplementär. Die Molekularbiologen hatten Schwierigkeiten, die experimentelle Logik eines biochemischen In-vitro-Systems, die Erfordernisse seiner Stabilisierung und seine operational ausgerichtete Terminologie zu verstehen. Unterschiedliche Laborpraktiken verkörperten sich in unterschiedlichen Sprachen. Alles hing davon ab, wie diese

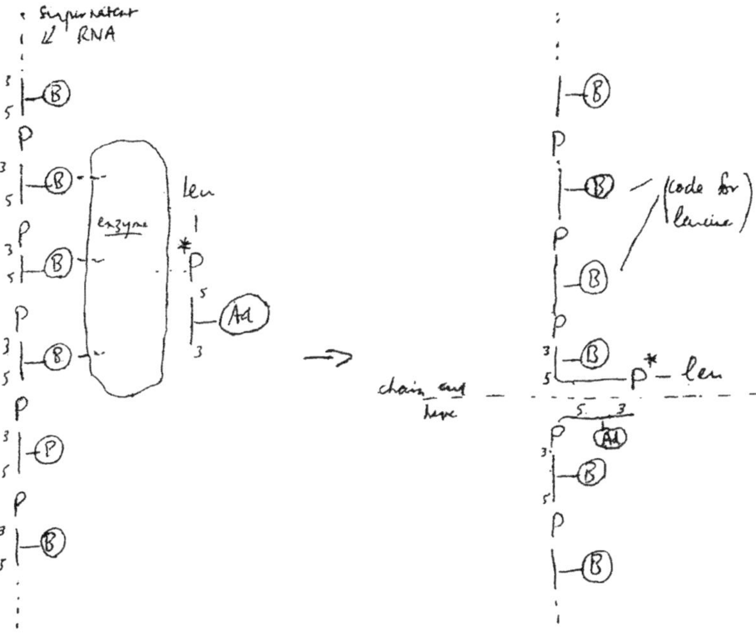

Abb. 9.4: Francis Cricks schematische Überlegung zur Aufspaltung von S-RNA in Trinukleotide. Aus einem Brief Cricks an Hoagland vom Januar 1957.

unterschiedlichen Lesarten in ein effektives »differantielles« Vorgehen übersetzt werden konnten.

Am MGH verbrachte man die erste Hälfte des Jahres 1957 damit, eine detailliertere biochemische Darstellung der löslichen RNA fertigzustellen, deren Veröffentlichung sich jedoch verzögerte.[81] Zeit genug, um Cricks Adaptorhypothese einzubeziehen? Hoagland und Crick hatten sich um die Jahreswende getroffen, und Crick hatte Hoagland zu einem Aufenthalt in Cambridge eingeladen.[82] In der Zwischenzeit tauschten sie Briefe aus. Im Januar 1957 nahm Crick Stellung gegen Watsons Ansicht, daß die S-RNA »intakt in das Mikrosomenpartikel eingeht«. Crick vertrat dagegen die Vorstellung, daß die mit einer Aminosäure beladenen Trinukleotide zum Partikel diffundierten, an dem die Aminosäuren miteinander verknüpft wurden. Die Trinukleotide, so die Vorstellung weiter, würden Basenpaarungen mit der Partikel-RNA eingehen und sich ihrerseits zu einer neuen, zu der bereits vorhandenen komplementären RNA zusammenschließen.

In seinem Brief überlegte Crick: »Wie können wir Ihre Ergebnisse in dieses Schema einfügen? Die Idee ist, daß Ihre ›aktivierenden Enzyme‹ diese neue RNA in Trinukleotide zerlegen und gleichzeitig jeweils eine Aminosäure an jedes einzelne von ihnen anhängen. Sobald man das einmal ausgesprochen hat, erscheint es fast selbstverständlich.« Abbildung 9.4 zeigt, wie er sich den Vorgang vorstellte.[83] In den Huntington Laboratorien gingen die Dinge jedoch nur schrittweise weiter. Zamecnik blieb bei seiner zögernden Haltung, Hoagland ebenfalls, wenngleich er mehr als sein Kollege für Cricks Überlegungen eingenommen schien.

Die lösliche RNA eröffnete eine Überfülle an experimentellen Optionen: Reinigung entsprechend der Aminosäurespezifik, Analyse physikalischer und chemischer Parameter, Sequenzierung, Aufklärung der Sekundärstruktur, Kristallisation, Röntgenstrukturanalyse, funktionelle Wechselwirkung mit den Mikrosomen, Wechselwirkung mit aktivierenden Enzymen und anderes mehr. Aber die Bedeutung dieser Optionen, die voraussichtliche Tragweite ihrer Auswirkungen, war vorerst kaum abzuschätzen. Es gab keine im voraus festgelegte Strategie, der man im Umgang mit dem neuen Molekül der löslichen RNA folgen konnte. Die verschiedenen Forschungslinien waren noch nicht klar voneinander abgegrenzt, sie mußten im Prozeß des Experimentierens vielmehr erst geschaffen und spontan an alles angepaßt werden, was unterwegs passierte. Da die gleichzeitige Verfolgung der sich aufspaltenden Forschungsoptionen die Kapazitäten jedes einzelnen Labors überstieg, gab es keine Garantie, daß die Wahl einer bestimmten Forschungslinie nicht in eine Sackgasse führen würde, und daß andere, die einen alternativen Weg einschlugen, nicht in Führung gehen würden. Das Gleichgewicht zwischen der Erledigung einigermaßen präziser Fragestellungen und der Erzeugung unvorwegnehmbarer Ereignisse, von dem wesentlich abhängt, wie lange mit einem Experimentalsystem tatsächlich geforscht wird, mußte mit jedem neuen Wendepunkt erneut hergestellt werden.

Das Hauptproblem war, für welches epistemische Feld man sich entscheiden sollte und damit, auf welche Experimentalkultur man sich einlassen wollte, die des »Metabolismus« oder die der »Information«; ob man die Proteinsynthese als enzymatische Kette biochemischer Reaktionen oder als Übersetzungsvorgang im noch dunklen Prozeß des genetischen Informationstransfers weiterverfolgen wollte. Diese Entscheidung würde langfristig den Raum der Darstellung, den Stil des Experimentierens, den Charakter des Versuchssystems und sogar die Identität seiner Komponenten bestimmen.

Ein Supplement

James Watson und Francis Crick gehörten zu den ersten, die die potentielle Bedeutung der S-RNA als Adaptor des vermuteten Codes erkannten: Sie konnte die Lücke zwischen den Genen und ihrer Expression als biologisch funktionale Proteine schließen. Die Biochemiker am MGH wiederum sahen allmählich ein, daß sie sich mit den Molekularbiologen ins Benehmen setzen mußten. Die Übersetzung ihrer Resultate in den Diskurs der Molekularbiologie war unabdingbar, wenn die Biochemiker den Raum der Sequenzspezifik besetzen wollten, der von der klassischen Proteinbiochemie ebenso offengelassen worden war wie von der bisherigen Genetik. Das konnte nicht ohne Reibung vonstatten gehen. Das biochemische System, das sich am MGH im Laufe von zehn Jahren etabliert hatte, war selbst aus der Krebsforschung hervorgegangen. Mit der S-RNA war nun eine weitere Verschiebung von der Biochemie zur Molekularbiologie möglich geworden. Die Verschiebung wurde aber gleichzeitig von außen nahegelegt, nämlich durch die parallel laufende Codierungsdiskussion. Das machte die spezifische Form dieser Konjunktur aus. Die überraschenden Dinge, die als biochemische Zwischenprodukte im Proteinstoffwechsel aufgetaucht waren, wurden jetzt von einem anderen Kontext assimiliert und dort allmählich neu buchstabiert, nämlich im Kontext des genetischen Informationstransfers. Anfänglich erschien dieser Übergang als Supplement. Diese supplementäre Form tritt deutlich zutage, wenn wir einen der ersten Übersichtsartikel betrachten, dessen Titel, zwei Jahre nachdem die S-RNA in ihr experimentelles Dasein getreten war, immer noch lautete: »Zwischenreaktionen beim Einbau von Aminosäuren«.[84] Aussichten auf die Proteinsynthese als einen genetisch informierten Prozeß tauchen nur im letzten Satz vor der Zusammenfassung auf. Er lautet: »Es ist *auch* möglich, daß die Bestimmung der Aminosäuresequenz ein Prozeß sein könnte, an dem RNAs in zwei aufeinanderfolgenden Schritten beteiligt sind.«[85] Das *auch* verspricht eine Alternative zur Erklärung des Prozesses als eine enzymgesteuerte Stoffwechselkette. Betrachten wir Abbildung 9.5:

Das Diagramm stellt weder einen durch Energiedissipation und enzymatische Vermittlung gesteuerten Stoffwechselverlauf dar noch den Fluß genetischer Information. Es teilt den im System beobachtbaren Vorgang vielmehr in einzelne Kompartimente, die von experimentell unterscheidbaren Komponenten und den mit ihnen verbundenen Reaktionen besetzt sind. Wir könnten es daher ein modulares Schema nennen. Das Supplement nimmt hier konkret die Form zweier Pfeile an, die in der linken unteren Hälfte der Abbildung 9.5 zu sehen sind. Sie gehen aus von dem Begriff »Sequenzbestimmung« und sind auf die Komponenten gerichtet,

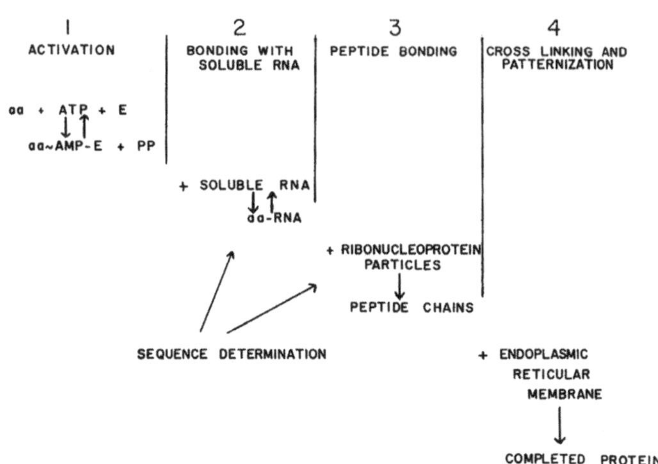

Abb. 9.5: Postulierte Schritte beim Einbau von Aminosäuren in Proteine. Aus Zamecnik, Stephenson und Hecht 1958, dort Abb. 1.

von denen angenommen wird, daß sie bei der »Bestimmung der Sequenz« mitwirken. Es ist ein Supplement in genau dem Sinne, den Derrida dem Begriff verliehen hat.[86] Es präsentiert sich als bloßer Zusatz und hat doch das Potential, das System insgesamt zu reorientieren, die Bewegung seiner *différance* auszurichten. Derrida entwickelt die »Ökonomie des Supplements« im Rahmen einer Analyse von Rousseaus Theorie der Schrift als Supplement der Sprache. Der Vergleich mit dem Experimentierprozeß, den ich hier anstelle, ist ein struktureller. Die Subversion des Systems der Proteinsynthese durch das Supplement der Codierung zeigt beide Aspekte, die für den Prozeß des Supplementierens charakteristisch sind: Er neigt dazu, die Identität der Systemkomponenten zu verändern, und er scheitert daran gerade durch seine Präsenz als bloßes Supplement.

Das Codierungsproblem

Eines war klar: Lösliche RNA war eine für den Ablauf der Proteinsynthese unerläßliche Komponente. Aber worin bestand ihre Funktion? Stellte sie eine »primäre Matrize« dar, die mit einer »sekundären Matrize«, der RNA des Ribonukleoproteinpartikels, durch komplementäre Basenpaarung in Wechselwirkung trat?[87] Ab Herbst 1956 unterstützte Jesse Scott, ein Mediziner von der Vanderbilt University mit starken biophysikalischen Neigungen, das Team des MGH bei dessen Versuchen zur Charakterisierung der S-RNA. Ganz im Einklang mit Cricks Ideen[88] hatte Scott Anfang 1957 folgendes Schema vorgeschlagen:

»Nehmen wir an, die RNA des pH 5-Enzyms sei eine Doppelhelix, im Zeitabschnitt zwischen der Synthese intakt und mit dem Protein assoziiert.

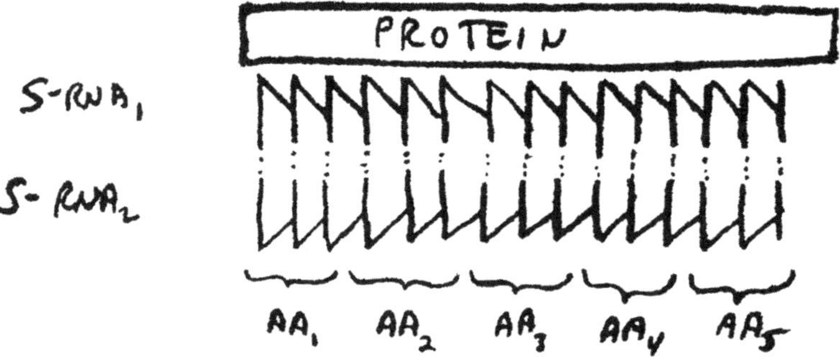

Abb. 9.6a: Möglicher Erzeugungsmechanismus von Adaptormolekülen. Februar 1957. Aus den Laborbüchern von Zamecnik, Skizze von Jesse Scott.

S-RNA$_2$ ist der codierende Strang, der die Aminosäuren 1,2,3 spezifiziert. […] S-RNA$_1$ ist das Komplement zum codierenden Strang. ATP und Aminosäure reagieren miteinander und bilden AMP-AA. AMP-AA seinerseits reagiert an der Stelle der RNA$_2$, die durch den Code spezifiziert ist, und liefert –

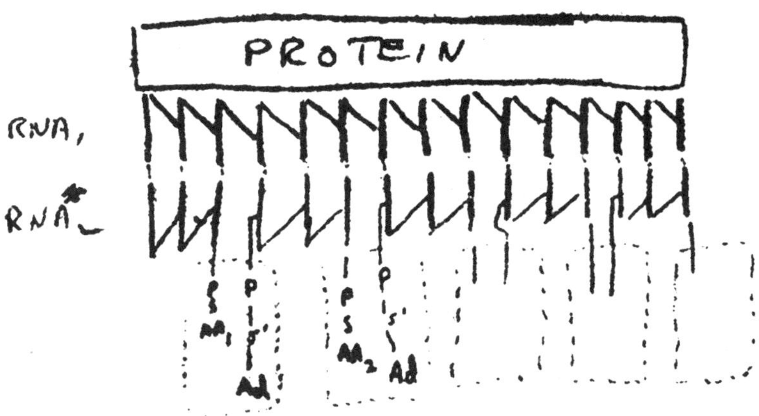

Abb. 9.6b: Möglicher Mechanismus zur Spezifizierung der Polypeptid-Sequenz. Februar 1957. Aus den Laborbüchern von Zamecnik, Skizze von Jesse Scott.

> [...] Wie kann nun die RNA-AA ans Mikrosomen-Protein gelangen? Eine Hypothese könnte sein, daß es auf dem Mikrosom eine RNA gibt, die identisch ist mit S-RNA_I – M-RNA_I, um (ein) Protein(e) zu spezifizieren. Die Trinukleotide, aus denen S-RNA_2* aufgebaut ist, werden zu M-RNA_I transferiert, ohne in den säurelöslichen Pool der Zelle einzugehen. Die Bedingungen auf dem Mikrosom sind derart, daß in Anwesenheit von GTP die AAs der S-RNA_2* zu Polypeptiden polymerisiert werden, AMP freigesetzt und S-RNA_2 erneut als das Hochpolymer gebildet wird.«[89]

Aus dieser molekularbiologischen Perspektive wurde die Wechselwirkung zwischen der aminoacylierten RNA und dem RNP-Partikel entscheidend, wie aus den Abbildungen 9.6a und b ersichtlich ist. Im Sommer 1957 hatte Hoagland Boston verlassen, um ein Jahr bei Crick in Cambridge zu verbringen.[90] Er ging nach England in der Hoffnung, »daß Transfer-RNA [S-RNA] zur Entdeckung des genetischen Codes beitragen könnte«.[91] Seine Idee dabei war, »individuelle Transfer-RNA-Spezies zu isolieren und die Nukleotidsequenzen zu identifizieren, die für die Bindung einer bestimmten Aminosäure verantwortlich sind«.[92] Die Zusammenarbeit blieb allerdings ohne greifbares Ergebnis. Aus Cricks Vorstellung von den Trinukleotid-Adaptoren ließ sich unmittelbar keine brauchbare experimentelle Implementierung des Vorhabens herleiten.[93]

S-RNA: Signaturen eines Moleküls

Es gab noch viel Raum zwischen der Perspektive »einer *chemischen* Verbindung von RNA und Aminosäuren« auf der einen Seite und der einer möglichen »*Komplementarität*« zwischen S-RNA und mikrosomaler RNA auf der anderen.[94] Zwischen diesen beiden extremen Sichtweisen nahm die lösliche RNA Gestalt an. An dieser Stelle muß ein bedeutendes technisches Detail erwähnt werden. Den Methodenprotokollen von Ken S. Kirby sowie von Alfred Gierer und Georg Schramm ist zu entnehmen, daß man S-RNA neuerdings durch Phenolextraktion von den Proteinen des Überstands trennen konnte.[95] Gierer und Schramm hatten das Verfahren von Heinz Schuster und Wolfram Zillig übernommen.[96] Diese Prozedur sollte das knifflige Löslichmachen der ausgefällten RNA durch eine heiße Salzlösung bald ganz ersetzen. In den Veröffentlichungen der MGH-Gruppe läßt sich der Verlauf der Einführung dieser technischen Neuerung nachvollziehen. Für einige Zeit wurde die Phenolextraktion nur bei größeren Präparationen angewendet. In den analytischen Versuchen wurde nach wie vor mit Natriumchlorid gearbeitet. Damit die

Vergleichbarkeit der Ergebnisse gewährleistet war, blieb die parallele Durchführung der beiden Verfahren zunächst unabdingbar. So enthielt etwa die erste ^{14}C-ATP-markierte S-RNA, die mittels Phenolextraktion isoliert wurde, bei weitem »zu viele *counts*«, verglichen mit den Werten nach Natriumchloridbehandlung.[97] Die Differenz betrug immerhin eine Größenordnung. Nach allerlei Mühen, den Gründen der Diskrepanz auf die Spur zu kommen, stellte sich heraus, daß es sich nicht etwa um eine »Verbesserung« handelte, wie man vielleicht hätte erwarten können, sondern lediglich um eine – allerdings erhebliche – Verunreinigung mit freiem radioaktivem ATP, das über die ganze Extraktionsprozedur hin mitgeschleppt worden war.

Die ersten Experimente, mit denen die Frage nach dem zugrundeliegenden Mechanismus der Verknüpfung von Aminosäure und RNA angegangen wurde, reichen zurück bis Juli 1956.[98] Sie führten zu dem folgenden reversiblen Reaktionsschema:

ATP + Leucin-^{14}C + E <–> E(AMP~Leucin-^{14}C) + PP
E(AMP~Leucin-^{14}C) + RNA <–> RNA~Leucin-^{14}C + E + (AMP)

Zur Erklärung der chemischen Bindung zwischen der Aminosäure und der RNA faßte Zamecnik gegen Ende des Jahres 1956 mehrere Möglichkeiten ins Auge.[99] »Es schienen drei Erklärungen in Frage zu kommen: der Ring, das Internukleosidphosphat oder die Ribose. Aber wir konnten uns auf nichts stützen, außer darauf, daß Dan Brown, der mit Todd gearbeitet hatte, sagte: ›Nein, ich glaube nicht, daß das Internukleosidphosphat stabil genug ist. Ich meine, die Aminosäure würde nicht da bleiben, das wäre zu instabil für das, was ihr da habt.‹ Also war es entweder am Ring oder an der Ribose.«[100] Im ersten umfassenden Artikel über S-RNA, der am 27. September 1957 druckfertig war, lesen wir schlicht: »Bisher können wir der Aminosäure-RNA-Bindung noch keine spezifische Struktur zuordnen.«[101]

Die fraktionale Darstellung des Ausmaßes, in dem RNA durch die Aminosäure Leucin markiert wurde, ist im Schema der Abbildung 9.7 gezeigt. Es verdeutlicht, daß nach jedem Zentrifugationsschritt die Aktivität im wesentlichen in einer der beiden Fraktionen verblieb. Die Darstellung der markierten S-RNA und die Darstellung der Fraktionen des Systems, wie sie bisher entwickelt worden war, harmonierten also. Zum damaligen Zeitpunkt gab es jedoch keine Möglichkeit, die fraktionale Darstellung weiter voranzutreiben. Die beladungsaktive pH 5-RNA konnte zwar von den Enzymen durch Phenolextraktion getrennt werden, doch die Umkehrung – die Trennung aktiver Enzyme von der RNA – lag nicht im Bereich des Möglichen.

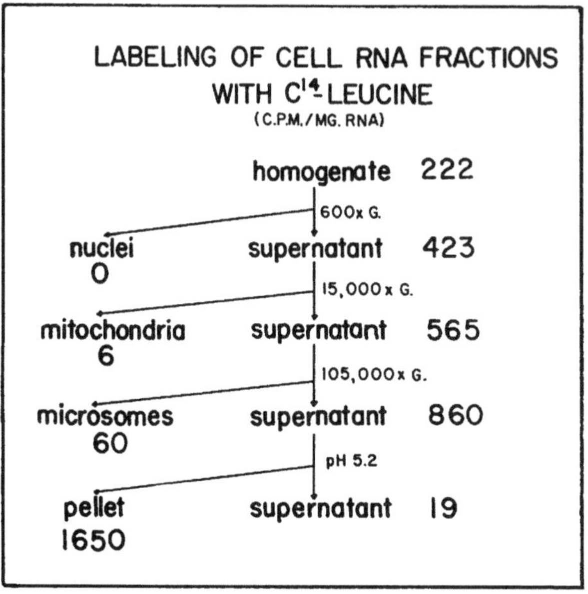

Abb. 9.7: Fraktionierungsschema des Rattenleberhomogenates in einer Darstellung von Ende 1957. Aus Hoagland, Stephenson, Scott, Hecht und Zamecnik 1958, dort Abb. 1.

Die Leucinmarkierung war auch kinetischen Kontrollen unterzogen worden. Während die Proteine kontinuierlich neue Radioaktivität aufnahmen, erreichte die Markierung, die mit den Partikeln sedimentierte, schnell ein Plateau. Die S-RNA schien demnach umgesetzt zu werden und dabei ihre Aminosäure an das lösliche Protein abzugeben. Mit diesen Experimenten erreichte die Zusammenarbeit der Forscher am MGH bei der Handhabung ihres Systems einen virtuosen Höhepunkt. Sie ergänzten Untersuchungen am lebenden Tier durch Beobachtungen im Reagenzglas, und je nach Bedarf tauschten sie die beiden verfügbaren Zellsorten – Rattenleber- und Mäuse-Asziteszellen – gegeneinander aus, wie es für ihre Versuche am besten paßte. Im Verlauf dieser Experimente konnte auch der bisher unbekannte Punkt, an dem GTP in das Geschehen eingriff, eingekreist werden. Sein »Aktionsort« wurde »auf den Bereich der Wechselwirkung zwischen der aminosäurebeladenen pH 5-RNA und den Mikrosomen eingegrenzt«. Das wiederum legte den Schluß nahe, daß »ein neues Transferenzym« an dieser Wechselwirkung beteiligt war.[102] Aufgrund dieser Beobachtung fing die bisher kompakte pH 5-Enzymfraktion an, sich in verschiedene Komponenten zu differenzieren.

Als Zamecnik im Herbst 1955 angefangen hatte, sich mit der Ribonukleinsäure in seinen Fraktionen zu befassen, hatte er erwartet, auf eine RNA-synthetisierende Aktivität im Proteinsynthesesystem zu stoßen. Was er und seine Kollegen jedoch tatsächlich fanden, war ein RNA-Molekül, das in der Lage war, Aminosäuren zu binden. Nun tauchte ein ganzer Zoo neuer Enzyme auf, und alle schienen in der pH 5-Fällung vorhanden zu sein. Diese Fraktion explodierte geradezu. Die differentielle Reproduktion des Systems warf jetzt so viele Fragen auf, daß sich schnell eine ganze, wenn auch immer noch bescheidene Proteinsyntheseindustrie darum scharte. Der Punkt war erreicht, an dem die weitere Ausgestaltung des zellfreien Systems in die Differenzierung von Forschungsgruppen mündete. Schon Ende 1957 arbeiteten mindestens sechs weitere Gruppen an verschiedenen Aspekten der neuen Aminosäure-Oligonukleotidverbindungen, nämlich das Team von Kikuo Ogata an der Niigata-Universität in Japan; das von Victor Koningsberger, der aus Lipmanns Labor an das Van't Hoff Laboratorium in Utrecht zurückgekehrt war; Paul Berg an der Washington University in St. Louis; die Gruppe von Richard Schweet an der biologischen Abteilung des California Institute of Technology in Pasadena; die Arbeitsgruppe von Fritz Lipmann, der mittlerweile vom MGH ans Rockefeller Institute in New York umgezogen war, sowie Robert Holley und seine Mitarbeiter an der Cornell University.[103] Sie alle kamen aus unterschiedlichen Arbeitszusammenhängen und fanden sich nun auf dem gleichen Schauplatz wieder und im Wettlauf darum, die Liste dessen zu vervollständigen, was diese RNA-Moleküle und die ihnen entsprechenden Enzyme taten und was nicht. Ihre Berichte füllten bald die Seiten der angesehenen *Proceedings of the National Academy of Sciences*. Das war ein wichtiger Knotenpunkt in der Verzweigung des Proteinsynthesesystems und tatsächlich einer jener Momente, da eine »erträumte Entdeckung plötzlich Konsistenz annimmt, ohne daß schon gewährleistet wäre, daß sie Wirklichkeit werden wird«.[104]

Auf den Spuren des Nukleotideinbaus in RNA

Anfang 1957 kam Lisa Hecht endlich nach Boston. Eines der großen Rätsel, das noch seiner Lösung harrte, war die Art der chemischen Bindung von ATP an die RNA und die mögliche Beziehung dieser Reaktion zur Anbindung der Aminosäuren. Zamecnik war sich darüber klar, daß für die Erforschung dieser Vorgänge eine genauere Kenntnis der RNA-Biochemie nötig war. Wie schon bei der Aktivierung von Aminosäuren[105] hatte er deshalb nach verfügbarem Sachverstand außerhalb der Gruppe gesucht, wie er sich später erinnerte: »Es schien mir, daß das ein neues Gebiet war, und daß wir jemanden brauchten, der sich die ganze Zeit damit beschäftigt.«[106]

Im Gegensatz zu Zamecniks ursprünglicher Annahme war die Aufnahme von ATP offenbar nicht Teil einer De-novo-Synthese von RNA. Es schien eher eine Modifikationsreaktion zu sein. War sie spezifisch? Im Februar 1957 verglich Mary Stephenson die Aufnahme von radioaktivem ATP mit der von UTP. Die beobachtete Differenz lag bei einem Faktor von 100.[107] Wieder einmal wurde die experimentelle Erkundung von erschöpfenden Symmetrieüberlegungen geleitet. Lisa Hecht übernahm die Aufgabe, systematisch alle anderen Nukleotide, also Uridintriphosphat (UTP), Cytidintriphosphat (CTP) und Guanosintriphosphat (GTP), durchzutesten. Anfänglich teilte sie ihr Labor mit Jesse Scott, und es entwickelte sich bald auch eine enge Zusammenarbeit mit Mary Stephenson.[108] Hecht fand schnell heraus, daß CTP ebenfalls als Vorläufer für die RNA-Modifikation fungierte.[109] Darüber hinaus stimulierte CTP die Aufnahme von ATP, und zudem hing der Einbau von radioaktivem Leucin offensichtlich vom vorherigen Einbau dieser beiden Nukleotide ab.

Das Problem war einigermaßen komplex geworden. In welcher Abfolge verliefen diese Reaktionen, und was war ihr jeweiliges Ausmaß? Durch Zufall hatte Hecht festgestellt, daß bezüglich der ATP-Aufnahme »alte Präparate von pH 5-Fraktionen« von CTP abhingen.[110] Also fällte sie einen 105 000 x g-Überstand von Asziteszellen, ließ ihn einige Zeit bei 37° C »altern« und fällte ihn dann vor der Inkorporationsreaktion noch einmal.[111] Im Ergebnis »zeigten ihre Experimente, daß man mit diesem gereinigten Präparat, wenn man ausschließlich ATP dazutat, keine Aminosäuren hineinbekam. Aber wenn man C und A hinzufügte, dann klappte das sehr wohl. Und wenn man Cs zufügte und keine As, dann klappte es wieder nicht.«[112] Damit war die Reaktionsfolge geklärt: zuerst CTP, dann ATP, dann die Aminosäure. Die Schlußfolgerung lag auf der Hand, daß eine »Endgruppe, die Cytosin- und Adenin-Nukleotide enthält, eine funktionale Gruppierung [bereitstellt], die für die Bindung aktivierter Aminosäuren an RNA erforderlich ist«.[113]

So war also ein kleines Ereignis entscheidend geworden und hatte sich in ein Forschungsinstrument verwandelt: die zufällige Verwendung eines nicht mehr ganz frischen Präparats. Eine leicht unterschiedliche Vorinkubation und nochmalige Fällung der pH 5-Fraktion in einem leicht unterschiedlichen experimentellen Kontext – seine differentielle Reproduktion – reichte aus für einen wichtigen Schritt auf dem Weg zu einer Bestimmung der Sequenz der verschiedenen Einbaureaktionen. Dies ist ein weiteres Beispiel für einen Stil experimenteller Erkundung, der ziemlich simpel anmuten mag. Aber in der Suche nach »simplen Ansätzen« lag Hecht zufolge gerade Zamecniks Stärke.[114]

Für diese Experimente benutzte Lisa Hecht Asziteszellen. Sie waren ursprünglich als Modellzellen für Krebswachstum eingeführt und dann wieder fallengelassen worden. Später dienten sie, wie wir in Kapitel 7 gesehen haben, als Quelle für das Präparieren membranfreier Ribonukleoproteinpartikel. Jetzt war es der Überstand aus der Zentrifugation eines Homogenats, der sich als nützliche Quelle von S-RNA erwies, weil er einen niedrigen Hintergrund bei der Messung des ATP-Umsatzes aufwies, also offensichtlich arm an ATP-abbauenden Enzymen war. Die Asziteszellen erlangten damit den Status eines vielseitig einsetzbaren, generischen Forschungsinstruments.

In der Zwischenzeit war die RNA-Nukleotid-Interaktion – genau wie die Aminosäureeinbaureaktion – zum Gegenstand des Wettbewerbs zwischen einer ganzen Reihe von Forschern geworden, von denen die meisten eine Zeitlang in Madison gearbeitet hatten. Dazu gehörten Gerald LePage vom McArdle Memorial Laboratory an der Medical School der University of Wisconsin, seine Mitarbeiter Alan Paterson und Mary Edmonds, die mittlerweile von Madison nach Pittsburgh gegangen war, Edward Herbert, ein Mitarbeiter von Potter, der inzwischen am MIT arbeitete, und Evangelo Canellakis in Yale.[115]

Gegen Ende 1957 gingen Lisa Hecht und ihre Kollegen davon aus, daß an der löslichen RNA drei Nukleotid-Einbaureaktionen abliefen:[116]

1. CTP + RNA <–> CMP-RNA + PP
2. ATP + CMP-RNA <–> AMP-CMP-RNA + PP
3. UTP + RNA <–> UMP-RNA + PP

Die Situation war jedoch viel weniger eindeutig als die Formeln suggerieren. Was konnte als Einbausignal gewertet werden und was war bloßes Rauschen? War die Aufnahme von UTP signifikant? Sie betrug zwar nur 10 Prozent der Aufnahme von ATP, aber sie konnte eindeutig nachgewiesen werden. Außerdem gab es noch einen stimulierenden Effekt von GTP auf die ATP-Aufnahme, dessen Rolle vollständig im Dunkeln blieb: »Für diese Beobachtung haben wir bisher keine Erklärung.«[117] Hecht vervollständigte die Tests durch eine milde alkalische Hydrolyse der Produkte. Das Abbaumuster wies darauf hin, daß die RNA-Endgruppe RNA-U war, falls man UTP zugeführt hatte; RNA-CC fand

Hecht bei CTP-Gabe und RNA-CCA für den Fall, daß CTP und ATP gleichzeitig gegeben wurden. Schließlich konnte eine Aminosäure an die Endgruppe -CCA angehängt werden, was RNA-CCA-Aminosäure ergab. Ob die beiden enzymatischen Prozesse – die Nukleotidanbindung und die Aminosäureanbindung – in ihrer biologischen Funktion etwas miteinander zu tun hatten, blieb aber weiterhin ein Rätsel.

Es gab mittlerweile genug gute Gründe anzunehmen, daß die lösliche RNA sich von der mikrosomalen qualitativ unterschied und nicht etwa aus zufälligen Bruchstücken derselben, also Aufarbeitungsartefakten bestand. Interessanterweise konnte lösliche RNA aus Ratten im Rattenlebersystem durch solche aus Mäusen ersetzt werden, und bis zu einem gewissen Grad war das auch mit RNA aus Bäckerhefe möglich. Es schien daher eher eine funktionelle Spezifik vorzuliegen als eine artspezifische Besonderheit. Die fraktionale Darstellung dieser RNAs und besonders die Darstellung der sie modifizierenden Enzyme erforderte jedoch raffiniertere Verfahren als die bisher verwendeten. Es war klar, daß sehr viel analytische Proteinchemie ins Spiel gebracht werden mußte. Die Darstellung der Fraktionen des Systems war aus Zentrifugation und Säurefällung hervorgegangen und hatte sich bis dahin auch gut mit diesen beiden Techniken weiterentwickeln lassen. Damit war nun Schluß. Jetzt mußten neue Technologien ausprobiert und entwickelt werden.

Alternative Darstellungen

Alles drehte sich nun um die S-RNA. Sie vermittelte den Transfer von Aminosäuren zum Ribonukleoprotein, und man nahm an, daß sie auch den Transfer der genetischen Information vermittelte. Es war aber nicht auszuschließen, daß sie noch bei einem anderen Vorgang beteiligt war, nämlich bei der Regulation. Es gab RNA-U, RNA-C sowie RNA-CC und RNA-CCA, und die Einbaureaktionen ließen sich umkehren. Diese Eigenschaften deuteten darauf hin, »daß die lösliche RNA als Speicher für freisetzbare Nukleotid-Koenzyme dienen könnte, die eine steuernde Funktion bei der Regulation des Stoffwechsels spielen«.[118] Die Annahme einer solchen Funktion lag durchaus auf der Linie des »letztlichen Ziels« der Forschungen am MGH, das Zamecnik nicht zufällig bei einem Kongreß der International Union Against Cancer wieder einmal in Erinnerung rief, nämlich »die Regulation der Proteinsynthese im normalen Wachstumsprozeß und ihre möglichen Abweichungen im neoplastischen Zustand zu erhellen«.[119] Angesichts der späteren Entwicklungen, die in den Kapiteln 11 und 12 kurz dargestellt werden, war der Verweis auf das

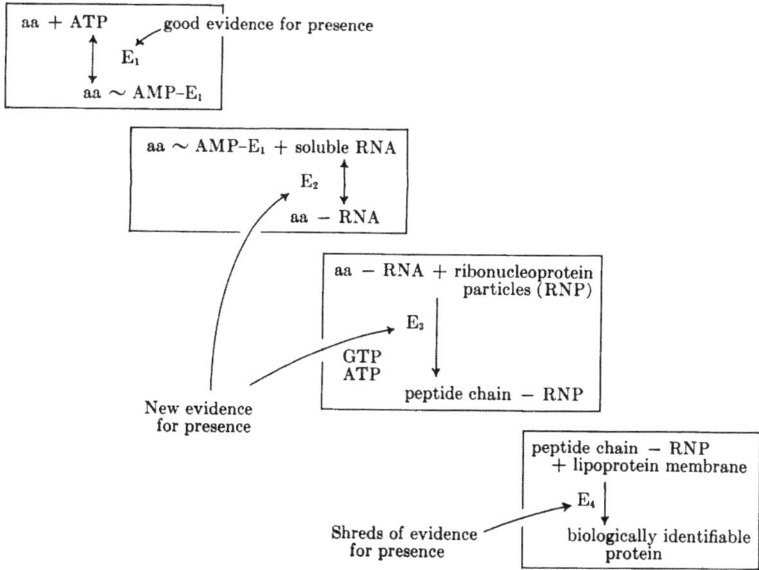

Abb. 9.8: Kaskade von möglichen Enzymen, die in der Proteinsynthese eine Rolle spielen. Aus Zamecnik, Stephenson und Hecht 1958, dort Abb. 3.

Regulationsproblem in der Tat mehr als ein bloßes Lippenbekenntnis aus Anlaß dieses einen Krebskongresses. Er lief auf eine dritte Option hinaus.

Das Auflösungsvermögen des fraktionierten Systems hinsichtlich der in dem vierstufigen Prozeß beteiligten Enzyme – wie in Abbildung 9.8 dargestellt – stand ebenfalls zur Debatte. Diese Enzyme konnten jetzt in der Form einer Kaskade verbunden werden, die mindestens vier verschiedene Spezies oder Systeme umfaßte, für die mehr oder weniger deutliche Hinweise vorlagen.

Diese Enzymkette ging nicht etwa direkt aus der fraktionalen Repräsentation selbst hervor, sondern war das Ergebnis einer Verknüpfung von zumeist indirekten Anzeichen: Keines der vermuteten Enzyme oder Enzymsysteme lag rein vor, in dieser Hinsicht waren sämtliche Fraktionen »schmutzig«. Keine repräsentierte ein einzelnes Enzym. Die erste enzymatische Aktivität (E_1) war durch »drei verschiedene Befunde« gesichert. Einer davon war ihre Unempfindlichkeit gegenüber Ribonuklease. Im Gegensatz dazu war RNase-Empfindlichkeit ein Kennzeichen des zweiten Aktivitätskomplexes (E_2), der die lösliche RNA mit Aminosäure belud. »Neue Hinweise« auf eine dritte enzymatische Aktivität (E_3)

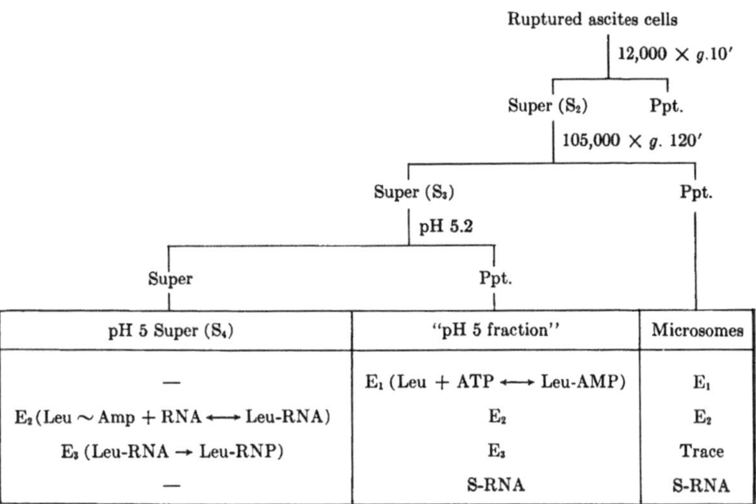

Abb. 9.9: Lokalisierung der enzymatischen Komponenten des Aminosäureeinbaus. Aus Zamecnik, Stephenson und Hecht 1958, dort Abb. 4.

ergaben sich daraus, daß die RNP-Partikel in Abwesenheit von GTP nicht in der Lage waren, Aminosäuren aufzunehmen. Für eine vierte enzymatische Aktivität (E_4) hingegen existierten nur »spärliche Spuren«, wie auf der Abbildung vermerkt wird.

Die Darstellung des Systems als eine Summe von Fraktionen – die materielle Form seiner Repräsentation – unterschied nicht zwischen den verschiedenen postulierten Enzymen. Die Fraktionen enthielten sämtliche Enzyme in einer Mixtur von sich überlappenden Kombinationen, wie aus der Abbildung 9.9 hervorgeht.

Enzym 1 fand sich sowohl in der pH 5-Fällung des 105000 x g-Überstands als auch in den Mikrosomen. Enzym 2 kam in diesen beiden Fraktionen vor und außerdem im Überstand der Säurefällung. Enzym 3 wurde hauptsächlich im pH 5-Überstand und dem dazugehörigen Niederschlag gefunden. Enzym 4 schließlich war vermutlich den Mikrosomen zugeordnet. Die Darstellung in Fraktionen entsprach also keineswegs der Partition des katalytischen Prozesses. Die Enzyme blieben daher im Experimentalraum zunächst ohne definierte Existenz.

In einem Überblick über die Arbeit eines Jahrzehnts zeichnete Hoagland im Jahr 1958 vier Stadien der Zerlegung des auf Rattenleberhomogenat beruhenden Proteinsynthesesystems auf. Sie sind in der Abbildung 9.10 dargestellt. In dieser Tabelle legte Hoagland das Fraktionierungs-

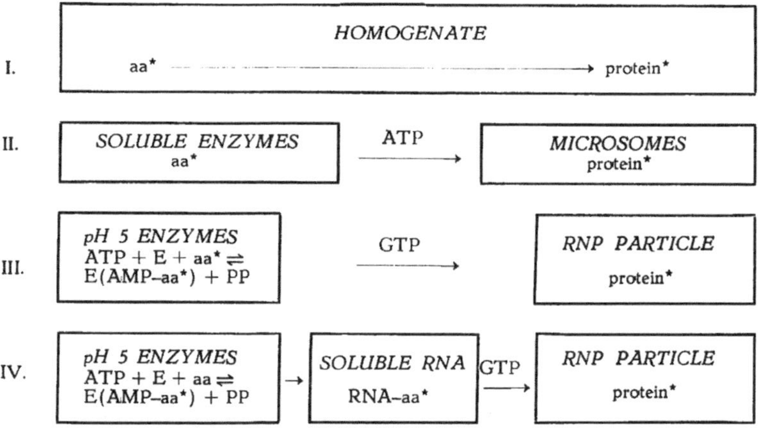

Abb. 9.10: Stadien der Zerlegung des Systems zum zellfreien Aminosäureeinbau auf der Basis von Rattenleber. Aus Hoagland 1958, dort Abb. 1.

muster und die Zwischenschritte der biochemischen Reaktionsfolge übereinander. Der Übergang von Zustand II zu Zustand III war durch die Einführung des ATP-Phosphat-Austauschverfahrens ermöglicht worden. Das hervorstechende Merkmal von Zustand III, die Umwandlung von Mikrosomen in funktionell aktive RNP-Partikel, wurde zum einen durch den Übergang zu einer anderen Sorte von Gewebe bzw. Zellen, den Ehrlich-Asziteszellen, ermöglicht, zum anderen durch die Einführung von hochgesättigten Salzlösungen für die Reinigungsprozedur.[120]

Eine Fragemaschine

Die Identifizierung der löslichen RNA – Zustand IV in Abbildung 9.10 – war ein herausragendes Ereignis bei der schrittweisen Zerlegung des Prozesses. Aber trotz der Anstrengungen von Novelli und Berg[121] waren die Aminoacyladenylate immer noch in keinem biologischen System als manipulierbare Verbindungen nachgewiesen. Überdies waren die RNP-Partikel, die man bisher gewonnen hatte, instabil. Das System der MGH-Gruppe reagierte noch immer nicht positiv auf die Zugabe eines vollen Satzes unmarkierter Aminosäuren. Gab es für jede Aminosäure ein eigenes

Beladungsenzym? War die gleichzeitige Fällung von S-RNA und Enzymen bei pH 5 ein Zufall? Wie groß war das S-RNA-Molekül? Über welche chemische Bindung waren die Aminosäuren mit der RNA verknüpft? Konnten möglicherweise mehrere Aminosäuren gleichzeitig an ein einzelnes S-RNA-Molekül angehängt werden? War ein spezielles Transferenzym beim Transport der Aminoacyl-RNA zum Ribonukleoproteinpartikel beteiligt? War GTP an ein solches Enzym gebunden? In welcher Art Wechselwirkung standen S-RNAs und RNP-Partikel?

Es wimmelte von Fragen. Das Proteinsynthesesystem war dabei, ein gewaltiger Forschungsattraktor zu werden, eine Art Hochgeschwindigkeitsmaschine zur Herstellung von Zukunft. Abgesehen von einigen groben Umrissen war fast alles unbekannt. Gleichzeitig aber versprach die weitere Fragmentierung und zunehmende Reinigung des Systems eine schnelle Klärung aller möglichen offenen Fragen. Mehr noch: das System erlaubte die *Produktion* von Fragen. In diesem Sinne konnte Hoagland feststellen: »Die Tatsache, daß wir mehr Fragen aufgeworfen haben, als wir beantworten können, bestärkt uns in der Annahme, daß unsere Untersuchungen zu einem klareren Verständnis der Proteinsynthese führen werden.«[122] In einer Fußnote, die er bei der Fahnenkorrektur in seinen Überblicksartikel einfügte, zählte Hoagland nicht weniger als sieben »neue Entwicklungen« auf, die sich in dem kurzen halben Jahr zwischen der Abgabe des Manuskripts im Januar 1958 und der Durchsicht der Druckfahnen ergeben hatten.[123] Der Artikel erschien in der Juliausgabe des *Recueil des Travaux Chimiques des Pays-Bas et de la Belgique*.

In den Huntington Laboratorien blieb das »Codierungsproblem« eine Option unter anderen. Die Situation war einem Kampf an mehreren Fronten vergleichbar. Welche Beziehung zwischen der Anheftung der Nukleotide und dem schließlichen Anhängen der Aminosäuren an die S-RNA bestand, war nicht geklärt. Die Enzyme, von denen die verschiedenen Reaktionen katalysiert wurden, mußten identifiziert werden. Man hatte noch keine für eine bestimmte Aminosäure spezifische S-RNA isoliert. Zamecnik schätzte die Situation offensichtlich so ein, daß experimenteller Fortschritt nur von der möglichst gleichzeitigen Verfolgung all dieser Optionen zu erwarten war.

Bislang war der »Transfer« radioaktiver Aminosäuren von der löslichen RNA zu den Mikrosomen in rein operationalen Begriffen definiert: Er wurde am Betrag der Radioaktivität abgelesen, die zusammen mit den Mikrosomen sedimentierte.[124] Die Interaktion zwischen Mikrosomen und S-RNA ließ sich jedoch mit dieser Methode nicht weiter differenzieren. Es ließ sich nur eine Kosedimentation feststellen, und diese wurde Transfer genannt.

Was das S-RNA-Molekül selbst betraf, kamen einige interessante Einzelheiten ans Licht. Loftfield hatte damit begonnen, die Genauigkeit der Aminosäure-RNA-Bindung im Sinne ihrer Spezifik zu untersuchen.[125] Die Bindung einer bestimmten Aminosäure an die S-RNA war offenkundig ein selektiver Schritt auf dem Weg von den freien Aminosäuren zum Protein. Was andererseits die Natur der Bindung zwischen S-RNA und Aminosäure betraf, hatte man im Lauf von drei Jahren eine Liste dessen zusammengestellt, »was sie tut« und »wie sie sich verhält«. Alle diese Beobachtungen waren kompatibel mit einer Bindung zwischen der Aminosäure und der 2'- oder 3'-Hydroxylgruppe der endständigen Ribose der RNA; doch ließ sich aus ihnen nicht schließen, daß diese Bindung die einzig mögliche war. In der Frage der Chemie dieser Bindung gewann Lipmanns Labor das Rennen, zumindest was die Publikation der Ergebnisse angeht.[126] Im Januar 1958 sprach Zamecnik mit Crick und Lipmann anläßlich eines Treffens im Waldorf Astoria in New York zu Ehren von Basil O'Connors fünfundsechzigstem Geburtstag. Während des Frühstücks »wurde Lipmann plötzlich neugierig und fragte mich, wo denn meiner Meinung nach die kovalente Bindung ansetzen könnte. Ich antwortete, daß es drei Stellen auf dem 3'-terminalen Adenylrest gab: (1) die 2'- oder 3'-Ribosyl-Position, (2) irgendwo auf dem Adeninring und (3) die erste Phosphatposition zwischen den Nukleotiden. Ich sagte, wir seien dabei, zwischen diesen Möglichkeiten zu unterscheiden. Ohne mein Wissen befaßte sich Lipmanns Labor dann sofort mit derselben Frage. Wir kamen beide zum selben Schluß – die 2' oder 3'-Ribosyl-Stelle.«[127] Sie hatten sich dem Problem auf unterschiedlichen Wegen genähert. Hans Zachau und Lipmann hatten Ribonuklease verwendet, um das terminale Aminoacyl-Adenosin abzuspalten, Zamecnik und seine Kollegen hatten Periodat benutzt, um die geschützten von den ungeschützten 2'- oder 3'-Hydroxylgruppen der terminalen Ribose zu unterscheiden.[128] Zur gleichen Zeit waren Paul Berg und James Ofengand beim Versuch, ein Methionin-aktivierendes Enzym reindarzustellen, zu dem Schluß gekommen, daß die Aminosäureaktivierung und die darauffolgende Anheftung der Aminosäure an die für sie spezifische S-RNA durch ein und dasselbe Enzym katalysiert wurden.[129]

Code oder Matrize?

Wie stand es mit der löslichen RNA gegen Ende des Jahres 1958, nach drei Jahren zunehmend kompetitiver und explodierender Forschungsaktivitäten? Sämtliche verschiedenen RNAs schienen dieselbe endständige Nukleotidfolge aufzuweisen: -CCA. Offensichtlich war diese Sequenz ein allgemeines, entweder struktur- oder funktionsbestimmendes, aber kein spezifizierendes Merkmal – alles andere als ein Code jedenfalls. Andererseits schien jede einzelne der ungefähr zwanzig Aminosäuren ihren eigenen S-RNA-Träger zu erfordern. Daher vermutete Zamecnik, daß »jedes RNA-Molekül in bestimmter Weise für eine spezifische Aminosäure *codiert*, und zudem vielleicht für eine spezifische, komplementäre Stelle auf der Ribonukleinsäure des Ribonukleoproteinpartikels *codiert*, die als proteinsynthetisierende Matrize dient«.[130] Zwei Terminologien trafen aufeinander: die von Code und Matrize. »Codieren« wurde zudem zu einer Bezeichnung für zwei verschiedene Vorgänge. Zamecnik nahm an, die S-RNA codiere für Aminosäuren und die RNA des RNP-Partikels wiederum codiere für beladene S-RNAs. Die lösliche RNA sollte das Erkennungssignal für eine spezifische Aminosäure tragen; die Ribonukleinsäure des Mikrosoms sollte – ob als Code oder Matrize blieb unbestimmt – dazu dienen, die Sequenz des Proteins festzulegen. Die Sprache des molekularen Informationstransfers begann, sich in die metabolische Darstellung der Proteinsynthese einzuschreiben. Aber sie ersetzte den biochemischen Diskurs nicht schlagartig. Dazu war sie auch gar nicht in der Lage. Sie umriß die Konturen eines anderen Repräsentationsraums, doch der hatte noch keine eigene experimentelle Verkörperung – vor allem deshalb, weil die Code-Matrize, was ihr experimentelles Dasein betraf, mit der RNA des Ribonukleoproteinpartikels zusammenfiel. Die Matrize zu manipulieren war daher gleichbedeutend mit der Manipulation des mikrosomalen Partikels. Dieses Partikel war aber die am schwierigsten zu handhabende Komponente des ganzen Systems. Auf die Unterscheidung der Code-Matrize vom Mikrosom und die Transformation der ersteren in ein eigenständiges epistemisches Objekt – die Boten-RNA – komme ich in Kapitel 12 zurück. Diese Differenzierung stellte sich als eine Voraussetzung für den experimentellen Zugriff auf den genetischen Code heraus.

KAPITEL 10

Historialität, Erzählung, Reflexion

Meine Bemerkungen in diesem Kapitel kreisen um eine Epistemologie der Zeit, auf die ich in den vorangehenden Kapiteln gelegentlich bereits angespielt habe. In der Überschrift ist der Begriff der Geschichte oder der Historizität vermieden, statt dessen spreche ich von »Historialität«. Der Neologismus geht auf die *Grammatologie* von Derrida zurück. Die Frage, um die es dabei geht, lautet: Wie können wir von Geschichte sprechen, ohne dabei zugleich »Ursprünge« und »Gründe« anzurufen? Das führt uns auf »ein schwieriges, diskretes Denken, das auf dem Weg durch so viele der Aufmerksamkeit entgehende Vermittlungen das ganze Gewicht unserer Frage zu tragen hätte, einer Frage, die wir, noch vorläufig, eine *historiale* nennen«.[1]

Epistemologie der Zeit

Womit hat es der Historiker zu tun? Blickt er auf eine Vergangenheit, die ihrerseits wiederum das Resultat einer noch weiter zurückliegenden Vergangenheit ist, und so fort bis zu den Anfängen? Oder blickt er auf eine Vergangenheit, die sich als das Ergebnis einer »*différance*« erweist, die immer schon eine aufgeschobene und verschobene ist, erschlossen aus der Dimension vergangener Zukunft?

In der Regel ist das Neue bestenfalls eine Irritation an der Stelle, an der es erstmals auftaucht – man kann sich ihm nur im Modus der vergangenen Zukunft annähern. Wir können natürlich versuchen, die Bedingungen seiner Entstehung freizulegen. Aber diese Bedingungen erscheinen, ebenso wie das Neue selbst, nur zugänglich durch eine Art von Rekurrenz, die die Existenz des Produkts benötigt, um den Umständen seiner Verfertigung habhaft zu werden. Insbesondere gilt das »für alle neuen Formen des wissenschaftlichen Denkens, die nachträglich ein rekurrentes Licht ins Gedämmer unfertiger Erkenntnisse werfen«.[2] Nach Georges Canguilhem trennen sich genau an diesem Punkt die Wege des Historikers klassischer Prägung und des Epistemologen im Sinne Bachelards:

> »Der Historiker geht von den Anfängen aus und so auf die Gegenwart zu, daß die heutige Wissenschaft immer bis zu einem gewissen Grad schon in der Vergangenheit angekündigt ist. Der Epistemologe geht

> vom Aktuellen aus und so auf dessen Anfänge zurück, daß nur ein Teil von dem, was sich gestern für Wissenschaft hielt, bis zu einem gewissen Grad selbst durch die Gegenwart begründet erscheint. Im selben Augenblick, in dem die heutige Wissenschaft begründet – und zwar niemals für immer, sondern immer wieder aufs neue –, zerstört sie auch, und zwar für immer.«[3]

Es lohnt sich, einen Augenblick bei dieser Bemerkung zu verweilen. Was Canguilhem als das Vorgehen des Historikers beschreibt, hat in der Geschichte der Wissenschaften oft genug die Form einer — ebenso häufig auch kritisierten – Suche nach Vorläufern angenommen.[4] Sie trägt zweifellos dazu bei, Traditionen zu stiften und hilft, die Unerhörtheit des Neuen zu mildern, mit einem Wort, sie linearisiert. Im Prinzip aber setzt sie die Existenz einer unverzerrten Vergangenheit »da hinten« voraus, welcher der historische Betrachter im Idealfall als neutrales Medium gegenübersteht. Die Bewegung des Epistemologen erfordert und impliziert dagegen eine Krümmung des Denkens, die von seiten der Historiker wiederum oft als eine Form der Rückprojektion, also eine Art negative Teleologie kritisiert, damit aber gründlich mißverstanden worden ist.

Im Rahmen seiner Anmerkungen zur Geschichte der Dinge hat der Kunsthistoriker George Kubler eindringlich auf das Phänomen hingewiesen, dem wir hier unter dem Gesichtspunkt der epistemologischen Rekurrenz nachgehen, und das André Malraux einmal den »Eliot-Effekt« nannte: »T. S. Eliot mag wohl als erster diesen Zusammenhang bemerkt haben, als er sagte, daß jedes bedeutende Kunstwerk uns zwinge, alle früheren Werke neu zu beurteilen.«[5] Daß es sich in den Wissenschaften ähnlich verhält, hat Goethe bereits verschiedentlich betont, wenn er von einer »von Zeit zu Zeit« notwendigen »provisorischen Umordnung« sprach, ja sogar davon, daß nach bahnbrechenden Ereignissen nicht nur die Weltgeschichte, sondern auch die Wissenschaftsgeschichte »umgeschrieben« werden müsse.[6] Damit wird dann aber das historische Erzählen selbst an die Zeit gebunden, es wird zu einer Erscheinung der Geschichte.[7] So hat auch die Wissenschaftsgeschichte »ihre eigene Zeit«.[8]

Aus einer historialen Perspektive müssen wir aber nicht nur davon ausgehen, daß Rekursivität jeglichem Rückblick und damit jeder Geschichtsinterpretation, d.h. dem iterativen Geschäft des Historikers inhärent ist. Wir müssen auch davon ausgehen, daß Umordnung und Umschrift, Rearrangement und Neuausrichtung in der materiell vermittelten differentiellen Bewegung von Experimentalsystemen selbst am Werk sind, daß sie gewissermaßen ihre Zeitstruktur ausmachen. Die Geschichte solcher Systeme ist durch eine eigentümliche Nachträglichkeit gekennzeichnet. In den Charakter einer Spur ist eine konstitutive Verspätung, eine »Verknotung der Zeit« eingeschrieben. Denn sie muß sich bis zur Unkenntlichkeit verdoppeln, um zu werden, was sie gewesen sein wird. In dieser Art von Zeitlichkeit »wird das ›nachher‹ konstitutiv für das ›vorher‹«.[9] In paradoxer Formulierung läßt sich sagen, daß das jeweils Gegenwärtige das Ergebnis von etwas darstellt, das so nicht gewesen ist, und das Vergangene zur Spur von etwas wird, das sich (noch) nicht ereignet hat. Von solcher Art ist die zeitliche Struktur, die Temporalität der Spur überhaupt: »Die Spur ist nicht nur das Verschwinden des Ursprungs, sondern besagt hier – innerhalb des Diskurses, den wir einhalten, und des Parcours, dem wir folgen – daß der Ursprung nicht einmal verschwunden ist, daß er immer nur über den Rückweg durch einen Nicht-Ursprung sich konstituiert hat, eben die Spur, die damit zum Ursprung des Ursprungs wird.«[10]

Es gibt in der Wissenschaftsgeschichtsschreibung eine lange Tradition, die neuzeitliche Wissenschaft als einheitliches, kontinuierliches und kumulatives Projekt zu sehen. Im vergangenen Jahrhundert ist diese ehrwürdige Sichtweise nachhaltig durch Entwürfe herausgefordert worden, in denen der Lauf der Wissenschaften eher als Abfolge von Gleichgewichtszuständen verstanden wird, die durch mehr oder weniger radikale Brüche voneinander getrennt sind. Jedoch setzen beide Vorstellungen vom wissenschaftlichen Wandel – die evolutionäre wie die revolutionäre, die kontinuierliche wie die diskontinuierliche – eine umfassende epistemische Struktur, genannt »Die Wissenschaft«, voraus, die als Ganzes entweder – mal mehr exponentiell, mal mehr asymptotisch – wächst oder eben periodisch auf der Basis neuer Paradigmen restrukturiert wird. Obwohl der zweiten Sichtweise ein hohes Maß an historischem Relativismus anhaftet, bleibt darin doch unterstellt, daß ein Paradigma zu gegebener Zeit genügend Kraft hat, die Tätigkeit einer ganzen – und potentiell *der* ganzen – Gemeinschaft der Wissenschaftler zu koordinieren und aus dieser Tätigkeit ein kohärentes Ganzes zu machen.

Je genauer wir die Mikrodynamik der wissenschaftlichen Aktivität ins Auge fassen, desto problematischer erscheinen diese Ansichten. Auch Kuhn hat im Gefolge seiner Analysen zur Geschichte der Physik nicht nur die diachrone Inkommensurabilität von Paradigmen, sondern auch die synchrone Inkommensurabilität von Stücken und Teilen einer immer weiter in Einzelabteilungen zerlegten Wissenschaftswerkstatt betont und dabei das ganze wissenschaftliche Unternehmen als einen Prozeß charakterisiert, der auf Divergenz beruht.[11] Wenn man sich wie hier dem wissenschaftlichen Forschungsprozeß auf der Ebene seiner funktionellen Einheiten – d.h. den Experimentalsystemen – nähert, dann wird noch deutlicher, daß das Erscheinungsbild der Wissenschaft als monolithisches Unternehmen gründlich und nachhaltig zu hinterfragen ist.[12]

Die Fragmentierung »der« Wissenschaft in auseinanderfallende Gebiete steht seit geraumer Zeit auf der Tagesordnung der Wissenschaftsforschung.[13] In diesem Buch wird eine mikroskopische Perspektive auf die Clusterung und Dispersion von Experimentalsystemen mit ihren jeweiligen Zeitcharakteristiken eingenommen. Ich möchte hier auf eine Resonanz hinweisen, die sich mit neueren Entwicklungen auf dem Feld der Thermodynamik irreversibler Prozesse ergibt. Neben anderen hat Ilya Prigogine gezeigt, daß aus der Modellierung dissipativer Strukturen neue Möglichkeiten entspringen, so etwas wie lokale und situative Zeiten zu konzipieren. Prigogine hat vorgeschlagen, die Zeit nicht nur als einen Parameter zu definieren (das kleine t der Physik von Newton bis Einstein), sondern in die Modellierung irreversibler Prozesse eine »operationale« Zeit einzuführen, die Zeit also als einen Operator zu bestimmen (groß T).[14] Formal gesehen ist ein Operator eine Vorschrift zum Umgang mit einer Funktion und damit zu ihrer Reproduktion, wobei die Funktion selbst die Operation überlebt, zugleich aber durch einen oder mehrere Faktoren in ihrem Wert verändert wird. Der engere Kontext der Thermodynamik ist in unserem Zusammenhang nicht von Bedeutung. Relevant ist der Gedanke einer »Operator-Zeit« oder »internen« Zeit, wobei ein gewisses Maß an Metaphorizität bewußt in Kauf genommen wird. Nehmen wir an, daß in bezug auf die Transformation von materiellen Systemen, von Systemen von Dingen oder auch von Handlungen, die Zeit als Operator betrachtet werden darf und nicht einfach nur die chronologische Achse in einem Koordinatensystem darstellt. Zeit wäre dann ein strukturelles, lokales und inneres Merkmal von Forschungssystemen, die in stationäre Phasen einpendeln, aber aufgrund von Turbulenzen auch immer wieder an Bifurkationspunkte gelangen können. Canguilhem hat in diesem Zusammenhang von einer »unterschiedlichen Flüssigkeit oder Zähigkeit« der »Zeit der Veri-fikation« in einzelnen Bereichen der Wissenschaft in derselben Periode gesprochen.[15]

Wie in Kapitel 4 dargestellt, sind produktive Forschungssysteme durch eine Art differentieller Reproduktion dergestalt ausgezeichnet, daß das Hervorbringen unvorwegnehmbarer Ereignisse zur Triebkraft der ganzen Maschinerie wird. Solange dies geschieht, darf man das System als »jung« bezeichnen. Das Alter des Systems hängt somit nicht von seiner Entfernung vom Nullpunkt der Zeitskala ab; es ist vielmehr eine Funktion – wenn man so will – gerade des Funktionierens eben dieses Systems. Das Alter des Systems bemißt sich nach dem Grad seiner Fähigkeit, Differenzen zu produzieren, die als unvorwegnehmbare Ereignisse gelten und in ihrer Rückwirkung auf das System die Maschinerie in Gang halten. Ähnlich hat Kubler die künstlerische Tätigkeit als ein »verbundenes Fortschreiten von Experimenten« beschrieben, das »charakteristische Zeitspannen und Perioden« aufweist, die mit einer lediglich »kalendarischen Zeit« in ihrer Besonderheit nicht zu fassen sind.[16]

Ein Forschungsfeld können wir damit als Ansammlung oder als Netzwerk von Experimentalsystemen auffassen, von denen jedes seine eigenen Zeiterfordernisse und sein spezifisches Alter mit sich führt. Einige von ihnen sind einander nahe genug, so daß ihre reproduktiven Zyklen durch den Austausch von Subroutinen, von epistemischen Entitäten oder von implizitem Wissen, das in ihre Ausführung eingebaut ist, gekoppelt werden können. Andere wiederum sind einander fern genug, um ihre operationalen Transformationen unabhängig voneinander zu vollziehen, was selbst eine Funktion der Verwandlungen ist, die in den verschiedenen Systemen verschieden schnell ablaufen. Damit gelangen wir nicht nur zu einem komplexen Feld von Systemen, sondern auch zu einer ziemlich komplexen Zeitstruktur oder Zeitform. Die einzelnen reproduktiven Serien behalten ihr eigenes »Alter« in Abhängigkeit von ihrer differentiellen Replikation, und das jeweilige epistemische Feld ist nicht mehr durch eine übergreifende Chronotopie beherrscht. Das macht ein Ensemble von Experimentalsystemen einem Feld diskursiver Praktiken vergleichbar, wie sie Foucault beschrieben hat, wobei sich die Stärke der diskursiven Kopplungen zwischen den einzelnen Experimentalsystemen ständig verändert. Wir können diese Systeme als »geregelte und diskrete Serien von Ereignissen« ansehen, die es uns erlauben, »den *Zufall*, das *Diskontinuierliche* und die *Materialität* in die Wurzel des Denkens einzulassen«.[17] Es gibt dann keinen umfassenden theoretischen Rahmen, kein übergreifendes politisches Programm, keinen homogenisierenden sozialen Kontext mehr, der stark genug wäre, dieses Universum von driftenden, fusionierenden und sich verzweigenden Systemen nach auferlegten Maßstäben zu disziplinieren und auf Dauer zu koordinieren. Wo sich die Systeme verbinden, geschieht das nicht durch stabile Halterungen, sondern eher durch transiente Kontaktflächen, die aufgrund der unterschiedlichen differentiellen Reproduktion der Systeme und der Konstellation ihrer verschiedenen Alter zustande kommen. Es gibt keinen gemeinsamen letzten Grund, keine Quelle, kein einheitliches Entwicklungsprinzip, dem alle entstammten, keine Hierarchie, in die alle eingeschlossen werden könnten. Eine solche Konstellation von Experimentalsystemen unterschiedlichen Alters ist als Ganzes u-topisch und a-chronisch. Es ist ein dezentriertes Geflecht mit einer rhizomatischen

Struktur, in der andauernd neue Kapillaren gebildet und alte Anastomosen aufgelöst werden, und in dem die Attraktoren sich beständig verschieben.

Die Vielzahl von Experimentalsystemen, die vor einem offenen Horizont umhertreiben, sich in ihn hinein verschieben und ihn damit selbst erweitern und verändern, konstituiert ein veritables historiales Ensemble. Jedes dieser Systeme gehorcht seinem eigenen Zeitregime,[18] das wiederum mit den Eigenzeiten seiner epistemischen Objekte verbunden ist. Solche Ensembles entziehen sich den einfachen Begriffen der linearen Verursachung, des Einflusses, der Dominanz und Unterordnung. Sie fügen sich aber auch nicht einfach dem Begriff eines rein zufälligen oder stochastischen Prozesses. Mit beiden Vorstellungsextremen ist der Begriff der Geschichte in Verbindung gebracht worden – einmal im Namen eines gesetzmäßigen Ablaufs, einmal im Namen der Einmaligkeit je spezifischer Mikrokonstellationen. Mit beiden verfehlt man die Dynamik epistemischer Felder. Sie resultiert aus Konjunkturen mittlerer Reichweite. Diese haben immer wieder unerhörte Konsequenzen. Die Wirkungen dieser temporalen Dynamik mit ihren Unvorwegnehmbarkeiten können wir vielleicht am ehesten mit dem Begriff des Skandals belegen. Unter diesem Gesichtspunkt mögen dann die Wissenschaften selbst als einzige, vergebliche Anstrengung gesehen werden, den Skandal zu verhindern, indem sie ihn immer wieder herbeiführen. François Jacob hat in dem Kapitel über »Die Zeit und die Erfindung der Zukunft« am Ende seines Essays Das *Spiel der Möglichkeiten* diesen Sachverhalt unbarmherzig dargelegt:

> »Was wir heute vermuten können, wird nicht Wirklichkeit werden. Veränderungen wird es auf jeden Fall geben, doch wird die Zukunft anders sein, als wir glauben. Das gilt besonders für die Wissenschaft. Die Forschung ist ein endloser Prozeß, von dem man niemals sagen kann, wie er sich entwickeln wird. Unvorhersehbarkeit gehört zur Natur des Wagnisses Wissenschaft. Sollte man wirklich auf etwas Neues stoßen, so ist das etwas, das man per definitionem nicht im voraus kennen konnte. Man kann unmöglich sagen, wohin ein bestimmter Forschungsbereich führen wird.«[19]

Mit der Vorstellung von einer »differentiellen Temporalität« sind wir weiter denn je entfernt von der romantischen Illusion *der* Geschichte als einer alles durchdringenden Totalität, die von Beziehungen der Mimesis, Metamorphose oder Expressivität der Teile innerhalb eines Ensembles beherrscht wird.[20] Die Figur der differentiellen Reproduktion serieller Linien, die sich in einer Forschungslandschaft tummeln, erzeugt eine ganz andere, fragilere, dafür aber produktivere Kohärenz. Sie ist nicht länger auf die Gleichzeitigkeit oder die geordnete Abfolge aller möglichen Verwandlungen einer Urform oder eines Paradigmas gegründet. Die Struktur dieser Kohärenz beruht nicht auf Expression, Verwandlung oder Spiegelung, sondern auf den lokalen Spannungen und Relaxationen eines Netzwerks, auf Resonanz und Dissonanz in einem Flickwerk aus voreilenden und nachträglichen Aktionen mit ihren Auslöschungen und Verstärkungen, Interferenzen und Interkalationen, die sich einer grob vereinheitlichenden Zeit der Geschichte widersetzen. Nehmen wir Jacobs Äußerung ernst, dann müssen wir damit fertig werden, daß ein Algorithmus oder eine Logik der wissenschaftlichen Entwicklung, die in ihrem historischen Verlauf kausal begründet wäre, etwas prinzipiell Unmögliches ist.

Unter solchen Bedingungen bleibt wenig Platz für eine Darstellung der Wissenschaftsgeschichte, in der diese Geschichte durch irgendwelche Instanzen »beeinflußt«, »gesteuert«, »gehemmt« oder »gefördert« wird, seien es externe oder interne. Es gibt kein ein für allemal lokalisiertes Außen und Innen mehr. Außen und Innen sind überall. Topologisch gesprochen haben wir es mit einem Möbiusband zu tun, geometrisch mit einer fraktalen Verfaßtheit. Wir können die der Innen/Außen-Sicht verpflichtete Wissenschaftsgeschichte als lamarckistisch bezeichnen, und es ist erstaunlich, wie lange sie ihren biologistischen Widerpart überlebt hat, nämlich die Darstellung der Evolution nach einem Muster, das wir gewöhnlich »darwinistisch« nennen. Folgen Epistemologen auf ihrem eigenen Gebiet empirischer Forschung diesem Muster, dann müssen sie mit kontingenten Ereignissen umgehen, die letztlich zu einem Feld von breit streuenden Varianten führen, deren Aufeinandertreffen in einem Raum endlicher Ausdehnungsmöglichkeiten Filtermechanismen entstehen läßt; aufgrund dieser Filter ergeben sich schließlich Bedeutungszuschreibungen, jedoch niemals prospektiv, sondern immer nur *ex post*.

Verschiebungen und Aufschübe

Wenden wir – zumindest metonymisch – Derridas Begriff der *différance* auf die Dynamik solcher Forschungsfelder an. Derrida faßt *différance* als einen »ökonomischen Begriff« auf, der »die Produktion des Differierens im doppelten Sinne dieses Wortes [différer – aufschieben/(voneinander) verschieden sein]« meint.[21] In einem diesem Begriff gewidmeten Aufsatz erklärt Derrida:

> »Alles in der Zeichnung der *différance* ist strategisch und kühn. Strategisch, weil keine transzendente und außerhalb des Feldes der Schrift gegenwärtige Wahrheit die Totalität des Feldes theologisch beherrschen kann. Kühn, weil diese Strategie keine einfache Strategie in jenem Sinne ist, in dem man sagt, die Strategie lenke die Taktik nach einem Endzweck, einem Telos oder dem Motiv einer Beherrschung, einer Herrschaft und einer endgültigen Wiederaneignung der Bewegung oder des Feldes. Eine Strategie schließlich ohne Finalität; man könnte dies blinde Taktik nennen, empirisches Umherirren, wenn der Wert des Empirismus selbst nicht seinen ganzen Sinn aus der Opposition zur philosophischen Verantwortlichkeit zöge. Gibt es ein Umherirren beim Zeichnen der *différance*, so folgt es der Linie des philosophisch-logischen Diskurses ebensowenig wie der ihres symmetrischen und zugehörigen Gegenteils, des empirisch-logischen Diskurses. Der Begriff von *Spiel* siedelt sich jenseits dieser Opposition an, er kündigt in der Nachtwache vor der Philosophie und jenseits von ihr die Einheit des Zufalls und der Notwendigkeit an in einem Kalkül ohne Ende.«[22]

Eine Strategie ohne Finalität scheint auf den ersten Blick eine *contradictio in adiecto*. Vielleicht brauchen wir einen anderen Ausdruck, um den Sinn einer Bewegung zu vermitteln, die nicht zielgerichtet ist, aber nichtsdestoweniger alles andere als chaotisch. Goethe hat in einem Aphorismus das Prinzip solchen »Wanderns« formuliert: »Man geht nie weiter, als wenn man nicht mehr weiß, wohin man geht.«[23] Diese Bewegung ist eng verknüpft mit der Natur der Mittel, mit denen der experimentelle Text geschrieben und immer wieder überschrieben wird. Als begrifflich-materielle Zwitter enthalten Grapheme, diese Spuren wissenschaftlichen Suchens, stets die Möglichkeit eines Überschusses, sie transzendieren das ihnen je Zugedachte. Der Überschuß verkörpert die Bewegung der Spur: Einerseits übersteigt die Spur die Grenzen, in denen das Spiel befangen erscheint. Als Überschuß entzieht sie sich aber gerade der Definitionsmacht des Systems. Andererseits bringt sie dessen Grenze überhaupt erst zum Vorschein, indem sie sie durchbricht. Sie definiert, was sie zugleich abschüttelt. Die Bewegung der Spur ist historial.

Beschreibt man ein Feld von Experimentalsystemen als durchdrungen von *différance*, so ist dieser Punkt entscheidend. Er macht deutlich, daß die Systeme einem Spiel von Differenzen und Verschiebungen unterliegen, die durch ihre Operator-Zeit bestimmt werden, und daß sie ihre Grenzen – was vorübergehend so erscheint – beständig verlagern. Diese Verlagerungen implizieren, daß verschiedene Experimentalsysteme aufeinandertreffen können, und daß solche Koinzidenzen Bedeutungsverschiebungen hervorrufen. Noch einmal erweist sich hier ein Begriff von Derrida als hilfreich, den er selbst auf die Arbeit mit Texten bezieht: das »Pfropfen«: »Man müßte systematisch erforschen, was sich als einfache etymologische Einheit der Pfropfung und des Graphen gibt (des *graphion*: Schreibstichel), aber auch der Analogie zwischen den Formen textueller Propfung und den sogenannten pflanzlichen oder, mehr und mehr, tierischen Pfropfungen.«[24] Interessanterweise und vielleicht nicht ganz zufällig kommt hier ein biologisches Modell zum Tragen. Beim Pfropfen läßt das Reis den Träger in seiner Identität bestehen. Gleichzeitig veranlaßt das aufgepropfte Reis die Unterlage, die Samen und Früchte des Pfropfes hervorzutreiben. Einerseits ist die Beziehung zwischen Pfropf und Unterlage die einer festen Einfügung und Verwachsung; andererseits ist sie das lebendige Beispiel einer dauerhaft manifesten Trennung. Ich werde auf eine solche Situation im Zusammenhang mit der weiteren Darstellung der löslichen RNA zwischen Biochemie und Molekularbiologie im folgenden Kapitel noch einmal zurückkommen. Der Pfropf ist, wenn man so will, ein umgekehrter Überschuß, ein Einwuchs. Aber gerade sein Funktionieren als Fremdreis zeigt auch die Eignung des Trägers, den Einwuchs aufzunehmen. So gibt es also eine tiefliegende Komplizität. Was innen ist und was außen, läßt sich bei diesem Vorgang nicht mehr in sinnvoller Weise beantworten. Das Abenteuer des Pfropfens als eine spezielle Form der Iteration liegt nicht im Fortschritt, sondern in der Fortschrift.

Wie in Kapitel 8 dargestellt, sind Konjunkturen, Bifurkationen und Hybridisierungen zwischen Experimentalsystemen Voraussetzungen für die Produktion unvorwegnehmbarer Ereignisse; das Experimentieren ist eine Maschine zur Erzeugung von Ereignissen. Doch kanalisiert es sie auch, denn ihre prospektive Bedeutung hängt letztlich davon ab, ob sie zu einem integralen Teil künftiger technischer Bedingungen werden können. So entscheidet letzten Endes die künftige Integration in den Bezirk des Technischen darüber, ob dem Wissensobjekt ein angemessener Platz in der Geschichte des Wissens zugewiesen wird. Um es mit einer Formulierung Hoaglands auszudrücken (und man sollte sie wörtlich nehmen): »In der Wissenschaft kann eine Idee nur Substanz bekommen, wenn sie sich in ein dynamisch wachsendes Wissenskorpus einfügt.«[25] Die dynamische Masse des Wissens, das Netzwerk von Praktiken, das durch Laboratorien, Instrumente und Experimentalarrangements strukturiert wird, ist eine Denkmaschine *sui generis*.

Unter historiographischen Gesichtspunkten bedeutet das, daß keine Wissenschaftsgeschichte dieser zurücklaufenden Bewegung unter Anrufung der historischen Unmittelbarkeit entkommen kann. Denn die Rekursion wohnt den epistemischen Dingen selbst, und damit den genuinen Gegenständen der Wissenschaft, inne. Eine Geschichtsschreibung, die diese – nicht als Teleologie mißzuverstehende – Bewegung blindlings mitvollzieht, ist als »whiggish« kritisiert worden.[26] Auf die Argumente gegen eine solche Geschichte der Sieger und die Kritik dieses Begriffs will ich hier nicht näher eingehen.[27] Eine Wissenschaftsgeschichtsschreibung, der am epistemischen Prozeß gelegen ist, kann dem nicht entkommen, was man die Position einer reflektierten Anachronizität nennen könnte. Und so bleibt auch die historiographische Eroberung und Vergewisserung des Ursprungs, in einer Geste, die ebenso halluzinatorisch wie unvermeidlich ist, gebunden an die Spur, die er zurückgelassen haben wird. Sowenig es eine umfassende Voraussicht geben kann, kann es daher eine kanonische, ein für allemal feststehende Geschichte geben.

Das hat natürlich Konsequenzen für die Bewegung des Erzählens. Wenn der Historiker wissen will, was ein epistemisches Ding zu einem bestimmten Zeitpunkt war, wird das experimentelle Spiel es bereits in etwas verwandelt haben, was es zu jener Zeit nicht gegeben haben kann. Canguilhem warnt den Historiker daher zu Recht: »Die Vergangenheit einer heutigen Wissenschaft ist nicht identisch mit derselben Wissenschaft in ihrer Vergangenheit.«[28] Und er betont, daß die Beschäftigung mit der bloßen Vergangenheit einer Wissenschaft diese zu einem beliebigen Gegenstand historischer Dokumentation werden läßt, welche die »zurückschreitenden Verschiebungen« und epistemologischen Mutationen einer Wissenschaft in ihrer Geschichte niemals einzuholen vermag.[29] Noch einmal ist damit das Verhältnis von Geschichte und Epistemologie angesprochen. Zu einer bestimmten Zeit »im Wahren« einer Wissenschaft zu sein und daher »den Regeln einer diskursiven ›Polizei‹« zu gehorchen, meint etwas ganz anderes als »im Raum eines wilden Außen die Wahrheit« zu sagen, wie Foucault unter Hinweis auf Gregor Mendel gesagt hat.[30]

Die Wissenschaftler selbst neigen dazu, ihre Errungenschaften in einem Rahmen zu präsentieren, den man die »spontane Geschichte des Wissenschaftlers« nennen könnte.[31] »Wehe uns«, ruft William Clark aus, und ich schließe mich ihm an, »wenn Wissenschaftshistoriker dieselben Geschichten ausspinnen wie die Wissenschaftler.«[32] In der spontanen Geschichte des Wissenschaftlers wird das Neue nicht selten zu etwas, das von Beginn an, wenn auch versteckt, als *das* Forschungsziel da war; es wird zum Fluchtpunkt, zum *terminus ad quem*. Aber das Neue ist, wie wir gesehen haben, wo es zuerst auftritt, nicht das Neue. Das bedeutet nicht, daß wir die Erinnerungen von Wissenschaftlern als bloße Idealisierung und Begradigung eines verschlungenen Forschungsweges, oder im Extremfall gar als böswillige Verdrehung ansehen sollten. Der retrospektive Blick des Wissenschaftlers als eines spontanen Historikers verhüllt nicht nur vieles, er bringt auch manches ans Tageslicht. Er erinnert uns daran, daß produktive Experimentalsysteme voller Geschichten stecken, von denen der Experimentator jeweils immer nur eine erzählen kann. Nicht nur, daß sie abgesunkene Erzählungen enthalten, die Sedimente und Geschiebe früherer epistemischer Anliegen; solange es Forschungssysteme sind, haben sie auch ihre potentiellen Überschüsse, Auswüchse wie Einwüchse, noch nicht ausgespielt. Mehr oder weniger tief eingelassen in ihre technischen Routinen führen Experimentalsysteme Reste älterer Erzählungen mit sich, die wieder aktualisiert werden können; und die epistemischen Dinge, mit deren Ausformung sie beschäftigt sind, enthalten immer auch Fehlstellen, an denen sich andere Erzählungen kristallisieren können, auch wenn momentan keiner an sie denkt. Nach dem Unbekannten zu greifen ist ein Prozeß des Herumbastelns; er geht nie so vor sich, daß Altes gänzlich weggeworfen oder Neues *ex nihilo* eingeführt wird. Vielmehr werden in der Regel die vorhandenen Elemente durch eine unvorwegnehmbare Verkettung des Möglichen umgestellt und umgebaut. Wenn in der spontanen Geschichte des Wissenschaftlers die jüngste Geschichte als diejenige erscheint, die eigentlich schon immer erzählt worden ist oder zumindest schon immer erzählt werden wollte, so steckt keine Absicht dahinter. Es reflektiert vielmehr eine fortlaufende Marginalisierung früherer Anliegen und Absichten, die der Forschungsbewegung selbst innewohnt. Der Umbau von der Dekonstruktion im forschenden Mäandrieren zu einem sorgfältig ausgeführten Meisterstück ist dieser Bewegung nicht aufgesetzt, er ist Teil von ihr. Damit leistet er aber jener demiurgischen Illusion Vorschub, die auch dem philosophischen Konstruktivismus zugrunde liegt. In der spontanen Geschichte des Wissenschaftlers erscheint die Gegenwart als auf geradem Weg erreichtes Resultat einer Vergangenheit, die mit dem, was werden sollte, schon schwanger ging. Das Neue wird damit aber unvermeidlicherweise, in einer Art inhärenter Verkehrung, zum Resultat einer Vorgeschichte, die so gar nicht stattgefunden hat. So bleibt die spontane historische Erzählung der Signatur des Historialen unterworfen und verrät es zugleich.

Die verbleibenden Kapitel schlagen sich mit dieser Unvermeidlichkeit herum. »Transfer-RNA«, »Ribosomen« und »Messenger-RNA« waren Entitäten, die nicht von Anfang an den diskursiven Rahmen der Proteinbiosynthese formten. Sobald sie jedoch einmal etabliert waren, veränderten sie die experimentelle und intellektuelle Praxis der In-vitro-Proteinsynthese so sehr, daß schon wenige Jahre später ein Neuling auf diesem

Gebiet Mühe haben mußte zu verstehen, worüber die Vertreter kaum einer Generation vor ihm gesprochen hatten. Diejenigen, die an der Wende des Systems zur Molekularbiologie beteiligt waren, erinnerten sich an das, was sie noch wenige Jahre zuvor praktiziert hatten, bald nur noch im Medium der späteren Errungenschaften. Gleichzeitig machten »Transfer-RNAs«, »Ribosomen« und »Messenger-RNA« die »löslichen RNAs«, die »Mikrosomen« und die »Templates« zu ihren direkten Vorläufern und verwandelten sie so in Glieder einer Kette von Transformationen, die den neuen Entitäten alsbald den Status lange gesuchter und endlich gefundener Objekte verlieh.

KAPITEL 11

Transfer-RNA und Ribosomen, 1958 – 1961

Mit dem Auftauchen einer kleinen löslichen RNA waren die experimentelle »Maschinerie zur Herstellung von Zukunft« am Massachusetts General Hospital und die »Denkmaschine«[1] von Francis Crick in Cambridge eine Verbindung eingegangen, bei der die beiden Partner allerdings alles andere als perfekt zusammenpaßten. Viele von Cricks Vorschlägen führten zu experimentellen Fehlschlägen, und auf der Seite der Bostoner Forscher gab es, wie wir gesehen haben, ein erhebliches Zögern, sich den Ansichten eines Molekularbiologen über die lösliche RNA vorbehaltlos anzuschließen. Hoaglands und Zamecniks RNA war eingebettet in ein Forschungsprogramm, das von Überlegungen zu biochemischen Energieflüssen und von der Suche nach Zwischenprodukten in Stoffwechselketten geprägt war. Überlegungen über einen molekularen Informationstransfer konnten daher dem System nicht insgesamt einen neuen Stil aufprägen, schon gar nicht von heute auf morgen. Im Gegenteil, sie drangen nur lokal und partiell in den vorhandenen Experimentalraum ein. Sie waren vorerst nicht mehr als eine Möglichkeit, die Forschungsagenda nachträglich umzuformulieren, bestenfalls eine »Theorie« in dem operationalen und ganz praktischen Sinne, in dem Experimentatoren diesen Begriff gebrauchen, dem einer Hypothese nämlich, die dazu da ist, Lücken zwischen »Fakten« zu überbrücken. Aber selbst das klappte nicht von Anfang an. So lange die informationelle Perspektive ohne experimentelle Verpackung blieb, dienten diese Überlegungen lediglich als Supplement zu den etablierten biochemischen Repräsentationen. Vielleicht noch wichtiger war, daß auch innerhalb des hergebrachten Rahmens noch viele Fragen offen waren. Lokale Supplementierung biochemischer Schemata durch das Vokabular der molekularen Informationsübertragung war daher charakteristisch für den Stand der Dinge am MGH, als die lösliche RNA den Status eines Forschungsattraktors anzunehmen begann. Es liegt in der Natur des Supplements, daß es einem System angeschlossen wird und ihm dabei doch fremd bleibt: ein Pfropf.

Im Mai 1959 wurde Zamecnik die Ehre zuteil, die traditionelle Harvey-Vorlesung unter den Auspizien der Harvey Society of New York zu halten. Er entschloß sich, über »Historische und gegenwärtige Aspekte der Proteinsynthese« zu sprechen. Mit großer Geste spannte er den Bogen »sorgfältiger, geduldiger Studien« über ein halbes Jahrhundert hinweg.[2]

Er begann mit Franz Hofmeister und Emil Fischer, die die Peptidbindung der Proteine aufklärten; ging weiter zu Henry Borsook, der die endergonische Ausbildung von Peptidbindungen erkannte; zu Fritz Lipmann, der die Beteiligung einer energiereichen Phosphatverbindung als Zwischenglied der Proteinsynthese postulierte; zu Max Bergmann, der die Spezifik proteolytischer Enzyme bestimmte; zu Rudolf Schoenheimer und David Rittenberg, die Techniken der radioaktiven Markierung in die Untersuchung von Stoffwechselvorgängen einführten; zu Jean Brachet und Torbjörn Caspersson, die auf die mögliche Rolle der RNA in der Proteinsynthese aufmerksam machten; zu Frederick Sanger, der die Primärstruktur des Insulins aufdeckte und damit die Spezifik und Einzigartigkeit der Aminosäurezusammensetzung von Proteinen nachwies; und schließlich zu George Palade, der die zytoplasmatischen Partikel sichtbar machte, an denen die Proteinsynthese in der Zelle ablief.[3] Es war eine eindrucksvolle Liste von Pionieren, die alle, so Zamecnik, »den Weg zum heutigen Stand der Dinge ebneten«, der in der Rückschau unversehens den Charakter eines Königswegs zum gegenwärtigen Wissen annahm. Erst ganz am Ende des Vortrags deckte Zamecnik für einen Moment die Karten auf: » Aus einem historischen Blickwinkel gesehen hat man in der Vergangenheit viel zu einfach und mechanistisch gedacht. [...] Die Details der Mechanismen, die sich heute abzeichnen, waren *großenteils ganz unvorhergesehen.*« Wie kam dieses Unvorhergesehene aber in die Welt? Zamecniks Antwort kann als Hommage an den Unbekannten Soldaten gelesen werden: »durch direkten Angriff der Infanterie im experimentellen Feld«.[4] Aber stellt das nicht den Bericht des Feldmarschalls selbst in Frage, darüber nämlich, wie seine Generäle den Sieg errangen? Seinem Bericht ans Hauptquartier zufolge gingen sie schrittweise vor und versicherten sich bei jeder Bewegung der Unterstützung ihrer Verbündeten. Die Geschichte der Brüche und plötzlichen Wendungen, die ich hier zu erzählen versuche, verschwindet fast vollständig zwischen den Zeilen. Zu einer Abschlußbemerkung ist zusammengeschrumpft, was die nach vorne völlig offene Dynamik des Experimentalprozesses ausmacht: die durchkreuzten Pläne, das Durcheinander an der Front, die Einbrüche, Verschiebungen und Rückzüge, die Verstärkungen, die Entlastungsbewegungen, Vorstöße und Überraschungsangriffe, kurz alles, was die Arbeit auf dem Kampfplatz ausmacht. Wenn es soweit ist, erzählt der Wissenschaftler seine Geschichte aus der Perspektive der wenigen erhabenen Einsichten, die vom Erfolg gekrönt waren.[5]

Zwei neue Begriffe setzten sich in Zamecniks Erzählung allmählich durch. Beide waren von anderen Forschern geprägt worden und begannen langsam in den Diskurs der Proteinsynthese einzusickern. Die RNA,

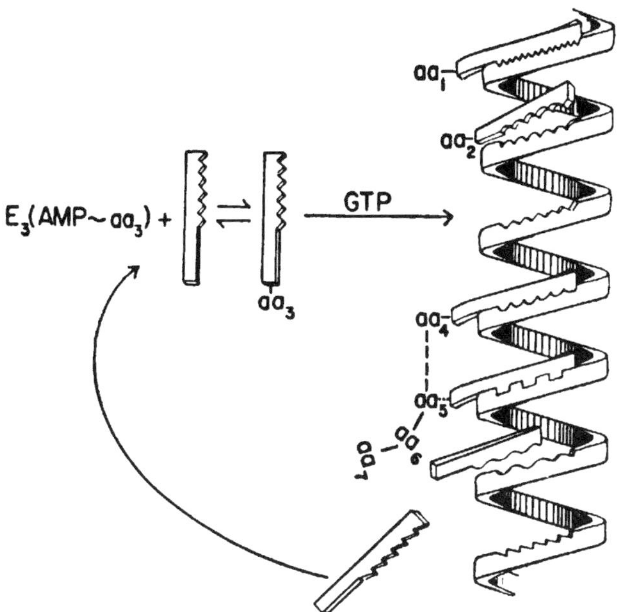

Abb. 11.1: Schema der Wechselwirkung zwischen mikrosomaler RNA und aminosäurebeladener löslicher RNA. Aus Hoagland, Zamecnik und Stephenson 1959, dort Abb. 2; und Zamecnik 1960, dort Abb. 5.

die mit den aktivierten Aminosäuren bestückt wurde, trug anfänglich den Namen »pH 5-RNA« oder »lösliche RNA«, nach der Fraktion des Proteinsynthesesystems, in der sie zuerst aufgetaucht war: der löslichen Überstandsfraktion und ihrem pH 5-Niederschlag. Wir neigen dazu, diese Termini ebenso wie Hoagland in einem zeitgenössischen Überblicksartikel eher als »operational« denn als »funktional« zu verstehen.[6] Hingegen sah Zamecnik in ihnen überraschenderweise die Widerspiegelung einer »eindeutigen biologischen Eigenschaft«.[7] *Seine* »Biologie« des Systems bestand offensichtlich aus dessen Partition in Fraktionen, die zugleich die Bestandteile des Systems darstellten. Angesichts dieser Identität von fraktionaler Repräsentation und biologischer Bedeutung bestand für Zamecnik verständlicherweise keine dringende Notwendigkeit, einen zusätzlichen Begriff einzuführen. Als aber Richard Schweet im Jahre 1959 den Terminus »Transfer-RNA«[8] vorschlug und mit ihm sowohl auf die Aminosäuren-Trägerfunktion des Moleküls als auch auf seine Rolle bei der Übertragung der genetischen Information verwies, setzte sich dieser schnell durch und wurde bald allgemein verwendet.

Obwohl Zamecnik aus seiner Sicht keine »überwältigenden Beweise« für diese – wie er sich ausdrückte – »Interpretation« sah, gewöhnte er sich doch an den »treffenden Ausdruck« und begann bald selbst, ihn zu verwenden.[9] Warum diese philologischen Details? Sie illustrieren Zamecniks reservierte Haltung gegenüber einem Vokabular, das in den Repräsentationsrahmen der Proteinsynthese hineinzuwirken begann. Und sie zeigen, daß eine Benennung normalerweise nichts Neutrales ist. Der Name wirkt zurück auf die neu benannte Entität und schließlich auf das ganze Netzwerk, in das sie eingebettet ist. Statt einer »Interaktion« zwischen »mikrosomaler RNA« und »löslicher RNA-Aminosäure« bekommen wir es jetzt mit einer »Transfer-RNA« zu tun, welche die Aminosäure zu einer »Akzeptorstelle« auf der RNA des Ribonukleoproteinpartikels bringt, um dort ihre Aminosäure an die wachsende Peptidkette abzugeben.[10] Wir sehen den Vorgang, der auf der Abbildung 11.1. dargestellt ist, jetzt in einem anderen Licht, obwohl er mit genau derselben Zeichnung veranschaulicht wurde wie ein Jahr zuvor.[11]

Der zweite neue Ausdruck, der seinen Weg in Zamecniks Erzählung fand, betraf das proteinsynthetisierende Partikel. Es hatte um diese Zeit schon eine bemerkenswerte Karriere hinter sich. Sie hatte begonnen mit seiner Charakterisierung als sedimentierbare Entität, die im Lichtmikroskop nicht zu sehen war – das »Mikrosom«; dann wurde es zu einem granulären Bestandteil des Zytoplasmas, der »Desoxycholat-unlöslich« oder »Salz-unlöslich« war; schließlich mutierte es in ein »Ribonukleoproteinpartikel«, das halb aus Protein und halb aus RNA bestand und unter dem Elektronenmikroskop eine dichte körnige Konsistenz aufwies.[12] Diese Benennungen reflektierten die Randbedingungen sehr verschiedener Darstellungstechniken, mit denen man über mehr als ein Jahrzehnt hinweg versucht hatte, dieses subzellulären Bestandteils habhaft zu werden. Nach und nach hatte der RNA-Anteil des Partikels immer größere Aufmerksamkeit auf sich gezogen, und gegen Ende der fünfziger Jahre gingen die Forscher generell davon aus, daß die mikrosomale RNA die Matrize darstellte, auf der die Aminosäuren zu Proteinfäden zusammengebaut wurden. Um 1958 prägten Howard Dintzis und Richard Roberts den Terminus »Ribosom«, der sich in der Sprache des Laboralltags und in der einschlägigen Literatur schnell durchzusetzen begann. Damit hatte man eine handliche Benennung für die gereinigten Ribonukleoproteinpartikel, die keine Fragmente des Retikulums mehr enthielten; die gröberen Präparate liefen weiterhin unter dem Terminus Mikrosomen, bis dieser schließlich mit dem Überhandnehmen bakterieller Proteinsynthesesysteme obsolet wurde.[13] Obwohl die biologischen Gründe für den Namenswechsel des RNP-Partikels etwas im Dunkeln liegen, reflektierte der neue Begriff jedenfalls nicht mehr lediglich ein Darstellungsverfahren, sondern eine biologische Funktion, die eng mit seinem RNA-Bestandteil verknüpft war. Wie die »Transfer-RNA« begann auch das »Ribosom«, das biochemisch charakterisierte Proteinsynthesesystem zu unterwandern und auf das »zentrale Dogma« (Crick) der Molekularbiologie zu orientieren. Demzufolge verlief der Fluß der genetischen Information gerichtet von der DNA zur RNA und von dort zu den Proteinen, womit die Proteinsynthese als letzter Schritt in den übergreifenden Prozeß der Genexpression eingeordnet wurde.[14] In der Wissenschaft gibt es keine unverfänglichen Namen.

Die Adaptor-Sackgasse

Zum »Codierungsproblem« und zur »Adaptor-Hypothese«[15] führte Zamecnik in seiner Harvey-Vorlesung folgendes aus:

> »In allerneuester Zeit befassen wir uns mit der Möglichkeit, daß zumindest ein Teil des löslichen, mit Aminosäure beladenen RNA-Moleküls zusammen mit dieser zum Ribonukleoproteinpartikel transportiert wird und sich dort, bevor es zur Bildung einer Peptidkette kommt, aufgrund einer Basenpaarung an der mikrosomalen RNA ausrichtet. Diese Vorstellung stimmt mit Cricks Idee überein, daß das lösliche RNA-Molekül als Adaptor in einem Basenpaarungs-Arrangement vermittelt, durch das die Aminosäuresequenz bestimmt wird.«[16]

Was in den Huntington Laboratorien in Form der löslichen RNA aufgetaucht war, sah in der Tat nicht gerade wie Cricks Adaptor aus. Crick hatte den Adaptor als Trinukleotid konzipiert, entsprechend seiner Vorstellung von dem Code, mit dem er erklären wollte, wie ein Stück RNA die Sequenz eines Proteins festlegte. Der Bostoner Aminosäure-Fänger war viel größer, vielleicht sogar 45 bis 60 Nukleotide lang. Überdies schienen die Basenzusammensetzungen von mikrosomaler und löslicher RNA sich deutlich voneinander zu unterscheiden; vor allem wies die lösliche RNA einen hohen Anteil an Nonstandard-Basen, also modifizierten Nukleotiden auf.[17] Ein gangbarer Weg, um Cricks Adaptor an die Eigenschaften der S-RNA zu »adaptieren«, bestand in der Idee, letztere könnte in eines oder mehrere kleine Aminosäure-aktivierte Fragmente zerfallen oder aufgespalten werden, bevor diese sich dann auf der ribosomalen Matrize niederließen. Andererseits sah Lisa Hechts Befund, nach dem alle löslichen RNAs ein unveränderliches CCA-Ende besaßen, nicht gerade nach einem Erkennungscode aus![18] Wenn es also im Molekül einen codierenden Teil gab, mußte er sich »an einer zentraleren Stelle befinden als an den drei (oder zwei) Endpositionen, die sich bei der gesamten Familie der Transfer-RNA-Moleküle finden.«[19] Warum war das S-RNA-Molekül so groß? Auf einen weiteren möglichen Grund machte Zamecnik aufmerksam: Das Molekül mußte von einem Enzym erkannt werden, das es mit der korrekten Aminosäure belud, und für diesen Identifizierungsschritt, so vermutete Zamecnik, könnte »eine ziemlich große Anzahl von Mononukleotiden« nötig sein.[20] Jedenfalls machte die Größe der S-RNAs sie zu ziemlich unwahrscheinlichen Kandidaten für Adaptoren des Crickschen Typs, die sich auf nebeneinander liegenden Tripletts aufreihen konnten.

Hoagland und Zamecnik nahmen an, daß der Adaptationsvorgang entlang einem Oligonukleotid-Strang einer RNA-Helix stattfand, wobei die Aminosäuren vertikal zur Achse der helikalen Matrize kondensierten, wie dies in Abbildung 11.1 angedeutet wird. Als Hoagland diese Zeichnung erstmals bei einer Tagung im Jahre 1957 vorstellte, hatte er die abgeplattete Helix so gewählt, daß sie auch mit einem sperrigen Adaptor fertig wurde. Zu dieser Zeit war es der Erkennungsprozeß zwischen dem Enzym und der S-RNA, den er für eine Triplett-Funktion hielt, wie aus der folgenden Passage erhellt: »So reagiert beispielsweise die Sequenz AGU nur mit dem aktivierenden Enzym 1; GAC mit Enzym 2; usw. bis 20.«[21] Als Zamecnik dieselbe Zeichnung im Jahre 1959 noch einmal in seiner Harvey-Vorlesung präsentierte, sah er die »Wahl der Helix bei der zeichnerischen Darstellung der Akzeptorseite« nicht mehr als »besonders wichtig« an. Dagegen nahm er jetzt gerade umgekehrt an, daß die codierenden Einheiten kleiner, eben Tripletts, und die enzymatischen Erkennungseinheiten größer als Tripletts waren. Das Problem der Überdimensioniertheit des Adaptormoleküls blieb trotzdem bestehen: »Nach Cricks Hypothese und auch nach unserer Ansicht erscheint das lösliche RNA-Molekül zu lang und zu komplex, um als Ganzes als geeignetes Übertragungsvehikel zu dienen.«[22]

Aus der Perspektive von Cricks Adaptorhypothese wären kleine, aktivierte Aminosäuren tragende RNA-Fragmente die ideale Lösung gewesen. Auf dem Symposium für Molekularbiologie an der University of Chicago im März 1957 hatte Hoagland bereits die Übertragung eines aktiven Fragments als möglichen Befund angekündigt: »Vorläufige Experimente legen einen solchen beschränkten Transfer nahe.«[23] Durch Cricks Adaptor-Hypothese irregeführt suchten Hoagland und Zamecnik fast zwei Jahre lang nach einem kleinen S-RNA-Fragment – ohne Erfolg. Die Suche erwies sich als Sackgasse. Eine Konjunktur ereignet sich nicht einfach so; ein epistemisches Objekt läßt sich nicht einfach konstruieren.

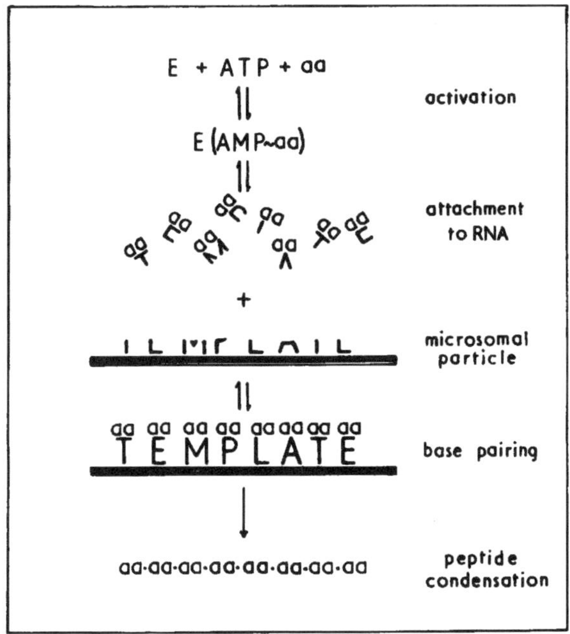

Abb. 11.2: Matrizenmodell zur Adaptor-vermittelten Aminosäurekondensation. Aus Hoagland 1959a, dort Abb. 1.

Matrize, erster Code und zweiter Code

Bleiben wir noch einen Augenblick bei der Matrizenvorstellung. Wie wir in Kapitel 7 gesehen haben, beruhten alle frühen Versuche, die Sequenzspezifik der Proteine zu erklären, auf der Annahme einer direkten physikalisch-chemischen Wechselwirkung zwischen den Aminosäuren und irgendeiner Matrize – nicht notwendigerweise RNA, zumindest nicht RNA allein.[24] Nach dem Stand der Adaptor-Hypothese im Jahre 1959 erschien eine solche Lösung nicht länger plausibel. Die Interaktion wurde jetzt in zwei Teile aufgespalten: erstens eine enzymatisch vermittelte *chemische Reaktion* zwischen einer Aminosäure und einem kleinen Oligonukleotid, zweitens eine *Basenpaarungs-Wechselwirkung* zwischen dem Adaptor-Oligonukleotid und der RNA-Matrize.[25] Aber was war überhaupt eine Matrize? Zehn Jahre lang hatte man sich das Template als eine rigide Matrix vorgestellt, auf der die Aminosäuren sich der Reihe nach anordnen konnten. Die aktivierten Aminosäuren würden sich dabei, wie in Abbildung 11.2 dargestellt, entlang der Matrizen-RNA ansiedeln.

Das Diagramm erläutert die Template-Funktion dergestalt, daß die den Code darstellenden durchgeschnittenen Buchstaben auf der ganzen Länge des Matrizenfadens wieder ergänzt werden. Im Gegensatz dazu vermittelten die Experimente jedoch eher den Eindruck eines »Steady-State-Phänomens«, was auf einen sequenziellen Vorgang hinwies:[26] Ein kleiner, aber konstanter Anteil der aminoacylierten Transfer-RNAs blieb mit der mikrosomalen RNA verbunden, während der Einbau der Aminosäuren in Protein stetig weiterging. Das deutete auf ein sehr viel dynamischeres Bild der ganzen Übertragungsreaktion.[27] Wieder einmal deckte sich die experimentelle Repräsentation des Vorgangs nicht mit seiner bildlichen Darstellung, geschweige denn mit seiner Konzeptualisierung. Die allgemein vorherrschende Matrizenvorstellung verstellte die Experimente eher, als daß sie sie erhellte oder sie gar leiten konnte. Die Experimente ließen auf ein großes, aminosäurebeladenes RNA-Molekül und einen schnellen Umsatz schließen, während die Hypothese mit kleinen Adaptoren operierte, die durch Diffusion ihren Weg zum Template fanden, auf dem sie sich dann niederließen. Der Adaptor blieb vorerst ein Supplement. Er paßte nicht so recht.

Es war offensichtlich, daß sich die Sprache der molekularen Informationsübertragung nicht direkt in experimentelle Operationen übersetzen ließ, und daß umgekehrt die Experimente nicht die adäquate Darstellungsform direkt aus sich entließen. Daraus erklärt sich Zamecniks vorsichtige Wortwahl. Hoagland jedoch, der sich 1959 in einem Beitrag für den *Scientific American* an ein größeres Publikum wandte, bezweifelte zu diesem Zeitpunkt nicht mehr, daß die Proteine das Resultat der »Übersetzung« eines »Plans« waren, der in der DNA niedergelegt war und über RNA aktiviert wurde.[28] Weder er noch Zamecnik hatten zuvor jemals solche Metaphern aus dem Bereich von Sprache und Schrift benutzt. Einige Schritte im Codierungsprozeß waren zwar »noch hypothetisch«. Diese Lücken konnte man aber, so Hoagland, durch »Vorstellungen« überbrücken, und selbst wenn sich einige von ihnen später als falsch erweisen sollten, würden sie doch »als Leitfaden für die weitere Forschung von unschätzbarem Wert gewesen sein«. Wie aus Abbildung 11.3 ersichtlich, verkörperten für Hoagland die Transfer-RNAs die Wörter des Codes. Die Transfer-RNA versprach, zum »Stein von Rosette zu werden, der die Sprache der Gene entschlüsseln wird«.[29]

Die Strategie schien vorgezeichnet: Man mußte »reine Typen« von Transfer-RNA isolieren und sie dann »Nukleotid für Nukleotid« aufspalten. Es war anzunehmen, daß die Beladungsenzyme die »korrekte Basensequenz auf der Transfer-RNA erkennen«, denn sie konnten eine bestimmte Art von Transfer-RNA mit einer spezifischen Aminosäure

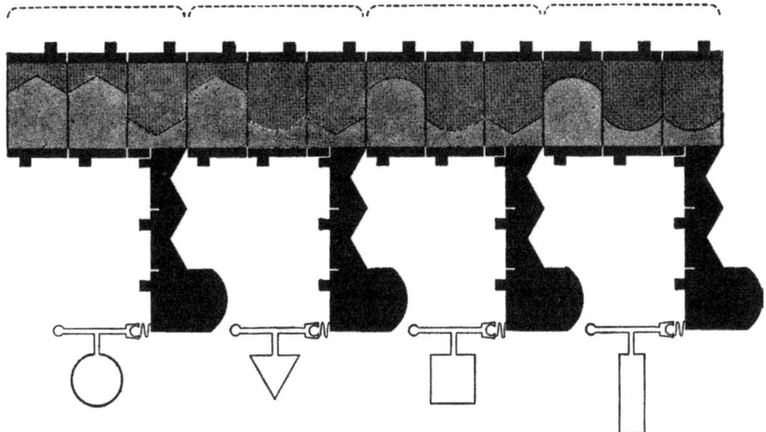

Abb. 11.3: Letzter Schritt beim Zusammenbau eines Proteins: Andocken von Transfer-RNA an ein RNA-Template. Copyright 1959 Scientific American, Inc. Alle Rechte vorbehalten.

beladen. Folgte man dieser Überlegung, verlor jedoch das »Ausgangsargument für die Adaptor-Hypothese etwas an Bedeutung«, wie Hoagland zu Recht feststellte.[30] Wenn nämlich die Codierung von den Beladungsenzymen vorgenommen wurde, dann war die darauffolgende Decodierung auf der ribosomalen Matrize bereits vorprogrammiert. Es schien daher »fundamental wichtig, die minimalen strukturellen Anforderungen zu bestimmen, die eine Transfer-RNA mitbringt, um mit einer spezifischen Aminosäure zu reagieren.«[31] Von diesem »zweiten Code«, wie er ihn nannte, war insbesondere Zamecnik fasziniert.[32] Doch stellte sich bald heraus, daß dieser »Code« ein kompliziertes Paßmuster darstellte, das für jedes einzelne Paar von Enzym und Transfer-RNA verschieden war. Seine Aufklärung dauerte zwei Jahrzehnte und beschäftigte Dutzende von Arbeitsgruppen auf der ganzen Welt.

Warum konnte man nicht als Alternative zur Isolierung »reiner Typen« von Transfer-RNA »reine Typen« von Matrizen in das Versuchssystem einführen? Zamecnik und Hoagland kannten die Arbeit von Lazarus Astrachan und Elliot Volkin über ein kurzlebiges RNA-Intermediat in der Phagensynthese sowie Gales Untersuchungen über die RNA-Synthese bei der Induktion von Enzymen in Staphylokokken.[33] Diese Beobachtungen stimmten jedoch nicht mit dem Bild überein, das man sich von den Leberzellen machte: Differenzierte Leberzellen produzierten kontinuierlich und langfristig die gleichen Proteine.[34] Es bestand also Anlaß zu vermuten, daß die Matrizen im Homogenat von Leberzellen ein stabiler Bestandteil eines ribosomalen Partikels waren. »Man sollte erwarten«, so Hoaglands Überlegung, »daß eine Matrize partikelförmig ist, um eine hinreichend stabile räumliche Anordnung der RNA zu gewährleisten«. Es schien ihm daher »höchst wahrscheinlich, daß die RNA der Ribosomen die zytoplasmatische Matrize für die Proteinsynthese darstellt«.[35] Mit Modellmatrizen zu arbeiten wäre daher darauf hinausgelaufen, Modellribosomen zu konstruieren. Es gab tatsächlich auch Vorstöße in diese Richtung, und zwar mit hämoglobinproduzierenden Retikulozyten-Ribosomen.[36] Doch gemessen an der Aufgabe der Modellierung von Ribosomen erschien die Reinigung von Transfer-RNAs als die vergleichsweise einfachere Alternative.

Die Ribosomen nehmen Gestalt an

Bezüglich ihrer physikalischen Eigenschaften bekamen die proteinsynthetisierenden Partikel allmählich ein anderes Aussehen. Schon 1956 hatten Fu-Chuan Chao und Howard Schachman von Wendell Stanleys Viruslabor in Berkeley Hefe-Mikrosomen gefunden, die bei einer konstanten Geschwindigkeit von 80 S sedimentierten, aber auch in zwei ungleiche Teile von 60 S und 40 S zerfallen konnten.[37] Ähnlich spalteten Mary Petermann und ihre Mitarbeiter 78 S Leber-Ribonukleoproteinpartikel in Bestandteile von 62 S und 46 S auf.[38] Alfred Tissières und James Watson hatten an der Harvard University begonnen, mit *Escherichia coli*-Extrakten zu arbeiten, und erhielten ein Ribosomensediment von 70 S. Diese bakteriellen Partikel ließen sich reversibel in eine 50 S- und eine 30 S-Komponente aufspalten.[39] Es bedurfte jahrelanger mühsamer Isolierungsversuche, bis sich die Konfusion um die Größe der RNP-Partikel allmählich auflöste:[40] Das Geheimnis der Stabilisierung und Destabilisierung der RNP-Komplexe lag in der Konzentration von zweiwertigen Mg^{2+}-Ionen. Arbeiten mit einer ganzen Reihe von Partikeln aus anderen Quellen ließen zwei Hauptmerkmale hervortreten: Die Ribosomen von Bakterien waren durchweg kleiner (ungefähr 70 S) als die von Eukaryonten (ungefähr 80 S), beide konnten jedoch in eine kleinere und eine größere Untereinheit zerlegt werden. Parallele Versuche mit aus Erbsensämlingen und Kaninchen-Retikulozyten gewonnener isolierter RNA ergaben Werte von 28 S und 18 S.[41] Daß diese zwei Peaks jeweils ein großes RNA-Molekül aus jeder Untereinheit repräsentierten, wurde kurz danach auch für bakterielle Ribosomen bestätigt; hier sedimentierten sie mit 23 S und 16 S.[42] Offen blieb allerdings weiterhin, ob der Proteinanteil des Partikels wie beispielsweise beim Tabakmosaikvirus nur aus einer Spezies oder aus vielen verschiedenen Proteinkomponenten bestand, und ob alle Ribosomen dieselbe Proteinzusammensetzung aufwiesen.

Auch beim In-vitro-Aminosäureeinbau gerieten die Dinge in Bewegung. Nach jahrelangen vergeblichen Versuchen war es Richard Schweet gelungen, im Reagenzglas unter Einsatz von Retikulozyten-Ribosomen ein hämoglobinartiges Protein zu gewinnen. »Aminosäureeinbau« und »Proteinsynthese« wurden schließlich zu Synonymen. Darüber hinaus waren die Hämoglobin-Experimente ein starkes Argument für die Existenz gewebespezifischer Ribosomen mit einer eingebauten Matrize.[43] Auch George Websters Partikel aus Erbsensämlingen brachten es zu einer Nettosynthese von Eiweiß.[44] Die Kontroverse darüber, ob die Aufnahme von Aminosäuren bei der zellfreien Proteinsynthese reversibel sei oder nicht, war ebenfalls zu einer überraschenden Lösung gekommen. Die von Gale beobachtete »reversible« Aufnahme von Aminosäuren in die Proteinfraktion aufgebrochener Staphylokokkenzellen konnte jetzt auf die Bindung dieser Aminosäuren an die Transfer-RNA zurückgeführt werden. Auf dem Vierten Internationalen Kongreß für Biochemie in Wien im September 1958 berichtete Gale, daß »ein Präparat des ›löslichen PRN‹ [Polyribonukleotid] aus Leber, das von Dr. Hoagland hergestellt wurde, bei der Beschleunigung des Einbaus von Glycin in aufgebrochenen Staphylokokkenzellen ebenso wirksam ist wie Nukleinsäure aus Staphylokokken«. Kurz danach gab Gale die Arbeit mit seinem Bakteriensystem ganz auf; ihm sei klar geworden, sagte er später, »daß das System, für das wir uns entschieden hatten, komplex und schwer zu analysieren war«.[45] Daß sich der Einbau von Radioaktivität in seinem System als reversibel erwies, hatte Gale schon zur Aufgabe der Tracertechnik veranlaßt; jetzt gab er deshalb das ganze Gebiet auf. Im Gegensatz dazu hatte in Zamecniks und Hoaglands System ein ähnliches Signal eine Lawine neuer Differenzierungen ausgelöst und schließlich zur Identifizierung der Transfer-RNA geführt.

Mittlerweile hatte der Komplex aus Enzymen der löslichen Fraktion und Transfer-RNA den Status eines eigenständigen Experimentalsystems erlangt. Er spaltete sich vom eigentlichen Inkorporationssystem ab. Nach dieser Aufspaltung und der folgenden intensiven Beschäftigung mit der RNA der löslichen Fraktion teilte diese sich in eine Anzahl verschiedener Moleküle auf. Darunter befand sich auch Material, das als »kontaminierende RNA« eingestuft wurde. Wie Waldo Cohn vom Oak Ridge National Laboratory einmal sarkastisch bemerkte: »Ich denke, es war Gulland, der sagte, daß ›Nukleinsäuren keine Stoffe sind, sondern Präparationsmethoden‹.«[46] Keiner der Experten dachte offensichtlich daran, dieser neuen Verunreinigung eine Funktion zuzuweisen. Sie wurde als »Abfall« betrachtet, genauso wie wenige Jahre zuvor die spätere Transfer-RNA als Kontamination des Enzymüberstands angesehen worden war.[47] Solche Zuschreibungen sind charakteristisch für neu auftauchende epistemische Dinge. Sie gewinnen eher durch dekonstruierendes Herumprobieren Bedeutung als durch geradliniges Konstruieren und gezieltes, präzises Eingreifen. In einem sich differentiell reproduzierenden, hinreichend komplexen Experimentalsystem ist ein ständiges Spiel von Anwesenheit/Abwesenheit im Gange. Die Darstellung einer Komponente führt zur Eskamotierung einer anderen. In diesem Fall wurde etwas als Kontamination von sauberer Transfer-RNA abgesondert. Es ist, wie wenn man mit mehreren Keilen arbeitet: Treibt man den einen ein, so fliegt der andere heraus. In einem laufenden Forschungsprozeß wissen die Akteure in der Regel nicht, welchen Spalt sie erweitern, welchen verengen sollen. Epistemische Dinge oszillieren zwischen verschiedenen Darstellungsmöglichkeiten. Mit dem Kenntnisstand der Gegenwart kann der Wissenschaftshistoriker die hier in Frage stehende Kontamination als Vorboten der zukünftigen Messenger-RNA deuten. Das bedeutet nicht, daß sie diese Vorläuferrolle außer in der retrospektiven Phantasie der Historiker oder der Akteure wirklich gespielt hätte.

Gegen Ende der fünfziger Jahre wußte niemand mehr, welches Labor mit der nächsten Überraschung aufwarten würde. Neue Arbeitsgruppen klinkten sich ein, bereits etablierte begannen andere Experimentalstränge aufzubauen, es herrschte Konkurrenz, und Überschneidungen und Redundanzen waren die Folge.[48] In den ersten beiden Jahrgängen des 1959 gegründeten *Journal of Molecular Biology* kam fast ein Drittel der regulären Artikel aus dem Umkreis der Proteinsynthese- und Ribosomenforschung. Drei hauptsächliche experimentelle Richtungen begannen sich in diesem verwirrenden Netz von Forschungsaktivitäten um die Transfer-RNA abzuzeichnen: erstens die Verfeinerung der existierenden eukaryotischen und die Entwicklung alternativer bakterieller Proteinsynthesesysteme; zweitens die Fraktionierung, Reinigung und Sequenzierung von Transfer-RNAs mit einer bestimmten Aminosäurespezifik; und drittens die Untersuchung des Transfers der Aminosäuren zu den Ribosomen.

Von der Rattenleber zu Escherichia coli

Während der fünfziger Jahre war das Bakterium *Escherichia coli* zum verbreitetsten Modellorganismus für genetische Analysen aufgestiegen.[49]

Doch obwohl Tissières und Watson mit der Untersuchung von *E. coli*-Ribosomen begonnen hatten und Berg und Ofengand sich auf die Aminoacylierung ihrer Transfer-RNAs konzentrierten, gab es noch kein geeignetes fraktioniertes Proteinsynthesesystem für *E. coli*.[50] 1958 begann Marvin Lamborg, ein Biologe von der Johns Hopkins University, als Postdoktorand bei Zamecnik zu arbeiten. Zamecnik hatte schon 1951 versucht, einen Extrakt aus aufgebrochenen *E. coli*-Zellen zu erhalten, aber es war ihm nicht gelungen, das Homogenat hinreichend von intakten Bakterien zu reinigen.[51] Lamborg machte nun einen neuen Versuch, ein bakterielles System zu etablieren, das mit dem bereits routinemäßig verwendeten Säugetiersystem vergleichbar war. Er brauchte zwei Jahre, um es in Gang zu setzen.[52] Bei tierischem Gewebe war es relativ leicht gewesen, das Verbleiben ganzer Zellen zu vermeiden und Membranfragmente zu entfernen. Bei den Bakterienzellen hingegen erwies sich das als ein Problem. Die bakteriellen Zellwände waren viel schwerer aufzubrechen, und übriggebliebene ganze Zellen vermehrten sich außerordentlich schnell, wenn kontaminierte Extrakte inkubiert wurden. Die meisten bis dahin beschriebenen bakteriellen Systeme waren in ihrer Aktivität abhängig von Protoplasten oder Membranfraktionen.[53] Um die »Gefahr von Ganzzell-Artefakten« zu minimieren, hielten Lamborg und Zamecnik es für nötig, Präparate mit nicht mehr als 10^5 lebensfähigen Zellen pro Milliliter Inkubationsextrakt herzustellen.[54] Wie bereits in Kapitel 6 erwähnt, verdient der Ausdruck »Ganzzell-Artefakt« eingehende Beachtung. Er besagt: Ob man eine Entität als »natürlich« oder als »artifiziell« anzusehen hat, hängt davon ab, was man mit ihr vorhat. Wenn man mit einem In-vitro-System arbeitet, dann verhält sich darin jede intakte Zelle als ein Artefakt. Der Kontext entscheidet.

Lamborg züchtete Zellen, erntete sie in der frühen logarithmischen Wachstumsphase, wusch sie und zerrieb sie mit Aluminiumoxid. In drei Zentrifugationsschritten entfernte er Aluminiumoxid und Zellbruchstücke. Der Einbau von radioaktivem Leucin in den resultierenden 30000 x g-Überstand hing von GTP, ATP, einem energieregenerierenden System und Aminosäuren ab. Der Zellsaft dieses Überstands konnte weiter in einen Enzymüberstand und ribosomale Partikel aufgetrennt werden. Sowohl der isolierte 100000 x g-Überstand als auch die Ribosomen alleine wiesen keine nennenswerte Einbauaktivität mehr auf, sie kehrte jedoch wieder, wenn man die beiden Hochgeschwindigkeitsfraktionen erneut vereinigte. Sie enthielten also funktionsfähige Komponenten.

Zu Zamecniks Zufriedenheit wurde in diesem Bakteriensystem der Einbau von Leucin jetzt endlich durch eine Mischung aller anderen, nicht radioaktiv markierten Aminosäuren stimuliert. Weder er selbst noch seine Kollegen hatten jemals eine solche Abhängigkeit im Rattenlebersystem beobachtet. Ihr hartnäckiges Fehlen hatte fast zehn Jahre lang für Irritation gesorgt. Jetzt konnte das Ausbleiben des Effekts einer bestimmten experimentellen Schwierigkeit zugeschrieben werden, die bei Eukaryonten auftrat. Der Mangel war also keine Eigenart von In-vitro-Proteinsynthesesystemen an sich, die diese als unzuverlässig und anfällig ausgewiesen hätte. Die beiden Modellsysteme verliehen sich nun gegenseitig zusätzliches Gewicht: Sie waren sich ähnlich genug, um vergleichbar zu bleiben, aber auch verschieden genug, um jeweils für sich untersuchenswert zu sein. Sie glichen wechselseitig ihre Schwachstellen aus und erweiterten so den gemeinsamen Darstellungsraum.

Am wichtigsten war, daß mit dem *E. coli*-System die materielle Basis für eine gewaltige Expansion der Proteinsyntheseforschung bereitgestellt wurde. Innerhalb kurzer Zeit wurde es zu einem *quasi* universalen Werkzeug der Molekularbiologen. Um es in Gang zu setzen, brauchte man nicht mehr die umfangreiche Infrastruktur eines medizinischen Labors, in dem Tiere gehalten und Tumore übertragen wurden. Es konnte leicht in jedem Biochemielabor installiert werden. Und es verband die Avantgarde der funktionellen Proteinbiosyntheseforschung mit der Vorhut der strukturellen Ribosomenforschung. Watson war zu dieser Zeit bereits in Harvard. Er und Tissières kamen oft in Zamecniks Labor am MGH. »Wenn es erst einmal ein gutes bakterielles System gibt, geht's wirklich los«, bemerkte Watson.[55] Tissières erhielt das Manuskript von Lamborgs Artikel,[56] und zusammen mit David Schlessinger und François Gros machte er sich an die weitere Optimierung des Systems. Eine sorgfältige Kontrolle der Magnesiumkonzentration erwies sich dabei als entscheidend.[57] Es dauerte nicht lange, bis das *E. coli*-System in der schnell wachsenden wissenschaftlichen Gemeinschaft der Molekularbiologen allgemein verwendet wurde. Das Rattenlebersystem verlor hingegen an Bedeutung. Modellsysteme und Modellorganismen haben ihre historisch bemessenen Zeiten und Orte. Sie können altern, außer Gebrauch kommen und ersetzt werden.[58]

Bakterien, besonders *E. coli*, werden oft als *die* Modellorganismen der ersten Jahrzehnte der Molekularbiologie angesehen. Ihre enormen metabolischen Fähigkeiten jedoch, die sie schon früh für eine In-vivo-Handhabung ideal erscheinen ließen, machten es im Fall der In-vitro-Proteinsynthese zugleich schwieriger, die Grundzüge des Prozesses vom verzweigten Rest des metabolischen Netzwerks abzutrennen. Sobald jedoch einmal ein gewisses Gerüst vorhanden war, lösten die bakteriellen Extrakte das Rattenlebersystem ab. Ihre Proteinsynthese-Maschine war robuster, sie waren leichter routinemäßig zu handhaben, und sie konnten ohne großen Aufwand weitergegeben werden. So fanden sie rasch ihren Weg in viele Labors, die keinen bakteriologischen Hintergrund und keine Erfahrung in der Haltung von Labortieren hatten. Das war für die Arbeit mit dem neuen System nicht mehr nötig.

Die Isolierung einzelner Transfer-RNAs

Eine andere Linie der Forschung war auf die Charakterisierung spezifischer, individueller Transfer-RNAs (tRNAs) ausgerichtet. Sie auszusortieren und auf die Bestimmung ihrer molekularen Struktur hinzuarbeiten versprach Aufschluß über die Translationssignaturen dieser Moleküle und letztlich über den Code. Zunächst mußten dafür jedoch einige aufwendige Präparationsaufgaben bewältigt werden, zum Beispiel die Isolierung größerer Mengen von RNA-Ausgangsmaterial oder die Entwicklung von Methoden zur Isolierung spezifischer Aminosäure-akzeptierender Moleküle.

Robert Monier hatte für das Akademische Jahr 1958/59 ein Stipendium von der Rockefeller Foundation bekommen und ging mit ihm zu Zamecnik. Er versuchte, Bedingungen zu finden, unter denen in großem Maßstab Transfer-RNA aus Bäckerhefe gewonnen werden konnte. Hefe war eine »leicht verfügbare Quelle«.[59] Die konventionellen Techniken der Zentrifugation und sauren Fällung hatten zwar den Vorteil, die zelluläre Gesamt-RNA vorzufraktionieren, dafür waren sie andererseits zeitraubend und lieferten normalerweise keine große Ausbeute an RNA. Wieder einmal kam der Zufall zu Hilfe. »An einem Tag, an dem sonst nicht viel passierte, gaben wir eine 50prozentige wäßrige Phenollösung zu intakten Hefezellen, statt wie sonst erst zu aufgebrochenen Zellen. Es zeigte sich, daß die Behandlung die Hefezellwand durchlässig machte, und ein Teil des Zellinhalts, der tRNA enthielt, sickerte heraus, während die Ribosomen und die ribosomale RNA in den Hefezellen zurückgehalten wurden«.[60] Das Material, das mit diesem einfachen, direkten Verfahren gewonnen wurde, führte zu einer S-RNA, die derjenigen vergleichbar war, die man mit den anderen, raffinierteren Verfahren herstellen konnte. Aus 100 Gramm frischgepreßter Bäckerhefe konnten 70-80 Milligramm RNA gewonnen werden.

Nachdem Monier gezeigt hatte, daß die so erhaltene RNA von niedrigem Molekulargewicht der mit konventionellen Methoden hergestellten S-RNA gleichkam und dazu leicht in großen Mengen gewonnen werden konnte, wurde die lösliche RNA aus Hefe ebenfalls schnell zum molekularbiologischen Standard. Ihr Einsatz war nicht einmal an ein Hefesystem gebunden. Sie konnte auch von Enzymen aus anderen Organismen mit Aminosäuren beladen werden, und sie funktionierte auch beim Aminosäuretransfer zu Mikrosomen aus Rattenleber.[61] Damit eröffnete sich die Aussicht, bequem verfügbare Komponenten aus verschiedenen Quellen miteinander zu kombinieren. Das beinhaltete die Möglichkeit, heterolog zusammengesetzte Systeme für die differentielle Charakterisierung jeweils homologer Komponenten zu verwenden.

Zamecnik hatte die Absicht, eine allgemeine Methode zu entwickeln, mit der jede beliebige Transfer-RNA isoliert werden konnte. Seine Strategie bestand darin, die gewünschte RNA mit der für sie geeigneten Aminosäure zu beladen, die nicht-beladenen RNAs an ihrem freien 3'-Ende mit einem Farbstoff zu modifizieren und dann das modifizierte Material durch physikalische Trennungsmethoden zu entfernen. Die Effektivität der Methode hing von der Vollständigkeit der Reaktion bei jedem Schritt der Prozedur ab. Die ersten Fraktionierungsversuche ergaben eine Anreicherung der beladenen RNA gegenüber der Ausgangsmischung um den Faktor zehn.[62] Das war zwar ein vielversprechender Beginn, aber das erhaltene Material war dennoch alles andere als »sauber«.

Angesichts der erwarteten etwa zwanzig verschiedenen Transfer-RNAs war Zamecnik langfristig sicherlich auf einem ökonomischen Weg, doch keinesfalls auf einem kurzfristig vielversprechenden. Das Verfahren beruhte auf einem Ensemble neu einzuführender Experimentaltechniken, unter ihnen chemische Modifizierung, Chromatographie und weitere Trennverfahren. Um sie wirklich effizient zu handhaben und die beste Kombination zu finden, brauchte man Zeit und Erfahrung. Außerdem begannen die Techniken, ihre eigene Dynamik zu entwickeln. Nur ein Beispiel: Anfänglich hatten Zamecnik und Stephenson die Methode der Perjodatoxidierung benutzt, um eine Esterbindung zwischen der Aminosäure und der endständigen Ribose der tRNA nachzuweisen. Danach hatten sie mit derselben Reaktion nicht-beladene von beladener RNA entfernt. In einer nochmals anderen Kombination von Operationen versuchten sie schließlich, die Reaktion zu einem Mittel für den sequenziellen Abbau, d.h. für die Sequenzbestimmung der Transfer-RNA umzufunktionieren.

Das Problem bestand darin, einen hohen Reinigungsgrad mit einer möglichst hohen Ausbeute zu verbinden. Mehrere Labors, darunter die von Lipmann, Holley und Schweet, hatten versucht, Trennungsverfahren auf der Basis der sich geringfügig unterscheidenden physikalischen Eigenschaften der verschiedenen Transfer-RNAs zu entwickeln.[63] Holley griff dazu Moniers Hefe-Extraktionsverfahren auf; darauf trennte er individuelle tRNAs im Gegenstromverfahren voneinander, fragmentierte die Moleküle durch partiellen Ribonuklease-Aufschluß und gewann so 1965 das Rennen um die Sequenzierung des ersten Transfer-RNA-Moleküls.[64] Zamecnik hatte, wie er später lakonisch bemerkte, auf das falsche Pferd gesetzt.[65] Drei Jahre Arbeit waren investiert, um nicht zu sagen vergeudet worden. Obwohl das Aufkommen von kommerziell erhältlichem Sephadexmaterial in der Säulenchromatographie eine kleine Revolution war, schien es doch keinen allgemeinen und leicht gangbaren Weg zu geben, die verschiedenen tRNAs zu fraktionieren. Bei den Reinigungsversuchen war es ursprünglich darum gegangen, einen Zugang zur »Translations-Signatur« der Transfer-RNA zu bekommen und damit den Schlüssel zum genetischen Code. Im Lauf der Jahre führten sie jedoch zu einer immer quälender werdenden Übung in organischer Chemie mit insgesamt eher enttäuschenden Ergebnissen. 1961 hoffte Zamecnik immer noch voranzukommen. Er nahm dafür ein Forschungs-Freijahr, das er bei Alexander Todd verbrachte, dem Experten für Nukleinsäuren in Cambridge, England, um mehr über RNA-Chemie zu lernen.

Die Funktion der Ribosomen

Die dritte experimentelle Option bestand in der Aufklärung der funktionellen Wechselwirkung zwischen Transfer-RNA und Ribosomen. Nach der Rückkehr von seinem Aufenthalt bei Crick in Cambridge entschied sich Hoagland, auf diesem Feld, das ebenfalls in rascher Expansion begriffen war, weiterzumachen.[66] Es gab Anzeichen dafür, daß S-RNA sich möglicherweise ans Mikrosom heftete und es gleich wieder verließ, während die Aminosäuren stetig weiter eingebaut wurden.[67] Hoagland und Lucy Comly gingen das Problem mit einem eleganten Doppelmarkierungsexperiment an, eines der ersten auf diesem Gebiet.[68] Sie markierten die RNA *in vivo* mit ^{32}P und fügten nach der Abtrennung *in vitro* ^{14}C-Aminosäuren zu. Das Versuchssystem war aus Komponenten zusammengesetzt, die sich aus drei Quellen speisten: Die tRNA stammte aus Hefe, die Mikrosomen kamen aus Rattenleber, und die Enzymfraktion gewannen Hoagland und Comly aus den Asziteszellen von Mäusen. Im Experiment erreichten die ^{32}P-Werte der RNA-Komponente ein Plateau, wogegen die ^{14}C-Werte der Aminosäure auf den Mikrosomen kontinuierlich zunahmen. Die kinetischen Daten deuteten in der Tat auf einen dynamischen Umsatz der S-RNA hin.

Im Verlauf dieser Experimente beobachtete Hoagland ein »Hintergrundphänomen«, das sich als »schwer reduzierbar« herausstellte.«[69] Die »Bindung« der Transfer-RNA an die Ribosomen geschah zum »Zeitpunkt Null«, also im Rahmen des Meßbaren instantan, und sie ging dem Einbau der Aminosäuren voraus. Hoagland betrachtete das Ergebnis als ein Artefakt, das auf die »verlängerten Zentrifugationszeiten bei 4°C zurückgeht«, wie er meinte.[70] Ein beiläufiges Kontrollexperiment offenbarte dann aber, daß sogar unbeladene und daher in der Proteinsynthese inaktive tRNA sich an die Partikel band. Hoagland wußte nicht, was er von diesen Beobachtungen halten sollte.

In vielerlei Hinsicht war die Situation mit der Ungewißheit über das Wesen der »Einbaureaktion« in der Frühzeit des fraktionierten In-vitro-Systems vergleichbar. Es gab eine Aktivität, aber worauf sie beruhte, blieb zweifelhaft. Hatte das Bindeverhalten der tRNA überhaupt direkt mit Proteinsynthese zu tun? War es vielleicht nur ein unspezifisches Signal, das aufgrund der hohen Auflösung der Isotopenmarkierung aufschien? Die Doppelmarkierungstechnik lieferte mehr Details, als in den vorhandenen Darstellungsrahmen paßten, und sie produzierte mehr Differenzen, als man bewältigen konnte. Sie erzeugte einen experimentellen Überschuß. Es war nicht sofort zu entscheiden, ob diese Differenzen Proteinsynthesesignale waren oder nur sichtbar gemachtes Rauschen. Der graphematische Apparat war der Interpretation seiner Spuren voraus. Innerhalb kurzer Zeit würde er zu einer neuen Kategorie von Experimenten führen: dem sogenannten tRNA-Bindungsassay. Eines aber war immerhin klar: Die S-RNA wurde nicht in kleine Adaptorfragmente zerspalten, bevor sie sich an die Mikrosomen heftete. Im Gegensatz zu dem vom System erzeugten produktiven Überschuß blieb die von außen motivierte Suche nach einem kleinen Adaptor ein Supplement. Sämtliche vorhandenen Befunde wiesen auf eine stabile, aber nur vorübergehende Bindung des großen, intakten aminoacylierten tRNA-Moleküls.

Diese Versuche füllten das ganze Jahr 1960 aus, und sie stellten einen wichtigen Übergang dar. Das In-vitro-Proteinsynthesesystem war dabei, ein Modellsystem für die Bindung von tRNA an Ribosomen zu werden. Wiederum wies dieser Übergang die klassischen Züge einer Subversion auf: Das Entkoppeln der Einbaureaktion von der bloßen Bindung der Transfer-RNA hatte seinen Ursprung in einem beiläufigen Kontrollversuch, der selbst auf die Reduzierung einer Irregularität angelegt war, nämlich eines starken und hartnäckigen Hintergrundsignals. Das Ergebnis des Kontrollversuchs blieb verschwommen. Es konnte etwas sein, das nichts mit Proteinsynthese zu tun hatte; es konnte in einem noch zu entfaltenden Darstellungsraum aber auch Bedeutung annehmen. Wieder war ein differentielles Signal aufgetaucht, das – falls es stabilisiert werden konnte – das Experimentalsystem in eine neue, unvorhergesehene Richtung lenken würde.

KAPITEL 12

Ausblick: Boten-RNA und Gencode

In diesem Kapitel werde ich abschließend kurz zwei experimentelle Ereignisse beschreiben, die den Boden für die Entzifferung des genetischen Codes und die Proteinsyntheseforschung in den Jahren zwischen 1960-65 bereiteten.[1] Mit diesen Ereignissen kam auch die historische Funktion des Rattenlebersystems für das sich herausbildende Feld der Molekularbiologie an ihr Ende. Dieser kurze Überblick darüber, wie Messenger-RNA und der genetische Code in ihr experimentelles Dasein traten, wird auch meine Fallstudie abschließen.

Ein zytoplasmatischer Bote

Ende der 1950er Jahre begann neben der Transfer-RNA noch ein anderes epistemisches Objekt in den Experimentaldiskurs der Molekularbiologie einzudringen. Die Messenger- oder Boten-RNA ging zwar nicht aus dem Rattenlebersystem hervor, hatte aber ebenso wie die Transfer-RNA ihre Wurzeln in Forschungen zur Proteinsynthese. Eines der Experimentalsysteme zur Untersuchung der Proteinsynthese konzentrierte sich auf die genetische Regulation der Enzyminduktion in Bakterien.[2] Im Herbst 1957 starteten Jacques Monod und François Jacob vom Institut Pasteur in Paris zusammen mit Arthur Pardee von Wendell Stanleys Viruslabor in Berkeley eine Reihe von Versuchen über die Induktion von ß-Galaktosidase in *E. coli*-Zellen, die als PaJaMo-Experiment bekannt geworden sind.[3] Diese Versuche führten die Arbeitsgruppe in Paris zu der Vermutung, daß der genetische »i-Faktor« des Galaktosidasesystems, der bereits aus Monods vorherigen Mutantenanalysen bekannt war, für die Produktion einer zytoplasmatischen Substanz verantwortlich war, die ihrerseits auf das Strukturgen für ß-Galaktosidase einwirkte. In einer Veröffentlichung aus dem Jahre 1959 benutzten Pardee, Jacob und Monod für diese spezielle regulierende Substanz erstmals den Ausdruck *cytoplasmic messenger*.[4] Es paßt gut in diese Geschichte von experimentellen Verschiebungen, daß das »Boten«-Konzept zunächst zur Beschreibung einer eng gefaßten Regulationserscheinung diente. Meine Darstellung auf den folgenden Seiten zeigt, daß es ein weiteres Jahr brauchte, bis der Begriff Messenger stabil mit einem RNA-Intermediat im Informationsfluß von der DNA zu den Proteinen verknüpft war.

Bei der Fortsetzung der Experimente zur Regulation induzierbarer Enzyme in Paris und Berkeley ergab sich eine weitere spannende Beobachtung: Nach der Induktion konnte die ß-Galaktosidase ohne meßbaren Verzug nachgewiesen werden, und ebenso schlagartig wurde die Synthese des Enzyms durch die Inaktivierung des Gens angehalten. Monod, Pardee und ihre Kollegen deuteten diesen Befund versuchsweise so, daß es ein weiteres »funktionell instabiles Zwischenglied« geben könnte, das für die Expression des Strukturgens verantwortlich war. »Das Experiment schließt die Möglichkeit nicht aus«, stellten sie vorsichtig fest, »daß eine informationstragende RNA, die eng mit der DNA der Gene assoziiert ist, als Teil der genetischen Einheit übertragen wird.«[5] Mangels jeglicher chemischer oder gar molekularer Charakterisierung, die das In-vivo-System am Institut Pasteur auch überhaupt nicht hergab, nannte Jacob die Komponente zunächst X. Als er sie erstmals bei einem Kolloquium in Kopenhagen im September 1959 öffentlich erwähnte, war die Reaktion der anwesenden Molekularbiologen – seinem Bericht zufolge – alles andere als enthusiastisch. Keiner schien interessiert oder bereit, in eine Diskussion darüber einzutreten. »Niemand reagierte. Keiner muckste. Keine Fragen. Jim [Watson] las weiter in seiner Zeitung.«[6]

Ostern 1960 machte Jacob einen Abstecher nach Cambridge zu einem informellen Treffen mit Francis Crick, Sidney Brenner, Leslie Orgel, Alan Garen und Ole Maaløe am King's College. Diese Begebenheit ist schon mehrfach erzählt worden, so daß ich mich kurz fassen kann.[7] Auf dieser Zusammenkunft brachten Crick und Brenner zwei Dinge zusammen. Sie verglichen das Etwas, mit dem die Pasteur-Gruppe in Paris sowie Pardee und Monica Riley in Berkeley beschäftigt waren, mit der rasch metabolisierenden RNA, die Elliot Volkin und Lazarus Astrachan vom Oak Ridge National Laboratory vor kurzem bei der Infektion ihrer Bakterien mit T2-Phagen beobachtet hatten.[8]

Schon seit mehreren Jahren zirkulierten experimentelle Hinweise auf eine instabile RNA-Fraktion, die von der Hauptmasse der zellulären RNA verschieden war. Doch waren das mehr oder weniger isolierte Einzelbeobachtungen geblieben. Zumindest waren sie ganz offensichtlich von den Zirkeln um die Pasteur-Gruppe und von Crick und seinen Freunden in Cambridge nicht ernst genommen worden. Das ist erstaunlich, denn alle diese Beobachtungen standen in Zusammenhang mit Untersuchungen entweder an Phagen oder an induzierter Enzymsynthese.[9] Dabei war es dem in Cambridge arbeitenden Mikrobiologen Ernest Gale, einem Nachbarn von Crick, schon 1955 »klar, daß zumindest in induzierbaren Systemen die Proteinsynthese von RNA-Synthese begleitet wird, wenn nicht gar von ihr abhängig ist«. Gale hatte die Frage im

November 1955 sogar mit Monod erörtert, auf einem internationalen Symposium über Enzyme am Henry Ford Hospital in Detroit. Zu dieser Zeit schien Monod dem Gedanken, daß »induzierbare Enzyme durch ›instabile‹ RNA-Matrizen gebildet werden«, alles andere als enthusiastisch gegenüberzustehen.[10] Dabei war auch Sol Spiegelman unter Hinweis auf die Experimente von Gale und Joan Folkes über die Produktion von ß-Galaktosidase in aufgebrochenen Staphylokokken-Zellen auf einem CIBA-Symposium im März 1956 zu dem Ergebnis gekommen, daß »die RNA-Templates der induzierten Enzyme instabil sind«.[11] Wie ich in Kapitel 9 berichtet habe, hatte Walter Vincent ähnliche Ideen ebenfalls schon im Jahr 1956 geäußert, und Zamecnik hatte aufgrund derartiger Überlegungen angefangen, nach einer RNA-Syntheseaktivität im Rattenleber-Proteinsynthesesystem zu suchen. Im gleichen Jahr 1956 hatten Untersuchungen an »Petite-Kolonien« von Hefe Hubert Chantrenne in Brüssel zu der Vermutung veranlaßt, es könnte unter Induktionsbedingungen »eine Änderung in der vorhandenen RNA« eintreten, oder es könnten vielleicht sogar »spezifische RNAs« zusammengebaut werden, die »bei der Synthese der individuellen Proteine mitwirkten«.[12] Auch Chantrenne erinnert sich an lebhafte Diskussionen mit den Molekularbiologen vom Institut Pasteur zwischen 1956 und 1958: »Monod (wer möchte das heute glauben) war für eine lange Zeit entschieden gegen die Idee jedweder RNA-Beteiligung an der Proteinsynthese und Enzymadaptation. Er beäugte unsere Ergebnisse äußerst kritisch und bestand darauf, daß wir zwar überzeugende Hinweise hätten, aber keine soliden Beweise (womit er recht hatte). Ich erinnere mich noch gut, daß ich aufgrund dieser Kritik selbst ins Zweifeln kam.«[13]

Das Ende der fünfziger Jahre vorherrschende Mikrosomenkonzept war an eukaryotischen Systemen mit verlangsamter metabolischer Aktivität entwickelt worden, und es stand zu diesen Befunden über den Metabolismus niederer Organismen in klarem Widerspruch. Für alle, die mit Zellen höherer Organismen umgingen, galten Mikrosomen als »eine stabile Fabrik, die bereits ein RNA-Transkript der DNA enthält«, und offensichtlich stellten diese Partikel andauernd »dieselben Proteine« her.[14] Auf dem Vierten Internationalen Kongreß für Biochemie in Wien im September 1958 bemerkte Hoagland in einem Kommentar zu Ernest Gales Vortrag: »Die Festlegung der *Sequenz* von Aminosäuren im Protein ist vermutlich eine Funktion der mikrosomalen Partikel. In ihnen muß sich die genetisch determinierte, relativ stabile RNA-Matrize befinden, in der die notwendige Information enthalten ist, um Aminosäuren in ihrer richtigen Reihenfolge anzuordnen.«[15] Auch Crick kommentierte 1958 kurz und bündig: »Die ›Template-RNA‹ befindet sich innerhalb der mikrosomalen Partikel.«[16] Tatsächlich war dieses Konzept so festgefügt, daß Hoagland, der das Institut Pasteur im Januar 1958 besucht hatte, nicht einmal daran dachte, die PaJaMo-Regulationsphänomene mit der eukaryotischen Proteinsynthesemaschinerie in Zusammenhang zu bringen.[17] Zudem hatten bakterielle In-vitro-Versuche in den führenden Kreisen der Proteinsyntheseforschung einen ausgesprochen schlechten Ruf als schmutzige Systeme, in denen ohnehin alles möglich war.[18] Es ist also keineswegs übertrieben, wenn man sagt, daß die Messenger-RNA zwischen Phagengenetik, Enzyminduktion und Proteinsynthese in einem Feld von Idiosynkrasien, experimentellen Redundanzen und begrifflicher Unterdeterminiertheit Gestalt annahm.

Der neue RNA-Typ, der dann zunächst als »informationstragende RNA« bezeichnet wurde, machte sich in Studien über bakterielle Genetik und differentielle Enzymregulation bemerkbar, die weitaus phänomenologischer und weniger molekular und mechanistisch orientiert waren als der Experimentalraum der damals herrschenden In-vitro-Proteinsyntheseforschung.[19] Deren Matrizenkonzept wies alle Merkmale eines epistemologischen Hindernisses auf. Es gab einfach keinen Platz für die neue RNA-Entität: Dazu müßten die Mikrosomen ihre spezifische Funktion einer Matrize verlieren, sie müßten erst einmal zu »einfachen Maschinen« degradiert werden, die zu nichts weiterem dienten, als »die Aminosäuren zu sammeln, um irgendein Protein zu bilden. Wie Tonbandgeräte, die irgendeine Musik wiedergeben können, je nach dem Band, das man einlegt.«[20] Die stillschweigende Annahme »ein Mikrosom – ein Enzym« müßte fallengelassen werden, und eine separate, instabile RNA müßte die Rolle der Matrize übernehmen. Kurz, alles lief auf einen umfassenden konzeptuellen Kurswechsel hinaus.

Jacob und Brenner waren beide eingeladen, im Sommer 1960 das California Institute of Technology zu besuchen, Brenner von Matthew Meselson, Jacob von Max Delbrück. Sie beschlossen, das »entscheidende« Experiment gemeinsam durchzuführen: Bakterien auf schweren Isotopen wachsen zu lassen, um die Ribosomen zu markieren; die *E. coli*-Zellen in Gegenwart radioaktiver Isotope mit einem virulenten Phagen zu infizieren; und nachzuprüfen, ob später produzierte radioaktive Phagen-RNA sich an die bereits existierenden schweren Ribosomen heftete. Zur Identifizierung schwerer und zugleich radioaktiv markierter Ribosomen erschien Brenner und Jacob die Methode der Dichtegradienten-Ultrazentrifugation von Meselson geeignet. Die Experimente wurden daher in seinem Labor durchgeführt. Nach einer vierwöchigen experimentellen *tour de force* hatten Jacob und Brenner das gesuchte Signal, so grob es auch noch sein mochte, gefunden: Neu synthetisierte Phagen-

RNA verband sich mit den bereits vorhandenen alten Ribosomen,[21] »X« war zu einem »Messenger« geworden, einem »strukturellen Boten«[22]; es begann, den Status eines generellen molekularen Informationsübermittlers anzunehmen und verließ damit den Kontext spezifischer Regulationsmodelle der Proteinsynthese, in dem es sich zunächst bemerkbar gemacht hatte.

Ebenfalls 1960 charakterisierten Masayasu Nomura und Benjamin Hall in Sol Spiegelmans Labor in Urbana außer der bekannten »ribosomalen« RNA eine »lösliche« Form von RNA, die in *E. coli* nach Infektion mit dem Bakteriophagen T2 synthetisiert wurde, und die sich bei hohen Magnesiumkonzentrationen mit den Ribosomen verband.[23] Die Arbeitsgruppe in Urbana zog jedoch keine Schlüsse über die Funktion dieses neuen Typs der löslichen RNA. Wie Nomura sich erinnert, wußte er »nichts von den neuen experimentellen und konzeptuellen Entwicklungen, die gerade in Cambridge/England und in Paris vor sich gingen«.[24] Kurz danach zeigten François Gros vom Institut Pasteur, Walter Gilbert und Charles Kurland in James Watsons Labor in Harvard, daß instabile »Messenger-RNA-Templates« auch zur metabolischen Ausstattung nichtinfizierter *E. coli*-Zellen gehörten.[25]

Proteinsynthese und Gencode

Die Differenzierung der bakteriellen In-vitro-Versuche geschah zwar zeitgleich, aber unabhängig von dem zuletzt beschriebenen experimentellen Kontext. Das Lamborg-Zamecnik-System in der Harvard-Variante breitete sich rasch auf andere Laboratorien aus und übernahm die Rolle eines führenden Modellsystems: Wie Pilze schoß es allerorts aus dem Boden. Zu den ersten, die bakterielle Extrakte in der Proteinsynthese verwendeten, gehörten David Novelli am Oak Ridge National Laboratory, Daniel Nathans und Fritz Lipmann am Rockefeller Institute in New York, Kenichi Matsubara und Itaru Watanabe an den Universitäten von Tokyo und Kyoto, und James Ofengand, der damals als Fellow am Medical Research Council Unit for Molecular Biology in Cambridge, England war.[26] In Watsons Gruppe, zu der mittlerweile Alfred Tissières, David Schlessinger, Charles Kurland, François Gros und Walter Gilbert gehörten, waren Untersuchungen der Struktur und Funktion des Ribosoms und der »instabilen RNA« in den Vordergrund getreten. Aber das *E. coli*-System hatte auch an den National Institutes of Health (NIH) in Bethesda Einzug gehalten. Die Tage des Rattenlebersystems als Schrittmacher für unvorwegnehmbare Ereignisse waren gezählt. Seine Rolle verschob sich von der innovativen Darstellung zur bloßen Demonstration; es wurde marginal. Das *E. coli*-System dagegen driftete in die entgegengesetzte Richtung: Ursprünglich eingeführt, um die allgemeine Anwendbarkeit der im Rattenlebersystem gewonnenen Konzepte zu demonstrieren, gewann es jetzt eine eigene Dynamik. In einer überraschenden Wendung, die all jenen den Atem verschlug, die versucht hatten, den genetischen Code mit Hilfe von Mutationsverfahren zu knacken, erlaubte es einen raschen experimentellen Zugriff auf den Code. Die Verschiebung wurde möglich durch die Ersetzung endogener, heterologer Messenger-RNA durch exogene, homologe *Modellsubstanzen*: synthetische Polyribonukleotide.

Marshall Nirenberg kam 1957 an das NIH, kurz nach seiner Promotion in Biochemie an der University of Michigan. Nach zwei Jahren weiterer Ausbildung am NIH schloß er sich der Abteilung von Gordon Tompkins an. Er war gerade mit der Einrichtung eines zellfreien bakteriellen Systems beschäftigt, als Heinrich Matthaei im Herbst 1960 zu ihm stieß. Nirenberg sah es rückblickend so, daß er sich damals vorgenommen hatte, »die Schritte, die DNA, RNA und Proteine verbinden« zu erforschen und im Reagenzglas ein spezifisches Protein herzustellen.[27] Er wollte es mit Penicillinase versuchen, einem kleinen Protein, dem im Gegensatz zu vielen anderen Proteinen die Aminosäure Cystein fehlte. Durch Weglassen des Cysteins aus der Reaktionsmischung hoffte er, Bedingungen schaffen zu können, unter denen nur Penicillinase synthetisiert wurde. Trotz aller in den vergangenen Kapiteln erwähnten Bemühungen blieb die Synthese eines vollständigen Proteins im Reagenzglas für alle, die sich seit Ende der vierziger Jahre mit Proteinsynthese befaßten, eine noch immer nicht bewältigte Herausforderung. Matthaei hatte etwas Ähnliches vor, als er 1960 mit einem NATO-Stipendium aus Bonn in die Vereinigten Staaten kam. Als Pflanzenphysiologe hatte er daran gedacht, ein Karottenprotein zu exprimieren, doch stieß dieser Plan bei Frederick Steward, mit dem er in Cornell zusammenarbeiten wollte, auf wenig Interesse. Matthaei sah sich gezwungen, nach einem anderen Labor Ausschau zu halten, und kam schließlich zu Nirenberg. Dort machte er sich Anfang November 1960 unverzüglich an die Optimierung eines In-vitro-Systems auf der Basis von *E. coli*-Extrakten.[28]

Soweit sich das aus Matthaeis Laborbüchern rekonstruieren läßt, war die Erforschung der Spezifik von RNA-Matrizen der Schlüssel für das Verständnis von Nirenbergs und Matthaeis Suchbewegungen und Vorstößen.[29] In einer ersten Reihe vorbereitender Experimente, bei denen ^{14}C-Valin als radioaktive Aminosäure diente, beschäftigte Matthaei sich mit der Festlegung der allgemeinen Versuchsbedingungen, unter denen die spezifische Wirkung von RNA-Templates bestimmt werden konnte. Zu diesen Bedingungen gehörten die Hemmung der Aktivität des Extrakts durch das RNA abbauende Enzym RNase und durch das Antibiotikum Chloramphenicol, einen spezifischen Inhibitor der bakteriellen Proteinsynthese. Zusätzlich testete er die aktivitätsvermindernde Wirkung von DNA abbauender DNase. Die Wirkung von DNase war weit weniger deutlich als die von RNase, und sie schwankte von Experiment zu Experiment in einer Weise, die nicht auf die Reaktionsbedingungen zu beziehen war.[30] Das Aminosäure-Einbausignal war bei diesen Anfangsversuchen extrem schwach, gerade ein paar Dutzend cpm, und hob sich kaum vom Hintergrundrauschen des Systems ab. Erst nach einer Feinabstimmung mehrerer Systemparameter und dem Durchtesten verschiedener Präparationsmethoden wurde das Einbausignal so hoch, daß zuverlässige Radioaktivitätszählungen durchgeführt werden konnten. Nach meiner Analyse von Matthaeis Laborbüchern kann davon ausgegangen werden, daß Nirenberg und Matthaei in dieser Anfangsphase noch die damals verbreitete Vorstellung von den Ribosomen teilten: Deren RNA – oder ein Teil von ihr – sollte die Rolle eines Template oder einer Matrize spielen, in der etwas vagen Bedeutung, in der dieser Begriff noch 1960 verwendet wurde. Wir sehen auch, daß der lokale Aufbau des Systems nicht problemlos vor sich ging, auch wenn es an anderen Orten bereits installiert war und man sich auf erste Literatur stützen konnte.

Die für diese frühen Stimulationsexperimente verwendete Ribonukleinsäure stammte aus zwei verschiedenen Quellen; einmal war es die Überstands-RNA, die bei Matthaei und Nirenberg immer noch »lösliche RNA« hieß, zum anderen handelte es sich um aus Ribosomen extrahierte RNA, kurz »mRNA« genannt.[31] Trotz unablässiger Bemühungen konnte Matthaei erst im Februar 1961 einen stimulierenden Effekt eines Präparats ribosomaler RNA auf den Einbau radioaktiver Aminosäuren nachweisen.[32] Drei Verfahrenskniffe, von denen jeder einzelne eher unscheinbar war, brachten zusammengenommen den Durchbruch. Erstens hatte Matthaei gelernt, die enzymatischen Komponenten seines Systems in einem Tiefkühlschrank aufzubewahren. Dadurch wurde es möglich, für eine ganze Serie von Versuchen Material mit bekannten und vor allem annähernd konstanten Eigenschaften zu verwenden. Jede neue Präparation konnte an der vorherigen überprüft und mit ihr abgeglichen werden. Solche Kleinigkeiten waren für die Art von Bioversuchen, mit denen wir es hier zu tun haben, alles andere als trivial, denn die Qualität der verwendeten Präparate konnte von Tag zu Tag beträchtlichen und oft nicht nachvollziehbaren Schwankungen unterliegen. David Novelli, der zur selben Zeit ein zellfreies *E. coli*-System in Oak Ridge einzurichten versuchte, erinnert sich, daß »es wirklich von Tag zu Tag völlig unvorhersehbar war, ob man ein aktives Präparat erhielt«. Seine Präparate waren »instabil und konnten nicht aufbewahrt werden«; anderen erging es ebenso.[33] Zweitens fand Matthaei eine schnelle Methode zur effizienten Fällung und Filtration radioaktiver Proteine, wodurch die Zahl der gleichzeitig durchführbaren Versuche und damit das Netzwerk möglicher Kontrollen deutlich vergrößert wurde. Im Laborjargon wurde das die »schnelle Siekevitz-Methode« genannt.[34] Die dritte Verfahrensänderung bestand in einer Vorinkubation des bakteriellen Zellextrakts.[35] Soweit aus den Laborbüchern zu ersehen ist, benutzte Matthaei einen präinkubierten »S30«-Extrakt erstmals Mitte Februar 1961.[36] Matthaei und Nirenberg ließen das System in einem ersten Schritt so lange arbeiten, bis seine endogene Syntheseaktivität zum Stillstand kam. Erst dann gaben sie die exogene RNA hinzu, die sie testen wollten. Der Effekt der ribosomalen RNA war klein, aber er war schließlich spezifisch. Unverzüglich, am 22. März 1961, sandten die beiden einen vorläufigen Bericht an *Biochemical and Biophysical Research Communications*.[37]

Für die in Matthaeis Laborbüchern dokumentierte Folge der Ereignisse ist bezeichnend, daß er das erste synthetische RNA-Polymer – Polyadenylsäure oder poly(A) – bereits in einem Experiment im Dezember 1960 eingesetzt hatte, jedoch zu einem ganz anderen Zweck: Es sollte nicht als Matrize dienen, sondern als ein Polyanion, von dem Matthaei erwartete, daß es die Wirkung der DNase beeinflußte.[38] In dem vorläufigen Bericht vom März 1961 beschrieben Matthaei und Nirenberg poly(A) in bezug auf die Proteinsynthese als eine Negativkontrolle, d.h. als ein Polyanion, das *nicht in der Lage* war, die stimulierende Wirkung der ribosomalen RNA – die chemisch gesehen ja ebenfalls ein Polyanion war – auf die Proteinsynthese zu imitieren. Am 2. März finden wir Polyadenylsäure wieder in einem Stimulationsversuch, diesmal in einer Reihe mit DNA aus Lachssperma und Polyglucose.[39] Wieder war kein Effekt zu verzeichnen.

Ende Februar 1961 führte Matthaei zusätzliche RNAs in das System ein, wobei er alle anderen Bedingungen konstant hielt. S-RNA diente dabei als Negativkontrolle: Sie hatte keinerlei stimulierende Wirkung. Neben anderen RNAs testete Matthaei Hefe-RNA, Aszites-RNA, »David's RNA« und »Crestfield-RNA«, letzteres Proben, die er von Kollegen erhalten hatte.[40] Schließlich kam Anfang Mai eine RNA-Probe aus dem Tabakmosaikvirus auf seine Liste. Die verschiedenen RNAs beeinflußten die Aktivität des Systems in unterschiedlichem Grad, aber ein eindeutiges Muster zeichnete sich nicht ab.

Im Zusammenhang mit diesen Versuchen variierte Matthaei auch die Markierungsstrategie. Sein Standardsystem beruhte auf dem Einbau von

27-Q incub. (5-27-61) 3 a.m. for 60' at 36°, 10% TCA for 60', [illegible] (see M1, p. 107)

#	System	Special treatment	H2O	min for 10,240 cts.	cpm (+bckgd.)	cpm (−bckgd.)
1	Complete with 4.8 [illegible] 15λ 20AA−Phe. 25λ Phe-C14 10λ NaCl 2M		640	50.53	202 >206	167 >156
2			640	48.69	210	144
3		+10γ Poly-U	550	2.69	3810	3748 26x (23x)
4		+100γ RNAase at	540	261.73	39.2 >?	
5		# 0-t.	540	164.12	62.4	
6	Complete, like 1/2, but 20AA−tyr 25λ C14-tyr		640	113.29	90 >92	36
7			640	108.39	94	
8		+10γ Poly-U	550	94.81	108 108	52 1.45x
9		+100γ RNAase	540	181.87	56 56	0
10		at 0-t.	540	184.48	55.5	

Abb. 12.1: Protokoll des Experiments, das zur Identifizierung des ersten Codeworts führte. Aus dem Laborbuch von Heinrich Matthaei, Experiment 27Q, 27. Mai 1961.

radioaktivem Valin. Gegen Ende März untersuchte Matthaei den »mRNA-Effekt« mit verschiedenen radioaktiven Aminosäuren, darunter Phenylalanin.[41] War mRNA mit im Ansatz, konnte er sie alle in Protein einbauen. Alternativ zu einzelnen markierten Aminosäuren verwendete Matthaei eine Mischung radioaktiver Aminosäuren, die sich aus der Hydrolyse von markiertem Algenprotein gewinnen ließ.

An diesem Punkt bahnte sich die entscheidende Experimentalserie an. Am 15. Mai 1961 konzipierte Matthaei ein Experiment »zum Testen von synthetischen Polynukleotiden«. Dazu gehörten poly(A), poly(U), poly(2A/U) und Poly(4A/U). Als Quelle für die radioaktiven Aminosäuren hatte er vor, ein unspezifisches »Algenhydrolysat« zu verwenden. Am 22. Mai notierte er eine 11,8fache Verstärkung der Aktivität in der Probe, die poly(U) enthielt.[42] In den Protokollen findet sich keine explizite Begründung für die Einführung dieser Polymere, aber die nun folgenden Versuche sind systematisch aufgebaut und enthalten eine Reihe sorgfältig ausgewählter Kontrollen. »Vergleiche immer«, lesen wir im Laborjournal, »vollständiges [System], keine RNA, poly(U), UMP, Crestfield RNA.«[43] Am 25. Mai 1961 setzte Matthaei anstelle seines Algenhydrolysats eine Mischung von elf verschiedenen radioaktiven Aminosäuren ein und beobachtete eine 20fache Stimulation des Systems in Gegenwart von poly(U). Jetzt war es noch eine Frage von zwei Tagen, bis die auf poly(U) ansprechende Aminosäure identifiziert war. Am 26. Mai hatte Matthaei die Aktivität auf eine Mischung aus Tyrosin und Phenylalanin eingeengt. Am 27. Mai 1961, um 3 Uhr morgens, führte er den Versuch mit poly(U) und Phenylalanin als einziger Aminosäure durch. Die Einbaurate stieg um den Faktor 26, wie aus Abbildung 12.1 zu ersehen ist.

Es war sicher ein glücklicher Umstand, daß Leon Heppel, der Leiter des Labors, in dem Matthaei und Nirenberg arbeiteten, ein Experte auf dem Gebiet der Synthese künstlicher RNAs war. Die Polymere poly(A), poly(U), poly(A/U), poly(C) und poly(I) standen griffbereit in seinem Regal. Sobald eine von ihnen ein Signal gezeigt hatte, war es für Matthaei nur eine Frage von Tagen, durch systematisches Durchprobieren der vorhandenen radioaktiven Aminosäuren das erste Codewort zu entziffern: Das Homopolymer Poly-Uridylsäure schien in das künstliche Protein Polyphenylalanin übersetzt zu werden. Diese Vermutung mußte zwar noch überprüft werden. Aber wenn man einen Triplett-Code unterstellte, dann stand UUU für Phenylalanin (Phe).[44]

Man erinnere sich: die ursprüngliche Absicht von Matthaei und Nirenberg war die Optimierung eines In-vitro-Systems für die Expression eines spezifischen Proteins. Auf dem durch diese Aufgabe vorgezeichneten Weg war die Entschlüsselung des ersten Codewortes sicherlich kein reines Zufallsereignis. Es war nicht einfach eine Kontrolle, die hier zum »eigentlichen Experiment« wurde. Es war aber auch kein geplantes Ereignis im üblichen Sinne einer Vorwegnahme dessen, was sich ereignen würde. Man könnte sagen, das, was im nachhinein den Beteiligten zunehmend als Intention erschien, bildete sich im Laufe ihres Forschungsprozesses als Raum möglicher Intuition erst heraus.[45] Matthaei und Nirenberg vermaßen den Experimentalraum der zellfreien Proteinsynthese, wobei sie vom Stand ihrer Zeit ausgingen. Auf der Prioritätenliste stand dabei die »Spezifik der Matrize« bezüglich der Synthese eines Proteins. Matthaeis und Nirenbergs Konzept des »Messenger« schälte sich aus dem Einsatz verschiedener RNA-Typen als Matrizen heraus. Aber neben der Beobachtung, die sich als das entscheidende, die Arbeit auf den Code hin verschiebende Ereignis herausstellte, nahmen auch andere Dinge die Aufmerksamkeit der beiden Forscher gefangen: beispielsweise die Beobachtung einer »ribosomenfreien« Inkorporation von Leucin in Proteine. In den Ohren heutiger Molekularbiologen mag das seltsam klingen, aber 1961 hielten Nirenberg und Matthaei den Befund für wichtig genug, um ihn einer größeren internationalen Zuhörerschaft zu präsentieren.[46] In welche Richtung sich das System bewegen würde, hing von der tastenden Vermessung seines Darstellungsraums ab; es war keine vorgefaßte Entscheidung, die es nur noch auszuführen galt.

Nirenberg und Matthaei behaupten beide, nichts von den Messenger-Experimenten gewußt zu haben, die am Institut Pasteur und in Harvard durchgeführt wurden, als sie ihr Versuchssystem am NIH gegen Ende des Jahres 1960 zu optimieren begannen.[47] Dennoch findet sich in ihrem ersten Bericht vom März 1961 neben dem Begriff des Templates auch der des »Messenger«.[48] Das Messenger-Konzept lag in diesen Tagen und Monaten in der Luft, auf den einschlägigen Tagungen im Herbst 1960 war es Gesprächsthema. François Gros verwendete den Ausdruck Messenger-RNA in Diskussionen auf dem Symposium über Proteinbiosynthese in Wassenaar (Holland) im Herbst 1960, desgleichen Hubert Chantrenne in den Schlußbemerkungen auf demselben Treffen.[49] Der Begriff entstand offensichtlich in verschiedenen experimentellen Kontexten gleichzeitig: Zu ihnen gehörten ein raffiniertes, genetisch getriggertes In-vivo-System der Enzymregulation ebenso wie ein vergleichsweise bescheidenes fraktioniertes In-vitro-System für den Aminosäureeinbau in Proteine. Jedenfalls kann man nicht einfach die Legende des Molekularbiologenklubs übernehmen, wonach der Messenger aus dem Pasteur-Harvard-Cambridge-Kreis den Schlüssel für den Code geliefert habe. Die entscheidenden Komponenten für den genetischen Informationsfluß von den Nukleinsäuren zu den Proteinen – Transfer-RNA, Messenger-RNA und der Code – waren vorwiegend Produkte von biochemisch orientierten In-vitro-Systemen. Die Kluft zwischen dem »mikrosomalen Template« und der »Messenger-RNA«, die am NIH geschlossen wurde, verlief parallel zu derjenigen zwischen dem »instabilen Intermediat« der induzierten Enzymsynthese und der »informationstragenden RNA«, die man in Paris zu überbrücken hatte.

Nach dem 5. Internationalen Kongreß für Biochemie im August 1961 in Moskau, auf dem Nirenberg die Ergebnisse aus seinem Labor vortrug, kamen die ausgeklügelten Versuche von Sidney Brenner, Heinz Fraenkel-Conrat und Heinz Günter Wittmann, mit denen sie dem Code durch genetische und chemische Analysen von Phagen- und Virusmutanten zu Leibe rücken wollten, in den Schatten des neuen Systems zu stehen.[50] Die anschließende Jagd auf die weiteren Codewörter stand völlig im Zeichen der Verfeinerung der Experimentalbedingungen des *E. coli*-Systems, wobei die Labors von Nirenberg und von Severo Ochoa in New York führend waren.[51] Weder Zamecnik noch Hoagland nahmen an diesem Rennen teil, obwohl sie zu der experimentellen Infrastruktur, die diese Entschlüsselungsstrategie ermöglichte, Entscheidendes beigetragen hatten. Zum Zeitpunkt des Durchbruchs war Zamecnik gerade bei Alexander Todd in Cambridge, und Hoagland richtete an der Harvard Medical School, an die er berufen worden war, ein neues Labor in der

Abteilung für Bakteriologie und Immunologie ein. Zamecnik sah »keinen Grund, noch ein weiteres Labor ins Rennen zu schicken«.[52] Er fuhr mit seiner Arbeit an der Charakterisierung individueller Transfer-RNAs fort. Hoagland beschäftigte sich weiterhin mit den Regulationsaspekten bei regenerierender Rattenleber. Ein kurzer Blick auf ihre Aktivitäten während der folgenden Jahre soll zum Abschluß zeigen, wie sie auf die »jüngste Aufregung um das Codierungsproblem« reagierten.[53]

Das Rattenlebersystem, Regulation und Messenger-RNA

Die Reagenzglasdarstellung der Rattenleber-Proteinsynthese bedurfte im Licht der neu in Erscheinung getretenen bakteriellen Messenger-RNA einer Anpassung. Auf einem Symposium über Mechanismen der Zellregulation, das 1961 in Cold Spring Harbor stattfand, hatte Hoagland sich der Herausforderung durch die Boten-RNA bereits gestellt. Bis 1960 hatte es keine fraktionierte Komponente im Rattenlebersystem gegeben, die einem Messenger entsprochen hätte. Zumindest in der Pariser Variante war der Begriff der mRNA an den Kontext der *Regulation* der Proteinsynthese geknüpft. Dementsprechend bettete Hoagland seine Suche nach einer messengerähnlichen Komponente im zellfreien Säugersystem in einen Kontext der Kontrolle ein. Experimentell ging er das Kontrollproblem durch den Vergleich normaler mit regenerierender Rattenleber an. Von letzterer wußte man seit langem, daß sie *in vivo* und *in vitro* bei der Proteinsynthese um einiges aktiver war als normale Leber.[54] Hoagland startete eine Versuchsserie, bei der Fraktionen normaler und regenerierender Rattenleber kreuzweise miteinander zur Reaktion gebracht wurden, einschließlich einer Fraktion, die er einen halben Tag lang bei hoher Geschwindigkeit geschleudert hatte. Seine »vorläufige Schlußfolgerung« lautete, daß »sowohl normale als auch regenerierende Rattenleber eine sedimentierbare Fraktion aufweisen, die sich von den Ribosomen unterscheidet, bei pH 5 ausgefällt werden kann, RNA enthält und deutlich die In-vitro-Einbaureaktion stimuliert.«[55] Das Problem war nur, daß X, wie Hoagland seine neue Fraktion im Anschluß an Jacob nannte, viel weniger sensitiv gegenüber Ribonuklease war, als man hätte erwarten müssen, wenn die aktive Komponente darin eine RNA war.

Da X aus regenerierender Leber aktiver war und auch Mikrosomen aus regenerierender Leber deutlicher auf X ansprachen, kam es Hoagland so vor, als sei er dem Mechanismus einer »Kontrolle durch Repression« auf »ribosomaler Ebene« auf der Spur, im Unterschied zu einem Mechanismus auf der Ebene der Gene, wie ihn Jacob und Monod gefunden hatten. Aber etwas ging dabei nicht auf. »Wir stoßen auf eine Schwierigkeit, wenn wir versuchen, das Messenger-Konzept auf das Verhalten der Mikrosomen in diesem System anzuwenden.«[56] Wenn die Aktivität genau der Menge der erzeugten Boten-RNA entsprach, dann hätten sich die Ribosomen aus normaler und regenerierender Leber bezüglich dieser Botschaft gleich verhalten müssen. Und das war nicht der Fall.

Ein Teil der experimentellen Schwierigkeiten ging darauf zurück, daß Hoagland zwei Ziele gleichzeitig verfolgte. Einerseits hatte er es darauf abgesehen, »X« zu einer Darstellung als eigenständiger Fraktion zu verhelfen, indem er die Methode der differentiellen Zentrifugation verfeinerte. Er erhielt zwar eine »neue« Fraktion, aber ob diese wirklich Boten-RNA darstellte, war vorerst nicht schlüssig nachzuweisen. Andererseits richtete sich sein Interesse – was seit langem ein Anliegen der ganzen Harvard-Gruppe gewesen war – weniger auf die Proteinsynthese als solche als vielmehr auf die Frage ihrer Regulation. Für Hoagland hatte das Messenger-Konzept eher die Bedeutung einer regulatorischen Instanz als die, eine integrale Komponente des Synthesemechanismus selbst zu sein. Für ihn bestand »eine gewisse Hoffnung, daß in zellfreien Präparaten bestimmte Regulationsvorgänge untersucht werden können«, die sich qualitativ vom Modell der Pasteur-Gruppe unterschieden,[57] und er vermutete, daß ihre Untersuchung lohnender sein könnte als bloß die Existenz von mRNA in eukaryotischen Zellen nachträglich zu bestätigen.

War aber Messenger-RNA nicht vielleicht doch eine obligatorische Komponente der eukaryotischen Proteinsynthese, und war es Hoagland vielleicht nur nicht gelungen, sie richtig darzustellen? Die Sachlage im Jahr 1961 war weit weniger klar als die molekularbiologische Mythologie es gerne hätte. Niemand hatte bisher einen zytoplasmatischen Botenstoff isoliert und in die Proteinfabrik eingeschleust. Niemand konnte die Möglichkeit ausschließen, daß es zwei Klassen von Ribosomen gab: einmal auf Messenger angewiesene Partikel mit »regulatorischer« Funktion, zum anderen konstitutive, spezialisierte Partikel mit eingebautem Template. Das von Hoagland als »provokative Hypothese« empfundene Operonmodell von Jacob und Monod würde die In-vitro-Identifizierung der Kontrollelemente abwarten müssen, bevor »Theorie und Tatsache« miteinander »versöhnt« werden konnten.[58]

Hoagland setzte an der Harvard Medical School seine Arbeit an regenerierender Rattenleber als In-vitro-Modellsystem für die Analyse der Kontrollmechanismen bei der Proteinsynthese fort. Die X-Fraktion nahm allmählich Messenger-ähnliche Züge an, firmierte aber noch 1963 in einer weiteren Arbeit von Hoagland und Brigitte Askonas als Kontrollelement der Proteinsynthese.[59] Die RNA-Eigenschaften der Fraktion blieben weiterhin ungeklärt. Die fortgesetzten Versuche zur Reinigung der aktiven Komponente förderten nichts zu Tage, was unzweideutig die Eigenschaften einer Ribonukleinsäure aufgewiesen hätte. Die Befunde deuteten insgesamt alle auf ein Ribonukleoprotein, dessen RNA-Komponente in Verbindung mit einigen Proteinen für die regulatorische »biologische Wirkung« verantwortlich war.

Wir sehen, daß die Entstehungsgeschichte der Boten-RNA im Rattenlebersystem ganz und gar verschieden ist von der Emergenz der Transfer-RNA in eben diesem System. Im Fall der Transfer-RNA hatte sich ein hybrides Molekül gezeigt, an das niemand vorher gedacht hatte. Das System hatte ein unvorwegnehmbares Ereignis erzeugt. Im Fall der Messenger-RNA wurde versucht, einem Molekül allmählich klarere Konturen zu verleihen, dessen vermutete Eigenschaften auf Befunde in anderen Systemen zurückgingen und als Vorgabe in die experimentelle Modellierung eingehen konnten. Nehmen wir an, Hoagland hätte nichts von einer RNA gewußt, die als Botenstoff in der Proteinsynthese fungierte. Wie hätte er eine RNA-Komponente identifizieren können, die selbst in der angereicherten X-Fraktion höchstens 15 Prozent der gesamten RNA in dieser Fraktion ausmachte, und die nicht auf Ribonuklease reagierte? Das Rattenleber-Proteinsynthesesystem generierte den Boten nicht. Es gibt einen Unterschied zwischen einer Maschinerie zur Erzeugung von Zukunft und einem Identifizierungsverfahren, zwischen einem Forschungssystem und einem Suchprogramm. Doch ist dies kein Unterschied *zwischen* Systemen; es ist vielmehr eine Differenz in der Handhabung eines Systems. Experimentalsysteme oszillieren in der Regel zwischen diesen beiden Extremen: Phasen der generativen Darstellung und Phasen der bestätigenden Demonstration.

Hoaglands Messenger-Experimente blieben unschlüssig. Eine Reihe von Beobachtungen führten ihn zu der Vermutung, daß die Aktivität der Ribosomen, die mit Membranen verbunden waren (und für die der Ausdruck Mikrosomen gebräuchlich blieb), durch zusätzliche Faktoren kontrolliert wurde. Ein hemmender Faktor schien dabei beteiligt zu sein, als dessen Antagonist wiederum GTP wirkte.[60] Eine genaue Darstellung der Wirkung von GTP bei der Proteinsynthese stand weiterhin aus. War es konstitutiv für den Synthesevorgang, oder diente es eher seiner Regulation und Modulation? Auf dem Cold Spring Harbor-Symposium des Jahres 1961 hatte Robin Monro aus Lipmanns Labor ein partiell gereinigtes Kaninchenretikulozyten-System beschrieben, in dem GTP für den Transfer von ^{14}C-Leucin zwischen S-RNA und Protein benötigt wurde.[61] Der Transfer hing von einer Teilfraktion des pH 5-Enzymüberstands ab.[62] Aber alle Versuche, GTP eine Rolle als Kofaktor für den vermuteten

»Transfer-Faktor« zuzuweisen, waren bislang gescheitert.[63] Hoaglands Ansatz unterschied sich von diesen Experimenten aus Lipmanns Labor. Er nahm an, daß eine übermäßige Reinigung des Systems dazu führen könnte, daß irgendwelche entscheidenden katalytischen Faktoren übersehen werden. Im Gegensatz zu Lipmann und seinen Mitarbeitern konnte er weiterhin »keinen Zusammenhang zwischen dem Grad der ›Reinheit‹ eines Systems und seinem GTP-Bedarf« erkennen.[64] 1964 identifizierten Lipmanns Mitarbeiter Jorge Allende und Robin Monro dann eine Enzymfraktion in *E. coli*, deren Transferaktivität sich mit einer GTPase-Aktivität überlappte.[65] Das Enzym wurde rasch bekannt als »G-Faktor«.[66]

Eine von Hoaglands Absichten hatte darin bestanden, Mikrosomen so zu isolieren, daß man an ihnen noch die modulierende Wirkung von Regulationsvorgängen studieren konnte. Die möglichst schonende Isolierung größerer Ribosomenkomplexe war Anfang der sechziger Jahre in dem gerade aufblühenden Feld der Ribosomologie zu einer großen Attraktion geworden. Eine ganze Reihe von Labors in Amerika und Europa bemühten sich um deren Darstellung. Die so isolierten Partikel wurden mit verschiedenen Namen belegt, wie »ribosomale Cluster«, »aktive Komplexe«, »Ergosomen«, »aggregierte Ribosomen«, bevor der Ausdruck »Polysomen« allgemein gebräuchlich wurde.[67] Zamecnik hatte solche Partikel als perlschnurförmige Aufreihungen schon 1960-61 unter dem Elektronenmikroskop sichtbar gemacht. Da er sich aber auf diese Beobachtung keinen Reim machen konnte, ließ er seine Bilder unveröffentlicht.[68] Die Vorstellung eines mRNA-Fadens war ihm damals fremd. Polysomen schienen aus einer Abfolge von Ribosomen zu bestehen, die auf einer bestimmten Boten-RNA aufgereiht waren. Spezielle Isolationsverfahren waren nötig, um sie während der Fraktionierung davor zu bewahren, in Monosomen auseinanderzubrechen. Auch Hoagland trug seinen Teil zu diesen Bemühungen bei. Er konnte zeigen, daß zytoplasmatische Ribosomen aus Rattenleber im aktiven Zustand so gut wie vollständig zu solchen Polysomen zusammengebaut waren.[69]

Wie die Abbildung 12.2. zusammenfassend zeigt, hatte sich die fraktionierte Darstellung des Rattenleberzellsafts im Laufe der Jahre zu einem komplizierten Partitionsdiagramm ausgewachsen.

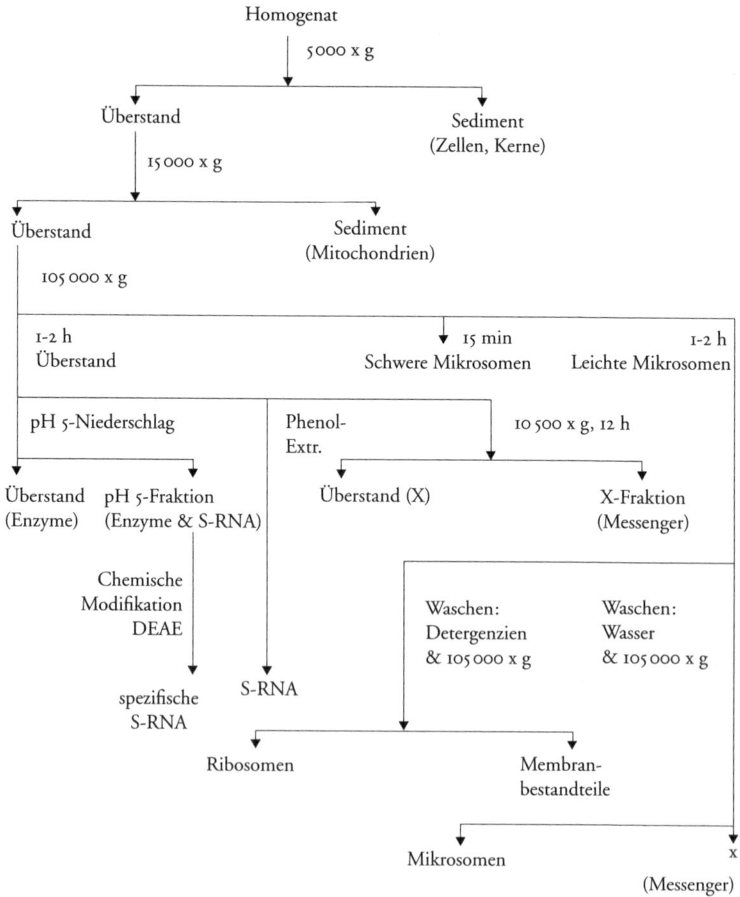

Abb. 12.2: Darstellung des Rattenleberzellsafts in Fraktionen um 1963. DEAE: Diäthylaminoäthyl-Zellulose zur Chromatographie. Darstellung vom Autor.

Minimierung versus Integration

Bei der weiteren Ausarbeitung von In-vitro-Proteinsynthesesystemen standen zwei Strategien offen. Die erste bestand in der Bestimmung der *Minimalerfordernisse* für jede Aktivität, die Interesse beanspruchen konnte. Die meisten Gruppen, die über ein *E. coli*-System verfügten, folgten dieser Option.[70] Sie konzentrierten sich auf diejenigen Komponenten, die für verschiedene Teilreaktionen notwendig und hinreichend waren, isolierten möglichst homogene molekulare Bestandteile und rekombinierten und rekonstituierten sie im Reagenzglas. Hoagland entschied sich dagegen für eine andere Strategie, die er als »physiologischer« bezeichnete. Er und seine Kollegen fraktionierten den Leberzellsaft in so viele Teile wie möglich und benutzten dabei möglichst schonende Prozeduren. Grundsätzlich wurde keine der Komponenten aus dem Gesamtreaktionsschema weggelassen. Teilreaktionen machten sie lieber durch Anwendung geeigneter Markierungen sichtbar als durch weitgehende Reinigung und Anreicherung molekularer Bestandteile. Es war ein mehr physiologisch orientierter, aber auch ein phänomenologischerer Zugang, der insgesamt eher auf die Erhaltung der Integrität zellulärer Bedingungen ausgerichtet war. Hoagland selbst artikulierte den Anspruch deutlich, wenn er in diesem Zusammenhang von »integrierter Proteinsynthese« sprach.[71] Das macht auch sein Zögern gegenüber der Verwendung gereinigter Ribosomen anstelle von Mikrosomen verständlich. Bei letzteren blieben nämlich die Ribonukleoproteinpartikel mit Fragmenten des endoplasmatischen Retikulums verbunden. Daher auch die Vorliebe für das Fraktionieren durch Zentrifugation, die es erlaubte, nach erfolgter Auftrennung das sedimentierte Material jederzeit wieder mit dem Überstand zu vereinigen. Kein Bestandteil des Systems ging hier durch irreversible Aussonderung verloren. Das System blieb vollständig, allerdings um den Preis, zugleich auch »schmutzig« zu bleiben. Es war eine geeignete Strategie, wenn es darum ging, schwache Signale aufzufangen, die sonst vielleicht übersehen worden wären. In der Frühzeit der Etablierung des Systems war sie eminent produktiv gewesen, aber nun waren es genau die mit dieser Strategie erzielten ambivalenten Resultate, die sie als historisch überlebt erscheinen ließen.

Bakterielle In-vitro-Systeme, die auf eine Darstellung von Teilreaktionen der Proteinsynthese abzielten, waren mittlerweile zum neuen Referenzpunkt geworden. In den sechziger Jahren kamen die meisten neuen, die Proteinsynthese betreffenden Befunde aus *E. coli*-Systemen. Nachdem die anfänglichen, ausgerechnet mit ihrer Hyperaktivität zusammenhängenden Schwierigkeiten überwunden worden waren, erwiesen sich diese Systeme als weniger komplex, daher leichter auseinanderzunehmen und auch einfacher zu unterhalten. Vielleicht am wichtigsten war, daß auf der genetischen Ebene die *E. coli*-Zellen leichter zu definieren waren. Man hatte Ausfallmutanten zur Verfügung, man konnte genetische Markierungen verwenden. Tatsächlich war *E. coli* bereits in den späten vierziger Jahren zum Modellorganismus der Bakteriengenetik avanciert.[72] Auf dieser Konjunktur von Genetik und Biochemie beruhte letztlich ihre große Zeit als Modellorganismus für die wichtigsten molekularbiologischen In-vitro-Systeme der sechziger und siebziger Jahre. In diesen Arrangements nahmen schließlich die strukturellen und funktionellen Beziehungen zwischen Ribosomen, Messenger-RNA und Transfer-RNA Gestalt an.[73]

Die Sprache des phänomenologischen Zugangs blieb operational. Hoagland und Zamecnik isolierten in der Regel eben nicht »Ribosomen«, denen sie »Transfer-RNA« und »Messenger-RNA« zugaben, um Proteine zu synthetisieren. Sie nahmen weiterhin eine »schwere Mikrosomenfraktion«, fügten »pH 5 Überstand« hinzu, der »lösliche RNA« enthielt, inkubierten die Mischung mit einer »X-Fraktion« und erhielten eine »Stimulation« des »Aminosäureeinbaus« in »Material, das in heißer Essigsäure unlöslich war«. Ihre Sprache bildete weitgehend die technischen Bedingungen eines experimentellen Darstellungsraums ab, in dem die erforderlichen Entitäten als Peaks, Fraktionen und fällbares Material erschienen und nicht als begrifflich fixierte Einheiten der molekularen Genexpression.

Am MGH fuhr Zamecnik damit fort, »ungelösten Fragen« auf dem Gebiet der Proteinsynthese nachzugehen.[74] Zusammen mit David Allen gehörte er zu den ersten, die die Wirkung des Antibiotikums Puromycin auf die Proteinsynthese erforschten.[75] Nach der Einführung von poly(U) durch Matthaei und Nirenberg prüfte er dessen Eigenschaften als Matrize.[76] Sein Hauptinteresse lag jedoch nach wie vor auf der Reinigung individueller Transfer-RNAs, auf der Charakterisierung ihrer Eigenschaften als Aminosäureakzeptoren und auf den Erkennungssignaturen von Synthetasen.[77] Eine Zeitlang konzentrierte er sich auf physikalische Messungen von Konformationen der Transfer-RNA, insbesondere auf die Unterschiede zwischen beladenen und unbeladenen Formen, bevor er sich spezifischen Fragen betreffend ihre Beladungsenzyme zuwandte.[78]

Zamecnik hatte – wie auch Robert Holley – beträchtliche Anstrengungen darauf verwendet, die S-RNA zu sequenzieren und ihre »Translations-Signatur« aufzuklären. Für die Sequenzierung hatte er allerdings auf chemischen Abbau gesetzt, und Holley, der mit einer Kombination aus Gegenstromverteilung, nukleolytischem Aufschluß »plus einem cleveren Team« arbeitete, dem sich auch Betty Keller von Zamecniks Labor angeschlossen hatte, machte das Rennen und schlug auch die Sekundärstruktur vor, die das Molekül als Kleeblatt berühmt machte.[79] Hinter dem »cleveren Team« versteckt sich eine Geschichte. Jahre später erklärte Holley in einem Interview, daß er »an das Kleeblattarrangement überhaupt nicht gedacht hatte. Elizabeth (Betty) Keller, die zur Cornell-Gruppe gehörte, war wirklich diejenige, die das zellfreie System für die Proteinsynthese reproduzierbar hingekriegt hat. Sie schrieb das Kleeblattarrangement hin, sie hat es entdeckt, und außer ihr – aber unabhängig von ihr – noch John Penswick, ein graduierter Student. Tatsächlich war es so, daß Betty Keller eine der drei Leute war, die dieses Diagramm gezeichnet haben, das dann in dem *Science*-Artikel erschien. Hätte ich auch nur die leiseste Ahnung gehabt, daß es sich als richtig herausstellen würde, hätte ich natürlich ihre Urheberschaft erwähnt, anstatt den versammelten Autoren des Artikels die ›Entdeckung‹ zuzuschreiben.«[80]

Bei der Entschlüsselung des genetischen Codes lagen Nirenbergs und Ochoas Gruppen vorn. Dazu benutzten sie alle Arten synthetischer Polynukleotide als Messenger. In Nirenbergs Labor führte Philip Leder den Triplett-Versuch zur Transfer-RNA-Bindung ein, der das Modell für viele nachfolgende Bindungsstudien abgeben sollte.[81] Ungeklärt war weiterhin, an welcher Signatur die Beladungsenzyme ihre Transfer-RNA-Moleküle erkannten. Zur Enttäuschung aller, die sich wie Zamecnik diesem Problem zugewandt hatten, stellte sich heraus, daß diese »Signatur« hochspezifisch und für jedes Transfer-RNA-Enzympaar verschieden war. Die Hoffnung auf schnelle und allgemeingültige Lösungen mußte begraben werden. Zwanzig Jahre biochemischer Kleinarbeit standen bevor.

Zwischen 1955 und 1961 gingen aus zwei ganz verschiedenen Experimentalsystemen zwei molekulare Objekte hervor und verwandelten sich innerhalb weniger Jahre in zentrale Gegenstände der Molekularbiologie: Lösliche RNA wurde zu Transfer-RNA, mikrosomale Matrizen-RNA zu Messenger-RNA. Es war das Zusammentreffen dieser beiden epistemischen Dinge und die Transpositionen, Pfropfungen, Disseminationen, Hybridisierungen und Verzweigungen, zu denen sie Anlaß gaben, die dem genetischen Code zu einem experimentellen Dasein verhalfen. Transfer-RNA war aus Reagenzglasexperimenten zur Proteinsynthese in Rattenleber hervorgegangen. Messenger-RNA war zum einen in In-vivo-Untersuchungen zur bakteriellen Enzymregulation eingebettet, zum anderen in die In-vitro-Proteinsynthese bei Bakterien. Die Untersuchung des genetischen Codes wurde möglich durch eine In-vitro-Kombination dieser beiden epistemischen Dinge, die sie gleichzeitig in Forschungswerkzeuge verwandelte. Die Entzifferung des Codes beruhte auf einem In-vitro-System der Proteinsynthese, das über die Jahre derart stabilisiert worden war, daß es als technische Packung, als Werkzeugkasten einer ganzen Proteinsyntheseindustrie übergeben werden konnte. Um den Code angehen zu können, bedurfte es einer Strategie der »minimalen Repräsentation«, die derjenigen der »integralen Repräsentation«, mit der Zamecnik und seine Kollegen das System hatten etablieren können, gerade entgegengesetzt war. Die Differenzierung des Experimentalsystems selbst, seine differentielle Reproduktion, hatte diesen Umschlag erzwungen. Allerdings lief er nicht automatisch ab und nicht innerhalb der Grenzen eines einzelnen Labors. Das *E. coli*-System war eine Voraussetzung für diesen Umschlag, aber die Vermessung seines Raums und seiner Reichweite war keine bloße Fortsetzung der Arbeit unter der Herrschaft des *Ancien Régime*. Die Begriffe, die diese Wende in der Experimentalgeschichte der Molekularbiologie begleiteten, entstammten dem Bereich der Information und Kommunikation: Transfer, Botschaft, Transkription, Translation, Codierung.[82] Sie beherrschten den Experimentaldiskurs der biochemischen Proteinsyntheseforschung nicht von Anfang an, sondern schlichen sich allmählich, doch am Ende unwiderstehlich ein.

EPILOG

Ich bin in diesem Buch, so dicht wie es mir die vorhandenen Quellen erlaubt haben, der Geschichte eines Experimentalsystems gefolgt. Ich habe versucht, seinen Aufbau und seine Dynamik ebenso lebendig werden zu lassen wie die Richtungsänderungen, Filiationen und Substitutionen, die es im Verlauf von fünfzehn Jahren, von 1947 bis etwa 1962, durchlief. Diese Untersuchungen haben immer wieder deutlich gemacht, daß durch solche Systeme Konjunkturen entstehen können, durch die sich Dinge ereignen, die nicht bereits in ihnen angelegt waren. Und dennoch sind es materielle Effekte des Systems. Sie durchlaufen, ganz ähnlich wie die Gegenstände und Formen der Kunst, historische Trajektorien. Es ist aber auch klar geworden, daß solche Verlaufskurven von Experimenten gleichzeitig in lokale Konstellationen einer bestimmten technischen, instrumentellen, institutionellen, durch bestimmte Darstellungsformen geprägten Umgebung und ganz allgemein in kulturelle Kontexte eingebettet sind, ohne die der konkrete Verlauf der Trajektorien nicht verstanden werden kann.

Nehmen wir »Kontext« einmal wörtlich. An Experimentalserien können wir dann charakteristische Textmerkmale beschreiben. Derrida zufolge ist es das Grundmerkmal alles Geschriebenen, daß es ein solches nur bleibt, wenn es, losgelöst vom konkreten Anlaß und vom Autor, beständig von anderen wiedergelesen und als Ensemble von Zeichen im Sinne von Spuren oder Marken umgeschrieben wird, kurz, wenn es beständig re-kontextualisiert wird:

> »Diese strukturelle Möglichkeit, dem Referenten oder dem Bezeichneten (also der Kommunikation und seinem Kontext) entzogen zu werden, macht, wie mir scheint, jedes Zeichen, auch ein mündliches, ganz allgemein zu einem Graphem, das heißt, wie wir gesehen haben, zur nicht-anwesenden *Übriggebliebenheit* eines differentiellen, von seiner angeblichen ›Produktion‹ oder seinem Ursprung abgeschnittenen Zeichens. Und ich werde dieses Gesetz sogar auf jede ›Erfahrung‹ im allgemeinen ausdehnen, gesetzt, es gibt keine Erfahrung von *reiner* Anwesenheit, sondern nur Ketten von differentiellen Zeichen.«[1]

Eben eine solche Erfahrung scheint mir für Experimentalsysteme, für die vernetzte Textur ihrer Darstellungsräume charakteristisch zu sein. Das Projekt der neuzeitlichen Wissenschaft leitet seine Macht aus dem spezifisch technologischen Charakter dieser Darstellungsräume her. Die Kräfte und die Art von Überlegungen, die sie freisetzen, ebenso wie die

Regeln, denen sie gehorchen, sind weniger die von cartesianischen Subjekten als vielmehr die von technologisch-epistemischen Texturen. Demgemäß muß sich auch unser Verständnis jener Dynamik ändern, die unvorwegnehmbare Ereignisse erzeugt, und ebenso unsere Ansichten darüber, was es bedeutet, ein »Autor« wissenschaftlicher Erkenntnisse zu sein. Während der vergangenen 150 Jahre hat sich unser Weltbild grundlegend verändert. Wir sind zu Zeugen von »Ökonomien« geworden, die nicht mehr auf ein Subjekt als solches ausgerichtet sind: eine Darwinsche Ökonomie der Natur, eine Marxsche Ökonomie der Produktion, eine Nietzscheanische Ökonomie der Moral, eine Freudsche Ökonomie des Unbewußten, eine Einsteinsche Ökonomie der Relativität, eine Saussuresche Ökonomie des Zeichens, eine Foucaultsche Ökonomie des Diskurses. Was wir in der Wissenschaftsgeschichte brauchen, ist eine Ökonomie der epistemischen Dinge.

Dieses Buch ist hierfür nicht mehr als ein Prolegomenon. Es untersucht experimentelles Denken in einem historisch und lokal begrenzten Rahmen an der Schnittstelle von Biochemie und Molekularbiologie. Kurz gefaßt, entwickelt es folgende Argumentationslinien: Experimentalsysteme sind die Basiseinheiten des wissenschaftlichen Spurenlegespiels. Im Rahmen von technischen Dingen, die zu einem bestimmten Zeitpunkt als gegeben angenommen werden, liefern sie die Bedingungen für die Erzeugung epistemischer Dinge. Experimentalsysteme müssen sich differentiell reproduzieren können, um als Maschinerie zur Erzeugung von Zukunft zu dienen und zu funktionieren. Das bedeutet nicht einfach, daß sie differentielle Spuren zulassen müssen; sie müssen vielmehr so eingerichtet sein, daß die Erzeugung von Differenzen zur organisierenden Triebkraft der ganzen Maschinerie wird; dann kann man sagen, daß das System von *différance* durchdrungen ist. Ich habe weiter argumentiert, daß Experimentalsysteme ihre Dynamik in einem Darstellungsraum ausspielen, in dem materielle Grapheme, experimentell erzeugte Marken verbunden und getrennt, gesetzt, versetzt und ersetzt werden. Und schließlich habe ich zu zeigen versucht, wie durch Ereignisse, die man als Konjunkturen, Verzweigungen und Hybridisierungen bezeichnen kann, Experimentalsysteme rhizomisieren, verklumpen und sich zu größeren Experimentalkulturen vernetzen können.

Experimentalwissenschaftler gehen bei ihrer täglichen Laborarbeit mit materialen Einheiten um, mit Spuren, denen sie die Bedeutung des Realen und der Realien ihrer besonderen Praxis zuweisen. Sie bewegen sich in einem Raum und bedienen sich eines Repertoires an Gesten, die viele Charakteristika von dem aufweisen, was Claude Lévi-Strauss im *Wilden Denken* als die »Wissenschaft des Konkreten« bezeichnet hat.[2] Sie schieben die von ihnen erzeugten Spuren im Raum technisch möglicher Darstellungen zurecht, erzeugen neue, indem sie wieder andere unterdrücken, und verknüpfen sie zu ständig wechselnden Ketten. Sie ordnen sie in bestimmter Weise an, lassen sie aufeinander reagieren, und ausgehend von den erhaltenen Antworten verwickeln sie sie in Re-Aktionen. Dabei stehen die erzeugten epistemischen Dinge nicht für unveränderliche Referenten, sie sind nicht einfach Zeichen für vorgegebene Objekte. Sie bedeuten, was sie bedeuten, soweit sie im Darstellungsraum verkettet werden können. Auf die Verkettung kommt es an. Experimentalsysteme sind ebenso wie andere Signifikationssysteme diakritisch verfaßt. Folgt man Brian Rotman, so gilt das auch für den Raum mathematischer Objekte und Operationen. Er sieht in dem »Insistieren auf der Priorität gewisser ›Dinge‹ gegenüber mathematischen Zeichen« ein »referentialistisches Mißverständnis der Natur geschriebener Zeichen« und will zeigen, daß die Bedeutung einer Konstellation von mathematischen Dingen in erster Linie darin liegt, daß sie die »Fähigkeit zur Erzeugung weiterer Bedeutungen in sich tragen«.[3] Ein Experimentalsystem existiert als Teil der Forschung nur so lange, wie der Prozeß der Bedeutungszuweisung sich im Sinne einer Verknüpfung materialer Spuren, ihrer Dekontextualisierung und Rekontextualisierung fortsetzt. Auf epistemische Dinge trifft um so mehr zu, was Didi-Huberman über den Abdruck und paradigmatische Referentialität sagt: »In einem Sinn ist der Abdruck *operativ*, in einem anderen Sinn bleibt er *unbestimmt*.«[4] Experimentalwissenschaftler lesen nicht einfach im Buch der Natur. Sie konstruieren aber auch nicht einfach Realität. Sie sind weder mit platonischen Übungen beschäftigt noch mit asymptotischen Annäherungen an ein immer schon vorausgesetztes Wesen der Dinge, und noch weniger mit sozialkonstruktivistischen Erfindungen.

Bei der Konfiguration und Rekonfiguration epistemischer Dinge stoßen Wissenschaftler auf mehr oder weniger hartnäckige Widerstände und Widerspenstigkeiten des Materials, mit dem sie umgehen. Konstruktion ist möglich, aber nur eingeschränkt. Die Linien, entlang derer Forscher ihre Welten aufzuteilen versuchen, nehmen nur dann Bedeutung an, wenn es Resonanzen zwischen den Teilstücken gibt. Ohne ein Minimum an Resonanz gäbe es keine robusten technischen Objekte. Ohne ein Minimum von Dissonanz wiederum gäbe es keine vergänglichen epistemischen Dinge. Wenn ein Wissenschaftswirkliches existiert, dann ist es multipel. Was uns vor plattem Realismus bewahrt, ist die Tatsache, daß die Resonanzen, die in einer bestimmten historischen Konstellation aufgebaut werden, nicht die einzig möglichen und vorstellbaren sind. Resonanzen sind vergänglich, wenn auch manchmal langlebig. Ihre Vergänglichkeit begründet das endlose Spiel der Realisierung des Möglichen. Wie Francis Crick einmal betont hat, sollte man in einer typischen Forschungssituation »alles [...] so weit als möglich untersuchen, da man nie im voraus wissen kann, was sich ergeben wird«.[5] Wissenschaftsobjekte, nicht als materielle Dinge an sich, sondern als epistemisch konfigurierte Objekte, sind ständig im Fluß befindliche transversale Verkettungen von Darstellungen. Epistemische Dinge haben ihre Zeit. In der Regel ist es allerdings nicht so, daß sie eines Tages zu bloßen Illusionen zusammenschrumpfen. Vielmehr können sie in einem veränderten wissenschaftlichen Kontext ganz unbedeutend werden, weil niemand mehr in ihnen etwas sieht, woraus unvorwegnehmbare Ereignisse hervorgehen können. Sie können aber auch einfach als Forschungsobjekte verstummen und als schlichte technische Werkzeuge überdauern. Um die seltsame und – über längere Zeiträume betrachtet – stets fragile Realität von Wissenschaftsobjekten zu verstehen, muß man sich diese doppelte Bewegung klarmachen: daß sie innerhalb bestimmter Experimentalkulturen ins Zentrum rücken, aber auch in die Marginalität entschwinden können.

Mit Pierre Bourdieu bin ich der Meinung, daß es einer realistischen Sicht auf die Geschichte der Wissenschaften darum gehen muß, sich keinesfalls jenseits der unüberschreitbaren Grenzen der Geschichte zu stellen, gleichzeitig aber nach den historischen Bedingungen zu fragen, »unter denen der Geschichte Wahrheiten abgerungen werden, die sich nicht auf die Geschichte reduzieren lassen«. Man muß also, um mit Bourdieu fortzufahren, »davon ausgehen, daß das Wissen nicht vom Himmel fällt wie ein geheimnisvolles Geschenk, das für immer unerklärlich bleibt, daß es also durch und durch historisch ist. Aber das heißt noch lange nicht, daß es, wie es oft geschieht, auf die Geschichte reduzierbar ist. Man muß also das Prinzip der relativen Unabhängigkeit des Wissens von der Geschichte, deren Produkt es doch ist, ausgerechnet in der Geschichte selbst suchen, genauer in der genuin historischen, aber sehr spezifischen Logik, aufgrund derer sich jene Exklaven gebildet haben, in denen sich die besondere Geschichte des Wissens vollzieht.«[6]

So bleiben Wissenschaftler in das Paradox des Erkennens verwickelt: Sie handeln nach dem Prinzip der einfühlenden Distanzierung. Lacan hat einmal gesagt, daß das »Subjekt das Korrelat der Wissenschaft bleibt, aber ein antinomisches Korrelat, weil sich nämlich die Wissenschaft durch den ausweglosen Versuch, es zu nähen, definiert erweist«. Daher, so Lacan, gibt es »etwas im Status des Objekts der Wissenschaft, das uns, seit der Entstehung der Wissenschaft, noch nicht erhellt erscheint«.[7] Dem Status solcher Objekte galt meine Aufmerksamkeit in diesem Buch. Ich hoffe, in ihre Entstehung, ihre Konstitution und ihre Dynamik etwas Licht gebracht zu haben. Nahtstellen sind einerseits die Grenzlinien, entlang derer sich die Gegenstände der Wissenschaft abzeichnen. Sie sind aber auch die sichtbaren Zeichen einer Verletzung. Nähte sind Linien, entlang derer man Zergliederungen versucht hat, und zugleich sind sie die nie verschwindenden Spuren ihres Fehlschlags. Sie leben vom *Versäumen* im doppelten Sinn dieses Wortes, den man schon nicht mehr vernimmt: etwas zusammenfügen und etwas verpassen. Der Wissenschaftler ist autorisierter Sprecher, aber er ist nicht Herr des Spiels. Als bescheidenes Subjekt ist er gefangen in einem unauflösbaren inneren Ausschlußverhältnis zu seinen Objekten. Er *macht* sie, aber nur insofern die Objekte machen, daß er sie macht. Diese Extimisierung wird ständig rekursiv eingeholt von ihren eigenen Hervorbringungen. Ich frage und antworte mit Marjorie Grene: »*Warum* können wir unsere Überzeugungen nicht [direkt] an der Realität überprüfen? Nicht deshalb, wie die Skeptiker meinen, weil wir die Realität nicht erreichen, sondern weil wir ein Teil von ihr sind.«[8]

Es kann also nicht darum gehen, die Wissenschaften im Namen einer anderen Autorität vom Sockel zu stoßen. Aber »statt sie in ihrer Objektivität zu nehmen, ihrer Wahrheit, ihrer Kälte, ihrer Exterritorialität – Eigenschaften, die sie immer nur in ihrer willkürlichen Wiederaufbereitung durch die Epistemologie besaßen –, nehmen wir sie in dem, was immer schon das Interessanteste an ihnen war: ihrem Wagemut, ihrem Experimentieren, ihrer Ungewißheit, ihrer Hitze, ihrem ungebührlichen Mischen von Hybriden, ihrer wahnsinnigen Fähigkeit, das soziale Band neu zu knüpfen«.[9]

Produktive Experimentalsysteme operieren am fruchtbarsten an der unscharfen Grenze zwischen dem Trivialen und dem Komplexen. Eigentlich sind Experimentalsysteme Maschinen zur Reduktion von Komplexität. Aus der jeweiligen Perspektive solcher Systeme erfüllt Komplexität andererseits die Funktion eines epistemischen Horizonts. Die einzelnen Reduktionsversuche können daher in alle möglichen Richtungen laufen, und es gibt keine allgemeine Garantie oder Regel, um Sackgassen zu vermeiden oder Königswege zu finden. Aber das Netzwerk benachbarter Experimentalsysteme weist jedem einzelnen von ihnen einen epistemischen Wert zu, der nicht allein systemimmanent definiert werden kann. Wenn ontologische Komplexität reduziert werden muß, um experimentelle Forschung zu ermöglichen, dann wird diese Komplexität epistemisch in der Textur einer experimentellen Landschaft bewahrt, in der jederzeit neue Verbindungen und Trennungen stattfinden können, und in der ein einzelnes »aktives« System die Landschaft so tiefgreifend verändern kann wie ein ausbrechender Vulkan.

Damit kommen wir einer Idee sehr nahe, die Stuart Kauffman in seinem vor einigen Jahren erschienenen Buch *At Home in the Universe* entwickelt, und die er das »Patch«- oder »Flickenverfahren« nennt.

> »Die Grundidee des Patchverfahrens ist einfach: Man nehme eine schwierige, konfliktreiche Aufgabe, bei der viele Seiten aufeinanderwirken, und teile sie wie eine Steppdecke in aneinandergrenzende Stücke auf. Man versuche dann, in jedem Teilstück eine optimale Lösung zu finden. In dem Maße, in dem das gelingt, wird durch Kopplungen zwischen einzelnen Bereichen nebeneinanderliegender Stücke das Finden einer ›guten‹ Lösung in einem Stück das im angrenzenden Stück zu lösende Problem verändern. Da Veränderungen in jedem Teilstück auch die Probleme verändern, mit denen man in den Nachbarstücken konfrontiert ist, und die Anpassungsbewegungen in diesen Stücken wiederum auf die Probleme in weiteren Teilstücken einwirken, bildet das System [ein] Modell koevolvierender Ökosysteme. [...] Wenn die gesamte konfliktreiche Aufgabe in richtig gewählte Teilstücke zerlegt wird, befindet sich das koevolvierende System in einem Phasenübergang zwischen Ordnung und Chaos und wird schnell sehr gute Lösungen liefern. Kurz gesagt, könnte Stückelung oder Flickenbildung ein grundlegender Prozeß sein, den wir in unseren sozialen Systemen und vielleicht auch anderswo entwickelt haben, um besonders schwierige Probleme zu lösen.«[10]

Nennen wir das die Patchperspektive der Forschung. Sie ist Ausdruck des Bedürfnisses nach einer Logik, die weder in der Rationalität einzelner Akteure noch in explizit formulierten kollektiven Zielen liegt. Die Flikken, das heißt die Experimentalsysteme, sind die für sich genommen subkritischen Elemente eines Netzwerks, das als Ganzes jedoch die Züge eines suprakritischen Prozesses annimmt, den wir »Wissenschaft im Werden« nennen. Noch ist die Patchperspektive nicht viel mehr als eine verführerische Metapher. Aber ich hoffe, daß sie ein brauchbarer heuristischer Leitfaden und Wegweiser zu dem sein kann, was sich irgendwann als umfassende Geschichte der empirischen Wissenschaften und insbesondere der biologischen Wissenschaften darstellen wird. Diese Geschichte ist bisher nicht geschrieben. Das vorliegende Buch ist selbst ein Flicken, ein Schnipsel historischer Arbeit, der vielleicht mögliche Richtungen weist. Die hier beschriebene Epistemologie kann bei der Suche nach Werkzeugen helfen, die uns die historische Entwicklung der Wissenschaften als ein verwickeltes Netzwerk verstehen lassen – ein Netzwerk, das sich in unvorhersehbarer Weise entfaltet und das dennoch Muster aufweist.

Am Ende seines Buches fragt sich Kauffman, »ob wir wirklich sehr viel von dem verstehen, was wir hervorbringen«. Und er fährt fort: »Alles, was wir tun können, ist lokale Weisheit walten zu lassen, selbst wenn gerade unsere nobelsten Anstrengungen letztlich zu völlig unvorhersehbaren Veränderungen unserer Existenzbedingungen führen.«[11] Solche »lokale Weisheit« zeichnet die Praxis der Wissenschaften aus. Entsprechend ist die gegenwärtige Aufgabe der Epistemologie nicht, universalen Theorien nachzujagen, sondern zu verstehen, wie lokale Formen des Denkens und Wissens, die sich in Forschungsattraktoren wie den Experimentalsystemen verkörpern, sich zu einem Patchwork des Wissens fügen. Das Fragmentarische ist dabei nicht nur kein Nachteil, sondern eine grundlegende Voraussetzung für unvorwegnehmbare Entwicklungen. Fragmentierung, die auf Einfachheit zielt, führt am Ende zu sehr komplexen Lösungen. Eine »Philosophie des epistemologischen Details«[12] wird sich der Aufgabe widmen müssen, die Dynamik dieser Wechselwirkungen und Verwandlungen zu verstehen. Und die Epistemologie ist aufgerufen, selbst experimentell zu werden, wenn sie den Praktiken, die sie zu analysieren versucht, gerecht werden will. Es ist noch ein weiter Weg in diese Richtung.

Unsere gegenwärtige Welt mit all ihren postmodernen Protuberanzen und Ausstülpungen wird von einem rhizomatischen Geflecht technischer Systeme überzogen und beherrscht. Wir sprechen deshalb zu Recht von einer technologischen Zivilisation. Nicht die Wissenschaften haben die moderne Technologie hervorgebracht: Es war die technologische Lebensform, die der besonderen epistemischen Aktivität, die wir Wissenschaft nennen, ihre historische Triebkraft und ihre unaufhaltsame Wucht verliehen hat. In letzter Instanz beziehen die Systeme der Wissenschaft ihre Bedeutung, Würde und Wertschätzung aus diesem übergeordneten Raum. Andererseits leitet sich die epistemische Macht der Wissenschaften davon ab, daß sie einen »Raum des Vagen« aufrechterhalten und nicht zum vornherein dem klinischen Blick technologischer Lösungen verfallen sind. Sie leben von Merkmalen, die Lévi-Strauss der Bastelei zuschrieb – mit Didi-Huberman zu sprechen »das ungerichtete Prinzip des ›das kann man immer noch brauchen‹, die Offenheit für eine ›nicht vorgezeichnete Bewegung‹, für den technischen Zufall und das Fehlen eines Projekts; aber auch die Möglichkeit, ›glänzende und unvorhergesehene Ergebnisse zu zeitigen‹; die ›heterogene‹ Auswahl an Werkzeugen und Materialien, aber auch der Wunsch, daß ein und dieselbe Geste geeignet sein solle, um ›eine große Anzahl verschiedenartiger Arbeiten auszuführen‹«.[13] Experimentalsysteme gereichen dem technisch Implementierten zur permanenten Drohung. Woher sollte Veränderung sonst kommen? Das Experimentalspiel lebt vom Generieren von Überraschungen. Ich denke daher, daß wir gute Gründe haben, die Unterscheidung zwischen Wissenschaft und Technologie nicht ganz fallenzulassen. Wir sollten eher versuchen, ihre wechselseitigen Kohärenzen und Inkohärenzen zu verstehen.

Ich habe in diesem Buch die verschiedenen epistemischen Stadien in der Entwicklung eines einzelnen Forschungssystems beleuchtet und die Ereignisse dargestellt, die in ihm auftraten. Ich habe nachgezeichnet, wie das In-vitro-System zur Untersuchung der Proteinsynthese sich in einer fließenden Bewegung aus der Krebsforschung in die Biochemie und von dort in die Molekularbiologie verlagerte. Ich habe versucht, einen Sinn dafür zu vermitteln, wie Experimentalsysteme aufgebaut und artikuliert werden; wie sie eine Glanzzeit erleben und wie sie veralten; wie sie einer ganzen Laborkultur ihr Gepräge geben können; wie sie zu Erzeugern epistemischer Neuerungen werden, es eine Zeitlang bleiben und irgendwann aufhören, diese Rolle zu spielen. Kurz, es ging mir weniger um eine Geschichte von Theorien und Akteuren als vielmehr um eine Geschichte von Spuren und Dingen.

ANMERKUNGEN

Für öfter zitiertes Archivmaterial werden in den Fußnoten die folgenden Abkürzungen verwendet:

FCL	Francis A. Countway Library of Medicine, Boston
GLS	Green Library, Stanford University, Special Collection
MGHR	Massachusetts General Hospital, Research Affairs Office
MLB	Heinrich Matthaei, Laborbücher. Im Besitz von H. M.
ZLB	Paul Zamecnik, Laborbücher. Im Besitz von P. Z.
ZFN	Paul Zamecnik, Forschungsnotizen. Im Besitz von P. Z.

Französische und englische Texte werden aus Übersetzungen zitiert, wo solche vorlagen. Gelegentlich wurden jedoch Änderungen vorgenommen. Diese Änderungen des Autors werden jeweils vermerkt.

Prolog

1 Einen Überblick bietet Rheinberger 1992a, 1992b, 1993, 1994. Vgl. auch Rheinberger und Hagner 1993, sowie Hagner, Rheinberger und Wahrig-Schmidt 1994.
2 Rheinberger 1992a, 1992b.
3 Hoagland 1990. S. xvii.
4 Latour 1990b, S. 66.
5 Kubler 1982, S. 43. Vgl. auch Lubar und Kingery 1993.
6 Derrida 1983, S. 44 et passim.
7 Hacking 1996, S. 276.
8 Stent 1968.
9 Hoagland 1990, S. 82.
10 Vgl. etwa Abir-Am 1980, 1985, 1992; Gaudillière 1991, 1993; Fruton 1992; Burian 1993a und b, 1996, 1997; Kay 1993, 2000; Chadarevian 1996, 1998; Creager 1996, Creager 2002.
11 Jacob 1988.
12 Vgl. u. a. Zamecnik 1969 und 1979; Lipmann 1971; Tissières 1974; Siekevitz und Zamecnik 1981; Hoagland 1990; Nomura 1990; Spirin 1990. Zur Geschichte der »Information« und des »Codierens« in der Molekularbiologie vgl. Kay 2000.
13 Foucault 1973, S. 199-200.

Kapitel 1

1 Zamecnik, Keller, Littlefield, Hoagland und Loftfield 1956. Das Symposium fand auf einer Forschungskonferenz für Biologie und Medizin statt, die die Atomenergiekommission am Oak Ridge National Laboratory in Gatlinburg (Tennessee) vom 4. bis 6. April 1955 durchführte.

2 Lacan 1975, S. 239.
3 Lacan 1996, S. 171.
4 Judson 1980, S. 196.
5 Jacob 1988, S. 293.
6 Jacob 1988, S. 291.
7 Heidegger 1977, S. 77.
8 Vgl. Latour 1990a, S. 160-164, mit Bezug auf Serres 1987.
9 Holmes 1985, S. xvi.
10 Goethe 1962.
11 Kittler 1985.
12 Goethe 1962, S. 312, Hervorhebungen im Original.
13 Ebd., Hervorhebungen im Original.
14 Staiger 1987. Brief an Schiller vom 10. Januar 1798.
15 Ebd., Brief an Goethe vom 12. Januar 1798, S. 539-542.
16 Popper 1976, S. 72.
17 Collins 1985.
18 Fleck 1980, S. 126.
19 Fleck 1980, S. 114.
20 Kuhn 1992, S. 14.
21 Jacob 1988, S. 12.
22 Lenoir 1992. Vgl. auch Lenoir 1988.
23 Bachelard 1988, S. 138, Übersetzung geändert.
24 Ebd., Kapitel 6; vgl. auch Bachelard 1980.
25 Für die Geschichte der Molekularbiologie ist Jacob 1988 eines der brillantesten Beispiele. Die Zahl der Autobiographien aus der Feder von Molekularbiologen der ersten Generation ist mittlerweile beträchtlich, vgl. u. a. Lipmann 1971, Watson 1973, Chargaff 1978, Luria 1985, McCarty 1985, Jacob 1988, Kornberg 1989; Crick 1990, Hoagland 1990, Perutz 1998. Einen Überblick gibt Abir-Am 1991.
26 Hoagland 1990, S. xvi.
27 Rheinberger 1992a und 1992b.
28 Turnbull und Stokes 1990.
29 Kohler 1991b und 1994.
30 Vgl. beispielsweise Cambrosio, Keating und Tauber 1994, Hentschel 1998, Rabinow 1996, Creager 2002.
31 Etwas differenziertere Unterscheidungen finden sich bei Hentschel 1998.
32 Bernard 1954, S. 26.
33 Fleck 1980, S. 35-39.
34 Elkana 1970.
35 Löwy 1992. Zum Begriff »boundary object« vgl. Star und Griesemer 1988.
36 Moles 1995.
37 Feyerabend 1995, S. 245.
38 Blumenberg 1986.
39 Reichenbach 1983, S. 3; Grmek, Cohen und Cimino 1981.
40 Vgl. u. a. Latour und Woolgar 1979 und 1986; Knorr Cetina 1981; Hacking 1996; Lynch 1985; Collins 1985; Shapin und Schaffer 1985; Franklin 1986, 1990; Galison 1987, 1988, 1997; Latour 1987; Lenoir 1988, 1992; Gooding, Pinch und Schaffer

1989; Gooding 1990; Le Grand 1990; Lynch und Woolgar 1990b; Pickering 1992, 1995; Rheinberger 1992a; Buchwald 1995; Rouse 1996; Heidelberger und Steinle 1998; Pickstone 2000.

41 Serres 1994, S. 17, 35, 37.
42 Serres 1987, S. 191.
43 Latour 1987, S. 87-88.
44 Heidegger 1987.
45 Zum hier im Englischen zur Verfügung stehenden Begriff des »constraint« vgl. Galison 1995.
46 Latour 1987, S. 131 et passim.
47 Fleck 1980, S. 114, Hervorhebung weggelassen.
48 Weitere Ausführungen zu den wissenschaftlichen Veröffentlichungen in der Biologie bei Myers 1990; vgl. auch Bazerman 1988.
49 Z. B. Latour 1987, S. 174.
50 Bachelard 1988, S. 18.
51 Nietzsche 1919, Nr. 466.
52 Heidegger 1959, S. 178.
53 Nietzsche 1919, Nr. 469.
54 Heidegger 1959, S. 178-179.
55 Hoagland 1990, S. xvi.
56 Nowotny 1989, S. 47.
57 Vgl. Jardine 1991.
58 Weber 1989, S. 982.
59 Vgl. Damerow und Lefèvre 1981, S. 223-233; Rohbeck 1993, bes. Kapitel 6.
60 Crick 1970, S. 613; vgl. auch Olby 1990.
61 Vgl. z. B. Cairns, Stent und Watson 1966 (2. Aufl. 1992); Rich und Davidson 1968; Monod und Borek 1971; Lwoff und Ullmann 1979.
62 Burian 1996.
63 Eine wissenschaftshistorische Gesamtdarstellung des Gegenstandes steht immer noch aus. Einige Auskünfte findet man bei Portugal und Cohen 1977; Judson 1980; Bartels 1983; Rheinberger 1992b, 1993, 1995, 1996; Burian 1993a und b; Morange 1994, besonders Kapitel 12 und 13.
64 Vgl. Kohler 1991a, Rheinberger 2001.
65 Eine detaillierte Diskussion findet sich in Kapitel 6.
66 Bachelard 1988, S. 11.
67 Rotman 1987, S. 102.
68 Knorr Cetina, Amann, Hirschauer und Schmidt 1988.

Kapitel 2

1 Zamecnik und Stephenson 1978; Stephenson und Zamecnik 1978; Agrawal, Ikeuchi, Sun, Sarin, Konopka, Maizel und Zamecnik 1989; Zamecnik und Agrawal 1991; vgl. auch Lunardini 1993.
2 Brief von Zamecnik an Rheinberger, 5. November 1990.
3 Ebd.

4 Faxon 1959, S. 229; Aub, Brues, Dubos, Kety, Nathanson, Pope und Zamecnik 1944; vgl. auch eine Reihe von sechs aufeinanderfolgenden Artikeln im *Journal of Clinical Investigation* 24 (1945), beginnend mit Nathanson, Nutt, Pope, Zamecnik, Aub, Brues und Kety 1945.

5 Die Geschichte des Massachusetts General Hospital und seiner Forschungseinrichtungen ist gut dokumentiert. Vgl. Faxon 1959; Garland 1961; Castleman, Crockett und Sutton 1983.

6 Zamecnik 1960, 1962a, 1969, 1976, 1979, 1984; Siekevitz und Zamecnik 1981; Hoagland 1996. Vgl. aber Hoagland 1990, ebenso Rheinberger 1993.

7 Vgl. Faxon, 1959, S. 204-207, 231-240; Castleman, Crockett und Sutton 1983, S. 343-350. Vgl. auch Zamecnik 1974, 1983; Bucher 1987; Hoagland 1990, S. 37-39.

8 Zamecnik Forschungsnotizen (ZFN), Entwurf »For International Cancer Research Foundation/Application, 3/8/45«.

9 Loftfield, briefliche Antwort auf die Zusendung eines Entwurfs dieses Manuskripts, 17. Mai 1993 (abgekürzt als: Loftfield, Korrespondenz 1993).

10 Zamecnik 1950, S. 659.

11 Ebd., S. 660.

12 Zur vernachlässigten Geschichte des »Multi-Enzym-Programms der Proteinsynthese« vgl. Bartels 1983.

13 Vgl. Zamecnik und Lipmann 1947; Zamecnik, Brewster und Lipmann 1947.

14 Faxon 1959, S. 48.

15 Lipmann 1941. Vgl. auch Kalckar 1941.

16 ZFN, Entwurf »American Cancer Society Application, March 8, 1947«.

17 Castleman, Crockett und Sutton 1983, S. 33; Zitat aus dem Bericht des Vorstands.

18 Vgl. z. B. Kay 1993.

19 MGH Research Affairs Office (MGHR), General Executive Committee, Jahresbericht (1934), S. 23-24.

20 MGHR, Scientific Advisory Committee, Recommendations and Comments, 24. und 25. November 1950.

21 Castleman, Crockett und Sutton 1983, S. 35-36.

22 Kohler 1991a, Lenoir und Hays 2000; Rheinberger 2001.

23 Francis A. Countway Library of Medicine, Boston (FCL), Aub Files GA_4, Box 3, Brief von P. W. Bridgman von der Harvard University an Joseph Aub, Mitglied des Harvard Cyclotron Committee, 30. April 1942.

24 Interview mit Robert B. Loftfield, 18. Juni 1993.

25 Die Markierungssubstanz, die er 1936 benutzte, war natürlich vorkommendes radioaktives Blei. Brief von Ivan Frantz an Rheinberger, 7. Juli 1994. Vgl. auch Zamecnik 1983, S. 347. Aub hatte seit 1924 am MGH über Blei im Stoffwechsel gearbeitet, anfänglich unter David Edsall.

26 Zamecnik 1983, S. 347.

27 ZFN, Entwurf »American Cancer Society Application, March 8, 1947«.

28 Loftfield 1947, S. 54.

29 ZFN, Entwurf »American Cancer Society Application, March 8, 1947«; Miller 1947.

30 Loftfield, Interview 1993.

31 Frantz, Brief an Rheinberger, 7. Juli 1994.

32 MGHR, Protokollbücher des Forschungskomitees am MGH (Committee on Research Minutes), Buch 1 (Januar 1947 bis Dezember 1950), S. 93-95.
33 MGHR Forschungskomitee, Protokollbücher des Vorstands (Executive Committee Minutes), Buch 1 (März 1948 bis Dezember 1950), S. 59.
34 Frantz, Brief an Rheinberger, 7. Juli 1994.
35 Frantz, Loftfield und Miller 1947.
36 Jacob 1988, S. 12.
37 Loftfield, Interview 1993.
38 Zu diesen Forschern gehörten Melchior und Tarver 1947a, 1947b; Winnick, Friedberg und Greenberg 1947. Ein Experiment am lebenden Tier erforderte 100mal mehr Radioaktivität als ein Schnittexperiment. Vgl. ZFN, »Final Report to Donner Foundation, Inc., January, 1948«.
39 Vgl. Zamecnik, Frantz, Loftfield und Stephenson 1948.
40 Die Schnitte wurden in einer Krebs-Ringer-Phosphatlösung unter einer Sauerstoffatmosphäre in Warburg-Kolben gehalten.
41 Zamecnik, Frantz, Loftfield und Stephenson 1948, S. 299.
42 Frantz, Loftfield und Miller 1947. Wenn alle Parameter »identisch« gehalten wurden, reichten die Werte von 102 bis 916 in Protein inkorporierten radioaktiven Zähleinheiten pro Minute (cpm). Der letztgenannte Wert wurde zwar als irrig angesehen, aber »aus Vollständigkeitsgründen« dennoch aufgeführt (S. 545).
43 Zamecnik, Frantz, Loftfield und Stephenson 1948, Tabelle 1.
44 Frantz, Zamecnik, Reese und Stephenson 1948.
45 Loomis und Lipmann 1948.
46 Loftfield, Interview 1993. Zwischen 1948 und 1953 erhielt das MGH von der American Cancer Society ein »Institutional Grant« von 100000 $ pro Jahr. Von diesem Geld flossen ungefähr 5000 $ jährlich in Zamecniks Projekte. MGHR, Report to the Scientific Advisory Committee Meeting, 12. und 13. Dezember 1952.
47 Hoagland 1990, S. xix.
48 Loftfield, Korrespondenz 1993.
49 Melchior und Tarver 1947a, 1947b; Winnick, Friedberg und Greenberg 1947.
50 Anfinsen, Beloff, Hastings und Solomon 1947.
51 Melchior und Tarver 1947a, 1947b; Friedberg, Winnick und Greenberg 1947; Winnick, Friedberg und Greenberg 1948; Winnick, Moring-Claesson und Greenberg 1948; eine zeitgenössische Übersicht bieten Greenberg, Friedberg, Schulman und Winnick 1948. Borsook, Deasy, Haagen-Smit, Keighley und Lowy 1949a; eine Übersicht über die frühen Arbeiten der Gruppe findet sich bei Borsook 1950.
52 Zamecnik 1950, S. 660.
53 Frantz und Feigelman 1949, S. 619.
54 Zamecnik, Frantz und Stephenson 1949.
55 Stein und Moore 1948, 1950; Moore und Stein 1949; vgl. auch Zamecnik 1984.
56 Interview mit Mary L. Stephenson, 25. März 1994.
57 Vgl. z. B. Bucher und Glinos 1948.
58 Bucher, Loftfield und Frantz 1949.
59 Zamecnik, Frantz, Loftfield und Stephenson 1948, S. 310.
60 Frantz, Loftfield und Werner 1949.
61 Borsook, Deasy, Haagen-Smit, Keighley und Lowy 1949b, S. 589.

62 Zamecnik, Loftfield, Stephenson und Williams 1949.
63 Loftfield 1957a, S. 371.
64 Die Intensität der Zusammenarbeit wird durch die Vielzahl der gemeinsamen Veröffentlichungen belegt.
65 Hoagland 1990, S. 48; Interview mit Mahlon B. Hoagland, 15. März 1990.
66 Stephenson, Interview 1991. Interview mit Nancy L. R. Bucher, 16. Juli 1993.
67 Loftfield, Interview 1993.
68 Zamecnik und Frantz 1949.
69 Stephenson, die sich auf Loftfields Kenntnisse im Ionenaustausch-Verfahren stützte, hatte beträchtliche Zeit damit verbracht, die Moore-Stein-Technik für diesen Zweck zu standardisieren (Zamecnik, Frantz und Stephenson 1949).
70 Zamecnik und Frantz 1949, S. 205.
71 Zamecnik und Frantz 1949, S. 206.
72 Ebd., S. 206.
73 Ebd., S. 207; das Zitat stammt aus dem Gedicht »The Secret Sits« von Robert Frost. Frost 1964, S. 495.
74 Zamecnik 1950.
75 Ebd., S. 662.
76 Vgl. z.B. Melchior und Tarver 1947b; Greenberg, Friedberg, Schulman und Winnick 1948; Borsook, Deasy, Haagen-Smit, Keighley und Lowy 1949a, 1949b.
77 Im Vergleich zum Schnittsystem sank die Aktivität noch einmal um eine Größenordnung.
78 Zamecnik 1950, S. 663.
79 Ebd., S. 659.
80 Ebd., S. 660.

Kapitel 3

1 Zamecnik 1950, S. 663.
2 In einem dieser Systeme wurde der Einbau von radioaktivem Glycin in Glutathion verfolgt. Zitat aus Zamecnik 1950, S. 663-664.
3 Zamecnik 1950, S. 666.
4 Die Formulierung verdanke ich Robert Loftfield.
5 Frantz und Loftfield 1950.
6 Linderstrøm-Lang 1952; Steinberg und Anfinsen 1952; Campbell und Work 1953; Tarver 1954.
7 Loftfield, Grover und Stephenson 1953.
8 Vgl. Fruton 1952.
9 Loftfield, Grover und Stephenson 1953, S. 1025.
10 Ebd.; vgl. Sanger und Tuppy 1951.
11 Bachelard 1988, S. 138; vgl. auch oben, Kapitel 1.
12 Stent 1968.
13 Hoagland 1990, S. 82. Vgl. auch Keller 1990.
14 Neben dem radioaktiven Protein enthielt die Mikrosomenfraktion den höchsten Anteil an RNA (und DNA) relativ zu den Eiweißen.
15 Eine umfassendere historische Darstellung findet sich in Rheinberger 1995 und 1997.

16 Rous 1911.
17 Ledingham und Gye 1935; McIntosh 1935.
18 Claude 1938, S. 402.
19 Garnier 1900.
20 Benda 1902.
21 Bensley und Hoerr 1934.
22 Claude 1941, S. 265.
23 Vgl. Burian 1997.
24 Eine Übersicht findet sich in Brachet 1947b, S. 18.
25 Brachet 1942.
26 Ebd., S. 239.
27 Caspersson 1941.
28 Paillot und Gratia 1938.
29 Brachet und Jeener 1943-45; Chantrenne 1943-45; Jeener und Brachet 1943-45.
30 Chantrenne 1990. S. 13.
31 Brachet 1949, S. 863; vgl. auch Chantrenne 1991 und Interviev mit Hubert Chantrenne, 28. Mai 1996.
32 Claude 1943a.
33 Claude 1943b, S. 119-120.
34 Palade 1951, S. 144.
35 Hogeboom, Schneider und Palade 1948.
36 Claude 1950, S. 163.
37 Chantrenne 1947, S. 445.
38 Ebd., S. 447.
39 Brachet und Shaver 1949, S. 205; Shaver und Brachet 1949.
40 Hultin 1950; Borsook, Deasy, Haagen-Smit, Keighley und Lowy 1950b; Lee, MacRae und Williams 1951.
41 Keller 1951.
42 Zum Begriff der Triangulation vgl. Star 1986; Gaudillière 1994.
43 Vgl. Wahrig-Schmidt und Hildebrandt 1993.
44 Hogeboom, Schneider und Palade 1948.
45 Eine Übersicht bieten Ernster und Schatz 1981; vgl. auch Rheinberger 1995.
46 Siekevitz und Zamecnik 1951.
47 Als Energielieferanten wurden α-Ketoglutarat oder Succinat verwendet.
48 Siekevitz 1952.
49 Mögliche Kandidaten dafür waren Transcarboxylierung, Transpeptidierung, die Bildung von S-S-Brücken und Phosphaten.
50 Melchior und Tarver 1947a; eine detaillierte Diskussion findet sich bei Tarver 1954.
51 Siekevitz, Brief an Rheinberger, 1. Juli 1994; vgl. auch Friedberg, Winnick und Greenberg 1947.
52 Vgl. Winnick, Peterson und Greenberg 1949.
53 Schneider und Hogeboom 1950.
54 Ninhydrin setzt aus ungebundenen (und nur aus ungebundenen) Aminosäuren CO_2 frei, welches das radioaktive ^{14}C enthält. Zu den erwähnten Schwierigkeiten vgl. Tarver 1954. Einen Rückblick gibt Loftfield 1957a.

55 Borsook, Deasy, Haagen-Smit, Keighley und Lowy 1950a.
56 Voraussetzung war, daß man α-Ketoglutarat als oxidatives Substrat zufügte.
57 Siekevitz und Zamecnik 1951.
58 Siekevitz 1952, S. 562.
59 MGHR, Committee on Research, Executive Committee Minutes, Buch 1 (März 1948 bis Dezember 1950) und Buch 3 (Januar 1953 bis Dezember 1954).
60 Siekevitz und Zamecnik 1981, S. 54s.
61 Vgl. MGHR Committee on Research Minutes, Bücher 1-4, 1947-1959. Eine Geschichte des Office of Naval Research bietet Sapolsky 1990.
62 MGHR Committee on Research, Buch 2 (Februar 1951 bis Dezember 1953), S. 325.
63 Loftfield, Korrespondenz 1993.
64 Loftfield, Interview 1993.
65 Vgl. Kay 1993.
66 Interview mit Paul C. Zamecnik, 16. März 1990.
67 Siekevitz, Brief an Rheinberger, 1. Juli 1994.

Kapitel 4

1 Jacob 1988, S. 340-341.
2 Vgl. ebd., S. 316.
3 Kubler 1982, S. 194; vgl. auch Bernard 1965.
4 Heidegger 1977, S. 84.
5 Jacob 1983.
6 Ebd., S. 22; Übersetzung geändert.
7 Derrida 1983, S. 44-45 et passim.
8 Ebd., S. 45, Übersetzung ergänzt.
9 Bernard 1954, S. 14.
10 Althusser 1994, S. 42.
11 Bernard 1966, S. 19.
12 Fleck 1980, S. 126.
13 Polanyi 1958, 1969, besonders Teil 3, 1985.
14 Elkana 1986.
15 Vgl. Keller 1983, S. 198; MacColl 1989, S. 90; Elkana 1981, S. 42-48; Suchman 1990, S. 310.
16 Polanyi 1969, S. 138-158.
17 Rheinberger 1998b.
18 Polanyi 1969, S. 148.
19 Polanyi 1958, S. 49; Hervorhebung weggelassen.
20 Fischer 1988, S. 152. Fischer zitiert aus einem Brief von Max Delbrück an seinen Freund Salvador Luria vom Herbst 1948.
21 Dieses Zitat von Delbrück stammt von einer Tagung in Oak Ridge im Jahre 1949. Fischer 1988, S. 153.
22 Dagognet 1984, S. 18.
23 Deleuze 1992, S. 11.
24 Bachelard 1980, S. 27-28.

25 Deleuze 1992, S. 12.
26 Loftfield, Interview 1993.
27 Amann und Knorr Cetina 1990, S. 104, 111.
28 Kohler 1991b.
29 Serres 1980, S. 126.
30 Kubler 1982, S. 71-78.
31 Ebd., S. 141.
32 Ebd., S. 74.
33 Didi-Huberman 1999, S. 17.
34 Wise 1992, S. 34.
35 Derrida 1976b, S. 151.
36 Derrida 1976a, S. 10-11.
37 Derrida 1991, S. 26-27.
38 Derrida 1976b, S. 150.
39 Stengers 1987.

Kapitel 5

1 Bachelard 1980, S. 128; Übersetzung geändert.
2 Zamecnik 1979, S. 296.
3 Stephenson, Interview 1991.
4 Auf das *E. coli*-System komme ich in Kapitel 11 und 12 zurück.
5 MGHR, Committee on Research, Executive Committee Minutes, Buch 2 (Januar 1951 bis Dezember 1952).
6 Gale und Folkes 1953c.
7 Gale und Folkes 1953b, S. 728. Eine ausführlichere Darstellung der Arbeit von Gale bietet Rheinberger 1996.
8 St. Aubin und Bucher 1951.
9 Frantz, Brief an Rheinberger, 7. Juli 1994.
10 Ein Puffersystem, das durch verschiedene Kofaktoren und metabolische Substrate verstärkt wurde.
11 Bucher, Interview 1993.
12 Bucher 1953; Frantz und Bucher 1954.
13 Zamecnik 1953.
14 Vgl. weiter oben Kapitel 3.
15 Siekevitz 1952.
16 MGHR, Committee on Research, Executive Committee Minutes, Buch 3 (Januar 1953 bis Dezember 1954).
17 Zamecnik und Keller 1954, S. 338.
18 Zu einer detaillierten Darstellung vgl. Rheinberger 1995.
19 Winnick 1950. Zu Homogenaten vgl. auch Peterson und Greenberg 1952; Kit und Greenberg 1952.
20 Lipmann 1941, 1949.
21 Für die Zeit vom 1.7.1954 bis zum 30.6.1955 wurde ihm ein Betrag von 10406,88 $ gewährt. MGHR, Committee on Research, Buch 2 (Februar 1951 bis Dezember 1953).

22 Brief von Zamecnik an Dean A. Clark, 6.11.53. MGHR, Committee on Research, Executive Committee Minutes, MGH, Buch 3 (Januar 1953 bis Dezember 1954).
23 Außer ATP wurde Phosphokreatin und das Enzym Kreatin-Phosphokinase verwendet.
24 Keller und Zamecnik 1954, S. 240.
25 Vgl. weiter oben Kapitel 3.
26 Zamecnik und Keller 1954, S. 337.
27 Ebd., S. 351.
28 Stephenson, Interview 1991.
29 Vgl. z. B. Peterson und Greenberg 1952.
30 Vgl. z. B. Zamecnik und Keller 1954, S. 347.
31 Gale 1955, S. 183.
32 Loftfield 1957a, S. 351.
33 Ebd., S. 352.
34 Collins 1985, S. 83-84, 147.
35 Rheinberger 1989.
36 Loftfield 1954.
37 Ebd., S. 465.
38 Simpson, Farber und Tarver 1950.
39 Brachet 1947a und b; Caspersson 1947. Vgl. auch weiter oben Kapitel 3.
40 Gale und Folkes 1953c, 1954; Allfrey, Daly und Mirsky 1953.
41 Zamecnik und Keller 1954, S. 352.
42 Keller, Zamecnik und Loftfield 1954, S. 381.
43 Loftfield, Korrespondenz 1993.
44 Keller und Zamecnik 1955, S. 234.
45 ZFN, Briefe vom 22. November und 6. Dezember 1954.
46 Littlefield, Keller, Gross und Zamecnik 1955a, 1955b.
47 Strittmatter und Ball 1952. Desoxycholat war bereits von Avery, MacLeod und McCarty (1944) benutzt worden, um ihr »transformierendes Agens« zu isolieren.
48 Die Werte entsprachen annähernd den von Schachman, Pardee und Stanier (1952) für *Pseudomonas fluorescens* angegebenen sowie denen von Petermann, Hamilton und Mizen (1954) für Rattenleber- und Milzpartikel.
49 Claude und Fullam 1945.
50 Porter 1953; eine nähere Beschreibung dieser Untersuchungen findet sich in Rheinberger 1995.
51 Palade 1955. Vgl. ausführlich auch Rasmussen 1997.
52 Palade und Siekevitz 1956, S. 171-172. Vgl. auch Siekevitz 1988.
53 Littlefield, Keller, Gross und Zamecnik 1955a.
54 Palade 1955.
55 Petermann und Hamilton 1952; Petermann, Mizen und Hamilton 1953; Petermann, Hamilton und Mizen 1954.
56 Latour 1988, S. 227.
57 Ich komme darauf in Kapitel 7 und 11 zurück.
58 Keller, Zamecnik und Loftfield 1954.
59 Littlefield, Keller, Gross und Zamecnik 1955a, S. 121.

60 Zamecnik und Keller 1954.
61 Jacob 1988, S. 292.
62 Ebd., S. 346.

Kapitel 6

1 Mit einigen Änderungen erschien dieses Kapitel in Hampe und Lotter 2000.
2 Jacob 1988, S. 346.
3 Lynch 1994, S. 148.
4 Van Fraassen und Sigman 1993, S. 74.
5 Mitchell 1987, S. 17.
6 Peirce 1955, S. 102-103.
7 Jacob 1974, S. 203-204.
8 Latour und Woolgar 1986; Hacking 1996. Überblicke geben die Artikelsammlungen Lynch und Woolgar 1990b; Levine 1993; Hart Nibbrig 1994; Rheinberger, Hagner und Wahrig-Schmidt 1997, darin besonders Hagner 1997; vgl. auch die Sondernummer »Les vues de l'esprit«, *Culture technique* 14 (1985), und das Sonderheft »Pictorial Representation in Biology«, *Biology and Philosophy* 6 (1991).
9 Lynch 1994.
10 Goodman 1997, S. 20.
11 Lynch und Woolgar 1990a, S. 13.
12 Polanyi 1969.
13 Bernard 1954, S. 14.
14 Latour 1996, S. 236.
15 Derrida 1976b. Gasché 1986, besonders S. 212-217.
16 Derrida 1983, S. 21-22.
17 Didi-Huberman 1999, S. 29-30.
18 Hacking 1992a, S. 44.
19 Goodman 1997, S. 209-215; Mitchell 1987, S. 71.
20 Latour 1990c, S. 26-35.
21 Es ist bezeichnend, daß Wissenschaftler im allgemeinen von »signifikanten«, nicht von »wahren« Spuren oder Befunden sprechen.
22 Bachelard 1933, S. 140.
23 Bachelard 1988, S. 18; Bachelard 1951, S. 84.
24 Jacob 1988, S. 352-353.
25 Bachelard 1988, S. 168.
26 Bernard 1966, S. 19.
27 Jacob 1988, S. 349.
28 Goodman 1997, S. 19.
29 Polanyi, 1965, 4. Vorlesung über »Die Entstehung des Menschen«, S. 4-5. Zitiert in Grene 1984, S. 219.
30 Baudrillard 1981, S. 32.
31 Vgl. beispielsweise Tarski 1957.
32 Jacob 1988, S. 308.
33 Lamborg und Zamecnik 1960, S. 210.

34 Vgl. Derrida 1983, besonders im zweiten Teil, Kapitel 2: »Dieses gefährliche Supplement ...«
35 Rheinberger 2001.
36 Latour und Woolgar 1986, S. 51.
37 Derrida 1976b, S. 134.
38 Hayles 1993, S. 28, 33.
39 Latour 1990b, S. 64.
40 Hacking 1996, S. 223. Eine paläontologische Perspektive bietet Leroi-Gourhan 1980.
41 Hacking 1996, S. 219.
42 Hacking 1996, S. 228.
43 Baudrillard 1983, S. 146.
44 Lynch 1994, S. 146.
45 Husserl 1976a, S. 323-324 und 329.
46 Husserl 1976a, S. 343.
47 Husserl 1976b, S. 386.
48 Derrida 1999.

Kapitel 7

1 Jacob 1988, S. 341, 368; Übersetzung geringfügig geändert.
2 Littlefield, Keller, Gross und Zamecnik 1955a, S. 121.
3 Maas und Novelli 1953.
4 Lipmann 1954, S. 602. Das Modell beruhte auf Beobachtungen über die Koenzym A-gebundene Aktivierung von Azetat und Pantoat bei der Bildung einer Peptidbindung.
5 Fritz Lipmann, erster Entwurf der Memoiren, S. 60. Library of Congress, Manuskriptabteilung, Nr. 80-498171 (vgl. Lipmann 1971, S. 80). Für Lipmanns Wanderungen »von ~P zu CoA zur Proteinbiosynthese« vgl. auch Novelli 1966.
6 Zamecnik, Interview 1991.
7 Grier, Hood und Hoagland 1949; Hoagland 1952.
8 Hoagland 1990, S. 58.
9 Hoagland 1990, S. 59-80.
10 Hoagland und Novelli 1954.
11 Fritz Lipmann, erster Entwurf der Memoiren, S. 63. Library of Congress, Manuskriptabteilung, Nr. 80-498171 (vgl. Lipmann 1971, S. 83-84).
12 Hoagland 1990, S. 71. Zu Zamecniks Projekt vgl. weiter oben Kapitel 5.
13 Doudoroff, Barker und Hassid 1947. Maas und Novelli 1953; vgl. auch Lipmann 1954.
14 Hoagland 1955a. Der Artikel ging am 4. Dezember 1954 ein und erschien in der Februarausgabe 1955.
15 Loftfield, Korrespondenz 1993.
16 Hoagland 1955a; vgl. auch Hoagland 1955b.
17 Maas und Novelli 1953.
18 Hoagland 1955a.

19 Hoagland, Keller und Zamecnik 1956. Der Artikel war bereits im Juni 1955 beim *Journal of Biological Chemistry* eingegangen.
20 Hoagland, Keller und Zamecnik 1956.
21 Zamecnik 1979, S. 275.
22 Davie, Koningsberger und Lipmann 1956.
23 Hoagland 1990, S. 83.
24 DeMoss und Novelli 1955, eingegangen am 28. September 1955, veröffentlicht im Dezember 1955.
25 Green Library, Stanford University (GLS), Berg papers, Box 11, Notizbuch 6.
26 Ebd., Notizbuch 4.
27 Berg 1955; vgl. auch Berg 1956.
28 Hoagland, Keller und Zamecnik 1956, S. 356.
29 Hoagland 1990, S. 79.
30 Hoagland, Zamecnik, Sharon, Lipmann, Stulberg und Boyer 1957.
31 Hoagland, Keller und Zamecnik 1956, S. 355-356.
32 Monod, Pappenheimer und Cohen-Bazire 1952; Halvorson und Spiegelman 1952; Rotman und Spiegelman 1954.
33 Simpson und Velick 1954; Askonas, Campbell und Work 1954; Straub, Ullmann und Acs 1955.
34 Francis und Winnick 1953, Friedberg und Walter 1955.
35 Loftfield 1954, Loftfield 1955; Loftfield und Harris 1956.
36 Haurowitz 1956; Borsook 1956b.
37 Loftfield 1957b; Loftfield und Eigner 1958.
38 Palade 1955; Palade und Siekevitz 1956.
39 Claude 1941, Claude 1943a.
40 Zur In-vivo-Proteinsynthese vgl. Borsook, Deasy, Haagen-Smit, Keighley und Lowy 1950a; Hultin 1950; Keller 1951; Lee, Anderson, Miller und Williams 1951; Tyner, Heidelberger und Le Page 1953; Smellie, McIndoe und Davidson 1953; Allfrey, Daly und Mirsky 1953. Zur In-vitro-Proteinsynthese vgl. Lee, Anderson, Miller und Williams 1951; Siekevitz 1952; Allfrey, Daly und Mirsky 1953; Zamecnik und Keller 1954.
41 Porter 1953; Palade und Porter 1954; Porter und Blum 1953. Vgl. auch Rasmussen 1997.
42 Palade und Siekevitz 1956, S. 189-190.
43 Vgl. dazu weiter oben Kapitel 5.
44 Petermann und Hamilton 1952, 1955; Petermann, Mizen und Hamilton 1953; Petermann, Hamilton und Mizen 1954.
45 Littlefield, Keller, Gross und Zamecnik 1955a.
46 Palade und Siekevitz 1956.
47 Stephenson, Thimann und Zamecnik 1956.
48 Auf Stephensons Liste standen bakterizide Agentien, Iodoazetat, Dinitrophenol, o-Phenanthrolin, Azid, Fluorid, Cyanid, Arsenat, Malonat, Versen, Ethionin, Dicumarol, Antimycin A und Pancreas-Ribonuclease!
49 Stephenson, Thimann und Zamecnik 1956, S. 207.
50 Stephenson, Interview 1991.
51 Vgl. weiter oben Kapitel 4.

52 Sissakian 1956. Mirsky lokalisierte sie auch in isolierten Kernen, vgl. Allfrey, Mirsky und Osawa 1957.
53 Fraenkel-Conrat und Williams 1955.
54 Keller und Zamecnik 1955, 1956.
55 Sanadi, Gibson und Ayengar 1954.
56 ZFN, Brief vom 22. November 1954.
57 Keller und Zamecnik 1956, S. 57.
58 In dieser Hinsicht verhielt sich das System anders als das Staphylokokken-System von Gale und Folkes (1955b).
59 Littlefield und Keller 1956, 1957.
60 MGHR, Recommendations of the Scientific Advisory Committee, 16. und 17. Dezember 1955, S. 1-2.
61 Selby, Biesele und Grey 1956.
62 Jeener 1948; vgl. auch Simkin und Work 1957.
63 Petermann, Hamilton und Mizen 1954; Petermann und Hamilton 1955.
64 Zamecnik, Keller, Littlefield, Hoagland und Loftfield 1956, S. 82.
65 Vgl. etwa Abbildung 5.1 weiter oben.
66 Zamecnik, Keller, Littlefield, Hoagland und Loftfield 1956, S. 87.
67 Hoagland 1990, S. 82.
68 Zamecnik, Keller, Hoagland, Littlefield und Loftfield 1956, S. 166-167.
69 Haurowitz 1949, 1950, besonders Kapitel 17 über »Proteinsynthese«.
70 Dounce 1952.
71 Lipmann 1954.
72 Chantrenne 1951; Koningsberger und Overbeek 1953.
73 Todd 1955.
74 Gamow 1954.
75 Kay 2000.
76 Zamecnik, Keller, Hoagland, Littlefield und Loftfield 1956, S. 167.
77 Hoagland 1990, S. 82.

Kapitel 8

1 Hacking 1996, S. 276.
2 Zamecnik 1960, S. 263.
3 Kuhn 1976.
4 Althusser 1994, S. 45-46.
5 Vgl. zum Beispiel Root-Bernstein 1989, Bechtel und Richardson 1993; kritisch Schaffer 1994.
6 Vgl. z. B. Remer 1964.
7 Roberts 1989, S. x.
8 Lipmann 1971, S. v.
9 Vgl. weiter oben Kapitel 4.
10 Vgl. Rheinberger 1998a.
11 Grmek und Fantini 1982, vgl. auch Gaudillière 1992, 1996.
12 Latour 1995.

13 Darden und Maull 1977; Darden 1991.
14 Stengers 1987.
15 Kuhn 1992, S. 19-20.
16 Vgl. zu diesem Begriff auch Klein 2003.
17 Fleck 1980, Kapitel 4.
18 Hacking 1992b, S. 6.
19 Lenoir 1993, 1997.
20 Als Schlüsseltexte für das starke Programm der Wissenssoziologie vgl. Barnes 1974, Bloor 1976, Barnes 1977, Collins 1985.
21 Pickering 1995; Rouse 1996.
22 Kuhn 1992, S. 14.
23 Dijksterhuis 1969, S. 182.
24 Bernard 1961, S. 32-33.
25 Bachelard 1980, S. 26.
26 White 1980, S. 23.
27 Pickering 1992, 1995; Rouse 1996.
28 Foucault 1974, S. 39.
29 Foucault 1973, besonders Teil IV.
30 Heidegger 2000.
31 Heidegger 1977, S. 77; vgl. auch weiter oben Kapitel 1.
32 Neuere Analysen des molekularbiologischen Informationsdiskurses finden sich bei Keller 1994, Kay 1994 und 2000, Sarkar 1996, Doyle 1997.

Kapitel 9

1 Zamecnik 1979, S. 299-300.
2 Vgl. Brachet 1952 als frühe Referenz; spätere vgl. Davidson 1957.
3 Monod, Pappenheimer und Cohen-Bazire 1952, S. 659; vgl. auch Brachet 1952; Monod und Cohn 1953, S. 58; Cohen und Barner 1954; Pardee 1954; Spiegelman, Halvorson und Ben-Ishai 1955. Eine historische Übersicht bietet Gaudillière 1992.
4 Eine Übersicht von Untersuchungen zur Enzymbildung gibt Spiegelman 1956a.
5 Zur Proteinsynthese in Protoplasten Spiegelman 1956b, zur Proteinsynthese in entkernten Zellen Malkin 1954.
6 Vgl. Gale und Folkes 1953a und c; Allfrey, Daly und Mirsky 1953, Kruh und Borsook 1955; Gale 1955; eine Übersicht findet sich z. B. in Borsook 1956a und b.
7 Vgl. Hershey 1953.
8 Hoagland 1990, S. 112.
9 Gale und Folkes 1955a, S. 683.
10 Zamecnik, Brief an Rheinberger, 5. November 1990.
11 Brues, Tracy und Cohn 1944.
12 Littlefield, Brief an Rheinberger, 9. November 1993. Vgl. auch Littlefield, Keller, Gross und Zamecnik 1955a, 1955b; Zamecnik, Brief an Rheinberger, 5. November 1990; Hoagland 1990, S. 86.
13 Zamecnik, Keller, Littlefield, Hoagland und Loftfield 1956, S. 92-93.
14 Keller, Zamecnik und Loftfield 1954, S. 381.

15 Zamecnik, Interview 1991.
16 Zamecnik, Keller, Littlefield, Hoagland und Loftfield 1956, S. 93-98.
17 Grunberg-Manago und Ochoa 1955; vgl. auch Grunberg-Manago, Ortiz und Ochoa 1955.
18 Vgl. Zamecnik 1979, S. 279.
19 Zamecnik, Keller, Hoagland, Littlefield und Loftfield 1956, S. 172.
20 Hurlbert und Potter 1954; Potter, Hecht und Herbert 1956; eine vollständige Darstellung geben Herbert, Potter und Hecht 1957.
21 Hoagland 1989, S. 104.
22 Zamecnik, Laborbücher (ZLB), 31. Oktober 1955, »Versuch herauszufinden, ob C^{14}-Orotat und C^{14}-ATP in Nukleinsäure und in bestimmte säurelösliche Nukleotide unseres Systems eingebaut werden«.
23 Judson 1980, S. 226.
24 Zamecnik 1979, S. 279; Hoagland 1990, S. 86-87.
25 ZLB, Bemerkung zum Experiment vom 3. November 1955, »Versuch, die wesentlichen Bedingungen vom 31.10.55 zu wiederholen, aber dabei 1) die Waschprozedur zu verbessern und 2) verschiedene Kontrollen und Varianten einzuführen«.
26 ZLB, Experiment vom 10. November 1955.
27 Stephenson, Interview 1991; Angabe in Hoagland, Zamecnik und Stephenson 1957.
28 Zamecnik, Interview 1991.
29 ZFN, Potter an Zamecnik, 30. April 1956; Zamecnik an Potter, 12. Mai 1956.
30 ZLB, Experimente zwischen November 1955 und Juli 1956.
31 ZLB, Experimente vom 12., 15. und 19. Juni 1956. Davie, Koningsberger und Lipmann 1956.
32 Overbeek, Brief an Rheinberger, 2. Februar 1995.
33 Vgl. auch Zamecnik 1979, S. 278; nach den Laborbüchern zu urteilen, wurden die Versuche eher 1956 als 1955, wie in Zamecniks Erinnerungen vermerkt, durchgeführt.
34 Vgl. weiter oben Kapitel 7.
35 Stephenson, Interview 1991.
36 Loftfield, Interview 1993.
37 ZLB, 12. Juli 1956.
38 ZLB, Experiment vom 19. September 1956.
39 Zamecnik, Stephenson, Scott und Hoagland 1957.
40 Hoagland 1990, S. 88.
41 Potter und Dounce 1956.
42 Latour 1987, S. 88.
43 Hoagland, Zamecnik und Stephenson 1957.
44 ZLB, Bemerkung zum Experiment vom 27. September 1956.
45 ZLB, Berechnung vom 2. Oktober 1956.
46 ZLB, undatiert, Oktober 1956 oder Januar 1957.
47 Hoagland, Zamecnik und Stephenson 1957. Der Artikel erschien in Bd. 24, Nr. 1 von *Biochimica et Biophysica Acta*, April 1957.
48 Hoagland und Zamecnik 1957; Hoagland, Zamecnik und Stephenson 1957.
49 Goldwasser 1955.

50 Potter, Hecht und Herbert 1956; Heidelberger, Harbers, Leibman, Takagi und Potter 1956; Herbert, Potter und Hecht 1957.
51 Das Manuskript ging beim *Journal of the American Chemical Society* am 3. August 1956 ein. Hoagland muß es im September in Händen gehabt haben. Obwohl die Hinweise für eine Mitwirkung der RNA bei der Aminosäureaktivierung nur indirekt waren, empfahl Hoagland es zur Veröffentlichung (Hoagland, Brief an Rheinberger, 24. Mai 1990). Der Artikel erschien am 5. Februar 1957. Ein kurzer Überblick ergibt, daß Holleys Artikel entgegen zirkulierender Gerüchte ohne Verzögerung erschien, zusammen mit der Mehrzahl der im September 1956 eingesandten Forschungsberichte.
52 Holley 1957. Eine vorläufige Mitteilung findet sich bei Holley 1956.
53 Hoagland 1990, S. 92.
54 GLS, Berg Papers, Box 11, Laboratory Notebooks 1953-1959.
55 Hultin 1956, Hultin und Beskow 1956.
56 Hultin 1955, S. 216.
57 Ogata, Ogata, Mochizuki und Nishiyama 1956.
58 Er verwies in diesem Zusammenhang auf Griffin, Nye, Noda und Luck 1948.
59 Ogata, Brief an Rheinberger, 16. November 1993. Die Ergebnisse wurden erstmals präsentiert auf dem Symposium »Biosynthesis of Protein and Enzymes« beim 29. Jahrestreffen der Japanischen Gesellschaft für Biochemie in Fukuoka am 31. Oktober 1956. Vgl. Ogata und Nohara 1957; Ogata, Nohara und Morita 1957.
60 Der erste Artikel erschien im August, der zweite im Dezember 1956. Beide werden ausführlich zitiert in Loftfield 1957a, S. 369.
61 Ogata und Nohara 1957, vgl. die nachträglich eingefügte Fußnote.
62 Bachelard 1984, S. 46, Hervorhebung hinzugefügt.
63 Erwähnt in Hoagland, Zamecnik und Stephenson 1957.
64 Stephenson, Interview 1991.
65 Hoagland 1990, S. 117-119.
66 Hoagland 1989, S. 104.
67 Kay 2000.
68 Crick 1990, S. 134; Crick 1955; zu der veröffentlichten kurzen Bemerkung vgl. Crick 1957.
69 Zamecnik, Brief an Rheinberger, 5. November 1990; vgl. auch Judson 1980, S. 237 und Hoagland 1990, S. 94-96.
70 Hoagland, Zamecnik und Stephenson 1957, S. 215. Dieser Artikel (Hoagland, Zamecnik und Stephenson 1957) wurde zusammen mit Hoaglands Artikel über die Aktivierung von Aminosäuren (Hoagland 1955a) zwischen 1955 und 1964 mehr als 500 Mal zitiert. Zum Vergleich: Watson und Cricks Artikel in *Nature* über die Struktur der DNA (Watson und Crick 1953) kam zwischen 1953 und 1964 auf die gleiche Anzahl. Während jedoch bei letzterem die Erwähnungen weiterhin zahlreich blieben (etwas weniger als 400 z. B. zwischen 1980 und 1989), gingen sie bei ersteren zurück (20 Nachweise zwischen 1980 und 1989). Die Angaben beruhen auf dem Citation Index.
71 Hoagland 1989, S.105.
72 Judson 1980, S. 237.
73 Hoagland 1989, S. 105.

74 Jacob 1988, S. 364.
75 Hoagland 1990, S. 96.
76 Vgl. Hoagland, Stephenson, Scott, Hecht und Zamecnik 1958.
77 Loftfield 1957a, S. 379. Der Artikel, der im Zitat als Preprint erwähnt wird, ist Crick, Griffith und Orgel 1957.
78 Loftfield 1957a, S. 380.
79 ZLB, Labornotiz von Zamecnik, 1. April 1957.
80 Loftfield 1957a, S. 377-382.
81 Sie erschien 1958. Vgl. Hoagland, Stephenson, Scott, Hecht und Zamecnik 1958.
82 Hoagland 1990, S. 97-98.
83 ZLB, Brief von Francis Crick an Mahlon Hoagland, Zamecniks Laborbüchern beigeheftet, geschrieben in Cambridge, Cavendish Laboratory, 20. Januar 1957.
84 Zamecnik, Stephenson und Hecht 1958.
85 Ebd., S. 77, Hervorhebung hinzugefügt.
86 Derrida 1983, S. 244 et passim.
87 Hoagland 1958, S. 630.
88 Crick, Brief an Hoagland vom 20. Januar 1957; vgl. Fußnote 83 in diesem Kapitel.
89 ZLB, Zitat von Jesse Scott, Labornotiz, 18. Februar 1957. Zu beachten ist, daß M-RNA hier für mikrosomale RNA steht, nicht Messenger-RNA.
90 Hoagland 1990, S. 99-116.
91 Ebd., S. 114.
92 Ebd., S. 103.
93 Zum weiteren Schicksal des »Trinukleotid-Adaptors« vgl. Kapitel 11 weiter unten.
94 Zur »chemischen Verbindung« Hoagland, Stephenson, Scott, Hecht und Zamecnik 1958, Einleitung, S. 241. Zur »Komplementarität« vgl. ebd., Schluß, S. 256, beide Hervorhebungen hinzugefügt.
95 Vgl. Gierer und Schramm 1956; Kirby 1956.
96 Interview mit Werner Schäfer, 3. Dezember 1998.
97 ZLB, Zusammenfassung der Experimente zwischen dem 7. Februar und dem 25. Februar 1957.
98 ZLB, Experimente vom 12. Juli und 20. Juli 1956.
99 ZLB, Labornotiz vom 2. Oktober 1956.
100 Zamecnik, Interview 1991. Alexander Todd in Cambridge war zu der Zeit *der* Experte für die Chemie der Nukleinsäuren. Vgl. z. B. Todd 1956, wo die Natur der Internukleotidbindung diskutiert wird.
101 Hoagland, Stephenson, Scott, Hecht und Zamecnik 1958, S. 255.
102 Ebd., S. 256.
103 Ogata und Nohara 1957; Koningsberger, Van der Grinten und Overbeek 1957; Berg und Ofengand 1958; Schweet, Bovard, Allen und Glassman 1958; Weiss, Acs und Lipmann 1958; Holley und Prock 1958.
104 Jacob 1988, S. 364.
105 Vgl. weiter oben Kapitel 7.
106 Zamecnik, Interview 1991.
107 ZLB, 2. März 1957.

108 Interview mit Liselotte I. Hecht-Fessler, 11. Juli 1994.
109 Hecht, Stephenson und Zamecnik 1958a.
110 Zamecnik 1960, S. 264.
111 Hecht, Stephenson und Zamecnik 1958b.
112 Zamecnik, Interview 1991.
113 Hecht, Stephenson und Zamecnik 1958b.
114 Hecht-Fessler, Interview 1994.
115 Für diese Auskunft danke ich Van R. Potter. Vgl. auch Canellakis 1957; Paterson und LePage 1957; Edmonds und Abrams 1957; Herbert 1958.
116 Hecht, Zamecnik, Stephenson und Scott 1958.
117 Ebd., S. 962.
118 Zamecnik, Stephenson und Hecht 1958, S. 74.
119 Zamecnik, Hoagland, Stephenson und Scott 1958, S. 63.
120 Simkin und Work 1957; Littlefield und Keller 1957.
121 DeMoss, Genuth und Novelli 1956; Berg 1957.
122 Hoagland 1958, S. 632.
123 Ebd., S. 633.
124 Hoagland 1958.
125 Loftfield, Hecht und Eigner 1959.
126 Zachau, Acs und Lipmann 1958. Der Artikel war vom vorschlagsberechtigten Nobelpreisträger Lipmann am 30. Juli 1958 an die *Proceedings of the National Academy of Sciences* geschickt worden, und er erschien in der Septemberausgabe der Zeitschrift.
127 Zamecnik, Brief an Rheinberger, 5. November 1990.
128 Hecht, Stephenson und Zamecnik 1959.
129 Berg und Ofengand 1958.
130 Hecht, Stephenson und Zamecnik 1959, S. 517.

Kapitel 10

1 Derrida 1983, S. 44; Übersetzung geringfügig geändert.
2 Bachelard 1988, S. 14; Übersetzung geringfügig geändert.
3 Canguilhem 1979, S. 12; Übersetzung geändert.
4 Canguilhem 1979, besonders im Kapitel »Der Gegenstand der Wissenschaftsgeschichte«.
5 Kubler 1982, S. 73.
6 Goethe 1982, S. 424, Nr. 426; Goethe 1957, S. 149.
7 Vgl. zu einer kritischen Darstellung der Entstehung der historischen Narrativität White 1980. Vgl. auch Carrard 1992 und Berkhofer 1995.
8 Canguilhem 1979, S. 33.
9 Nägele 1987, S. 1.
10 Derrida 1983, S. 107-108; Übersetzung geändert.
11 Kuhn 1992, S. 19.
12 Rouse 1991.
13 Zum »Auseinanderfallen der Wissenschaft« vgl. z. B. Dupré 1993, Rosenberg 1994, Galison und Stump 1996, Clarke 1998.

14 Prigogine und Stengers 1980, S. 259-264.
15 Canguilhem 1979, S. 32.
16 Kubler 1982, S. 138-141.
17 Foucault 1974, S. 41.
18 Griesemer und Yamashita 1999.
19 Jacob 1983, S. 94; Übersetzung geringfügig geändert.
20 Althusser und Balibar 1972, S. 124, 139. »Differentielle Temporalität« wird in dieser Übersetzung als »differenzierte Zeitlichkeit« wiedergegeben.
21 Derrida 1983, S. 44.
22 Derrida 1976a, S. 10-11.
23 Goethe 1982, S. 547.
24 Derrida 1995, S. 226.
25 Hoagland 1990, S. xx.
26 Butterfield 1957.
27 Vgl. beispielsweise Mayr 1990. Zu den Problemen einer »whig history« vgl. auch Clark 1995.
28 Canguilhem 1979, S. 42.
29 Canguilhem 1979, S. 41.
30 Foucault 1974, S. 24-25.
31 Zum Begriff der »spontanen Philosophie des Wissenschaftlers«, an den sich diese Formulierung anlehnt, vgl. Althusser 1985.
32 Clark 1995, S. 67.

Kapitel 11

1 Jacob 1988, S. 356.
2 Zamecnik 1960, S. 256.
3 Hofmeister 1902; Fischer 1906; Lipmann 1941; Bergmann 1942; Borsook und Dubnoff 1940; Borsook 1953; Schoenheimer 1942; Rittenberg 1941, 1950; Brachet 1942; Caspersson 1941; Sanger und Tuppy 1951; Palade 1955.
4 Zamecnik 1960, S. 278, Hervorhebung hinzugefügt.
5 Vgl. Yearley 1990.
6 Hoagland 1960, S. 373.
7 Zamecnik 1960, S. 263.
8 Smith, Cordes und Schweet 1959.
9 Zamecnik 1960, S. 268.
10 Hoagland, Zamecnik und Stephenson 1959, S. 110; Zamecnik 1960, S. 268.
11 Hoagland, Zamecnik und Stephenson 1959, Abb. 2; Zamecnik 1960, Abb. 5.
12 Zum Mikrosomenkonzept vgl. Claude 1943a; zu den Ribonukleoproteinpartikeln vgl. Petermann, Hamilton und Mizen 1954; Littlefield, Keller, Gross und Zamecnik 1955a; 1955b; zur Elektronenmikroskopie vgl. die Übersicht von Palade 1958; eine generelle Übersicht findet sich bei Zamecnik 1958.
13 Roberts 1958. Der Terminus »Ribosom« wurde erstmals von Howard M. Dintzis im Jahre 1957 vorgeschlagen (Wim Möller, persönliche Mitteilung und Brief von Howard Dintzis an Wim Möller vom 22. August 1989). Vgl. auch Roberts 1964, S. 148.

14 Crick 1958, S. 153.
15 Crick 1957, 1958; Crick, Griffith und Orgel 1957.
16 Zamecnik 1960, S. 274.
17 Dunn 1959; Spahr und Tissières 1959; Dunn, Smith und Spahr 1960.
18 Hecht, Zamecnik, Stephenson und Scott 1958.
19 Zamecnik 1960, S. 275.
20 Ebd., S. 275, Fußnote.
21 Hoagland, Zamecnik und Stephenson 1959, S. 110.
22 Zamecnik 1960, S. 275.
23 Hoagland, Zamecnik und Stephenson 1959, S. 111.
24 Vgl. unter anderen Chantrenne 1948; Haurowitz 1949; Dounce 1952; Koningsberger und Overbeek 1953; Gamow 1954.
25 Hoagland 1959a, S. 41.
26 Ebd., S. 44.
27 Zamecnik 1960, S. 276.
28 Hoagland 1959b, S. 55.
29 Ebd., S. 56, 61.
30 Hoagland 1960, S. 401-402.
31 Ebd., S. 406-407.
32 Zamecnik, Interview 1990.
33 Gale 1955; Astrachan und Volkin 1958; Zamecnik, Interview 1990.
34 Zamecnik, Interview 1990.
35 Hoagland 1960, S. 403.
36 Schweet, Lamfrom und Allen 1958.
37 Chao und Schachman 1956.
38 Petermann, Hamilton, Balis, Samarth und Pecora 1958.
39 Tissières und Watson 1958; Tissières, Watson, Schlessinger und Hollingworth 1959.
40 Vergleiche weiter oben Kapitel 5 und 7.
41 Ts'o und Squires 1959.
42 Kurland 1960.
43 Schweet, Lamfrom und Allen 1958.
44 Webster 1959.
45 Gale 1959a und 1959b, S. 164; Gale, Brief an Rheinberger, 17. Januar 1994.
46 Waldo Cohn zitierte Masson Gulland in einer Diskussion über einen Vortrag von Gale. Vgl. Gale 1956, S. 183.
47 Zum »Abfall« vgl. Hoagland 1960, S. 375; allgemeiner Hoffmann 2001.
48 Um nur einige Artikel aus dem Jahre 1959 zu erwähnen: Preiss, Berg, Ofengand, Bergmann und Dieckmann 1959; Lipmann, Hülsmann, Hartmann, Boman und Acs 1959; Lacks und Gros 1959; Tissières 1959; Dunn 1959; Spahr und Tissières 1959; Yu und Allen 1959; Smith, Cordes und Schweet 1959; Holley und Merrill 1959.
49 Einen Überblick bietet Spiegelman 1959. Zur Geschichte der bakteriellen Genetik vgl. Brock 1990.
50 Tissières und Watson 1958; Berg und Ofengand 1958; Preiss, Berg, Ofengand, Bergmann und Dieckmann 1959. Zum Fehlen eines geeigneten fraktionierten Proteinsynthesesystems vgl. Simkin 1959.

51 Vergleiche weiter oben Kapitel 5.
52 Lamborg 1960. Tatsächlich stammte der erste Bericht über ein zellfreies *E. coli*-System von Dietrich Schachtschabel und Wolfram Zillig vom Max-Planck-Institut für Biochemie in München. Er wurde auf dem Vierten Internationalen Kongreß für Biochemie in Wien 1958 vorgestellt. Der Artikel erschien auf Deutsch und entging der Aufmerksamkeit der meisten amerikanischen, britischen und französischen Forschungsgruppen. Er wurde nur selten zitiert. Vgl. Schachtschabel und Zillig 1959.
53 Neben anderen vgl. Gale und Folkes 1955a; Beljanski und Ochoa 1958a und b; Spiegelman 1959; Hunter, Brookes, Crathorn und Butler 1959; Rogers und Novelli 1959; Connell, Lengyel und Warner 1959; Nisman 1959.
54 Lamborg und Zamecnik 1960, S. 210.
55 Zamecnik 1979, S. 297.
56 Zamecnik, Interview 1990.
57 Tissières, Schlessinger und Gros 1960. Mary Stephenson erinnert sich: »Wir alle mochten Alfred [Tissières]. Und Alfred stützte sich bei seiner Arbeit auf Marv.« Aber »Marvs Arbeit wurde nie mehr zitiert, nachdem Alfred sein Experiment veröffentlicht hatte. Wissen Sie, derjenige, der am tiefsten drinsteckt, wird nicht zitiert.« (Stephenson, Interview 1991).
58 Vgl. weiter oben Kapitel 4 und 10.
59 Monier, Stephenson und Zamecnik 1960, S. 1.
60 Zamecnik 1979, S. 287.
61 Monier, Stephenson und Zamecnik 1960; Zamecnik 1960.
62 Zamecnik und Stephenson 1960; Zamecnik, Stephenson und Scott 1960.
63 Lipmann, Hülsmann, Hartmann, Boman und Acs 1959; Holley und Merrill 1959; Smith, Cordes und Schweet 1959.
64 Holley, Apgar, Doctor, Farrow, Marini und Merrill 1961; Holley, Apgar, Everett, Madison, Marquisee, Merrill, Penswick und Zamir 1965.
65 Zamecnik 1979, S. 298. Vgl. Von Portatius, Doty und Stephenson 1961; Stephenson und Zamecnik 1961.
66 Unter anderen vgl. Von der Decken und Hultin 1958; Hultin und Von der Decken 1959; Bosch, Bloemendal und Sluyser 1959, 1960.
67 Zamecnik 1960, S. 276.
68 Hoagland und Comly 1960.
69 Ebd., S. 1560.
70 Ebd. S. 1560.

Kapitel 12

1 Zu weiteren Einzelheiten über die hier berichteten Ereignisse vgl. Judson 1980; Morange 1994, besonders Kapitel 12, 13 und 14; Gaudillière 1996; Kay 2000.
2 Vgl. Grmek und Fantini 1982; Morange 1990, Burian 1990; Gaudillière 1992.
3 Vgl. Judson 1980, S. 300-332; Burian 1993a.
4 Pardee, Jacob und Monod 1959, S. 175.
5 Riley, Pardee, Jacob und Monod 1960, S. 225.

6 Jacob 1988, S. 386. In Kopenhagen hatte sich der innere Kreis der molekularbiologischen Avantgarde versammelt. Jacob erwähnt Ole Maaløe, Jim Watson, Francis Crick, Seymour Benzer, Sydney Brenner, Jacques Monod und Niels Bohr.
7 Für eine nähere Beschreibung vgl. Judson 1980, S. 318-323; Gros 1986, Kap. 5; Jacob 1988, S. 386-389; Crick 1990, S. 159-165; Morange 1994, Kapitel 13.
8 Astrachan und Volkin 1958.
9 Vgl. Gale und Folkes 1955a; Volkin und Astrachan 1956a; Volkin und Astrachan 1956b; Spiegelman 1956a; Spiegelman 1956b.
10 Zu Gales Zitat vgl. Gale und Folkes 1955a, S. 683; zu Monods Reaktion vgl. Gaebler 1956, S. 93 und 100.
11 Spiegelman 1956b, S. 193.
12 Chantrenne 1956, S. 429.
13 Chantrenne, Brief an Rheinberger, 19. März 1996.
14 Zum Begriff der »stabilen Fabrik« vgl. Hoagland 1990, S. 107. Zur »Herstellung derselben Proteine« vgl. Zamecnik, Interview 1990.
15 Hoagland 1959c, S. 169.
16 Crick 1958, S. 157.
17 Hoagland 1990, Kapitel 6.
18 Vgl. z. B. die Bemerkungen in Loftfields Überblick aus dem Jahre 1957 (Loftfield 1957a, S. 375-377).
19 Riley, Pardee, Jacob und Monod 1960, S. 225. Vgl. Burian 1993b.
20 Jacob 1988, S. 388.
21 Brenner, Jacob und Meselson 1961.
22 Jacob und Monod 1961, S. 319.
23 Nomura, Hall und Spiegelman 1960.
24 Nomura 1990, S. 5.
25 Gros, Hiatt, Gilbert, Kurland, Risebrough und Watson 1961; Gros 1986, Kapitel 5. Zum Kontext der Messenger-RNA-Forschung in Frankreich vgl. Gaudillière 1996.
26 Kameyama und Novelli 1960; Nathans und Lipmann 1961; Matsubara und Watanabe 1961; Ofengand und Haselkorn 1961/62. 1962 gab es in einer rasch veröffentlichenden Zeitschrift wie *Biochemical and Biophysical Research Communications* mindestens sechs Berichte aus fünf Laboratorien, die das *E. coli*-System benutzten (University of Pennsylvania; Rutgers University; New York University; NIH; Kyoto University); in den *Federation Proceedings* desselben Jahres erschienen sieben Berichte aus fünf Laboratorien (Oak Ridge National Laboratory; Stanford University; St. Louis University; Rockefeller Institute, NIH). Das *Journal of Molecular Biology* veröffentlichte im Lauf des Jahres 1962 vier Forschungsberichte, die sich auf das *E. coli*-Proteinsynthesesystem stützten.
27 Nirenberg 1969, S. 2.
28 Eine ausführliche Beschreibung findet sich in Judson 1980, S. 348-357. Meine Darstellung gründet sich auf ein Interview mit J. Heinrich Matthaei am 29. Oktober 1992 und auf Matthaeis Laborbücher (MLB). Das erste Experiment verzeichnet das Datum vom 1. November 1960. MLB, M1, S. 1.
29 Nirenbergs Laborbücher konnte ich leider nicht einsehen. Ich danke Lily Kay für einige vorläufige Informationen; ein eingehender Bericht findet sich in Kay 2000.

30 Diese Experimente fanden im November 1960 statt. MLB, M1.
31 Das ist die in den Protokollen verwendete Abkürzung. Ich habe keinen Hinweis gefunden, ob »mRNA« für »mikrosomale RNA« oder für »Messenger-RNA« steht. Daß in damaligen Veröffentlichungen »mRNA« als Kürzel für mikrosomale RNA verwendet wurde, sieht man beispielsweise in Bosch, Bloemendaal und Sluyser 1959.
32 Vgl. MLB, M2, Versuchsreihe 26, beginnend am 18. Februar 1961.
33 Novelli 1966, S. 191-192.
34 Matthaei, Interview 1992. Vgl. auch MLB, M1, siebtes Experiment, 14. und 15. November 1960, wo »Siekevitz' Procedure« eine heiße TCA-Fällung bezeichnet.
35 Vgl. die Diskussion in Zamecnik 1979, S. 299-301, wo Robert Olby dieses Thema aufwirft.
36 »S30« bezeichnet den Überstand einer niedertourigen Zentrifugation aufgebrochener Bakterien.
37 Matthaei und Nirenberg 1961a; vgl. auch Matthaei und Nirenberg 1961b.
38 MLB, M1 und M2, neuntes Experiment, 3. November bis 1. Dezember 1960.
39 MLB, M2, Experiment 27B vom 2. März 1961.
40 Aus den Protokollen ist nicht zu entnehmen, um welche Art von RNA es sich dabei gehandelt hat.
41 Er verwendete Threonin, Methionin, Phenylalanin, Arginin, Lysin und Leucin zusätzlich zu Valin. MLB, M2, Experiment 27K, 24. März 1961.
42 MLB, M1, S. 104; M2, Experiment 29G.
43 Das Zitat stammt aus MLB, M1, S. 107. Vgl. auch M2, Experiment 27N, 25. Mai 1961; zum letzten Experiment vgl. M2, 27Q, 27. Mai 1961.
44 Matthaei und Nirenberg 1961c; Nirenberg und Matthaei 1961; vgl. auch Nirenberg und Matthaei 1963a.
45 Vgl. Nirenberg 1969; Judson 1980, S. 350; Matthaei, Interview, 1992.
46 Nirenberg und Matthaei 1963b. Abstract vom 5. Internationalen Kongreß für Biochemie in Moskau, 1961.
47 Vgl. Judson 1980, S. 350-351; Matthaei, Interview 1992.
48 Matthaei und Nirenberg 1961a, S. 407.
49 Harris 1961, S. 205, 389.
50 Crick, Barnett, Brenner und Watts-Tobin 1961; Crick 1990, 166-185; Wittmann 1961, 1963; Fraenkel-Conrat und Tsugita 1963.
51 Nirenberg und Matthaei 1961; Lengyel, Speyer und Ochoa 1961.
52 Zamecnik 1979, S. 298.
53 Crick 1963.
54 Jüngste Experimente hatten diese Differenz bestätigt. Rendi 1959; Rendi und Hultin 1960; Von der Decken und Hultin 1960; McCorquodale, Veach und Mueller 1961.
55 Hoagland 1961, S. 155.
56 Ebd., S. 153, 155.
57 Ebd., S. 153.
58 Ebd., S. 153.
59 Hoagland und Askonas 1963.

60 Hoagland, Scornik und Pfefferkorn 1964.
61 Vgl. die Diskussion in Hoagland 1961.
62 Vgl. Nathans und Lipmann 1960.
63 »Die Funktion von GTP im Prozeß und die mögliche Beziehung zum Transfer-Faktor bedürfen dringend einer Erklärung.« (Nathans und Lipmann 1961, S. 502).
64 Hoagland, Scornik und Pfefferkorn 1964, S. 1191.
65 Allende, Monro und Lipmann 1964.
66 Nishizuka und Lipmann 1966, S. 213. Einen Überblick gibt Lipmann 1971, S. 91-112.
67 Zu den »ribosomalen Clustern« vgl. Warner, Rich und Hall 1962; zu den »aktiven Komplexen« Gilbert 1963; zu den »Ergosomen« Wettstein, Staehelin und Noll 1963; zu den »aggregierten Ribosomen« Gierer 1963; zu den »Polysomen« Warner, Knopf und Rich 1963.
68 Zamecnik, Interview 1990.
69 Wilson und Hoagland 1965.
70 Eine systematische Übersicht gibt Spirin 1990.
71 Hoagland 1966.
72 Einzelheiten bei Brock 1990.
73 Erste Überblicke geben Watson 1963; Lipmann 1963; Crick 1963.
74 Zamecnik 1962b.
75 Allen und Zamecnik 1962; Schweet, Lamfrom und Allen 1958; Yarmolinsky und de la Haba 1959.
76 Allen und Zamecnik 1963.
77 Zur Reinigung individueller Transfer-RNAs vgl. Stephenson und Zamecnik 1962; zur Charakterisierung ihrer Aminosäureakzeptor-Eigenschaften vgl. Yu und Zamecnik 1963a, 1964; Sarin und Zamecnik 1964, 1965a; zu den Erkennungseigenschaften von Synthetasen vgl. Yu und Zamecnik 1963b; Lamborg, Zamecnik, Li, Kägi und Vallée 1965.
78 Lamborg und Zamecnik 1965; Sarin und Zamecnik 1965b.
79 Vgl. Holley, Apgar, Everett, Madison, Marquisee, Merrill, Penswick und Zamir 1965; der Ausdruck »ein cleveres Team« findet sich bei Zamecnik 1979, S. 298.
80 Portugal und Cohen 1977, S. 282, 285.
81 Nirenberg und Leder 1964.
82 Vgl. Kay 1994, 2000.

Epilog

1 Derrida 1976b, S. 137-138.
2 Lévi-Strauss 1968, S. 11-48.
3 Rotman 1987, S. 2, 102; vgl. auch Pickering 1995, Kapitel 4.
4 Didi-Huberman 1999, S. 18.
5 Crick 1990, S. 155.
6 Bourdieu 1997, S. 130-131.
7 Lacan 1975, S. 239, 241.
8 Grene 1995, S. 17.

9 Latour 1995, S. 190.
10 Kauffman 1995, S. 252-253.
11 Ebd., S. 298, 303.
12 Bachelard 1980, S. 27.
13 Didi-Huberman 1999, S. 18; Lévi-Strauss 1968, S. 29-31.

GLOSSAR

Das folgende, weitgehend anachronistische Glossar soll den Lesern, die nicht mit der Terminologie der Biochemie und insbesondere der Proteinsynthese vertraut sind, dabei helfen, sich in den technischen Partien des Textes zurechtzufinden.

Adaptormolekül Kleines RNA-Molekül, das Aminosäuren bei der Proteinsynthese auf einer Messenger-RNA anordnet. Jeder Adaptor ist zugleich spezifisch für eine Aminosäure und paßt zu einem Triplett auf der Boten-RNA. Vgl. auch S-RNA, Transfer-RNA.

Adenin (A) Aromatische Stickstoffbase der Nukleinsäuren, Teil des Basenpaars A=T (Adenin-Thymin).

Adenosinmonophosphat (AMP) Eines der vier Nukleotide in einem RNA-Molekül. Um ATP (Adenosintriphosphat) zu erhalten, müssen zwei Phosphatgruppen zu AMP hinzugefügt werden. Vgl. Phosphorylierung.

Adenosintriphosphat (ATP) Ein RNA-Baustein, der aus der Base Adenin, dem Zucker Ribose und drei Phosphatgruppen zusammengesetzt ist. Wichtigstes Molekül zur Speicherung chemischer Energie in den Zellen. Die Endphosphatgruppen sind hochgradig reaktiv: Ihre Hydrolyse oder der Transfer zu einem anderen Molekül geht mit der Freisetzung eines großen Energiebetrags einher.

Adenyl-Aminosäure Aktivierte Zwischenstufe bei der Bildung einer kovalenten Bindung zwischen einer Aminosäure und ihrer Transfer-RNA. Kurz aa~AMP.

Adenylierung Prozeß, bei dem Aminosäuren sich mit Adenosinmonophosphat verbinden.

Adsorption Anreicherung eines Stoffes an der Oberfläche eines Festkörpers durch molekulare Wechselwirkung.

Aktivierung Prozeß, der Aminosäuren energetisch so modifiziert, daß sie an ihre jeweilige Transfer-RNA angeheftet werden können. Vgl. Adenylierung.

Akzeptorstelle Stelle auf dem Ribosom, an die Transfer-RNA bindet, um anschließend ihre Aminosäure an die wachsende Peptidkette abzugeben.

Aluminiumoxid (Tonerde) Al_2O_3, als Pulver für die Adsorption von Biomolekülen benutzt.

Aminogruppe Chemische Komponente (-NH_2), die ein invarianter Teil aller Aminosäuren ist. Charakteristischerweise basisch durch Hinzufügung eines Wasserstoffkerns, wodurch die Form -NH_3^+ entsteht.

Aminosäure Baustein der Proteine. Proteine sind in der Regel aus zwanzig verschiedenen Aminosäuren zusammengesetzt. Alle Aminosäuren haben dieselbe Grundstruktur (H_2N-CHR-COOH), zu der eine Aminogruppe und eine Carboxylgruppe gehört, aber sie unterscheiden sich in ihren Seitenketten (R). Die zwanzig sogenannten »natürlich vorkommenden« Aminosäuren sind Alanin, Arginin, Asparagin, Asparaginsäure, Cystein, Glutamin, Glutaminsäure, Glycin, Histidin, Isoleucin, Leucin, Lysin, Methionin, Phenylalanin, Prolin, Serin, Threonin, Tryptophan, Tyrosin und Valin.

Aminosäureeinbau Operationale Definition der Proteinsynthese *in vitro* auf der Grundlage der Beobachtung, daß radioaktive Aminosäuren in Proteine eingefügt werden.

Ammoniumsulfatfällung Technik zur Fraktionierung von Proteinen entsprechend ihrer Löslichkeit in verschiedenen Konzentrationen von $(NH_4)_2SO_4$ (Ammoniumsulfat).

Anaerobisch Ein Stoffwechselvorgang, der in Abwesenheit von gasförmigem Sauerstoff (O_2) vonstatten gehen kann.

Analoges Chemische Substanz, die eine bestimmte Komponente in einer Reaktion ersetzen kann.

Anhydrid Chemische Substanz, die durch die Fusion zweier Säuremoleküle entsteht, wobei ein Wassermolekül austritt.

Antibiotikum Antibiotika sind chemische Verbindungen, die durch Mikroorganismen (Bakterien, Pilze) und zunehmend auch synthetisch erzeugt werden. Sie hemmen bestimmte Stoffwechselvorgänge und können zur selektiven Bekämpfung von Krankheitserregern verwendet werden.

Antikörper Y-förmiges Proteinmolekül, das sich an ein fremdes Molekül (Antigen) anzuheften und es zu neutralisieren vermag. Molekulare Grundlage der Immunabwehr.

Antisense-Oligonukleotid Kurzes, komplementäres Nukleinsäurestück, das zur Blockierung einer anderen Nukleinsäuresequenz verwendet wird.

Apoenzym Zentraler Proteinbestandteil eines Enzymkomplexes.

Asziteszellen Zellen, die unter gewissen pathologischen Bedingungen aus der Bauchhöhlenflüssigkeit gewonnen werden können.

ATP-Phosphat-Austausch Reaktion, bei der Phosphatgruppen in ATP eingebaut werden. Die Reaktion kann durch Verwendung von radioaktivem ^{32}P nachgewiesen werden.

Autokatalyse Reaktion, die durch eines ihrer Produkte katalysiert wird und sich dadurch selbst verstärkt.

Autoradiogramm Eine Darstellung, die die Zerfallsenergie von radioaktiven Isotopen benutzt, um markierte Moleküle oder Teile von Makromolekülen auf einer Photoplatte sichtbar zu machen.

Autotroph Nennt man Organismen (grüne Pflanzen, viele Mikroorganismen), die für ihr Wachstum nicht auf organische Verbindungen angewiesen sind.

Azetat Negativ geladene Komponente der Essigsäure, CH_3COO^-.

Azetylierung Kovalenter Einbau der chemischen Gruppe CH_3CO-, Abkömmling der Essigsäure. Wichtig in verschiedenen Stoffwechselvorgängen.

Bakteriophagen Viren, die sich in Bakterien vermehren.

Bakterium Trivialname für Mitglieder der großen Gruppe von meist einzelligen Organismen mit Ribosomen vom 70S-Typ, die weder einen Zellkern noch Zellorganellen besitzen. Auch Prokaryonten genannt, vgl. Eukaryonten.

Base Molekül, das in Lösung ein Wasserstoffion aufnimmt. Wird oft für die stickstoffhaltigen Purine und Pyrimidine in DNA und RNA verwendet. Guanin und Adenin gehören zu den Purinbasen, Cytosin und Thymin (Uracil in Ribonukleinsäuren) gehören zu den Pyrimidinbasen.

Basenpaar Paar von Nukleotiden, wobei die Basen über spezifische (komplementäre) Wasserstoffbrücken miteinander verbunden sind. Adenin (A) paart sich mit Thymin (T) in DNA und Uracil (U) in RNA, Cytosin (C) paart sich mit Guanin (G).

Bauchspeicheldrüse Sekretionsorgan bei Wirbeltieren. Produziert Insulin.

Beladungsenzym Enzym, das aktivierte Aminosäuren auf ihre jeweiligen Transfer-RNAs überträgt.

Bindung, energiereiche Eine chemische Bindung, die einen relativ hohen Betrag freier Energie enthält. Die Energie kann durch Hydrolyse oder Übertragungsreaktionen freigesetzt werden.

Bindung, kovalente Starke chemische Bindung, die darauf beruht, daß Atome eines oder mehrere Elektronenpaare gemeinsam haben.

Boten-RNA → Messenger-RNA

Buttergelb p-Dimethylaminoazobenzen, eine krebsauslösende Chemikalie.

^{14}C Ein radioaktives Kohlenstoffisotop, das beim Zerfall schwache ß-Strahlen (Elektronen) emittiert. Seine Halbwertszeit beträgt 5700 Jahre.

Carboxylgruppe Chemische Gruppe (-COOH), die in vielen organischen Verbindungen enthalten und ein invarianter Bestandteil aller Aminosäuren ist. Charakteristischerweise sauer als Resultat der Abspaltung des Wasserstoffions H^+, wodurch $-COO^-$ gebildet wird.

Chloramphenicol Antibiotikum, das die bakterielle Proteinsynthese hemmt.

Chloroplast Spezialisierte Organelle in Grünalgen und Pflanzen, die Chlorophyll enthält und die Photosynthese ausführt. Chloroplasten sind eine spezialisierte Form von Plastiden.

Cholesterol Steriodartiges Molekül, das in vielen tierischen Fetten vorkommt und sich in Membranen einlagern kann.

Chromatographie Biochemische Technik, bei der eine Mischung von Substanzen nach Ladung, Größe oder einer anderen Eigenschaft dadurch getrennt wird, daß sie sich auf eine bewegliche und eine stationäre Phase verteilt.

Chromosomen Komplexe aus einem langen DNA-Molekül, welches die genetische Information trägt, und angelagerten Proteinen, lokalisiert im Kern.

Code, genetischer Muster von 64 Nukleinsäure-Tripletts, die den 20 Aminosäuren zugeordnet sind. Beispielsweise steht das Triplett UUU für die Aminosäure Phenylalanin. Als »zweiter Code« ältere Bezeichnung für die molekularen Eigenschaften einer Transfer-RNA, welche ihre Zuordnung zu einer bestimmten Aminosäure bedingen.

cpm Maß der Radioaktivität eines Isotops in Counts (registrierte Zerfallsereignisse) pro Minute.

Cytidintriphosphat (CTP) Baustein der RNA, bestehend aus der Base Cytosin, einer Ribose und drei Phosphatgruppen.

Cytosin (C) Eine Stickstoffbase der Nukleinsäuren, einer der Paarlinge des Basenpaares G≡C (Guanin und Cytosin).

Desoxycholat Waschmittel, das für die Löslichmachung von fetthaltigen Membrankomponenten benutzt wird.

Desoxyribonukleinsäure (DNA) Ein im allgemeinen doppelsträngiges, schraubenförmiges Polymer von Desoxyribonukleotiden. Das genetische Material aller Zellen besteht aus DNA.

Dialyse Verfahren, bei dem kleine Komponenten einer Lösung durch eine künstliche Membran diffundieren und so das Konzentrationsgefälle zu dem umgebenden Medium ausgleichen.

Dinitrophenol Organische Ringverbindung, durch die die oxidative Phosphorylierung gehemmt wird.

DNA → Desoxyribonukleinsäure.

DNase DNA-abbauendes Enzym.

Ehrlich-Aszites → Asziteszellen.

Elektronenmikroskopie Eine Visualisierungstechnik, die Elektronen anstelle von Lichtstrahlen verwendet und Vergrößerungen weit jenseits des Bereichs lichtoptischer Mikroskope erlaubt. Mit biologischem Material sind Auflösungen bis zu etwa 1 nm möglich.

Elektrophorese Eine Methode zur Auftrennung großer Moleküle (beispielsweise Nukleinsäuren und Proteine) aus einer Mischung ähnlicher Moleküle. Ein elektrischer Strom wird durch ein häufig gelartiges Medium geleitet, das die Mischung enthält; jede Molekülsorte wandert, abhängig von ihrer Größe und elektrischen Ladung, mit einer anderen Geschwindigkeit durch das Medium.

Endergonisch Bezeichnung für eine chemische Reaktion, die eine Zufuhr von (Netto-)Energie benötigt, damit sie stattfinden kann.

Endogen Heißt eine Komponente, die ein natürlicher Bestandteil einer Einheit ist, z. B. eines Organismus oder einer Zelle.

Enzym Biomolekül, in der Regel ein Protein, das biochemische Reaktionen katalysieren kann.

Enzyme, aktivierende Gruppe von mindestens zwanzig verschiedenen Enzymen, die erstens die Reaktion einer spezifischen Aminosäure mit ATP zu Aminoacyl-AMP und zweitens die Übertragung der aktivierten Aminosäure auf die Transfer-RNA unter Bildung von Aminoacyl-tRNA und AMP katalysieren.

Enzyminduktion Prozeß, bei dem ein bestimmtes Molekül (z. B. ein Zucker) die Zelle zur Produktion eines normalerweise in der Zelle nicht vorhandenen Enzyms veranlaßt, das an der Umsetzung dieses Moleküls beteiligt ist.

Ergastoplasma Älterer Name für die zytoplasmatische Grundsubstanz einer Zelle.

Escherichia coli (E. coli) Stabförmiges Bakterium, das normalerweise im Dickdarm von Menschen und anderen Säugern vorkommt. Wird in der biomedizinischen Forschung wegen seiner genetischen Eigenschaften, seiner normalerweise fehlenden Pathogenizität und seines unproblematischen Wachstums im Labor häufig benutzt.

Esterbindung Kovalente Bindung zwischen der Hydroxylgruppe einer Säure und der Hydroxylgruppe eines Alkohols unter Wasseraustritt.

Eukaryont Organismus, der sich aus Zellen zusammensetzt, die einen membrangebundenen Kern sowie membrangebundene Organellen und Ribosomen vom 80S-Typ besitzen.

Expression Produktion eines beobachtbaren Merkmals unter Verwendung der in einem Gen vorhandenen Information; normalerweise die Synthese eines Proteins, das in der Zelle eine spezifische Aufgabe erfüllt.

Extrakt, zellfreier Eine Flüssigkeit, die die meisten löslichen Moleküle des Zellsafts enthält; sie entsteht durch Aufbrechen der Zellen und Entfernung der Zellfragmente sowie der übriggebliebenen ganzen Zellen, meist durch Zentrifugation. Vgl. Ultrazentrifuge.

Ferritin Ein eisenspeicherndes Protein, das hauptsächlich in Leber und Milz vorkommt.

Fraktion, lösliche Bei einer bestimmten Zentrifugationsgeschwindigkeit als Überstand verbleibender Bestandteil eines Homogenats. Vgl. Ultrazentrifuge.

g Gravitationskonstante. Die Stärke von Zentrifugalfeldern wird in Vielfachen von g gemessen, z. B. 30000 x g.

Galaktosidase (**β-Galaktosidase**) Ein Enzym, das die Aufspaltung des Zuckers Laktose in Glukose und Galaktose katalysiert; das klassische Beispiel eines induzierbaren Enzyms vor allem in Bakterien und in Hefe. Vgl. Enzyminduktion.

Gegenstromverteilung Verfahren zur Trennung von Makromolekülen auf der Basis kleiner Differenzen in ihrer Löslichkeit.

G-Faktor Protein, das unter Spaltung von GTP die Translokation der Transfer-RNA auf dem Ribosom verursacht; heute auch Elongationsfaktor G genannt (EF-G).

Grampositive Bakterien Typus von Mikroorganismen, identifiziert auf der Grundlage der Färbeeigenschaft der Zellwände.

GTPase Enzym, das GTP hydrolysieren kann.

Guanin (G) Aromatische Stickstoffbase der Nukleinsäuren, Teil des Basenpaars G≡C (Guanin-Cytosin)

Guanosintriphosphat (GTP) Baustein der RNA, zusammengesetzt aus der Base Guanin, dem Zucker Ribose und drei Phosphatgruppen. Nukleosidtriphosphat, das bei der Synthese von RNA und bei einigen Energieübertragungsreaktionen eine Rolle spielt.

Hämoglobin In roten Blutzellen vorkommender Proteinträger von Sauerstoff.

Henriot-Huguenard-Zentrifuge Kleine, luftgetriebene Ultrazentrifuge, die sehr hohe Geschwindigkeiten erreichen und starke Zentrifugalfelder ausbilden kann. Vgl. g.

Hepatom Eine spezifische Form von Leberkrebs.

Heterolog Hier: Bezeichnung von Komponenten eines Systems, die einem anderen System entnommen sind.

Histochemie Disziplin, die sich mit der Lokalisierung von chemisch definierten Komponenten und Reaktionen in verschiedenen Geweben befaßt.

Homogenisierung Verfahren, bei dem einzelne Zellen oder Zellen im Gewebeverband aufgebrochen werden, und ihr Inhalt von den Zellwänden getrennt wird.

Homolog Hier: Bezeichnung von Komponenten eines Systems, die aus derselben Quelle stammen.

Homopolymer Makromolekül, das aus identischen Bausteinen zusammengesetzt ist.

Hydrolyse Das Auftrennen eines Moleküls in zwei oder mehr kleinere Moleküle durch Dazwischentreten eines Wassermoleküls.

Hydroxamat Verbindung aus einer Aminosäure und einem Hydroxylamin-Molekül.

Hydroxyl Chemische Gruppe (-OH), bestehend aus einem Wasserstoffatom, das an ein Sauerstoffatom gebunden ist.

Hydroxylamin Chemische Verbindung (NH_2OH), die mit einer aktivierten Aminosäure reagieren kann.

In situ Bezieht sich auf Präparationen von Gewebe und Zellen, die unter weitgehender Erhaltung der Lage der Bestandteile fixiert und gefärbt werden.

Insulin Peptidhormon der Wirbeltiere, wirkt blutzuckersenkend. Vgl. Bauchspeicheldrüse.

In vitro Bezieht sich auf Experimente, die vorzugsweise in einem zellfreien System im Reagenzglas durchgeführt werden.

In vivo Bezieht sich auf Experimente, bei denen der Organismus intakt bleibt.

Inkorporation von Aminosäuren → Aminosäureeinbau.

Inkubation Erwärmung eines Reaktionsgemischs oder Gewebestücks, um eine Stoffwechselaktivität in Gang zu setzen oder zu beschleunigen.

Intermediat Chemische Übergangsverbindung zwischen dem Ausgangsstoff und dem Endprodukt einer Stoffwechselreaktion.

Internukleosidphosphat Phosphatmolekül, das zwei Nukleoside innerhalb einer Nukleinsäurekette verbindet.

Ion Positiv oder negativ geladens Atom oder Molekül.

Isotop Eine von mehreren Formen eines Atoms, die dieselbe Anzahl von Protonen und Elektronen besitzen, sich aber in der Anzahl der Neutronen unterscheiden; ein Isotop kann entweder stabil sein oder unter Abgabe radioaktiver Strahlung zerfallen.

Kaliumfluorid (**KF**) Chemische Verbindung aus einem Kalium- und einem Fluorion.

Karzinogen Sammelbezeichnung zur Beschreibung eines chemischen Agens oder einer Art von Strahlung, die Krebs erzeugt.

Katalysator Substanz, die eine chemische Reaktion beschleunigt, ohne sich dabei selbst zu verändern. Enzyme sind gewöhnlich Proteinkatalysatoren.

Kern Membrangebundene Organelle in eukaryotischen Zellen, in der die Chromosomen enthalten sind.

Ketoglutarat (**α-Ketoglutarat**) Negativ geladene Komponente von Ketoglutarsäure, $^-OOC-CH_2-CH_2-CO-COO^-$. Zwischenstufe im Zitronensäurezyklus.

Kinetik Hier: Experimentalverfahren, bei dem Proben in regelmäßigen Zeitabständen entnommen und gemessen werden, um den für einen biochemischen Prozeß charakteristischen Reaktionsverlauf zu ermitteln.

Koenzym A Molekül, das eine energiereiche Schwefelbindung enthält. Acyl-Koenzym A, R-CO~S-CoA, vermittelt die enzymatische Übertragung von Acylgruppen in der Zelle.

Koenzym Kleines, mit einem Enzym verbundenes Molekül. Das Koenzym ist an der Reaktion beteiligt, die durch das Enzym katalysiert wird und geht dabei oft eine instabile Verbindung mit dem Substrat ein.

Kofaktor Anorganisches Ion oder Koenzym, das für die Aktivität eines Enzyms benötigt wird.

Komplementarität Stereochemische Passung zwischen den Nukleotidbasen C≡G und A=T (A=U), die auf Wasserstoffbrückenbindungen beruht. Liegt der Replikation von DNA, der Transkription von RNA und der Translation von RNA in Proteine zugrunde.

Kondensation Prozeß der Polymerisation von Makromolekülen, bei dem Wasseranteile freigesetzt werden.

Konformation Dreidimensionale Gestalt eines Makromoleküls. In der Regel können Makromoleküle verschiedene, aktive und inaktive, Konformationen annehmen.

Lipide Eine gemischte Klasse wasserunlöslicher organischer Moleküle; dazu gehören Steroide, Fettsäuren, Wachse und ähnliches.

Makromoleküle Moleküle mit Molekulargewichten von einigen Tausend bis zu Millionen Dalton. Dazu gehören Nukleinsäuren und Proteine.

Markierung, radioaktive Verfahren, bei dem ein radioaktives Atom in ein Molekül eingebaut wird, um beispielsweise seine Umsetzung in einer Stoffwechselreaktion verfolgen zu können.

Matrize Die makromolekulare Formvorlage für die Biosynthese eines anderen Makromoleküls.

Messenger-RNA (mRNA) RNA, die sich mit Ribosomen assoziiert und als Vorlage für die Proteinsynthese dient.

Metabolismus Die Gesamtheit der verschiedenen biochemischen Reaktionen, die in einer lebenden Zelle für die Aufrechterhaltung des Lebens und das Wachstum nötig sind.

Mikrosomen Zuerst beobachtet als partikelartige Strukturen eukaryotischer Zellen, die sich in einer Zentrifuge mit hoher Geschwindigkeit sedimentieren lassen. Später identifiziert als Mischung aus Bruchstücken des endoplasmatischen Retikulums und Ribonukleoproteinpartikeln. Die Partikel selbst wurden später Ribosomen genannt.

Mikrosomen-RNA Ribonukleinsäurebestandteil der Mikrosomen. Ursprünglich als Template-RNA betrachtet.

Mikrotom Ein zumeist für Zwecke der Mikroskopie verwendeter Apparat, mit dem sich sehr dünne Schnitte von eingebettetem Gewebe und anderem biologischen Material herstellen lassen.

Mitochondrion Membrangebundene Organelle, die sich im Zytoplasma aller Sauerstoff umsetzenden eukaryotischen Zellen findet. Führt die oxidative Phosphorylierung durch und ist der Hauptort für die Erzeugung von ATP.

Molekulargewicht Die Summe der Atomgewichte der in einem Molekül enthaltenen Atome. Die Einheit heißt Dalton.

Monomer Der Grundbaustein, aus dem durch Wiederholung einer bestimmten Reaktion Polymere hergestellt werden. Beispielsweise kondensieren Aminosäuren (Monomere) und bilden dadurch Polypeptide oder Proteine (Polymere).

Monosom Einzelnes Ribosom, im Gegensatz zu einer Gruppe von Ribosomen, die auf einem Messenger-RNA-Faden aufgereiht sind (Polysom).

Neoplasma Tumor, der durch fortschreitende unkontrollierte Zellteilung verursacht wird.

Ninhydrinreaktion Farbreaktion unter Beteiligung der freien Aminogruppe einer Aminosäure oder eines Proteins. Dient zur Identifizierung freier Aminosäuren.

Nukleinsäure Ein Makromolekül, das aus einer Folge von Ribonukleotid- oder aus Desoxyribonukleotid-Bausteinen zusammengesetzt ist. Vgl. auch DNA und RNA.

Nukleolus Runde, granuläre Struktur, die sich im Kern eukaryotischer Zellen findet, gewöhnlich verbunden mit speziellen Chromosomenbereichen. Beteiligt bei der Synthese von ribosomaler RNA und bei der Bildung von Ribosomen.

Nukleolyse Allgemeine Bezeichnung für den Abbau von Nukleinsäuren.

Nukleoprotein Komplex aus Nukleinsäuren und Proteinen.

Nukleotid Baustein der Nukleinsäuren, der sich zusammensetzt aus einer Base (Purine A oder G, Pyrimidine C, T oder U), einer Zuckerkomponente (Ribose oder Desoxyribose) und ein, zwei oder drei Phosphatgruppen (NMP, NDP oder NTP; hierbei steht N für eine Base und M, D, T jeweils für Mono-, Di- oder Triphosphat).

Oligonukleotid Ein kurzes Stück von DNA oder RNA.

Onkologie Krebsforschung.

Organelle Membranumschlossene Struktur in eukaryotischen Zellen, in der Enzyme für spezielle Funktionen enthalten sind. Zu den Organellen gehören insbesondere Mitochondrien und Chloroplasten.

Oxidation Chemische Reaktion, bei der ein Elektronentransfer von einem Reduktionsmittel zu einem Oxidans stattfindet. Als Ergebnis dieser Übertragung ist das Reduktionsmittel »oxidiert« und das Oxidans »reduziert«.

Oxidative Phosphorylierung Bildung von ATP in Bakterien und Mitochondrien, getrieben durch Elektronentransfer von Nährstoffmolekülen auf molekularen Sauerstoff; wird vermittelt durch einen Protonengradienten durch die Membran.

^{32}P Ein radioaktives Isotop des Phosphors, das kräftige ß-Strahlen emittiert und eine Halbwertszeit von 14,3 Tagen hat.

Pantothensäure Vitamin, das zum B_2-Vitaminkomplex gehört. Von Pantothensäure abgeleitet ist Koenzym A.

Penicillinase Enzym, welches das Antibiotikum Penicillin abbauen kann. Findet sich z. B. in Staphylokokken.

Pentosenukleinsäure Frühere Bezeichnung für RNA.

Peptid Kurzer, durch Peptidbindungen verbundener Strang von Aminosäuren.

Peptidasen Enzyme, die Peptidbindungen spalten können.

Peptidbindung (α-Peptidbindung) Eine kovalente Bindung zwischen zwei Aminosäuren, bei der die α-Aminogruppe der einen Aminosäure mit der α-Carboxylgruppe der anderen verknüpft wird. Dabei entsteht eine Amidbindung.

Perjodat Jodverbindung (IO_4^-), die sich von Jodat durch ein zusätzliches Sauerstoffatom unterscheidet. Kann zur Oxidation und Öffnung eines endständigen Zuckers einer RNA verwendet werden.

Petite Kolonien (Hefe) Abnormal kleine Hefekolonien, die von bestimmten mutierten Hefestämmen gebildet werden.

pH Maß für den Säuregrad einer Lösung.

pH 5-Enzyme Enzyme, die aus dem Überstand einer Hochgeschwindigkeitszentrifugation ausgefällt werden können, indem man dessen pH-Wert auf ungefähr 5 einstellt. Vgl. Ultrazentrifuge.

pH 5-Präzipitat Das gesamte Material, welches aus dem Überstand einer Hochgeschwindigkeitszentrifugation bei pH 5 ausfällt.

Phage → Bakteriophage.

Phenolextraktion Verfahren, mit dem Nukleinsäuren von Proteinen getrennt werden können. Nach Schütteln und anschließender Phasentrennung bleiben die Proteine in der organischen Phenolphase, wogegen sich die Nukleinsäuren in der wäßrigen Phase sammeln.

Phosphat, anorganisches Phosphatmolekül, PO_4^{3-}.

Phosphatase Enzym, das Phosphatgruppen von Substraten wie etwa Proteinen oder Nukleinsäuren abspaltet.

Phospholipide Fette, die geladene, hydrophile (wasserliebende) Phosphatkopfgruppen enthalten; Bestandteil von Zellmembranen.

Phosphorylierung Reaktion, bei der eine Phosphatgruppe kovalent an ein anderes Molekül gebunden wird.

Photosynthese Prozeß, durch den Pflanzen und einige Bakterien die Energie des Sonnenlichts für die Synthese organischer Moleküle aus Kohlenstoff und Wasser nutzen.

Plasmagen Komponente des Zytoplasmas, von der angenommen wurde, daß sie genetische Eigenschaften aufweise und zur Selbstreplikation fähig sei. Der Begriff war hauptsächlich in den vierziger Jahren für zytoplasmatisches Nukleoprotein gebräuchlich.

Polyadenylsäure (poly[A]) Nukleinsäure, die nur aus Adenosinresten besteht, die über Phosphatbrücken miteinander verbunden sind.

Polyanion Molekül, das eine mehrfache negative Ladung trägt, z. B. eine Nukleinsäure.

Polyglucose Aus Glucoseeinheiten aufgebautes Makromolekül.

Polymer Ein regelmäßiges, kovalent gebundenes Arrangement von kleinen Untereinheiten (Monomeren), das durch Wiederholung einer oder mehrerer chemischer Reaktionen erzeugt wird.

Polymerisation Chemischer Prozeß der Bildung von Polymeren aus Monomeren.

Polynukleotid Eine lineare Sequenz von Nukleotiden, in der die 3'-Position des Zuckers eines Nukleosids über eine Phosphatgruppe mit der 5'-Position des Zuckers des benachbarten Nukleosids verbunden ist.

Polynukleotidphosphorylase Ein bakterielles Enzym, das die Polymerisation von Ribonukleosid-Diphosphaten katalysiert, wobei freies Phosphat und RNA entstehen.

Polypeptid Ein Polymer aus Aminosäuren, die durch Peptidbindungen miteinander verknüpft sind.

Polyphenylalanin Ein Polypeptid, das nur aus Phenylalanin aufgebaut ist.

Polyribonukleotid Eine lineare Sequenz von Ribonukleotiden.

Polysom Komplex aus einem Messenger-RNA-Molekül und Ribosomen (deren Anzahl von der Größe der mRNA abhängt), die dabei sind, Polypeptide zu synthetisieren.

Polyuridylsäure (poly[U]) Nukleinsäure, die nur aus Uridinresten zusammengesetzt ist, die über Phosphatbrücken miteinander verbunden sind.

Postmikrosomale Fraktion Fraktion eines Zellhomogenats nach Abzentrifugieren der Mikrosomen.

Primärstruktur Die Sequenz von Monomeren in einem Makromolekül.

Protein Ein Makromolekül, das aus einer oder mehreren Ketten von Aminosäuren bestimmter Sequenz besteht. Proteine können sowohl der Struktur als auch der Funktion und Regulation von Zellen, Geweben und Organen dienen und erfüllen jeweils eine spezifische Aufgabe.

Proteolyse Abbau eines Proteins durch Hydrolyse seiner Peptidbindungen.

Protoplast Zelle ohne Zellwände, aber mit intakter Zellmembran.

Puffer Lösung, deren pH-Wert sich bei Zufügung von Wasserstoff- oder Hydroxylionen nur unbedeutend verändert. Wird benutzt, um Biomoleküle *in vitro* in möglichst funktionsfähigem Zustand zu erhalten.

Purin Eine von zwei Kategorien stickstoffhaltiger, basischer Ringverbindungen, die in DNA und RNA vorkommen; dazu gehören z. B. Adenin und Guanin. Vgl. auch Pyrimidin.

Puromycin Antibiotikum, das die Synthese von Polypeptiden hemmt.

Pyrimidin Eine von zwei Kategorien stickstoffhaltiger, basischer Ringverbindungen, die in DNA und RNA vorkommen; dazu gehören z. B. Cytosin, Thymin und Uracil. Vgl. auch Purin.

Pyrophosphat Eine Verbindung aus zwei anorganischen Phosphatmolekülen.

Radioaktivität Form der Energieabgabe von Atomen mit instabilem Kern, die sich durch das Aussenden von α-, β- oder γ-Strahlen stabilisieren. Vgl. Isotop.

Replikation (DNA-Replikation) Die Verwendung eines bereits vorhandenen DNA-Moleküls als Vorlage für die Synthese neuer DNA. Bei Eukaryonten findet die Replikation im Zellkern vor der Zellteilung statt, bei Bakterien im Zytoplasma.

Respiration Allgemeine Bezeichnung für jeden Prozeß, in dem die Aufnahme und der Verbrauch von molekularem Sauerstoff (O_2) einhergeht mit der Produktion von Kohlendioxid (CO_2).

Retikulozyt Unreifes rotes Blutkörperchen, das Hämoglobin synthetisiert.

Retikulum, endoplasmatisches Verzweigtes, membrangebundenes Kompartiment im Zytoplasma eukaryotischer Zellen, in dem Lipide synthetisiert und membrangebundene Proteine hergestellt werden.

Ribonuklease (RNase) Ein Enzym, das RNA abbaut.

Ribonukleinsäure (RNA) Ein Polymer, dessen Bausteine Ribonukleotide sind. Man kann drei Haupttypen von RNA unterscheiden: ribosomale RNA, Transfer-RNA und Messenger-RNA.

Ribonukleoprotein Eine Struktur, die aus Proteinen und Ribonukleinsäuren aufgebaut ist.

Ribonukleotid Baustein der RNA, bestehend aus einer Purin- (A, G) oder Pyrimidinbase (C, U), dem Zucker Ribose und einer Phosphatgruppe.

Ribose Zuckerkomponente der RNA-Bausteine.

Ribosom Kleines Zellpartikel (Durchmesser ca. 15-30 nm), aufgebaut aus ribosomaler RNA und Protein. Ribosomen vom 70S-Typ sind charakteristisch für Bakterien, solche vom 80S-Typ für Eukaryonten (vgl. Sedimentationskoeffizient). Ribosomen fungieren als Ort und Maschinerie der Proteinsynthese.

RNA → Ribonukleinsäure.

RNP-Partikel → Ribonukleoprotein.

^{35}S Radioaktives Isotop des Schwefels, ein ß-Strahler mit einer Halbwertszeit von 87 Tagen.

Saccharose Aus einer Glukose- und einer Fruktoseeinheit zusammengesetzter Zucker.

Sarkom Krebs des Bindegewebes.

Sediment Material, das sich am Boden eines Reagenzglases nach einer gewissen Zeit und bei einer bestimmten Zentrifugationsgeschwindigkeit absetzt.

Sedimentationskoeffizient Die Einheit der Sedimentierung (Svedberg). S ist proportional zur Sedimentationsgeschwindigkeit eines Moleküls in einem gegebenen Zentrifugalfeld und hängt so mit dem Molekulargewicht und der Form des Moleküls zusammen.

Sephadex Gelmaterial, das aus vernetzten Polysacchariden besteht und für die chromatographische Trennung von Makromolekülen benutzt wird.

Sequenz Lineare Anordnung der Bausteine in einer Nukleinsäure oder einem Protein.

Sequenzialisierung Prozeß der Bestimmung der linearen Sequenz der Aminosäuren in einem Protein.

Spinco Kommerzielle Ultrazentrifuge mit Kühleinrichtung und einer Vakuumkammer.

S-RNA (*soluble* **bzw. lösliche RNA**) Klasse kleiner RNA-Moleküle, die sich in der löslichen Fraktion nach Hochgeschwindigkeitszentrifugation eines Zellhomogenats findet. Identifiziert aufgrund ihrer Fähigkeit, Aminosäuren kovalent zu binden. Vgl. auch Transfer-RNA, Adaptormolekül.

Staphylococcus aureus (Staphylokokken) Mikroorganismus, der zum Typ der grampositiven Bakterien gehört.

Stöchiometrie Experimentelle Bestimmung der quantitativen Beziehungen zwischen den Komponenten einer chemischen Verbindung.

Stoffwechselkette Eine Reihe aufeinanderfolgender enzymatischer Reaktionen, die ein Molekül in ein anderes überführen oder verschiedene Moleküle miteinander verbinden.

Synthetase → Enzyme, aktivierende.

Tabakmosaikvirus (TMV) Virus, das Tabakpflanzen infiziert; besteht aus einem Ribonukleinsäurekern und einer Hülle, die aus vielen identischen Proteinmolekülen aufgebaut ist.

Template → Matrize.

Template-RNA Matrizen-RNA; RNA, die für die Sequenzspezifik eines Proteins verantwortlich ist. Wurde anfänglich mit der mikrosomalen RNA identifiziert. Vgl. auch Messenger-RNA.

Tracing Technik zur Verfolgung des Weges eines Stoffwechselprodukts mittels einer geeigneten Markierung.

Transacylierung Hier: Übertragung einer aktivierten Aminosäure auf ihre Transfer-RNA (schließt die Lösung einer Esterbindung und die Knüpfung einer neuen ein).

Transamidierung Lösung einer Amidbindung und Knüpfung einer neuen an einem anderen Trägermolekül.

Transfer-RNA Eine von mindestens zwanzig strukturell ähnlichen Spezies von RNA, die alle ein Molekulargewicht von ungefähr 25 000 aufweisen. Jede Spezies von Transfer-RNA ist in der Lage, eine kovalente Bindung mit einer spezifischen Aminosäure sowie eine nicht-kovalente komplementäre Bindung mit mindestens einem der 64 Nukleotid-Tripletts der Messenger-RNA einzugehen. Vgl. auch Adaptormolekül.

Transkription Übertragung der in einer DNA-Sequenz gespeicherten genetischen Information in eine komplementäre RNA-Sequenz. Beruht auf dem Prinzip der Basenpaarung.

Translation Umsetzung der in der Reihenfolge der Tripletts einer Messenger-RNA enthaltenen genetischen Information in die Reihenfolge der Aminosäuren einer wachsenden Proteinkette.

Transpeptidierung Übertragung einer Aminosäure oder eines Peptids von einem Peptid zum anderen. Bezeichnet auch die am Ribosom stattfindende Übertragung einer wachsenden Peptidkette auf eine Aminosäure, die an eine Transfer-RNA gebunden ist.

Trichloressigsäure Essigsäure, bei der die drei Wasserstoffatome der -CH_3-Komponente durch Chloratome ersetzt sind.

Triplett Jede Kombination von drei Nukleotiden einer Messenger-RNA. Es gibt 64 mögliche Tripletts.

Überstand Teil eines Gemischs, der bei einer gegebenen Zentrifugationsgeschwindigkeit nicht sedimentiert. Vgl. Ultrazentrifuge.

Ultrazentrifuge Analytisches oder präparatives Instrument, das hohe Geschwindigkeiten (bis zu 60 000 Umdrehungen pro Minute) und Zentrifugalfelder (bis zu 500000 x g) erreicht und dadurch zur schnellen Sedimentierung von Makromolekülen verwendet werden kann.

Uracil (U) Aromatische Stickstoffbase, die in RNA, aber nicht in DNA vorkommt. Uracil kann ein Basenpaar mit Adenin bilden.

Uridintriphosphat (UTP) Baustein der RNA, bestehend aus Uracil, Ribose und drei Phosphatgruppen.

Virus Infektiöses, in der Regel krankheitserregendes Agens, das kleiner ist als Bakterien, DNA oder RNA als genetische Komponente enthält und zu seiner Vermehrung eine intakte Wirtszelle erfordert.

Zwischenprodukt → Intermediat.

Zytoplasma Zellinhalt ohne Kern oder Kernäquivalent.

BIBLIOGRAPHIE

Abir-Am, Pnina G. From biochemistry to molecular biology: DNA and the acculturated journey of the critic of science Erwin Chargaff. *History and Philosophy of the Life Sciences 2* (1980), 3-60.

Abir-Am, Pnina G. Themes, genres and orders of legitimation in the consolidation of new scientific disciplines: Deconstructing the historiography of molecular biology. *History of Science 23* (1985), 74-117.

Abir-Am, Pnina G. Noblesse oblige: Biographical writings on nobelists. *Isis* 82 (1991), 326-343.

Abir-Am, Pnina G. The politics of macromolecules: Molecular biologists, biochemists, and rhetoric. *Osiris 7* (1992), 164-191.

Agrawal, Sudhir, Tohru Ikeuchi, Daisy Sun, Prem S. Sarin, Andrzej Konopka, Jacob Maizel und Paul C. Zamecnik. Inhibition of human immunodeficiency virus in early infected and chronically infected cells by antisense oligodeoxynucleotides and their phosphorothioate analogues. *Proceedings of the National Academy of Sciences of the United States of America 86* (1989), 7790-7794.

Allen, David W. und Paul C. Zamecnik. The effect of puromycin on rabbit reticulocyte ribosomes. *Biochimica et Biophysica Acta* 55 (1962), 865-874.

Allen, David W. und Paul C. Zamecnik. T1 ribonuclease inhibition of polyuridylic acid-stimulated polyphenylalanine synthesis. *Biochemical and Biophysical Research Communications 11* (1963), 294-300.

Allende, Jorge E., Robin Monro und Fritz Lipmann. Resolution of the E. coli amino acyl sRNA transfer factor into two complementary fractions. *Proceedings of the National Academy of Sciences of the United States of America 51* (1964), 1211-1216.

Allfrey, Vincent G., Marie M. Daly und Alfred E. Mirsky. Synthesis of protein in the pancreas. II. The role of ribonucleoprotein in protein synthesis. *Journal of General Physiology 37* (1953), 157-175.

Allfrey, Vincent G., Alfred E. Mirsky und Syozo Osawa. Protein synthesis in isolated cell nuclei. *Journal of General Physiology 40* (1957), 451-490.

Althusser, Louis und Etienne Balibar. *Das Kapital lesen I* (übersetzt von Klaus-Dieter Thieme). Rowohlt: Reinbek bei Hamburg 1972.

Althusser, Louis. *Philosophie und die spontane Philosophie des Wissenschaftlers* (übersetzt von Frieder O. Wolf). Argument-Verlag: Berlin 1985.

Althusser, Louis. *Sur la philosophie.* Gallimard: Paris 1994.

Amann, Klaus und Karin Knorr Cetina. The fixation of (visual) evidence. In: Michael Lynch und Steve Woolgar (Hrsg.), *Representation in Scientific Practice.* The MIT Press: Cambridge (MA) 1990, 85-121.

Anfinsen, Christian B., Anne Beloff, Albert Baird Hastings und Arthur K. Solomon. The in vitro turnover of dicarboxylic amino acids in liver slice proteins. *Journal of Biological Chemistry 168* (1947), 771-772.

Askonas, Brigitte A., Peter N. Campbell und Thomas S. Work. The distribution of radioactivity in goat casein after injection of radioactive amino acids and its bearing on theories of protein synthesis. *Biochemical Journal 56* (1954), iv.

Astrachan, Lazarus und Elliot Volkin. Properties of ribonucleic acid turnover in T2-infected Escherichia coli. *Biochimica et Biophysica Acta 29* (1958), 536-544.

Aub, Joseph C., Austin M. Brues, René Dubos, Seymour S. Kety, Ira T. Nathanson, Alfred Pope und Paul C. Zamecnik. Bacteria and the »toxic factor« in shock. *War Medicine 5* (1944), 71-73.

Avery, Oswald T., Colin M. MacLeod und Maclyn McCarty. Studies on the chemical nature of the substance inducing transformation of pneumococcal types: Induction of transformation by a desoxyribonucleic acid fraction isolated from Pneumococcus type III. *Journal of Experimental Medicine 79* (1944), 137-158.

Bachelard, Gaston. *Les Intuitions atomistiques, essai de classification.* Vrin: Paris 1933.

Bachelard, Gaston. *L'Activité rationaliste de la physique contemporaine.* Presses Universitaires de France: Paris 1951.

Bachelard, Gaston. *Die Philosophie des Nein, Versuch einer Philosophie des neuen wissenschaftlichen Geistes* (übersetzt von Gerhard Schmidt und Manfred Tietz). Suhrkamp: Frankfurt/M 1980.

Bachelard, Gaston. *Die Bildung des wissenschaftlichen Geistes* (übersetzt von Michael Bischoff). Suhrkamp: Frankfurt/M. 1984.

Bachelard, Gaston. *Der neue wissenschaftliche Geist* (übersetzt von Michael Bischoff). Suhrkamp: Frankfurt/M. 1988.

Barnes, Barry. *Scientific Knowledge and Sociological Theory.* Routledge and Kegan Paul: London 1974.

Barnes, Barry. *Interests and the Growth of Knowledge.* Routledge and Kegan Paul: London 1977.

Bartels, Ditta. The multi-enzyme programme of protein synthesis – its neglect in the history of biochemistry and its current role in biotechnology. *History and Philosophy of the Life Sciences 5* (1983), 187-219.

Baudrillard, Jean. *Simulacres et simulation.* Galilée: Paris 1981.

Baudrillard, Jean. *Simulations* (übersetzt von Paul Foss, Paul Patton und Philip Beitchman). Semiotext(e), Inc.: New York 1983.

Bazerman, Charles. *Shaping Written Knowledge. The Genre and Activity of the Experimental Article in Science.* The University of Wisconsin Press: Madison 1988.

Bechtel, William und Robert C. Richardson. *Discovering Complexity. Decomposition and Localization as Strategies in Scientific Research.* Princeton University Press: Princeton 1993.

Beljanski, Mirko und Severo Ochoa. Protein biosynthesis by a cell-free bacterial system. *Proceedings of the National Academy of Sciences of the United States of America 44* (1958a), 494-501.

Beljanski, Mirko und Severo Ochoa. Protein biosynthesis by a cell-free bacterial system. II. Further studies on the amino acid incorporation enzyme. *Proceedings of the National Academy of Sciences of the United States of America 44* (1958b), 1157-1161.

Benda, Carl. Die Mitochondria. *Ergebnisse der Anatomie und Entwickelungsgeschichte 12* (1902), 743-781.

Bensley, Robert R. und Normand L. Hoerr. Studies on cell structure by the freezing-drying method. VI. The preparation and properties of mitochondria. *Anatomical Record 60* (1934), 449-455.

Berg, Paul. Participation of adenyl-acetate in the acetate-activating system. *Journal of the American Chemical Society 77* (1955), 3163-3164.

Berg, Paul. Acyl adenylates: The interaction of adenosine triphosphate and L-methionine. *Journal of Biological Chemistry 222* (1956), 1025-1034.

Berg, Paul. Chemical synthesis and enzymatic utilization of adenyl amino acids. *Federation Proceedings 16* (1957), 152.

Berg, Paul und E. James Ofengand. An enzymatic mechanism for linking amino acids to RNA. *Proceedings of the National Academy of Sciences of the United States of America 44* (1958), 78-86.

Bergmann, Max. A classification of proteolytic enzymes. *Advances in Enzymology 2* (1942), 49-68.

Berkhofer, Robert F., Jr. *Beyond the Great Story: History as Text and Discourse.* Harvard University Press: Cambridge, Mass. 1995.

Bernard, Claude. *Philosophie. Manuscrit inédit* (herausgegeben von Jacques Chevalier). Editions Hatier-Boivin: Paris 1954.

Bernard, Claude. *Einführung in das Studium der experimentellen Medizin* (übersetzt von Paul Szendrö). Sudhoffs Klassiker der Medizin 35, Johann Ambrosius Barth Verlag: Leipzig 1961.

Bernard, Claude. *Cahier de notes: 1850 – 1860* (herausgegeben und kommentiert von Mirko Drazen Grmek). Gallimard: Paris 1965.

Bernard, Claude. *Leçons sur les phénomènes de la vie communs aux animaux et aux végétaux.* Vrin: Paris 1966.

Biology and Philosophy 6, 1991. Sonderheft: Pictorial Representation in Biology.

Bloor, David. *Knowledge and Social Imagery.* Routledge and Kegan Paul: London 1976.

Blumenberg, Hans. *Die Lesbarkeit der Welt.* Suhrkamp: Frankfurt/M. 1986.

Borsook, Henry und Jacob W. Dubnoff. The biological synthesis of hippuric acid in vitro. *Journal of Biological Chemistry 132* (1940), 307-324.

Borsook, Henry, Clara L. Deasy, Arie J. Haagen-Smit, Geoffrey Keighley und Peter H. Lowy. The incorporation of labeled lysine into the proteins of Guinea pig liver homogenate. *Journal of Biological Chemistry 179* (1949a), 689-704.

Borsook, Henry, Clara L. Deasy, Arie J. Haagen-Smit, Geoffrey Keighley und Peter H. Lowy. Uptake of labeled amino acids by tissue proteins in vitro. *Federation Proceedings 8* (1949b), 589-596.

Borsook, Henry. Protein turnover and incorporation of labeled amino acids into tissue proteins in vivo and in vitro. *Physiological Reviews 30* (1950), 206-219.

Borsook, Henry, Clara L. Deasy, Arie J. Haagen-Smit, Geoffrey Keighley und Peter H. Lowy. The uptake in vitro of C^{14}-labeled glycine, L-leucine, and L-lysine by different components of Guinea pig liver homogenate. *Journal of Biological Chemistry 184* (1950a), 529-543.

Borsook, Henry, Clara L. Deasy, Arie J. Haagen-Smit, Geoffrey Keighley und Peter H. Lowy. Metabolism of C^{14}-labeled glycine, L-histidine, L-leucine, and L-lysine. *Journal of Biological Chemistry* 187 (1950b), 839-848.

Borsook, Henry. Peptide bond formation. *Advances in Protein Chemistry 8* (1953), 127-174.

Borsook, Henry. The biosynthesis of peptides and proteins. In: Claude Liébecq (Hrsg.), *Proceedings of the Third International Congress of Biochemistry, Brussels 1955.* Academic Press: New York 1956a, 92-104.

Borsook, Henry. The biosynthesis of peptides and proteins. *Journal of Cellular and Comparative Physiology 47*, Supplement 1 (1956b), 35-80.

Bosch, Leendert, Hans Bloemendal und Mels Sluyser. Metabolic interrelationships between soluble and microsomal RNA in rat-liver cytoplasm. *Biochimica et Biophysica Acta 34* (1959), 272-274.

Bosch, Leendert, Hans Bloemendal und Mels Sluyser. Studies on cytoplasmic ribonucleic acid from rat liver. I. Fractionation and function of soluble ribonucleic acid, und II. Fractionation and function of microsomal ribonucleic acid. *Biochimica et Biophysica Acta 41* (1960), 444-453, 454-461.

Bourdieu, Pierre. *Méditations pascaliennes.* Seuil: Paris 1997.

Brachet, Jean. La localisation des acides pentosenucléiques dans les tissus animaux et les oeufs d'amphibiens en voie de développement. *Archives de Biologie 53* (1942), 207-257.

Brachet, Jean und Raymond Jeener. Recherches sur des particules cytoplasmiques de dimensions macromoléculaires riches en acide pentosenucléique. I. Propriétés générales, relations avec les hydrolases, les hormones, les protéines de structure. *Enzymologia 11* (1943-45), 196-212.

Brachet, Jean. Nucleic acids in the cell and the embryo. *Symposia of the Society for Experimental Biology 1* (1947a), 207-224.

Brachet, Jean. The metabolism of nucleic acids during embryonic development. *Cold Spring Harbor Symposia on Quantitative Biology 12* (1947b), 18-27.

Brachet, Jean. The localization and the role of ribonucleic acid in the cell. *Annals of the New York Academy of Sciences 50* (1949), 861-869.

Brachet, Jean und John R. Shaver. The injection of embryonic microsomes into early amphibian embryos. *Experientia 5* (1949), 204-205.

Brachet, Jean. Acides ribonucléiques et biogénèse des protéines. *IIe Congrès International de Biochimie,* Paris 1952. Comptes rendus, Symposium N° 2 (1952), 85-95.

Brenner, Sydney, François Jacob und Matthew Meselson. An unstable intermediate carrying information from genes to ribosomes for protein synthesis. *Nature 190* (1961), 576-581.

Brock, Thomas D. *The Emergence of Bacterial Genetics.* Cold Spring Harbor Laboratory Press: New York 1990.

Brues, Austin M., Marjorie M. Tracy und Waldo E. Cohn. Nucleic acids of rat liver and hepatoma: Their metabolic turnover in relation to growth. *Journal of Biological Chemistry 155* (1944), 619-633.

Bucher, Nancy L. R. und Andre Glinos. Phosphatase distribution in rat liver during regeneration and after p-dimethylaminoazobenzene administration. *Unio Internationalis Contra Cancrum Acta 6* (2) (1948), 273-280.

Bucher, Nancy L. R., Robert B. Loftfield und Ivan D. Frantz Jr. The effect of regeneration on the rate of protein synthesis and degradation in rat liver. *Cancer Research 9* (1949), 623.

Bucher, Nancy L. R. The formation of radioactive cholesterol and fatty acids from C^{14}-labeled acetate by rat liver homogenates. *Journal of the American Chemical Society 75* (1953), 498.

Bucher, Nancy L. R. Dr. Aub, Huntington Hospital, and Cancer Research. *Harvard Medical Alumni Bulletin,* Fall-Winter (1987), 46-51.

Buchwald, Jed Z. (Hrsg.). *Scientific Practice: Theories and Stories of Doing Physics.* The University of Chicago Press: Chicago 1995.

Burian, Richard M. La contribution française aux instruments de recherche dans le domaine de la génétique moléculaire. In: Jean-Louis Fischer und William H. Schneider (Hrsg.), *Histoire de la Génétique.* A.R.P.E.M. et Editions Sciences en Situation: Paris 1990, 247-269.

Burian, Richard M. *On the cusp between biochemistry and molecular biology: The Pyjama (or PaJaMo) experiment.* Manuskript 1993a.

Burian, Richard M. Technique, task definition, and the transition from genetics to molecular genetics: Aspects of the work on protein synthesis in the laboratories of J. Monod and P. Zamecnik. *Journal of the History of Biology 26* (1993b), 387-407.

Burian, Richard M. Underappreciated pathways toward molecular genetics as illustrated by Jean Brachet's cytochemical embryology. In: Sahotra Sarkar (Hrsg.), *The Philosophy and History of Molecular Biology: New Perspectives.* Kluwer: Dordrecht und London 1996, 67-85.

Burian, Richard M. Exploratory experimentation and the role of histochemical techniques in the work of Jean Brachet, 1938-1952. *History and Philosophy of the Life Sciences 19* (1997), 27-45.

Butterfield, Herbert. *The Origins of Modern Science.* Macmillan: New York 1957.

Cairns, John, Gunther S. Stent und James D. Watson. *Phage and the Origins of Molecular Biology.* Cold Spring Harbor Laboratory Press: New York 1966 (2. erweiterte Auflage 1992).

Cambrosio, Alberto, Peter Keating und Alfred I. Tauber (Hrsg.). Immunology as a Historical Object. Spezialausgabe des *Journal of the History of Biology* (Band 27, Nummer 3, 1994).

Campbell, Peter N. und Thomas S. Work. Biosynthesis of proteins. *Nature 171* (1953), 997-1001.

Canellakis, Evangelo S. On the mechanism of incorporation of adenylic acid from adenosine triphosphate into ribonucleic acid by soluble mammalian enzyme systems. *Biochimica et Biophysica Acta 25* (1957), 217-218.

Canguilhem, Georges. *Wissenschaftsgeschichte und Epistemologie, Gesammelte Aufsätze* (übersetzt von Michael Bischoff und Walter Seitter). Suhrkamp: Frankfurt/M. 1979.

Carrard, Philippe. *Poetics of the New History: French Historical Discourse from Braudel to Chartier.* The Johns Hopkins University Press: Baltimore 1992.

Caspersson, Torbjörn. Studien über den Eiweißumsatz der Zelle. *Die Naturwissenschaften 29* (1941), 33-43.

Caspersson, Torbjörn. The relations between nucleic acid and protein synthesis. *Symposia of the Society for Experimental Biology 1* (1947), 127-151.

Castleman, Benjamin, David C. Crockett und S. B. Sutton (Hrsg.). *The Massachusetts General Hospital 1955-1980.* Little, Brown and Company: Boston 1983.

Chadarevian, Soraya de. Sequences, conformation, information. Biochemists and molecular biologists in the 1950s. *Journal of the History of Biology 29* (1996), 361-386.

Chadarevian, Soraya de. Following molecules: Hemoglobin between the clinic and the laboratory. In: Soraya de Chadarevian und Harmke Kamminga (Hrsg.), *Molecularizing Biology and Medicine. New Practices and Alliances 1910s – 1970s.* Harwood Academic Publishers: Amsterdam 1998, 171-201.

Chantrenne, Hubert. Recherches sur des particules cytoplasmiques de dimensions macromoléculaires riches en acide pentosenucléique. II. Relations avec les ferments respiratoires. *Enzymologia 11* (1943-45), 213-221.

Chantrenne, Hubert. Hétérogénéité des granules cytoplasmiques du foie de souris. *Biochimica et Biophysica Acta 1* (1947), 437-448.

Chantrenne, Hubert. Un modèle de synthèse peptidique. Propriétés du benzoylphosphate de phényle. *Biochimica et Biophysica Acta 2* (1948), 286-293.

Chantrenne, Hubert. Recherches sur le mécanisme de la synthèse des protéines. *Pubblicazioni della Stazione Zoologica di Napoli 23* (Supplemento) (1951), 70-86.

Chantrenne, Hubert. Metabolic changes in nucleic acids during the induction of enzymes by oxygen in resting yeast. *Archives of Biochemistry and Biophysics 65* (1956), 414-426.

Chantrenne, Hubert. Notice sur Jean Brachet. In: Académie Royale de Belgique (Hrsg.), *Annuaire 1990.* Académie Royale de Belgique: Bruxelles 1990, 3-87.

Chantrenne, Hubert. Souvenirs de mes premières années au laboratoire du Rouge Cloître. *Fondation Jean Brachet, Bulletin de Liaison, no. 7* (1991), 3-4.

Chao, Fu-Chuan und Howard K. Schachman. The isolation and characterization of a macromolecular ribonucleoprotein from yeast. *Archives of Biochemistry and Biophysics 61* (1956), 220-230.

Chargaff, Erwin. *Heraclitean Fire: Sketches From a Life Before Nature.* Rockefeller University Press: New York 1978.

Clark, William. Narratology and the history of science. *Studies in History and Philosophy of Science 26* (1995), 1-71.

Clarke, Steve. *Metaphysics and the Disunity of Scientific Knowledge.* Ashgate: Aldershot 1998.

Claude, Albert. A fraction from normal chick embryo similar to the tumor producing fraction of chicken tumor I. *Proceedings of the Society for Experimental Biology and Medicine 39* (1938), 398-403.

Claude, Albert. Particulate components of cytoplasm. *Cold Spring Harbor Symposia on Quantitative Biology 9* (1941), 263-271.

Claude, Albert. The constitution of protoplasm. *Science* 97 (1943a), 451-456.

Claude, Albert. Distribution of nucleic acids in the cell and the morphological constitution of cytoplasm. In: Normand L. Hoerr (Hrsg.), *Frontiers in Cytochemistry. Biological Symposia 10.* The Jaques Cattell Press: Lancaster 1943b, 111-129.

Claude, Albert und Ernest F. Fullam. An electron microscope study of isolated mitochondria. Method and preliminary results. *Journal of Experimental Medicine 81* (1945), 51-61.

Claude, Albert. Studies on cells: morphology, chemical constitution, and distribution of biochemical functions. *The Harvey Lectures (1947-48) 43* (1950), 121-164.

Cohen, Seymour S. und Hazel D. Barner. Studies on unbalanced growth in Escherichia coli. *Proceedings of the National Academy of Sciences of the United States of America 40* (1954), 885-893.

Cohn, P. Incorporation in vitro of amino acids into ribonucleoprotein fractions of microsomes. *Biochimica et Biophysica Acta 33* (1959), 284-285.

Collins, Harry M. *Changing Order. Replication and Induction in Scientific Practice.* SAGE Publications: London 1985.

Connell, George E., Peter Lengyel und Robert C. Warner. Incorporation of amino acids into protein of Azotobacter cell fractions. *Biochimica et Biophysica Acta 31* (1959), 391-397.

Creager, Angela. Wendell Stanley's dream of a free-standing biochemistry department at the University of California, Berkeley. J*ournal of the History of Biology 29* (1996): 331-360.

Creager, Angela. *The Life of a Virus. TMV as an Experimental Model, 1930-1965.* The University of Chicago Press: Chicago 2002.

Crick, Francis H. C. On degenerate templates and the adaptor hypothesis. Note for the RNA Tie Club, undatiert und nicht veröffentlicht (1955) [Original bei Sydney Brenner].

Crick, Francis H. C. Discussion note. In: Eric M. Crook (Hrsg.), *The Structure of Nucleic Acids and their Role in Protein Synthesis. Biochemical Society Symposium 14* (18 February 1956). Cambridge University Press: Cambridge 1957, 25-26.

Crick, Francis H. C., John S. Griffith und Leslie E. Orgel. Codes without commas. *Proceedings of the National Academy of Sciences of the United States of America 43* (1957), 416-421.

Crick, Francis H. C. On protein synthesis. *Symposia of the Society for Experimental Biology London 12* (1958), 138-163.

Crick, Francis H.C., Leslie Barnett, Sydney Brenner und R.J. Watts-Tobin. General nature of the genetic code for proteins. *Nature* 192 (1961), 1227-1232.

Crick, Francis H.C. The recent excitement in the coding problem. *Progress in Nucleic Acid Research* 1 (1963), 163-217.

Crick, Francis H.C. Molecular biology in the year 2000. *Nature 228* (1970), 613-615.

Crick, Francis H.C. *Ein irres Unternehmen. Die Doppelhelix und das Abenteuer Molekularbiologie* (übersetzt von Inge Leipold). Piper: München und Zürich 1990.

Culture technique 14, 1985. Sonderheft: Les vues de l'esprit.

Dagognet, François. Vorwort zu Claude Bernard, *Introduction à l'étude de la médecine expérimentale.* Flammarion: Paris 1984, 9-21.

Damerow, Peter und Wolfgang Lefèvre (Hrsg.). *Rechenstein, Experiment, Sprache.* Klett-Cotta: Stuttgart 1981.

Darden, Lindley und Nancy Maull. Interfield theories. *Philosophy of Science 44* (1977), 43-64.

Darden, Lindley. *Theory Change in Science. Strategies form Mendelian Genetics.* Oxford University Press: Oxford 1991.

Davidson, James N. Cytological aspects of the nucleic acids. In: Eric M. Crook (Hrsg.), *The Structure of Nucleic Acids and their Role in Protein Synthesis. Biochemical Society Symposium 14* (18 February 1956). Cambridge University Press: Cambridge 1957, 27-31.

Davie, Earl W., Victor V. Koningsberger und Fritz Lipmann. The isolation of a tryptophan-activating enzyme from pancreas. *Archives of Biochemistry and Biophysics 65* (1956), 21-38.

Deleuze, Gilles. *Differenz und Wiederholung* (übersetzt von Joseph Vogl). Fink: München 1992.

DeMoss, John A. und G. David Novelli. An amino acid dependent exchange between inorganic pyrophosphate and ATP in microbial extracts. *Biochimica et Biophysica Acta 18* (1955), 592-593.

DeMoss, John A., Saul M. Genuth und G. David Novelli. The enzymatic activation of amino acids via their acyl-adenylate derivatives. *Proceedings of the National Academy of Sciences of the United States of America 42* (1956), 325-332.

Derrida, Jacques. Die différance (übersetzt von Eva Pfaffenberger- Brückner). In: J. Derrida, *Randgänge der Philosophie.* Ullstein: Frankfurt am Main 1976a, 6-37.

Derrida, Jacques. Signatur Ereignis Kontext (übersetzt von Donald Watts Tuckwiller). In: J. Derrida, *Randgänge der Philosophie.* Ullstein: Frankfurt am Main 1976b, 124-155.

Derrida, Jacques. *Grammatologie* (übersetzt von Hans-Jörg Rheinberger und Hanns Zischler). Suhrkamp: Frankfurt/M. 1983.

Derrida, Jacques. »Une ›folie‹ doit veiller sur la pensée«. Interview mit François Ewald. *Magazine littéraire* (März 1991), 18-30.

Derrida, Jacques. *Dissemination* (übersetzt von Hans-Dieter Gondek). Passagen: Wien 1995.

Derrida, Jacques. *Sur parole. Instantanés philosophiques.* Editions de l'Aube: Paris 1999.

Didi-Huberman, Georges. *Ähnlichkeit und Berührung. Archäologie, Anachronismus und Modernität des Abdrucks* (übersetzt von Christoph Hollender). Dumont: Köln 1999.

Dijksterhuis, Eduard J. The origins of classical mechanics. From Aristotle to Newton. In: M. Clagett (Hrsg.), *Critical Problems in the History of Science.* The University of Wisconsin Press: Madison 1969, 163-190.

Doudoroff, Michael, Horace A. Barker und William Z. Hassid. Studies with bacterial sucrose phosphorylase. The mechanism of action of sucrose phosphorylase as a glucose-transferring enzyme (transglucosidase). *Journal of Biological Chemistry 168* (1947), 725-732.

Dounce, Alexander L. Duplicating mechanism for peptide chain and nucleic acid synthesis. *Enzymologia 15* (1952), 251-258.

Doyle, Richard. *On Beyond Living: Rhetorical Transformations of the Life Sciences.* Stanford University Press: Stanford 1997.

Dunn, D. B. Additional components in ribonucleic acid of rat-liver fractions. *Biochimica et Biophysica Acta 34* (1959), 286-287.

Dunn, D. B., J. D. Smith und Pierre F. Spahr. Nucleotide composition of soluble ribonucleic acid from Escherichia coli. *Journal of Molecular Biology 2* (1960), 113-117.

Dupré, John. *The Disorder of Things. Metaphysical Foundations of the Disunity of Science.* Harvard University Press: Cambridge (MA) 1993.

Edmonds, Mary und Richard Abrams. Incorporation of ATP into polynucleotide in extracts of Ehrlich ascites cells. *Biochimica et Biophysica Acta 26* (1957), 226-227.

Elkana, Yehuda. Helmholtz' »Kraft«: An illustration of concepts in flux. *Historical Studies in the Physical Sciences 2* (1970), 263-298.

Elkana, Yehuda. A programmatic attempt at an anthropology of knowledge. In: Everett Mendelsohn und Y. Elkana (Hrsg.), *Sciences and Cultures.* Reidel: Dordrecht und Boston 1981, 1-76.

Elkana, Yehuda. *Anthropologie der Erkenntnis. Die Entwicklung des Wissens als episches Theater einer listigen Vernunft* (übersetzt von Ruth Achlama). Suhrkamp: Frankfurt am Main 1986.

Ernster, Lars und Gottfried Schatz. Mitochondria: a historical review. *Journal of Cell Biology 91* (1981), 227s-255s.

Faxon, Nathaniel W. *The Massachusetts General Hospital 1935-1955.* Harvard University Press: Cambridge 1959.

Feyerabend, Paul. *Zeitverschwendung* (übersetzt von Joachim Jung). Suhrkamp: Frankfurt/M. 1995.

Fischer, Emil. *Untersuchungen über Aminosäuren, Polypeptide und Proteine (1899-1906).* Springer: Berlin 1906.

Fischer, Ernst Peter. *Das Atom der Biologen. Max Delbrück und der Ursprung der Molekulargenetik.* Piper: München 1988.

Fleck, Ludwik. *Entstehung und Entwicklung einer wissenschaftlichen Tatsache.* Suhrkamp: Frankfurt/M. 1980.

Foucault, Michel. *Archäologie des Wissens* (übersetzt von Ulrich Köppen). Suhrkamp: Frankfurt/M. 1973.

Foucault, Michel. *Die Ordnung des Diskurses* (übersetzt von Walter Seitter). Hanser: München 1974.

Fraenkel-Conrat, Heinz und Robley C. Williams. Reconstitution of active tobacco mosaic virus from its inactive protein and nucleic acid components. *Proceedings of the National Academy of Sciences of the United States of America 41* (1955), 690-698.

Fraenkel-Conrat, Heinz und Akira Tsugita. Biological and protein-structural effects of chemical mutagenesis of TMV-RNA. *Proceedings of the Fifth International Congress of Biochemistry*, Moskau, 10-16 August 1961, Band III. The Macmillan Compagny: New York 1963, 242-244.

Francis, M. David und Theodore Winnick. Studies on the pathway of protein synthesis in tissue culture. *Journal of Biological Chemistry* 202 (1953), 273-289.

Franklin, Allan. *The Neglect of Experiment.* Cambridge University Press: Cambridge 1986.

Franklin, Allan. *Experiment, Right or Wrong.* Cambridge University Press: Cambridge 1990.

Frantz Jr., Ivan D., Robert B. Loftfield und Warren W. Miller. Incorporation of C^{14} from carboxyl-labeled dl-alanine into the proteins of liver slices. *Science 106* (1947), 544-545.

Frantz Jr., Ivan D., Paul C. Zamecnik, John W. Reese und Mary L. Stephenson. The effect of dinitrophenol on the incorporation of alanine labeled with radioactive carbon into the proteins of slices of normal and malignant rat liver. *Journal of Biological Chemistry 174* (1948), 773-774.

Frantz Jr., Ivan D. und Howard Feigelman. Biosynthesis of amino acids uniformly labeled with radioactive carbon, for use in the study of growth. *Cancer Research 9* (1949), 619.

Frantz Jr., Ivan D., Robert B. Loftfield und Ann S. Werner. Observations on the equilibrium between glycine and glycylglycine in the presence of liver peptidase. *Federation Proceedings 8* (1949), 199.

Frantz Jr., Ivan D. und Robert B. Loftfield. Equilibrium and exchange reactions involving peptides, amino acids, and proteolytic enzymes. *Federation Proceedings 9* (1950), 172-173.

Frantz Jr., Ivan D. und Nancy L. R. Bucher. The incorporation of the carboxyl carbon from acetate into cholesterol by rat liver homogenates. *Journal of Biological Chemistry 206* (1954), 471-481.

Friedberg, Felix, Theodore Winnick und David M. Greenberg. Incorporation of labeled glycine into the protein of tissue homogenates. *Journal of Biological Chemistry 171* (1947), 441-442.

Friedberg, Wallace und Harry Walter. Metabolic fate of doubly labeled heterologous proteins. *Federation Proceedings 14* (1955), 214-215.

Frost, Robert. *Complete Poems.* Holt, Rinehart and Winston: New York 1964.

Fruton, Joseph S. The enzymatic synthesis of peptide bonds. *IIe Congrès International de Biochimie*, Paris 1952. Comptes rendus, Symposium N° 2 (1952), 5-18.

Fruton, Joseph S. *A Skeptical Biochemist.* Harvard University Press: Cambridge 1992.

Gaebler, Oliver H. *Enzymes: Units of Biological Structure and Function.* Academic Press: New York 1956.

Gale, Ernest F. und Joan P. Folkes. The assimilation of amino-acids by bacteria. 14. Nucleic acid and protein synthesis in Staphylococcus aureus. *Biochemical Journal 53* (1953a), 483-492.

Gale, Ernest F. und Joan P. Folkes. The assimilation of amino acids by bacteria. 18. The incorporation of glutamic acid into the protein fraction of Staphylococcus aureus. *Biochemical Journal 55* (1953b), 721-729.

Gale, Ernest F. und Joan P. Folkes. Amino acid incorporation by fragmented Staphylococcal cells. *Biochemical Journal 55* (1953c), xi.

Gale, Ernest F. und Joan P. Folkes. Effect of nucleic acids on protein synthesis and amino-acid incorporation in disrupted Staphylococcal cells. *Nature 173* (1954), 1223-1227.

Gale, Ernest F. From amino acids to proteins. In: William D. McElroy and Hiram Bentley Glass (Hrsg.), *A Symposium on Amino Acid Metabolism* (June 14-17, 1954). The Johns Hopkins Press: Baltimore 1955, 171-192.

Gale, Ernest F. und Joan P. Folkes. The assimilation of amino acids by bacteria. 20. The incorporation of labelled amino acids by disrupted Staphylococcal cells, und 21. The effect of nucleic acids on the development of certain enzymic activities in disrupted Staphylococcal cells. *Biochemical Journal 59* (1955a), 661-675, 675-684.

Gale, Ernest F. und Joan P. Folkes. Promotion of incorporation of amino-acids by specific di- and tri-nucleotides. *Nature 175* (1955b), 592-593.

Gale, Ernest F. Nucleic acids and amino acid incorporation. In: Gordon E. W. Wolstenholme and Cecilia M. O'Connor (Hrsg.): *CIBA Foundation Symposium on Ionizing Radiations and Cell Metabolism.* Little, Brown and Company: Boston 1956, 174-184.

Gale, Ernest F. Incorporation factors, amino acid incorporation and nucleic acid synthesis. In: Gösta Tunevall (Hrsg.), *Recent Progress in Microbiology.* Charles C. Thomas Publisher: Springfield 1959a, 104-114.

Gale, Ernest F. Protein synthesis in sub-cellular systems. *Proceedings of the Fourth International Congress of Biochemistry.* Wien 1959, Band 6. Pergamon Press: London 1959b, 156-65.

Galison, Peter. *How Experiments End.* The University of Chicago Press: Chicago 1987.

Galison, Peter. History, philosophy and the central metaphor. *Science in Context 2* (1988), 197-212.

Galison, Peter. Context and constraints. In: Jed Z. Buchwald (Hrsg.), *Scientific Practice: Theories and Stories of Physics.* The University of Chicago Press: Chicago 1995, 13-41.

Galison, Peter und David J. Stump. *The Disunity of Science: Boundaries, Contexts and Power.* Stanford University Press: Stanford 1996.

Galison, Peter. *Image and Logic: The Material Culture of Microphysics.* The University of Chicago Press: Chicago 1997.

Gamow, George. Possible relation between deoxyribonucleic acid and protein structures. *Nature 173* (1954), 318.

Garland, Joseph E. *Every Man our Neighbor. A Brief History of the Massachusetts General Hospital 1811-1961.* Little, Brown and Company: Boston 1961.

Garnier, Charles. Contribution à l'étude de la structure et du fonctionnement des cellules glandulaires séreuses. *Journal de l'Anatomie et de la Physiologie 36* (1900), 22-98.

Gasché, Rodolphe. *The Tain of the Mirror. Derrida and the Philosophy of Reflection.* Harvard University Press: Cambridge 1986.

Gaudillière, Jean-Paul. *Biologie moléculaire et biologistes dans les années soixante: La naissance d'une discipline. Le cas français.* Thèse de doctorat, Université Paris VII, 1991.

Gaudillière, Jean-Paul. J. Monod, S. Spiegelman et l'adaptation enzymatique. Programmes de recherche, cultures locales et traditions disciplinaires. *History and Philosophy of the Life Sciences 14* (1992), 23-71.

Gaudillière, Jean-Paul. Molecular biology in the French tradition? Redefining local traditions and disciplinary patterns. *Journal of the History of Biology 26* (1993), 473-498.

Gaudillière, Jean-Paul. Wie man Labormodelle für Krebsentstehung konstruiert: Viren und Transfektion am (US) National Cancer Institute. In: M. Hagner, H.-J. Rheinberger und B. Wahrig-Schmidt (Hrsg.), *Objekte, Differenzen, Konjunkturen: Experimentalsysteme im historischen Kontext.* Akademie Verlag: Berlin 1994, 233-257.

Gaudillière, Jean-Paul. Molecular biologists, biochemists, and messenger RNA: The birth of a scientific network. *Journal of the History of Biology 29* (1996), 417-445.

Gierer, Alfred und Gerhard Schramm. Infectivity of ribonucleic acid from tobacco mosaic virus. *Nature 177* (1956), 702-703.

Gierer, Alfred. Function of aggregated reticulocyte ribosomes in protein synthesis. *Journal of Molecular Biology 6* (1963), 148-157.

Gilbert, Walter. Polypeptide synthesis in Escherichia coli. I. Ribosomes and the active complex. *Journal of Molecular Biology 6* (1963), 374-388.

Goethe, Johann Wolfgang von. Materialien zur Geschichte der Farbenlehre. In: *Die Schriften zur Naturwissenschaft.* Erste Abteilung, Texte Bd. 6 (bearbeitet von Dorothea Kuhn). Hermann Böhlaus Nachfolger: Weimar 1957.

Goethe, Johann Wolfgang von. Der Versuch als Vermittler von Objekt und Subjekt. In: *Die Schriften zur Naturwissenschaft.* Erste Abteilung, Texte Bd. 8 (bearbeitet von Dorothea Kuhn). Hermann Böhlaus Nachfolger: Weimar 1962, 305-315.

Goethe, Johann Wolfgang von. Maximen und Reflexionen. In: *Werke* (Hamburger Ausgabe), Bd. 12. Deutscher Taschenbuchverlag: München 1982, 365-547.

Goldwasser, Eugene. Incorporation of adenosine-5'-phosphate into ribonucleic acid. *Journal of the American Chemical Society 77* (1955), 6083-6084.

Gooding, David, Trevor Pinch und Simon Schaffer (Hrsg.). *The Uses of Experiment.* Cambridge University Press: Cambridge 1989.

Gooding, David. *Experiment and the Making of Meaning. Human Agency in Scientific Observation and Experiment.* Kluwer: Dordrecht 1990.

Goodman, Nelson. *Sprachen der Kunst: Entwurf einer Symboltheorie* (übersetzt von Bernd Philippi). Suhrkamp: Frankfurt/M. 1997.

Greenberg, David M., Felix Friedberg, Martin P. Schulman und Theodore Winnick. Studies on the mechanism of protein synthesis with radioactive carbon-labeled compounds. *Cold Spring Harbor Symposia on Quantitative Biology 13* (1948), 113-117.

Grene, Marjorie. *The Knower and the Known.* Center for Advanced Research in Phenomenology & University Press of America: Washington D.C. 1984.

Grene, Marjorie. *A Philosophical Testament.* Open Court: Chicago and La Salle 1995.

Grier, Robert S., Margaret B. Hood und Mahlon B. Hoagland. Observations on the effects of beryllium on alkaline phosphatase. *Journal of Biological Chemistry 180* (1949), 289-298.

Griesemer, James und Grant Yamashita. *Managing time in model systems: Illustrations from evolutionary biology.* Manuskript, Princeton Workshop in the History of Science, Oktober 1999.

Griffin, A. Clark, William N. Nye, Lafayette Noda und James Murray Luck. Tissue proteins and carcinogenesis. I. The effect of carcinogenic azo dyes on liver proteins. *Journal of Biological Chemistry 176* (1948), 1225-1235.

Grmek, Mirko D., Robert S. Cohen und Guido Cimino (Hrsg.). *On Scientific Discovery.* Reidel: Dordrecht 1981.

Grmek, Mirko D. und Bernardino Fantini. Le rôle du hasard dans la naissance du modèle de l'opéron. *Revue d'Histoire des Sciences 35* (1982), 193-215.

Gros, François, Howard Hiatt, Walter Gilbert, Charles G. Kurland, R. W. Risebrough und James D. Watson. Unstable ribonucleic acid revealed by pulse labelling of Escherichia coli. *Nature 190* (1961), 581-585.

Gros, François. *Les Secrets du gène.* Editions Odile Jacob: Paris 1986.

Grunberg-Manago, Marianne und Severo Ochoa. Enzymatic synthesis and breakdown of polynucleotides; polynucleotide phosphorylase. *Journal of the American Chemical Society 77* (1955), 3165-3166.

Grunberg-Manago, Marianne, Priscilla J. Ortiz und Severo Ochoa. Enzymatic synthesis of nucleic acidlike polynucleotides. *Science 122* (1955), 907-910.

Hacking, Ian. The self-vindication of the laboratory sciences. In: Andrew Pickering (Hrsg.), *Science as Practice and Culture.* The University of Chicago Press: Chicago 1992a, 29-64.

Hacking, Ian. »Style« for historians and philosophers. *Studies in History and Philosophy of Science 23* (1992b), 1-20.

Hacking, Ian. *Einführung in die Philosophie der Naturwissenschaften* (übersetzt von Joachim Schulte). Reclam: Stuttgart 1996.

Hagner, Michael, Hans-Jörg Rheinberger und Bettina Wahrig-Schmidt. Objekte, Differenzen, Konjunkturen. In: M. Hagner, H.-J. Rheinberger und B. Wahrig-Schmidt (Hrsg.), *Objekte, Differenzen, Konjunkturen.* Akademie Verlag: Berlin 1994, 7-21.

Hagner, Michael. Zwei Anmerkungen zur Repräsentation in der Wissenschaftsgeschichte. In: Hans-Jörg Rheinberger, Michael Hagner und Bettina Wahrig-Schmidt (Hrsg.), *Räume des Wissens. Repräsentation, Codierung, Spur.* Akademie Verlag: Berlin 1997, 339-355.

Halvorson, Harlyn O. und Sol Spiegelman. The inhibition of enzyme formation by amino acid analogues. *Journal of Bacteriology 64* (1952), 207-221.

Hampe, Michael und Maria-Sibylla Lotter (Hrsg.). *»Die Erfahrungen, die wir machen, sprechen gegen die Erfahrungen, die wir haben.« Über Formen der Erfahrung in den Wissenschaften.* Duncker & Humblot: Berlin 2000.

Harris, Robert J. C. (Hrsg.). *Protein Biosynthesis.* Academic Press: London und New York 1961.

Hart Nibbrig, Christian L. (Hrsg.). *Was heißt »Darstellen«?* Suhrkamp Verlag: Frankfurt /M. 1994.

Haurowitz, Felix. Biological problems and immunochemistry. *Quarterly Review of Biology 24* (1949), 93-101.

Haurowitz, Felix. *Chemistry and Biology of Proteins.* Academic Press: New York 1950.

Haurowitz, Felix. The mechanism of protein biosynthesis. In: Claude Liébecq (Hrsg.), *Proceedings of the Third International Congress of Biochemistry,* Brüssel 1955. Academic Press: New York 1956, 104-105.

Hayles, N. Katherine. Constrained constructivism: Locating scientific inquiry in the theater of representation. In: George Levine (Hrsg.), *Realism and Representation. Essays on the Problem of Realism in Relation to Science, Literature, and Culture.* The University of Wisconsin Press: Madison 1993, 27-43.

Hecht, Liselotte I., Mary L. Stephenson und Paul C. Zamecnik. Formation of nucleotide end groups and incorporation of amino acids into soluble RNA. *Federation Proceedings 17* (1958a), 239.

Hecht, Liselotte I., Mary L. Stephenson und Paul C. Zamecnik. Dependence of amino acid binding to soluble ribonucleic acid on cytidine triphosphate. *Biochimica et Biophysica Acta 29* (1958b), 460-461.

Hecht, Liselotte I., Paul C. Zamecnik, Mary L. Stephenson und Jesse F. Scott. Nucleoside triphosphates as precursors of ribonucleic acid end groups in a mammalian system. *Journal of Biological Chemistry 233* (1958), 954-963.

Hecht, Liselotte I., Mary L. Stephenson und Paul C. Zamecnik. Binding of amino acids to the end group of a soluble ribonucleic acid. *Proceedings of the National Academy of Sciences of the United States of America 45* (1959), 505-518.

Heidegger, Martin. Das Wesen der Sprache. In: M. Heidegger, *Unterwegs zur Sprache.* Neske: Pfullingen 1959, 157-216.

Heidegger, Martin. Die Zeit des Weltbildes. Gesamtausgabe. 1. Abteilung, Band 5, *Holzwege.* Vittorio Klostermann: Frankfurt/M. 1977, 75-113.

Heidegger, Martin. *Die Frage nach dem Ding.* Niemeyer: Tübingen 1987.

Heidegger, Martin. Die Frage nach der Technik. Gesamtausgabe. 1. Abteilung, Band 7, *Vorträge und Aufsätze.* Vittorio Klostermann: Frankfurt/M. 2000, 5-36.

Heidelberger, Charles, Eberhard Harbers, Kenneth C. Leibman, Y. Takagi und Van R. Potter. Specific incorporation of adenosine-5'-phosphate-^{32}P into ribonucleic acid in rat liver homogenates. *Biochimica et Biophysica Acta 20* (1956), 445-446.

Heidelberger, Michael und Friedrich Steinle. *Experimental Essays – Versuche zum Experiment.* Nomos: Baden-Baden 1998.

Hentschel, Klaus. The conversion of St. John: A case study on the interplay of theory and experiment. *Science in Context 6* (1993), 137-194.

Hentschel, Klaus. *Zum Zusammenspiel von Instrument, Experiment und Theorie: Rotverschiebung im Sonnenspektrum und verwandte spektrale Verschiebungseffekte von 1880 bis 1960.* Kovac: Hamburg 1998.

Herbert, Edward, Van R. Potter und Liselotte I. Hecht. Nucleotide metabolism. VII. The incorporation of radioactivity from orotic acid-6-C^{14} into ribonucleic acid in cell-free systems from rat liver. *Journal of Biological Chemistry 225* (1957), 659-674.

Herbert, Edward. The incorporation of adenine nucleotides into ribonucleic acid of cell-free systems from liver. *Journal of Biological Chemistry 231* (1958), 975-986.

Hershey, Alfred D. Nucleic acid economy in bacteria infected with bacteriophage T2. II. Phage precursor nucleic acid. *Journal of General Physiology 37* (1953), 1-23.

Hoagland, Mahlon B. Beryllium and growth. III. The effect of beryllium on plant phosphatase. *Archives of Biochemistry and Biophysics 35* (1952), 259-267.

Hoagland, Mahlon B. und G. David Novelli. Biosynthesis of coenzyme A from phosphopantetheine and of pantetheine from pantothenate. *Journal of Biological Chemistry 207* (1954), 767-773.

Hoagland, Mahlon B. An enzymic mechanism for amino acid activation in animal tissues. *Biochimica et Biophysica Acta 16* (1955a), 288-289.

Hoagland, Mahlon B. Enzymatic mechanism for amino acid activation in animal tissues. *Federation Proceedings 14* (1955b), 73.

Hoagland, Mahlon B., Elizabeth B. Keller und Paul C. Zamecnik. Enzymatic carboxyl activation of amino acids. *Journal of Biological Chemistry 218* (1956), 345-358.

Hoagland, Mahlon B., Paul C. Zamecnik, Nahama Sharon, Fritz Lipmann, Melvin P. Stulberg und Paul D. Boyer. Oxygen transfer to AMP in the enzymic synthesis of the hydroxamate of tryptophan. *Biochimica et Biophysica Acta 26* (1957), 215-217.

Hoagland, Mahlon B. und Paul C. Zamecnik. Intermediate reactions in protein biosynthesis. *Federation Proceedings 16* (1957), 197.

Hoagland, Mahlon B., Paul C. Zamecnik und Mary L. Stephenson. Intermediate reactions in protein biosynthesis. *Biochimica et Biophysica Acta 24* (1957), 215-216.

Hoagland, Mahlon B. On an enzymatic reaction between amino acids and nucleic acid and its possible role in protein synthesis. *Recueil des Travaux Chimiques des Pays-Bas et de la Belgique 77* (1958), 623-633.

Hoagland, Mahlon B., Mary L. Stephenson, Jesse F. Scott, Liselotte I. Hecht und Paul C. Zamecnik. A soluble ribonucleic acid intermediate in protein synthesis. *Journal of Biological Chemistry* 231 (1958), 241-257.

Hoagland, Mahlon B. The present status of the adaptor hypothesis. *Brookhaven Symposia in Biology 12* (1959a), 40-46.

Hoagland, Mahlon B. Nucleic acids and proteins. *Scientific American* 201 (Dezember) (1959b), 55-61.

Hoagland, Mahlon B. Discussion of Dr. Gale's paper [on ›Protein synthesis in sub-cellular systems‹]. Proceedings of the Fourth International Congress of Biochemistry, Wien, 1. – 6. September 1958, Band 6. Pergamon Press: London 1959c, 166-170.

Hoagland, Mahlon B., Paul C. Zamecnik und Mary L. Stephenson. A hypothesis concerning the roles of particulate and soluble ribonucleic acids in protein synthesis. In: Raymond E. Zirkle (Hrsg.), *A Symposium on Molecular Biology.* University of Chicago Press: Chicago 1959, 105-114.

Hoagland, Mahlon B. The relationship of nucleic acid and protein synthesis as revealed by studies in cell-free systems. In: Erwin Chargaff und James N. Davidson (Hrsg.), *The Nucleic Acids.* Band III. Academic Press: New York und London 1960, 349-408.

Hoagland, Mahlon B. und Lucy T. Comly. Interaction of soluble ribonucleic acid and microsome. *Proceedings of the National Academy of Sciences of the United States of America 46* (1960), 1554-1563.

Hoagland, Mahlon B. Some factors influencing protein synthetic activity in a cell-free mammalian system. *Cold Spring Harbor Symposia on Quantitative Biology 26* (1961), 153-157.

Hoagland, Mahlon B. und Brigitte A. Askonas. Aspects of control of protein synthesis in normal and regenerating rat liver. I. A cytoplasmic RNA-containing fraction that stimulates amino acid incorporation. *Proceedings of the National Academy of Sciences of the United States of America 49* (1963), 130-137.

Hoagland, Mahlon B., Oscar A. Scornik und Lorraine C. Pfefferkorn. Aspects of control of protein synthesis in normal and regenerating rat liver. II. A microsomal inhibitor of amino acid incorporation whose action is antagonized by guanosine triphosphate. *Proceedings of the National Academy of Sciences of the United States of America 51* (1964), 1184-1191.

Hoagland, Mahlon B. Views on integrated protein synthesis in liver. In: Nathan O. Kaplan und Eugene P. Kennedy (Hrsg.), *Current Aspects of Biochemical Energetics.* Academic Press: New York 1966, 199-212.

Hoagland, Mahlon B. Commentary on ›Intermediate reactions in protein biosynthesis‹. *Biochimica et Biophysica Acta 1000* (1989), 103-105.

Hoagland, Mahlon B. *Toward the Habit of Truth. A Life in Science.* W. W. Norton & Company: New York und London 1990.

Hoagland, Mahlon B. Biochemistry or molecular biology? The discovery of ›soluble‹ RNA. *Trends in Biochemical Sciences (TIBS) 21* (1996), 77-80.

Hofmeister, Franz. Ueber den Bau des Eiweißmolecüls. *Naturwissenschaftliche Rundschau 17* (1902), 529-533, 545-549.

Hoffmann, Christoph. *Entdeckungen? Abfälle!* Manuskript 2001.

Hogeboom, George H., Walter C. Schneider und George E. Palade, Cytochemical studies of mammalian tissues. I. Isolation of intact mitochondria from rat liver; some biochemical properties of mitochondria and submicroscopic particulate material. *Journal of Biological Chemistry 172* (1948), 619-635.

Holley, Robert W. An alanine-dependent, ribonuclease-inhibited conversion of AMP to ATP, and its possible relationship to protein synthesis.

Abstracts of Papers, 130th Meeting, American Chemical Society, Atlantic City, N. J., 16.-21. September (1956), 43C.

Holley, Robert W. An alanine-dependent, ribonuclease-inhibited conversion of AMP to ATP, and its possible relationship to protein synthesis. *Journal of the American Chemical Society 79* (1957), 658-662.

Holley, Robert W. und P. Prock. Intermediates in protein synthesis: Alanine activation and an active ribonucleic acid fraction. *Federation Proceedings 17* (1958), 244.

Holley, Robert W. und Susan H. Merrill. Countercurrent distribution of an active ribonucleic acid. *Journal of the American Chemical Society 81* (1959), 753.

Holley, Robert W., Jean Apgar, Bhupendra P. Doctor, John Farrow, Mario A. Marini und Susan H. Merrill. A simplified procedure for the preparation of tyrosine- and valine-acceptor fractions of yeast »soluble ribonucleic acid«. *Journal of Biological Chemistry 236* (1961), 200-202.

Holley, Robert W., Jean Apgar, George A. Everett, James T. Madison, Mark Marquisee, Susan H. Merrill, John Robert Penswick und Ada Zamir. Structure of a ribonucleic acid. *Science 147* (1965), 1462-1465.

Holmes, Frederic L. *Lavoisier and the Chemistry of Life. An Exploration of Scientific Creativity.* The University of Wisconsin Press: Madison 1985.

Hultin, Tore. Incorporation in vivo of ^{15}N-labeled glycine into liver fractions of newly hatched chicks. *Experimental Cell Research 1* (1950), 376-381.

Hultin, Tore. The incorporation in vivo of labeled amino acids into subfractions of liver cytoplasm fractions. *Experimental Cell Research, Supplement 3* (1955), 210-217.

Hultin, Tore. The incorporation in vitro of 1-C^{14}-glycine into liver proteins visualized as a two-step reaction. *Experimental Cell Research 11* (1956), 222-224.

Hultin, Tore und Gunilla Beskow. The incorporation of C^{14}-L-leucine into rat liver proteins in vitro visualized as a two-step reaction. *Experimental Cell Research 11* (1956), 664-666.

Hultin, Tore und Alexandra von der Decken. The transfer of soluble polynucleotides to the ribonucleic acid of rat liver microsomes. *Experimental Cell Research 16* (1959), 444-447.

Hunter, G. D., P. Brookes, A. R. Crathorn und John A. V. Butler. Intermediate reactions in protein synthesis by the isolated cytoplasmic-membrane fraction of Bacillus megaterium. *Biochemical Journal 73* (1959), 369-376.

Hurlbert, Robert B. und Van R. Potter. Nucleotide metabolism. I. The conversion of orotic acid-6-C^{14} to uridine nucleotides. *Journal of Biological Chemistry 209* (1954), 1-21.

Husserl, Edmund. Die Krisis des europäischen Menschentums und die Philosophie. In: Walter Biemel (Hrsg.), *Die Krisis der europäischen Wissenschaften und die transzendentale Phänomenologie.* Husserliana Band VI. Nijhoff: Den Haag 1976a, 314-348.

Husserl, Edmund. Beilage III [Die Frage nach dem Ursprung der Geometrie als intentionalhistorisches Problem]. In: Walter Biemel (Hrsg.), *Die Krisis der europäischen Wissenschaften und die transzendentale Phänomenologie.* Husserliana Band VI. Nijhoff: Den Haag 1976b, 365-386.

Jacob, François und Jacques Monod. Genetic regulatory mechanisms in the synthesis of proteins. *Journal of Molecular Biology 3* (1961), 318-356.

Jacob, François. Le modèle linguistique en biologie. *Critique 322* (1974), 197-205.

Jacob, François. *Das Spiel der Möglichkeiten. Von der offenen Geschichte des Lebens* (übersetzt von Friedrich Griese). Piper: München 1983.

Jacob, François. *Die innere Statue, Autobiographie des Genbiologen und Nobelpreisträgers* (übersetzt von Markus Jakob). Ammann: Zürich 1988.

Jardine, Nicholas. *The Scenes of Inquiry.* Oxford University Press: Oxford 1991.

Jeener, Raymond und Jean Brachet. Recherches sur l'acide ribonucléique des levures (microdosage, relations avec la croissance, conditions de sa synthèse). *Enzymologia 11* (1943-45), 222-234.

Jeener, Raymond. L'hétérogénéité des granules cytoplasmiques: Données complémentaires fournies par leur fractionnement en solution saline concentrée. *Biochimica et Biophysica Acta 2* (1948), 633-641.

Judson, Horace Freeland. *Der achte Tag der Schöpfung. Sternstunden der neuen Biologie* (übersetzt von Marcus Würmli). Meyster: Wien – München 1980.

Kalckar, Herman M. The nature of energetic coupling in biological syntheses. *Chemical Reviews 28* (1941), 71-178.

Kameyama, Tadanori und G. David Novelli. The cell-free synthesis of ß-galactosidase by Escherichia coli. *Biochemical and Biophysical Research Communications 2* (1960), 393-396.

Kauffman, Stuart. *At Home in the Universe: The Search for the Laws of Self-Organization and Complexity.* Oxford University Press: Oxford 1995.

Kay, Lily E. *The Molecular Vision of Life.* Oxford University Press: Oxford 1993.

Kay, Lily E. Wer schrieb das Buch des Lebens? Information und Transformation der Molekularbiologie. In: Michael Hagner, Hans-Jörg Rheinberger und Bettina Wahrig-Schmidt (Hrsg.), *Objekte, Differen-*

zen, Konjunkturen. Experimentalsysteme im historischen Kontext. Akademie Verlag: Berlin 1994, 151-179.

Kay, Lily E. *Who Wrote the Book of Life? A History of the Genetic Code.* Stanford University Press: Stanford 2000.

Keller, Elizabeth B. Turnover of proteins of cell fractions of adult rat liver in vivo. *Federation Proceedings 10* (1951), 206.

Keller, Elizabeth B. und Paul C. Zamecnik. Anaerobic incorporation of C^{14}-amino acids into protein in cell-free liver preparations. *Federation Proceedings 13* (1954), 239-240.

Keller, Elizabeth. B., Paul C. Zamecnik und Robert B. Loftfield. The role of microsomes in the incorporation of amino acids into proteins. *Journal of Histochemistry and Cytochemistry 2* (1954), 378-386.

Keller, Elizabeth B. und Paul C. Zamecnik. Effect of guanosine diphosphate on incorporation of labeled amino acids into proteins. *Federation Proceedings 14* (1955), 234.

Keller, Elizabeth B. und Paul C. Zamecnik. The effect of guanosine diphosphate and triphosphate on the incorporation of labeled amino acids into proteins. *Journal of Biological Chemistry 221* (1956), 45-59.

Keller, Evelyn Fox. *A Feeling for the Organism: The Life and Work of Barbara McClintock.* W. H. Freeman: New York 1983.

Keller, Evelyn Fox. Physics and the emergence of molecular biology: A history of cognitive and political synergy. *Journal of the History of Biology 23* (1990), 389-409.

Keller, Evelyn Fox. Language and science: Genetics, embryology and the discourse of gene action. *Encyclopedia Britannica.* Great Ideas Today. Part One: Current Developments in the Arts and Sciences, 1994, 1-29.

Kirby, Ken S. A new method for the isolation of ribonucleic acids from mammalian tissues. *Biochemical Journal 64* (1956), 405-408.

Kit, Saul und David M. Greenberg. Incorporation of isotopic threonine and valine into the protein of rat liver particles. *Journal of Biological Chemistry 194* (1952), 377-381.

Kittler, Friedrich. *Aufschreibesysteme 1800-1900.* Fink: München 1985.

Klein, Ursula. *Experiments, Models, Paper Tools: Cultures of Organic Chemistry in the Nineteenth Century*. Stanford University Press: Stanford 2003.

Knorr Cetina, Karin. *Die Fabrikation von Erkenntnis.* Suhrkamp: Frankfurt/M. 1984.

Knorr Cetina, Karin, Klaus Amann, Stefan Hirschauer und Karl-Heinrich Schmidt. Das naturwissenschaftliche Labor als Ort der »Verdichtung« von Gesellschaft. *Zeitschrift für Soziologie 17* (1988), 85-101.

Kohler, Robert E. *Partners in Science: Foundations and Natural Scientists, 1900-1945.* The University of Chicago Press: Chicago 1991a.

Kohler, Robert E. Systems of production: Drosophila, Neurospora und biochemical genetics. *Historical Studies in the Physical and Biological Sciences 22* (1991b), 87-130.

Kohler, Robert E. *Lords of the Fly. Drosophila Genetics and the Experimental Life.* The University of Chicago Press: Chicago 1994.

Koningsberger, Victor V. und Jan Th. G. Overbeek. On the rôle of the nucleic acids in the biosynthesis of the peptide bond. *Koninklijke Nederlandse Akademie van Wetenschappen, Proceedings of the Section of Sciences 56,* Serie B, Physical Sciences (1953), 248-254.

Koningsberger, Victor V., Christian Olav van der Grinten und Jan Th. G. Overbeek. Possible intermediates in the biosynthesis of proteins. I. Evidence for the presence of nucleotide-bound carboxyl-activated peptides in baker's yeast. *Biochimica et Biophysica Acta 26* (1957), 483-490.

Kornberg, Arthur. *For the Love of Enzymes.* Harvard University Press: Cambridge (Mass.) 1989.

Kruh, Jacques und Henry Borsook. In vitro synthesis of ribonucleic acid in reticulocytes. *Nature 175* (1955), 386-387.

Kubler, George. *Die Form der Zeit. Anmerkungen zur Geschichte der Dinge* (übersetzt von Bettina Blumenberg). Suhrkamp: Frankfurt/M. 1982.

Kuhn, Thomas S. *Die Struktur wissenschaftlicher Revolutionen* (übersetzt von Hermann Vetter). 2., revidierte Auflage, Suhrkamp: Frankfurt/M. 1976.

Kuhn, Thomas S. *The Trouble with the Historical Philosophy of Science.* An Occasional Publication of the Department of the History of Science, Harvard University: Cambridge MA 1992.

Kurland, Charles G. Molecular characterization of ribonucleic acid from Escherichia coli ribosomes. I. Isolation and molecular weights. *Journal of Molecular Biology 2* (1960), 83-91.

Lacan, Jacques. Die Wissenschaft und die Wahrheit. In: Jacques Lacan, *Schriften II* (ausgewählt und herausgegeben von Norbert Haas). Walter: Olten und Freiburg i. Br. 1975, 231-257.

Lacan, Jacques. *Die Ethik der Psychoanalyse. Das Seminar, Buch VII* (übersetzt von Norbert Haas). Quadriga: Berlin 1996.

Lacks, Sanford und François Gros. A metabolic study of the RNA-amino acid complexes in Escherichia coli. *Journal of Molecular Biology 1* (1959), 301-320.

Lamborg, Marvin R. Amino acid incorporation into protein by extracts of E. coli. *Federation Proceedings 19* (1960), 346.

Lamborg, Marvin R. und Paul C. Zamecnik. Amino acid incorporation into protein by extracts of E. coli. *Biochimica et Biophysica Acta 42* (1960), 206-211.

Lamborg, Marvin R. und Paul C. Zamecnik. Optical rotatory dispersion of E. coli sRNA in the far ultraviolet region. *Biochemical and Biophysical Research Communications 20* (1965), 328-333.

Lamborg, Marvin R., Paul C. Zamecnik, Ting-Kai Li, Jeremias Kägi und Bert L. Vallee. Anomalous rotatory dispersion of soluble ribonucleic acid and its relation to amino acid synthetase recognition. *Biochemistry 4* (1965), 63-70.

Latour, Bruno und Steve Woolgar. *Laboratory Life.* SAGE Publications: London 1979. 2. Aufl., Princeton University Press: Princeton 1986.

Latour, Bruno. *Science in Action.* Harvard University Press: Cambridge (MA) 1987.

Latour, Bruno. *The Pasteurization of France.* Harvard University Press: Cambridge (MA) 1988.

Latour, Bruno. Postmodern? No, simply *a*modern! Steps towards an anthropology of science. *Studies in History and Philosophy of Science 21* (1990a), 145-171.

Latour, Bruno. The force and the reason of experiment. In: Homer E. Le Grand (Hrsg.), *Experimental Inquiries.* Reidel: Dordrecht 1990b, 49-80.

Latour, Bruno. Drawing things together. In: Michael Lynch und Steve Woolgar (Hrsg.), *Representation in Scientific Practice.* The MIT Press: Cambridge 1990c, 19-68.

Latour, Bruno. *Wir sind nie modern gewesen: Versuch einer symmetrischen Anthropologie* (übersetzt von Gustav Roßler). Akademie-Verlag: Berlin 1995.

Latour, Bruno. Der »Pedologen-Faden« von Boa Vista – eine photo-philosophische Montage (übersetzt von Hans-Jörg Rheinberger). In: Bruno Latour, *Der Berliner Schlüssel, Erkundungen eines Liebhabers der Wissenschaften.* Akademie-Verlag: Berlin 1996, 191-248.

Ledingham, John C. G. und William E. Gye. On the nature of the filterable tumour-exciting agent in avian sarcomata. *Lancet 228 (1)* (1935), 376-377.

Lee, Norman D., Norma M. MacRae und Robert H. Williams. Effect of p-dimethylaminoazobenzene on the incorporation of labeled cystine into protein of the subcellular components of rat liver. *Federation Proceedings 10* (1951), 363.

Lee, Norman D., Jean T. Anderson, Ruth Miller und Robert H. Williams. Incorporation of labeled cystine into tissue protein and subcellular structures. *Journal of Biological Chemistry 192* (1951), 733-742.

Le Grand, Homer E. (Hrsg.). *Experimental Inquiries.* Kluwer: Dordrecht 1990.

Lengyel, Peter, Joseph F. Speyer und Severo Ochoa. Synthetic polynucleotides and the amino acid code. *Proceedings of the National Academy of Sciences of the United States of America 47* (1961), 1936-1942.

Lenoir, Timothy. Practice, reason, context: The dialogue between theory and experiment. *Science in Context 2* (1988), 3-22.

Lenoir, Timothy. Practical reason and the construction of knowledge: The lifeworld of Haber-Bosch. In: Ernan McMullin (Hrsg.), *The Social Dimensions of Science.* University of Notre Dame Press: Notre Dame (Indiana) 1992, 158-197.

Lenoir, Timothy. The discipline of nature and the nature of disciplines. In: Ellen Messer-Davidow, David Sylvan und David Shumway (Hrsg.), *Knowledges: Historical and Critical Studies in Disciplinarity.* University Press of Virginia: Charlottesville 1993, 70-102.

Lenoir, Timothy. *Instituting Science: The Cultural Production of Scientific Disciplines.* Stanford University Press: Stanford 1997.

Lenoir, Timothy und Marguerite Hays. The Manhattan Project for Biomedicine. In: Phillip R. Sloan (Hrsg.), *Controlling Our Destinies: The Human Genome Project from Historical, Philosophical, Social and Ethical Perspectives.* University of Notre Dame Press: Notre Dame (Indiana) 2000, 29-62.

Leroi-Gourhan, André. *Hand und Wort: die Evolution von Technik, Sprache und Kunst* (übersetzt von Michael Bischoff). Suhrkamp: Frankfurt/M. 1980.

Levine, George (Hrsg.). *Realism and Representation: Essays on the Problem of Realism in Relation to Science, Literature, and Culture.* University of Wisconsin Press: Madison 1993.

Lévi-Strauss, Claude. *Das Wilde Denken* (übersetzt von Hans Naumann). Suhrkamp: Frankfurt/M. 1968.

Linderstrøm-Lang, Kaj U. Proteins and enzymes: Lane Medical Lectures, V: Biological synthesis of proteins. *Stanford University Publications, University Series, Medical Sciences 6* (1952), 1-115.

Lipmann, Fritz. Metabolic generation and utilization of phosphate bond energy. *Advances in Enzymology 1* (1941), 99-162.

Lipmann, Fritz. Mechanism of peptide bond formation. *Federation Proceedings 8* (1949), 597-602.

Lipmann, Fritz. On the mechanism of some ATP-linked reactions and certain aspects of protein synthesis. In: William D. McElroy und Hiram Bentley Glass (Hrsg.), *The Mechanism of Enzyme Action.* The Johns Hopkins Press: Baltimore 1954, 599-607.

Lipmann, Fritz, W. C. Hülsmann, G. Hartmann, Hans G. Boman und George Acs. Amino acid activation and protein synthesis. *Journal of Cellular and Comparative Physiology 54*, Supplement 1 (1959), 75-88.

Lipmann, Fritz. Messenger ribonucleic acid. *Progress in Nucleic Acid Research 1* (1963), 135-161.

Lipmann, Fritz. *Wanderings of a Biochemist.* Wiley-Interscience: New York 1971.

Littlefield, John W., Elizabeth B. Keller, Jerome Gross und Paul C. Zamecnik. Studies on cytoplasmic ribonucleoprotein particles from the liver of the rat. *Journal of Biological Chemistry 217* (1955a), 111-123.

Littlefield, John W., Elizabeth B. Keller, Jerome Gross und Paul C. Zamecnik. Studies on protein synthesis in the liver. *Journal of Clinical Investigation 34* (1955b), 950.

Littlefield, John W. und Elizabeth B. Keller. Cell-free incorporation of C^{14}-amino acids into cytoplasmic ribonucleoprotein particles. *Federation Proceedings 15* (1956), 302-303.

Littlefield, John W. und Elizabeth B. Keller. Incorporation of C^{14}-amino acids into ribonucleoprotein particles from the Ehrlich mouse ascites tumor. *Journal of Biological Chemistry 224* (1957), 13-30.

Loftfield, Robert B. Preparation of C^{14}-labeled hydrogen cyanide, alanine, and glycine. *Nucleonics 1 (3)* (1947), 54-57.

Loftfield, Robert B., John W. Grover und Mary L. Stephenson. Possible role of proteolytic enzymes in protein synthesis. *Nature 171* (1953), 1024-1025.

Loftfield, Robert B. In vivo and in vitro incorporation of C-14 leucine into ferritin. *Federation Proceedings 13* (1954), 465.

Loftfield, Robert B. Participation of free amino acids in protein synthesis. *Federation Proceedings 14* (1955), 246.

Loftfield, Robert B. und Anne Harris. Participation of free amino acids in protein synthesis. *Journal of Biological Chemistry 219* (1956), 151-159.

Loftfield, Robert B. The biosynthesis of protein. *Progress in Biophysics and Biophysical Chemistry 8* (1957a), 347-386.

Loftfield, Robert B. Speed of protein synthesis. *Federation Proceedings 16* (1957b), 82.

Loftfield, Robert B. und Elizabeth A. Eigner. The time required for the synthesis of a ferritin molecule in rat liver. *Journal of Biological Chemistry 231* (1958), 925-943.

Loftfield, Robert B., Liselotte I. Hecht und Elizabeth A. Eigner. Alloisoleucine as a competitor for isoleucine and valine in protein synthesis. *Federation Proceedings 18* (1959), 276.

Loomis, William F. und Fritz Lipmann. Reversible inhibition of the coupling between phosphorylation and oxidation. *Journal of Biological Chemistry 173* (1948), 807-808.

Löwy, Ilana. The strength of loose concepts – Boundary concepts, federative experimental strategies and disciplinary growth: The case of immunology. *History of Science 30* (1992), 371-395.

Lubar, Steven und W. David Kingery. *History from Things. Essays on Material Culture.* Smithsonian Institution Press: Washington 1993.

Lunardini, Rosemary. DNA drama. *Dartmouth Medicine*, Fall (1993), 16-22.

Luria, Salvador E. *A Slot Machine, A Broken Test Tube. An Autobiography.* Harper & Row: New York 1985.

Lwoff, André und Agnes Ullmann (Hrsg.). *Origins of Molecular Biology: A Tribute to Jacques Monod.* Academic Press: New York 1979.

Lynch, Michael. *Art and Artifact in Laboratory Science: A Study of Shop Work and Shop Talk in a Research Laboratory.* Routledge and Kegan Paul: London 1985.

Lynch, Michael und Steve Woolgar. Sociological orientations to representational practice in science. In: M. Lynch und S. Woolgar (Hrsg.), *Representation in Scientific Practice.* The MIT Press: Cambridge 1990a, 1-18.

Lynch, Michael und Steve Woolgar (Hrsg.). *Representation in Scientific Practice.* The MIT Press: Cambridge 1990b.

Lynch, Michael. Representation is overrated: Some critical remarks about the use of the concept of representation in science studies. *Configurations 2* (1994), 137-149.

Maas, Werner K. und G. David Novelli. Synthesis of pantothenic acid by depyrophosphorylation of adenosine triphosphate. *Archives of Biochemistry and Biophysics 43* (1953), 236-238.

MacColl, San. Intimate observation. *Metascience 7* (1989), 90-98.

Malkin, Harold M. Synthesis of ribonucleic acid purines and protein in enucleated and nucleated sea urchin eggs. *Journal of Cellular and Comparative Physiology 44* (1954), 105-112.

Matsubara, Kenichi und Itaru Watanabe. Studies of amino acid incorporation with purified ribosomes and soluble enzymes from Escherichia coli. *Biochemical and Biophysical Research Communications 5* (1961), 22-26.

Matthaei, Heinrich und Marshall W. Nirenberg. The dependence of cell-free protein synthesis in E. coli upon RNA prepared from ribosomes. *Biochemical and Biophysical Research Communications 4* (1961a), 404-408.

Matthaei, J. Heinrich und Marshall W. Nirenberg. Some characteristics of a cell-free DNAase sensitive system incorporating amino acids into protein. *Federation Proceedings 20* (1961b), 391.

Matthaei, J. Heinrich und Marshall W. Nirenberg. Characteristics and stabilization of DNAase-sensitive protein synthesis in E. coli extracts. *Proceedings of the National Academy of Sciences of the United States of America 47* (1961c), 1580-1588.

Mayr, Ernst. When is historiography whiggish? *Journal of the History of Ideas 51* (1990), 301-309.

McCarty, Maclyn. *The Transforming Principle: Discovering That Genes Are Made of DNA.* W. W. Norton: New York 1985.

McCorquodale, Donald J., E. G. Veach und Gerald C. Mueller. The incorporation in vitro of labeled amino acids into the proteins of normal and regenerating rat liver. *Biochimica et Biophysica Acta 46* (1961), 335-343.

McIntosh, James. The sedimentation of the virus of Rous sarcoma and the bacteriophage by a high-speed centrifuge. *Journal of Pathology and Bacteriology 41* (1935), 215-217.

Melchior, Jacklyn B. und Harold Tarver. Studies in protein synthesis in vitro. I. On the synthesis of labeled cystine (S^{35}) and its attempted use as a tool in the study of protein synthesis. *Archives of Biochemistry 12* (1947a), 301-308.

Melchior, Jacklyn B. und Harold Tarver. Studies on protein synthesis in vitro. II. On the uptake of labeled sulfur by the proteins of liver slices incubated with labeled methionine (S^{35}). *Archives of Biochemistry 12* (1947b), 309-315.

Miller, Warren W. High-efficiency counting of long-lived radioactive carbon as CO_2. *Science 105* (1947), 123-125.

Mitchell, W. J. Thomas. *Iconology. Image, Text, Ideology.* The University of Chicago Press: Chicago 1987.

Moles, Abraham. *Les Sciences de l'imprécis.* Seuil: Paris 1995.

Monier, Robert, Mary L. Stephenson und Paul C. Zamecnik. The preparation and some properties of a low molecular weight ribonucleic acid from baker's yeast. *Biochimica et Biophysica Acta 43* (1960), 1-8.

Monod, Jacques, Alwin M. Pappenheimer Jr. und Germaine Cohen-Bazire. La cinétique de la biosynthèse de la ß-galactosidase chez E. coli considérée comme fonction de la croissance. *Biochimica et Biophysica Acta 9* (1952), 648-660.

Monod, Jacques und Melvin Cohn. Sur le mécanisme de la synthèse d'une protéine bactérienne. La ß-galactosidase d'E. coli. *IV. International Congress of Microbiology*, Symposium on Microbial Metabolism, Rom 1953, 42-62.

Monod, Jacques und E. Borek (Hrsg.). *Of Microbes and Life.* Cornell University Press: Ithaca 1971.

Moore, Stanford und William H. Stein. Chromatography of amino acids on starch columns. Solvent mixtures for the fractionation of protein hydrolysates. *Journal of Biological Chemistry 178* (1949), 53-77.

Morange, Michel. Le concept du gène régulateur. In: Jean-Louis Fischer und William H. Schneider (Hrsg.), *Histoire de la Génétique.* A.R.P.E.M et Editions Sciences en Situation: Paris 1990, 271-291.

Morange, Michel. *Histoire de la biologie moléculaire*. Editions La Découverte: Paris 1994.

Myers, Greg. *Writing Biology. Texts in the Social Construction of Scientific Knowledge.* The University of Wisconsin Press: Madison 1990.

Nägele, Rainer. *Reading After Freud.* Columbia University Press: New York 1987.

Nathans, Daniel und Fritz Lipmann. Amino acid transfer from sRNA to microsome. II. Isolation of a heat-labile factor from liver supernatant. *Biochimica et Biophysica Acta 43* (1960), 126-128.

Nathans, Daniel und Fritz Lipmann. Amino acid transfer from aminoacyl-ribonucleic acids to protein on ribosomes of Escherichia coli. *Proceedings of the National Academy of Sciences of the United States of America 47* (1961), 497-504.

Nathanson, Ira T., A. L. Nutt, Alfred Pope, Paul C. Zamecnik, Joseph C. Aub, Austin M. Brues und Seymour S. Kety. The toxic factors in experimental traumatic shock. I. Physiologic effects of muscle ligation in the dog. *Journal of Clinical Investigation 24* (1945), 829-834 (II.-VI.: 835-863).

Nietzsche, Friedrich. *Der Wille zur Macht.* Werke Bd. 9. Kröner: Leipzig 1919.

Nirenberg, Marshall W. und J. Heinrich Matthaei. The dependence of cell-free protein synthesis in E. coli upon naturally occurring or synthetic polyribonucleotides. *Proceedings of the National Academy of Sciences of the United States of America 47* (1961), 1588-1602.

Nirenberg, Marshall W. und J. Heinrich Matthaei. The dependence of cell-free protein synthesis in E. coli upon naturally occurring or synthetic template RNA. In: Vladimir A. Engelhardt (Hrsg.): *Proceedings of the Fifth International Congress of Biochemistry*, Moskau, 10.-16. August 1961, Band I. New York 1963a, 184-195.

Nirenberg, Marshall W. und J. Heinrich Matthaei. Comparison of ribosomal and soluble E. coli systems incorporating amino acids into protein. Abstract 2.115, *Proceedings of the Fifth International Congress of Biochemistry*, Moskau, 10.-16. August 1961, Band IX. New York 1963b, 102.

Nirenberg, Marshall W. und Philip Leder. RNA codewords and protein synthesis. *Science 145* (1964), 1399-1407.

Nirenberg, Marshall W. The genetic code. Nobel Lecture by Marshall Nirenberg. In: Les Prix Nobel en 1968. The Nobel Foundation: Stockholm 1969, 1-21.

Nishizuka, Yasutomi und Fritz Lipmann. Comparison of guanosine triphosphate split and polypeptide synthesis with a purified E. coli system. *Proceedings of the National Academy of Sciences of the United States of America* 55 (1966), 212-219.

Nisman, B. Incorporation and activation of amino acids by disrupted protoplasts of Escherichia coli. *Biochimica et Biophysica Acta* 32 (1959), 18-31.

Nomura, Masayasu, Benjamin D. Hall und Sol Spiegelman. Characterization of RNA synthesized in Escherichia coli after bacteriophage T2 infection. *Journal of Molecular Biology* 2 (1960), 306-326.

Nomura, Masayasu. History of ribosome research: a personal account. In: Walter E. Hill, Peter B. Moore, Albert Dahlberg, David Schlessinger, Roger A. Garrett und Jonathan R. Warner (Hrsg.), *The Ribosome. Structure, Function, and Evolution.* American Society for Microbiology: Washington 1990, 3-55.

Novelli, G. David. From ~P to CoA to protein biosynthesis. In: Nathan O. Kaplan und Eugene P. Kennedy (Hrsg.), *Current Aspects of Biochemical Energetics.* Academic Press: New York 1966, 183-197.

Nowotny, Helga. *Eigenzeit. Entstehung und Strukturierung eines Zeitgefühls.* Suhrkamp: Frankfurt/M 1989.

Ofengand, E. James und Robert Haselkorn. Viral RNA-dependent incorporation of amino acids into protein by cell-free extracts of E. coli. *Biochemical and Biophysical Research Communications* 6 (1961/62), 469-474.

Ogata, Kikuo, Masana Ogata, Yoshio Mochizuki und Tadamoto Nishiyama. The in vitro incorporation of C^{14}-glycine into antibody and other protein fractions by popliteal lymph nodes of rabbits following the local injection of crystalline ovalbumin. *The Journal of Biochemistry* 43 (1956), 653-668.

Ogata, Kikuo und Hiroyoshi Nohara. The possible role of the ribonucleic acid (RNA) of the pH 5 enzyme in amino acid activation. *Biochimica et Biophysica Acta* 25 (1957), 659-660.

Ogata, Kikuo, Hiroyoshi Nohara und Tomi Morita. The effect of ribonuclease on the amino acid-dependent exchange between labeled inorganic pyrophosphate ($^{32}P^{32}P$) and adenosine triphosphate (ATP) by the pH 5 enzyme. *Biochimica et Biophysica Acta* 26 (1957), 656-657.

Olby, Robert C. The molecular revolution in biology. In: R. C. Olby,

G. N. Cantor, J. R. R. Christie und M. J. S. Hodge (Hrsg.), *Companion to the History of Modern Science*. Routledge: London 1990, 503-520.

Paillot, André und André Gratia. Application de l'ultracentrifugation à l'isolement du virus de la grasserie des vers à soie. *Comptes Rendus Hebdomadaires de la Société de Biologie 90* (1938), 1178-1180.

Palade, George E. Intracellular distribution of acid phosphatase in rat liver cells. *Archives of Biochemistry 30* (1951), 144-158.

Palade, George E. und Keith R. Porter. Studies on the endoplasmic reticulum. I. Its identification in cells in situ. *Journal of Experimental Medicine 100* (1954), 641-656.

Palade, George E. A small particulate component of the cytoplasm. *Journal of Biophysical and Biochemical Cytology 1* (1955), 59-68.

Palade, George E. und Philip Siekevitz. Liver microsomes. An integrated morphological and biochemical study. *Journal of Biophysical and Biochemical Cytology 2* (1956), 171-200.

Palade, George E. Microsomes and ribonucleoprotein particles. In: Richard B. Roberts (Hrsg.), *Microsomal Particles and Protein Synthesis*. Pergamon Press: London 1958, 36-61.

Pardee, Arthur B. Nucleic acid precursors and protein synthesis. *Proceedings of the National Academy of Sciences of the United States of America 40* (1954), 263-270.

Pardee, Arthur B., François Jacob und Jacques Monod. The genetic control and cytoplasmic expression of »inducibility« in the synthesis of ß-galactosidase by E. coli. *Journal of Molecular Biology 1* (1959), 165-178.

Paterson, Alan R. P. und Gerald A. LePage. Ribonucleic acid synthesis in tumor homogenates. *Cancer Research 17* (1957), 409-417.

Peirce, Charles Sanders. Logic as semiotic: The theory of signs. In: *Philosophical Writings of Peirce* (ausgewählt, herausgegeben und mit einer Einführung versehen von Justus Buchler). Dover: New York 1955, 98-119.

Perutz, Max F. *Science Is Not a Quiet Life: Unraveling the Atomic Mechanism of Haemoglobin*. World Scientific Publishers: Singapore 1998.

Petermann, Mary L. und Mary G. Hamilton. An ultracentrifugal analysis of the macromolecular particles of normal and leukemic mouse spleen. *Cancer Research 12* (1952), 373-378.

Petermann, Mary L., Nancy A. Mizen und Mary G. Hamilton. The macromolecular particles of normal and regenerating rat liver. *Cancer Research 13* (1953), 372-375.

Petermann, Mary L., Mary G. Hamilton und Nancy A. Mizen. Electrophoretic analysis of the macromolecular nucleoprotein particles of mammalian cytoplasm. *Cancer Research 14* (1954), 360-366.

Petermann, Mary L. und Mary G. Hamilton. A stabilizing factor for cytoplasmic nucleoproteins. *Journal of Biophysical and Biochemical Cytology 1* (1955), 469-472.

Petermann, Mary L., Mary G. Hamilton, Moses Earl Balis, Kumud Samarth und Pauline Pecora. Physicochemical and metabolic studies on rat liver ribonucleoprotein. In: Richard B. Roberts (Hrsg.), *Microsomal Particles and Protein Synthesis.* Pergamon Press: London 1958, 70-75.

Peterson, Elbert A. und David M. Greenberg. Characteristics of the amino acid-incorporating system of liver homogenates. *Journal of Biological Chemistry 194* (1952), 359-375.

Pickering, Andrew (Hrsg.). *Science as Practice and Culture.* The University of Chicago Press: Chicago 1992.

Pickering, Andrew. *The Mangle of Practice. Time, Agency, and Science.* The University of Chicago Press: Chicago 1995.

Pickstone, John V. *Ways of Knowing. A New History of Science, Technology and Medicine.* Manchester University Press: Manchester 2000.

Polanyi, Michael. *Personal Knowledge. Towards a Post-Critical Philosophy.* Routledge and Kegan Paul: London 1958.

Polanyi, Michael. *Duke University Lectures.* (1964). Mikrofilm, University of California: Berkeley 1965, Kopie Library Photographic Service.

Polanyi, Michael. *Knowing and Being* (herausgegeben von Marjorie Grene). The University of Chicago Press: Chicago 1969.

Polanyi, Michael. *Implizites Wissen* (übersetzt von Horst Brühmann). Suhrkamp: Frankfurt/M. 1985.

Popper, Karl. *Logik der Forschung.* 6. verbesserte Aufl. Mohr (Siebeck): Tübingen 1976.

Porter, Keith R. Observations on a submicroscopic basophilic component of cytoplasm. *Journal of Experimental Medicine 97* (1953), 727-749.

Porter, Keith R. und Joseph Blum. A study in microtomy for electron microscopy. *Anatomical Record 117* (1953), 685-710.

Portugal, Franklin H. und Jack S. Cohen. *A Century of DNA.* The MIT Press: Cambridge 1977.

Potter, Joseph L. und Alexander L. Dounce. Nucleotide-amino acid complexes in alkaline digests of ribonucleic acid. *Journal of the American Chemical Society 78* (1956), 3078-3082.

Potter, Van R., Liselotte I. Hecht und Edward Herbert. Incorporation of pyrimidine precursors into ribonucleic acid in a cell-free fraction of rat liver homogenate. *Biochimica et Biophysica Acta 20* (1956), 439-440.

Preiss, Jack, Paul Berg, E. James Ofengand, Fred H. Bergmann und Marianne Dieckmann. The chemical nature of the RNA-amino acid compound formed by amino acid-activating enzymes. *Proceedings of the National Academy of Sciences of the United States of America* 45 (1959), 319-328.

Prigogine, Ilya und Isabelle Stengers. *Dialog mit der Natur: Neue Wege naturwissenschaftlichen Denkens* (aus dem engl. Manuskript übersetzt von Friedrich Griese). Piper: München 1980.

Rabinow, Paul. *Making PCR: A Story of Biotechnology.* The University of Chicago Press: Chicago 1996.

Rasmussen, Nicolas. *Picture Control: The Electron Microscope and the Transformation of Biology in America, 1940-1960.* Stanford University Press: Stanford 1997.

Reichenbach, Hans. *Erfahrung und Prognose.* Gesammelte Werke Bd. IV, Vieweg: Braunschweig 1983.

Remer, Theodore G. Serendipity – the last word. *Science 143* (1964), 196-197.

Rendi, R. Incorporation of ^{14}C-glycine into »S-RNA« and microsomes of normal and regenerating rat liver. *Biochimica et Biophysica Acta* 31 (1959), 266-268.

Rendi, R. und Tore Hultin. Preparation and amino acid incorporating ability of ribonucleoprotein-particles from different tissues of the rat. *Experimental Cell Research 19* (1960), 253-266.

Rheinberger, Hans-Jörg. H. M. Collins, Changing Order. *History and Philosophy of the Life Sciences 11* (1989), 388-390.

Rheinberger, Hans-Jörg. *Experiment, Differenz, Schrift. Zur Geschichte epistemischer Dinge.* Basiliskenpresse: Marburg 1992a.

Rheinberger, Hans-Jörg. Experiment, difference and writing. Teil 1: Tracing protein synthesis; Teil 2: The laboratory production of transfer RNA. *Studies in History and Philosophy of Science 23* (1992b), 305-331, 389-422.

Rheinberger, Hans-Jörg. Experiment and orientation: Early systems of in vitro protein synthesis. *Journal of the History of Biology 26* (1993), 443-471.

Rheinberger, Hans-Jörg und Michael Hagner. Experimentalsysteme. In: Hans-Jörg Rheinberger und Michael Hagner (Hrsg.), *Die Experimentalisierung des Lebens.* Akademie Verlag: Berlin 1993, 7-27.

Rheinberger, Hans-Jörg. Experimental systems: Historiality, narration and deconstruction. *Science in Context 7* (1994), 65-81.

Rheinberger, Hans-Jörg. From microsomes to ribosomes: »Strategies« of »representation«. *Journal of the History of Biology 28* (1995), 49-89.

Rheinberger, Hans-Jörg. Comparing experimental systems: Protein Synthesis in microbes and in animal tissue at Cambridge (Ernest F. Gale) and at the Massachusetts General Hospital (Paul C. Zamecnik), 1945-1960. *Journal of the History of Biology 29* (1996), 387-416.

Rheinberger, Hans-Jörg. Cytoplasmic particles in Brussels (Jean Brachet, Hubert Chantrenne, Raymond Jeener) and at Rockefeller (Albert Claude), 1935-1955. *History and Philosophy of the Life Sciences 19* (1997), 47-67.

Rheinberger, Hans-Jörg, Michael Hagner und Bettina Wahrig-Schmidt (Hrsg.). *Räume des Wissens. Repräsentation, Codierung, Spur.* Akademie Verlag: Berlin 1997.

Rheinberger, Hans-Jörg. From the »originary phenomenon« to the »system of pelagic fishery«: Johannes Müller (1801-1858) and the relation between physiology and philosophy. In: Kurt Bayertz und Roy Porter (Hrsg.), *From Physico-Theology to Bio-Technology: Essays in the Social and Cultural History of Bioscience. A Festschrift for Mikuláš Teich.* Editions Rodopi: Amsterdam 1998a, 133-152.

Rheinberger, Hans-Jörg. Augenmerk. In: Norbert Haas, Rainer Nägele und Hans-Jörg Rheinberger (Hrsg.), *Aufmerksamkeit.* Isele: Eggingen 1998b, 397-412.

Rheinberger, Hans-Jörg. Putting isotopes to work: Liquid scintillation counters, 1950-1970. In: Bernward Joerges und Terry Shinn (Hrsg.), *Instrumentation Between Science, State and Industry.* Kluwer: Dordrecht 2001, 143-174.

Rich, Alexander und Norman Davidson (Hrsg.). *Structural Chemistry and Molecular Biology.* Freeman: San Francisco 1968.

Riley, Monica, Arthur B. Pardee, François Jacob und Jacques Monod. On the expression of a structural gene. *Journal of Molecular Biology 2* (1960), 216-225.

Rittenberg, David. The state of the proteins in animals as revealed by the use of isotopes. *Cold Spring Harbor Symposia on Quantitative Biology 9* (1941), 283-289.

Rittenberg, David. Dynamic aspects of the metabolism of amino acids. *The Harvey Lectures (1948-49) 44* (1950), 200-219.

Roberts, Richard B. Introduction. In: Richard B. Roberts (Hrsg.), *Microsomal Particles and Protein Synthesis.* Pergamon Press: New York 1958, vii-viii.

Roberts, Richard B. Ribosomes. A. General properties of ribosomes. In: Richard B. Roberts (Hrsg.), *Studies of Macromolecular Biosynthesis.* Carnegie Institution: Washington D. C. 1964, 147-168.

Roberts, Royston M. *Serendipity. Accidental Discoveries in Science.* Wiley: New York 1989.

Rogers, Palmer und G. David Novelli. Cell free synthesis of ornithine transcarbamylase. *Biochimica et Biophysica Acta 33* (1959), 423.

Rohbeck, Johannes. *Technologische Urteilskraft. Zu einer Ethik technischen Handelns.* Suhrkamp: Frankfurt/M. 1993.

Root-Bernstein, Robert Scott. *Discovering. Inventing and Solving Problems at the Frontiers of Scientific Knowledge.* Harvard University Press: Cambridge 1989.

Rosenberg, Alexander. *Instrumental Biology or the Disunity of Science.* Chicago University Press: Chicago 1994.

Rotman, Boris und Sol Spiegelman. On the origin of the carbon in the induced synthesis ß-galactosidase in Escherichia coli. *Journal of Bacteriology 68* (1954), 419-429.

Rotman, Brian. *Signifying Nothing: The Semiotics of Zero.* St. Martin's Press: New York 1987.

Rous, Peyton. A sarcoma of fowl transmissible by an agent separable from tumor cells. *Journal of Experimental Medicine 13* (1911), 397-411.

Rouse, Joseph. Philosophy of science and the persistent narratives of modernity. *Studies in History and Philosophy of Science 22* (1991), 141-162.

Rouse, Joseph. *Engaging Science: How to Understand Its Practices Philosophically.* Cornell University Press: Ithaca N.Y. 1996.

Sanadi, D. Rao, David M. Gibson und Padmasini Ayengar. Guanosine triphosphate, the primary product of phosphorylation coupled to the breakdown of succinyl coenzyme A. *Biochimica et Biophysica Acta 14* (1954), 434-436.

Sanger, Frederick und Hans Tuppy. The amino-acid sequence in the phenylalanyl chain of insulin. I. The identification of lower peptides from partial hydrolysates, und II. The investigation of peptides from enzymic hydrolysates. *Biochemical Journal 49* (1951), 463-481, 481-490.

Sapolsky, Harvey M. *Science and the Navy.* Princeton University Press: Princeton 1990.

Sarin, Prem S. und Paul C. Zamecnik. On the stability of aminoacyl-s-RNA to nucleophilic catalysis. *Biochimica et Biophysica Acta 91* (1964), 653-655.

Sarin, Prem S. und Paul C. Zamecnik. Modification of amino acid acceptance and transfer capacity of s-RNA in the presence of organic solvents. *Biochemical and Biophysical Research Communications 19* (1965a), 198-203.

Sarin, Prem S. und Paul C. Zamecnik. Conformational differences between s-RNA and aminoacyl s-RNA. *Biochemical and Biophysical Research Communications 20* (1965b), 400-405.

Sarkar, Sahotra. Biological information: A skeptical look at some central dogmas of molecular biology. In: S. Sarkar (Hrsg.), *The Philosphy and History of Molecular Biology: New Perspectives.* Kluwer: Dordrecht 1996, 187-231.

Schachman, Howard K., Arthur B. Pardee und Roger Y. Stanier. Studies on the macromolecular organization of microbial cells. *Archives of Biochemistry and Biophysics 38* (1952), 245-260.

Schachtschabel, Dietrich und Wolfram Zillig. Untersuchungen zur Biosynthese der Proteine. I. Über den Einbau ^{14}C-markierter Aminosäuren ins Protein zellfreier Nucleoproteid-Enzym-Systeme aus Escherichia coli B. *Hoppe-Seyler's Zeitschrift für physiologische Chemie 314* (1959), 262-275.

Schaffer, Simon. Making up discovery. In: Margaret A. Boden (Hrsg.), *Dimensions of Creativity.* MIT Press: Cambridge (MA) 1994, 13-51.

Schneider, Walter C. und George H. Hogeboom. Intracellular distribution of enzymes. V. Further studies on the distribution of cytochrome c in rat liver homogenates. *Journal of Biological Chemistry 183* (1950), 123-128.

Schoenheimer, Rudolf. *The Dynamic State of Body Constituents.* Harvard University Press: Cambridge (MA) 1942.

Schweet, Richard S., Freeman C. Bovard, Esther Allen und Edward Glassman. The incorporation of amino acids into ribonucleic acid. *Proceedings of the National Academy of Sciences of the United States of America 44* (1958), 173-177.

Schweet, Richard S., Hildegarde Lamfrom und Esther Allen. The synthesis of hemoglobin in a cell-free system. *Proceedings of the National Academy of Sciences of the United States of America 44* (1958), 1029-1035.

Selby, Cecily Cannan, John J. Biesele und Clifford E. Grey. Electron microscope studies of ascites tumor cells. *Annals of the New York Academy of Sciences 63* (1956), 748-773.

Serres, Michel. *Le Passage du nord-ouest (Hermes V).* Les Editions du Minuit: Paris 1980.

Serres, Michel. *Statues.* Bourin: Paris 1987.

Serres, Michel. Vorwort, dessen Lektüre sich empfiehlt, damit der Leser die Absicht der Autoren kennenlernt und den Aufbau des Buches versteht. In: M. Serres (Hrsg.), *Elemente einer Geschichte der Wissenschaften* (übersetzt von Horst Brühmann). Suhrkamp: Frankfurt/M. 1994, 11-37.

Shapin, Steven und Simon Schaffer. *Leviathan and the Air Pump: Hobbes, Boyle, and the Experimental Life*. Princeton University Press: Princeton 1985.

Shaver, John R. und Jean Brachet. The exposition of chorioallantoic membranes of the chick embryo to granules from embryonic tissue. *Experientia 5* (1949), 235.

Siekevitz, Philip und Paul C. Zamecnik. In vitro incorporation of 1-C^{14}-DL-alanine into proteins of rat-liver granular fractions. *Federation Proceedings 10* (1951), 245-246.

Siekevitz, Philip. Uptake of radioactive alanine in vitro into the proteins of rat liver fractions. *Journal of Biological Chemistry 195* (1952), 549-565.

Siekevitz, Philip und Paul C. Zamecnik. Ribosomes and protein synthesis. *Journal of Cell Biology 91*, Nr. 3, Teil 2 (1981), 53s-65s.

Siekevitz, Philip. The historical intermingling of biochemistry and cell biology. In: Horst Kleinkauf, Hans von Döhren und Lothar Jaenicke (Hrsg.), *The Roots of Modern Biochemistry. Fritz Lipmann's Squiggle and its Consequences.* Walter de Gruyter: Berlin und New York 1988, 285-293.

Simkin, Julius L. und Thomas S. Work. Protein synthesis in Guinea-pig liver. Incorporation of radioactive amino acids into proteins of the microsome fraction in vivo. *Biochemical Journal 65* (1957), 307-315.

Simkin, Julius L. Protein biosynthesis. *Annual Review of Biochemistry 28* (1959), 145-170.

Simpson, Melvin V., E. Farber und Harold Tarver. Studies on ethionine. I. Inhibition of protein synthesis in intact animals. *Journal of Biological Chemistry 182* (1950), 81-89.

Simpson, Melvin V. und Sidney F. Velick. The synthesis of aldolase and glyceraldehyde-3-phosphate dehydrogenase in the rabbit. *Journal of Biological Chemistry 208* (1954), 61-71.

Sissakian, Norair M. Biochemical properties of plastides. In: Claude Liébecq (Hrsg.), *Proceedings of the Third International Congress of Biochemistry*, Brüssel 1955. Academic Press: New York 1956, 18-23.

Smellie, Robert M. S., W. M. McIndoe und James N. Davidson. The incorporation of ^{15}N, ^{35}S and ^{14}C into nucleic acids and proteins of rat liver. *Biochimica et Biophysica Acta 11* (1953), 559-565.

Smith, Kendric C., Eugene Cordes und Richard S. Schweet. Fractionation of transfer ribonucleic acid. *Biochimica et Biophysica Acta 33* (1959), 286-287.

Spahr, Pierre F. und Alfred Tissières. Nucleotide composition of ribonucleoprotein particles from Escherichia coli. *Journal of Molecular Biology 1* (1959), 237-239.

Spiegelman, Sol, Harlyn O. Halvorson und Ruth Ben-Ishai. Free amino acids and the enzyme-forming mechanism. In: William D. McElroy und Hiram Bentley Glass (Hrsg.), *A Symposium on Amino Acid Metabolism* (June 14-17, 1954). The Johns Hopkins Press: Baltimore 1955, 124-170.

Spiegelman, Sol. The present status of the induced synthesis of enzymes. In: Claude Liébecq (Hrsg.), *Proceedings of the Third International Congress of Biochemistry*, Brüssel 1955. Academic Press: New York 1956a, 185-195.

Spiegelman, Sol. Protein synthesis in protoplasts. In: Gordon E. W. Wolstenholme und Cecilia M. O'Connor (Hrsg.), *CIBA Foundation Symposium on Ionizing Radiations and Cell Metabolism.* Little, Brown and Company: Boston 1956b, 185-195.

Spiegelman, Sol. Protein and nucleic acid synthesis in subcellular fractions of bacterial cells. In: Gösta Tunevall (Hrsg.), *Recent Progress in Microbiology*, Blackwell Scientific Publications: Oxford 1959, 81-103.

Spirin, Alexander. Ribosome preparation and cell-free protein synthesis. In: Walter E. Hill, Peter B. Moore, Alfred Dahlberg, David Schlessinger, Roger A. Garrett und Jonathan R. Warner (Hrsg.), *The Ribosome. Structure, Function, and Evolution.* American Society for Microbiology: Washington D. C. 1990, 56-70.

Staiger, Emil (Hrsg.). *Der Briefwechsel zwischen Schiller und Goethe.* Insel: Frankfurt/M. 1987.

Star, Susan Leigh. Triangulating clinical and basic research: British localizationists, 1870-1906. *History of Science 24* (1986), 29-48.

Star, Susan Leigh und James R. Griesemer. Institutional ecology, »translations« and boundary objects: Amateurs and professionals in Berkeley's Museum of Vertebrate Zoology 1907-39. *Social Studies of Science 19* (1988), 387-420.

St. Aubin, P. M. G. und Nancy L. R. Bucher. A study of binucleate cell counts in resting and regenerating rat liver employing a mechanical method for the separation of liver cells. *Anatomical Record 112* (1951), 797-809.

Stein, William H. und Stanford Moore. Chromatography of amino acids on starch columns. Separation of phenylalanine, leucine, isoleucine, methionine, tyrosine, and valine. *Journal of Biological Chemistry 176* (1948), 337-365.

Stein, William H. und Stanford Moore. Chromatographic determination of the amino acid composition of proteins. *Cold Spring Harbor Symposia on Quantitative Biology 14* (1950), 179-190.

Steinberg, Daniel und Christian B. Anfinsen. Evidence for intermediates in ovalbumin synthesis. *Journal of Biological Chemistry 199* (1952), 25-42.

Stengers, Isabelle. La propagation des concepts. In: Isabelle Stengers (Hrsg.), *D'une science à l'autre. Des concepts nomades.* Seuil: Paris 1987, 9-26.

Stent, Gunther S. That was the molecular biology that was. *Science 160* (1968), 390-395.

Stephenson, Mary L., Kenneth V. Thimann und Paul C. Zamecnik. Incorporation of C^{14}-amino acids into proteins of leaf disks and cell-free fractions of tobacco leaves. *Archives of Biochemistry and Biophysics 65* (1956), 194-209.

Stephenson, Mary L., Paul C. Zamecnik und Mahlon B. Hoagland. Conditions for transfer reactions between soluble RNA and microsomes involved in protein biosynthesis. *Federation Proceedings 18* (1959), 331.

Stephenson, Mary L. und Paul C. Zamecnik. Purification of valine transfer ribonucleic acid by combined chromatographic and chemical procedures. *Proceedings of the National Academy of Sciences of the United States of America 47* (1961), 1627-1635.

Stephenson, Mary L. und Paul C. Zamecnik. Isolation of valyl-RNA of a high degree of purity. *Biochemical and Biophysical Research Communications 7* (1962), 91-94.

Stephenson, Mary L. und Paul C. Zamecnik. Inhibition of Rous sarcoma viral RNA translation by a specific oligodeoxyribonucleotide. *Proceedings of the National Academy of Sciences of the United States of America 75* (1978), 285-88.

Straub, Ferenc B., Agnes Ullmann und George Acs. Enzyme synthesis in a solubilised system. *Biochimica et Biophysica Acta 18* (1955), 439.

Strittmatter, Cornelius F. und Eric G. Ball. A hemochromogen component of liver microsomes. *Proceedings of the National Academy of Sciences of the United States of America 38* (1952), 19-25.

Suchman, Lucy A. Representing practice in cognitive science. In: Michael Lynch und Steve Woolgar (Hrsg.), *Representation in Scientific Practice.* The MIT Press: Cambridge 1990, 301-321.

Tarski, Alfred. *Einführung in die mathematische Logik.* Vandenhoeck & Ruprecht: Göttingen 1957.

Tarver, Harold. Peptide and protein synthesis. Protein turnover. In: Hans Neurath und Kenneth Bailey (Hrsg.), *The Proteins,* Band II, Teil B. Academic Press: New York 1954, 1199-1296.

Tissières, Alfred und James D. Watson. Ribonucleoprotein particles from Escherichia coli. *Nature 182* (1958), 778-780.

Tissières, Alfred. Some properties of soluble ribonucleic acid from Escherichia coli. *Journal of Molecular Biology 1* (1959), 365-374.

Tissières, Alfred, James D. Watson, David Schlessinger und B. R. Hollingworth. Ribonucleoprotein particles from Escherichia coli. *Journal of Molecular Biology 1* (1959), 221-233.

Tissières, Alfred, David Schlessinger und François Gros. Amino acid incorporation into proteins by Escherichia coli ribosomes. *Proceedings of the National Academy of Sciences of the United States of America 46* (1960), 1450-1463.

Tissières, Alfred. Ribosome research. Historical background. In: Masayasu Nomura, Alfred Tissières und Peter Lengyel (Hrsg.), *Ribosomes.* Cold Spring Harbor Laboratory Press: New York 1974, 3-12.

Todd, Alexander. Nucleic acid structure and function. *Chemistry and Industry No. 37* (1955), 1139-1144.

Todd, Alexander. Nucleic acids. In: Alexander Todd (Hrsg.), *Perspectives in Organic Chemistry.* Interscience: New York und London 1956, 245-264.

Ts'o, Paul O. P. und R. Squires. Quantitative isolation of intact RNA from microsomal particles of pea seedlings and rabbit reticulocytes. *Federation Proceedings 18* (1959), Abstract 1351, 341.

Turnbull, David und Terry Stokes. Manipulable systems and laboratory strategies in a biomedical institute. In: Homer E. Le Grand (Hrsg.), *Experimental Inquiries.* Kluwer: Dordrecht 1990, 167-192.

Tyner, Evelyn Pease, Charles Heidelberger und Gerald A. LePage. Intracellular distribution of radioactivity in nucleic acid nucleotides and proteins following simultaneous administration of P^{32} and glycine-2-C^{14}. *Cancer Research 13* (1953), 186-203.

Van Fraassen, Bas C. und Jill Sigman. Interpretation in science and in the arts. In: George Levine (Hrsg.), *Realism and Representation.* University of Wisconsin Press: Madison 1993, 73-99.

Volkin, Elliot und Lazarus Astrachan. Phosphorus incorporation in Escherichia coli ribonucleic acid after infection with bacteriophage T2. *Virology 2* (1956a), 149-161.

Volkin, Elliot und Lazarus Astrachan. Intracellular distribution of labeled ribonucleic acid after phage infection of Escherichia coli. *Virology 2* (1956b), 433-437.

Von der Decken, Alexandra und Tore Hultin. A metabolic isotope transfer from soluble polynucleotides to microsomal nucleoprotein in a cell-free rat liver system. *Experimental Cell Research 15* (1958), 254-256.

Von der Decken, Alexandra und Tore Hultin. The enzymatic composition of rat liver microsomes during liver regeneration. *Experimental Cell Research 19* (1960), 591-604.

Von Portatius, Hans, Paul Doty und Mary L. Stephenson. Separation of L-valine acceptor ›soluble ribonucleic acid‹ by specific reaction with polyacrylic acid hydrazide. *Journal of the American Chemical Society 83* (1961), 3351-3352.

Wahrig-Schmidt, Bettina und Friedhelm Hildebrandt. Pathologische Erythrozytendeformation und renale Hämaturie. In: Hans-Jörg Rheinberger und Michael Hagner (Hrsg.), *Die Experimentalisierung des Lebens.* Akademie Verlag: Berlin 1993, 74-96.

Warner, Jonathan R., Alexander Rich und Cecil E. Hall. Electron microscope studies of ribosomal clusters synthesizing hemoglobin. *Science 138* (1962), 1399-1403.

Warner, Jonathan R., Paul M. Knopf und Alexander Rich. A multiple ribosomal structure in protein synthesis. *Proceedings of the National Academy of Sciences of the United States of America 49* (1963), 122-129.

Watson, James D. und Francis H. C. Crick. Molecular structure of nucleic acids. A structure for deoxyribose nucleic acid. *Nature 171* (1953), 737-738.

Watson, James D. Involvement of RNA in the synthesis of proteins. *Science 140* (1963), 17-26.

Watson, James D. *Die Doppelhelix* (übersetzt von Vilma Fritsch). Rowohlt: Hamburg 1973.

Weber, Samuel. Upsetting the set up: Remarks on Heidegger's questing after technics. *Modern Language Notes 104* (1989), 977-991.

Webster, George C. Studies on the mechanism of protein synthesis by isolated nucleoprotein particles. *Federation Proceedings 18* (1959), Abstract 1379, 348.

Weiss, Samuel B., George Acs und Fritz Lipmann. Amino acid incorporation in pigeon pancreas fractions. *Proceedings of the National Academy of Sciences of the United States of America 44* (1958), 189-196.

Wettstein, Felix O., Theophil Staehelin und Hans Noll. Ribosomal aggregate engaged in protein synthesis: Characterization of the ergosome. *Nature 197* (1963), 430-435.

White, Hayden. The value of narrativity in the representation of reality. In: W. J. Thomas Mitchell (Hrsg.), *On Narrative.* The University of Chicago Press: Chicago 1980, 1-23.

Wilson, Samuel H. und Mahlon B. Hoagland. Studies on the physiology of rat liver polyribosomes: quantitation and intracellular distribution of ribosomes. *Proceedings of the National Academy of Sciences of the United States of America 54* (1965), 600-607.

Winnick, Theodore, Felix Friedberg und David M. Greenberg. Incorporation of C^{14}-labeled glycine into intestinal tissue and its inhibition by azide. *Archives of Biochemistry 15* (1947), 160-161.

Winnick, Theodore, Felix Friedberg und David M. Greenberg. The utilization of labeled glycine in the process of amino acid incorporation by the protein of liver homogenate. *Journal of Biological Chemistry 175* (1948), 117-126.

Winnick, Theodore, Ingrid Moring-Claesson und David M. Greenberg. Distribution of radioactive carbon among certain amino acids of liver homogenate protein, following uptake experiments with labeled glycine. *Journal of Biological Chemistry 175* (1948), 127-132.

Winnick, Theodore, Elbert A. Peterson und David M. Greenberg. Incorporation of C^{14} of glycine into protein and lipide fractions of homogenates. *Archives of Biochemistry 21* (1949), 235-237.

Winnick, Theodore. Studies on the mechanism of protein synthesis in embryonic and tumor tissues. II. Inactivation of fetal rat liver homogenates by dialysis und reactivation by the adenylic acid system. *Archives of Biochemistry 28* (1950), 338-347.

Wise, Norton. Mediations: Enlightenment balancing acts, or the technologies of rationalism. Manuskript 1992.

Wittmann, Heinz-Günter. Ansätze zur Entschlüsselung des genetischen Codes. *Die Naturwissenschaften 48* (1961), 729-734.

Wittmann, Heinz-Günter. Studies on the nucleic acid-protein correlation in Tobacco mosaic virus. *Proceedings of the Fifth International Congress of Biochemistry*, Moskau, 10.-16. August 1961, Band I., Macmillan: New York 1963, 240-254.

Yarmolinsky, Michael B. und Gabriel L. de la Haba. Inhibition by puromycin of amino acid incorporation into protein. *Proceedings of the National Academy of Sciences of the United States of America 45* (1959), 1721-1729.

Yearley, Steven. The dictates of method and policy: Interpretational structures in the representation of scientific work. In: Michael Lynch und Steve Woolgar (Hrsg.), *Representation in Scientific Practice.* MIT Press: Cambridge (MA) 1990, 337-355.

Yu, Chuan-Tao und Frank W. Allen. Studies on an isomer of uridine isolated from ribonucleic acids. *Biochimica et Biophysica Acta 32* (1959), 393-406.

Yu, Chuan-Tao und Paul C. Zamecnik. Effect of bromination on the amino acid-accepting activities of transfer ribonucleic acids. *Biochimica et Biophysica Acta 76* (1963a), 209-222.

Yu, Chuan-Tao und Paul C. Zamecnik. On the aminoacyl-tRNA synthetase recognition sites of yeast and E. coli transfer RNA. *Biochemical and Biophysical Research Communications 12* (1963b), 457-463.

Yu, Chuan-Tao und Paul C. Zamecnik. Effect of bromination on the biological activities of transfer RNA of Escherichia coli. *Science 144* (1964), 856-859.

Zachau, Hans Georg, George Acs und Fritz Lipmann. Isolation of adenosine amino acid esters from a ribonuclease digest of soluble, liver ribonucleic acid. *Proceedings of the National Academy of Sciences of the United States of America 44* (1958), 885-889.

Zamecnik, Paul C. und Fritz Lipmann. A study of the competition of lecithin and antitoxin for C. welchii lecithinase. *Journal of Experimental Medicine 85* (1947), 395-403.

Zamecnik, Paul C., Lydia E. Brewster und Fritz Lipmann. A manometric method for measuring the activity of the C. welchii lecithinase and a description of certain properties of this enzyme. *Journal of Experimental Medicine 85* (1947), 381-394.

Zamecnik, Paul C., Ivan D. Frantz Jr., Robert B. Loftfield und Mary L. Stephenson. Incorporation in vitro of radioactive carbon from carboxyl-labeled DL-alanine and glycine into proteins of normal and malignant rat livers. *Journal of Biological Chemistry 175* (1948), 299-314.

Zamecnik, Paul C. und Ivan D. Frantz Jr. Peptide bond synthesis in normal and malignant tissue. *Cold Spring Harbor Symposia on Quantitative Biology 14* (1949), 199-208.

Zamecnik, Paul C., Ivan D. Frantz Jr. und Mary L. Stephenson. Use of starch column chromatography in study of amino acid composition and distribution of radioactivity in proteins of normal rat liver and hepatoma. *Cancer Research 9* (1949), 612-613.

Zamecnik, Paul C., Robert B. Loftfield, Mary L. Stephenson und Carroll M. Williams. Biological synthesis of radioactive silk. *Science 109* (1949), 624-626.

Zamecnik, Paul C. The use of labeled amino acids in the study of the protein metabolism of normal and malignant tissues: A review. *Cancer Research 10* (1950), 659-667.

Zamecnik, Paul C. Incorporation of radioactivity from DL-leucine-1-C^{14} into proteins of rat liver homogenates. *Federation Proceedings 12* (1953), 295.

Zamecnik, Paul C. und Elizabeth B. Keller. Relation between phosphate energy donors and incorporation of labeled amino acids into proteins. *Journal of Biological Chemistry 209* (1954), 337-354.

Zamecnik, Paul C., Elizabeth B. Keller, John W. Littlefield, Mahlon B. Hoagland und Robert B. Loftfield. Mechanism of incorporation of labeled amino acids into protein. *Journal of Cellular and Comparative Physiology 47*, Supplement 1 (1956), 81-101.

Zamecnik, Paul C., Elizabeth B. Keller, Mahlon B. Hoagland, John W. Littlefield und Robert B. Loftfield. Studies on the mechanism of protein synthesis. In: Gordon E. W. Wolstenholme und Cecilia M. O'Connor (Hrsg.), *CIBA Foundation Symposium on Ionizing Radiations and Cell Metabolism.* Little, Brown and Compagny: Boston 1956, 161-173.

Zamecnik, Paul C., Mary L. Stephenson, Jesse F. Scott und Mahlon B. Hoagland. Incorporation of C^{14}-ATP into soluble RNA isolated from 105,000 x g supernatant of rat liver. *Federation Proceedings 16* (1957), 275.

Zamecnik, Paul C., Mary L. Stephenson und Liselotte I. Hecht. Intermediate reactions in amino acid incorporation. *Proceedings of the National Academy of Sciences of the United States of America 44* (1958), 73-78.

Zamecnik, Paul C., Mahlon B. Hoagland, Mary L. Stephenson und Jesse F. Scott. Studies on intermediates in protein synthesis. *Unio Internationalis Contra Cancrum Acta 14* (1958), 63.

Zamecnik, Paul C. The microsome. *Scientific American 198* (März) (1958), 118-124.

Zamecnik, Paul C. Historical and current aspects of the problem of protein synthesis. *The Harvey Lectures (1958-59)* 54 (1960), 256-281.

Zamecnik, Paul C. und Mary L. Stephenson. Enrichment of specific activity of aminoacyl RNA. *Federation Proceedings 19* (1960), 346.

Zamecnik, Paul C., Mary L. Stephenson und Jesse F. Scott. Partial purification of soluble RNA. *Proceedings of the National Academy of Sciences of the United States of America 46* (1960), 811-822.

Zamecnik, Paul C. History and speculation on protein synthesis. *Proceedings of the Symposium on Mathematical Problems in the Biological Sciences, (New York, Rand Corporation) 14* (1962a), 47-53.

Zamecnik, Paul C. Unsettled questions in the field of protein synthesis. *Biochemical Journal 85* (1962b), 257-264.

Zamecnik, Paul C. An historical account of protein synthesis, with current overtones – a personalized view. *Cold Spring Harbor Symposia on Quantitative Biology 34* (1969), 1-16.

Zamecnik, Paul C. Joseph Charles Aub, 1890-1973. T*ransactions of the Association of American Physicians 87* (1974), 12-14.

Zamecnik, Paul C. Protein synthesis – early waves and recent ripples. In: Arthur Kornberg, Bernard L. Horecker, Luis Cornudella und Juan Oro (Hrsg.), *Reflections on Biochemistry.* Pergamon Press: New York 1976, 303-308.

Zamecnik, Paul C. und Mary L. Stephenson. Inhibition of Rous sarcoma virus replication and cell transformation by a specific oligodeoxynucleotide. *Proceedings of the National Academy of Sciences of the United States of America 75* (1978), 280-284.

Zamecnik, Paul C. Historical aspects of protein synthesis. *Annals of the New York Academy of Sciences 325* (1979), 269-301.

Zamecnik, Paul C. Cancer Research: Joseph Charles Aub. In: Benjamin Castleman, David C. Crockett und Silvia B. Sutton (Hrsg.), *The Massachusetts General Hospital, 1955-1980.* Little, Brown and Compagny: Boston 1983, 343-348.

Zamecnik, Paul C. The machinery of protein synthesis. Biochemistry and the birth of molecular biology. *Trends in Biochemical Sciences (TIBS) 9* (1984), 464-466.

Zamecnik, Paul C. und Sudhir Agrawal. The hybridization inhibition, or antisense, approach to the chemotherapy of AIDS. *AIDS Research Reviews 1* (1991), 301-313.

Nachbemerkung

Experimentalsysteme und epistemische Dinge wurde vor nunmehr etwa einem Vierteljahrhundert, auf dem Höhepunkt der sogenannten »Praxiswende«, in der Wissenschaftsgeschichte geschrieben. Lange vergriffen, verdankt das Buch diese Neuauflage der Tatsache, daß immer noch nach ihm gefragt wird. Es hat offensichtlich seine Lesbarkeit bis heute nicht eingebüßt. Im Gegenteil, es scheint Leser weit über den engeren Horizont der Wissenschaftsgeschichte gefunden zu haben. Ihr Kreis reicht bis in die aktuellen Debatten über Architektur, Design, materielle Kultur und Kunst hinein. Der Versuchung, den Text an der einen oder anderen Stelle zu glätten, hier und dort eine erläuternde Bemerkung einzuschieben, das eine oder andere Zitat durch ein treffenderes zu ersetzen, habe ich widerstanden. Nur ein paar Druckfehler habe ich stillschweigend korrigiert. Beim Wiederlesen wurde mir die Zeit lebendig, in der es entstand. Ich hatte das molekularbiologische Labor verlassen, in dem ich zwölf Jahre intensiver Forschung zugebracht hatte, und war auf dem Weg in die Wissenschaftsgeschichte, in der ich noch nicht angekommen war. Etwas von der Aufregung und der Faszination der Laborarbeit zu vermitteln, dem Denken mit den Händen sein Recht in der historischen Betrachtung der Wissenschaften zu verschaffen, die Rolle von Theorien und Abstraktionen zurechtzurücken, die strukturale Dynamik der Wissensgewinnung sichtbar zu machen, diese Gedanken lagen der Unternehmung zugrunde, und sie haben sie getragen. Darüber hinaus haben sie mir den Mut gegeben, bis heute zu glauben, daß diese Bewegung ins Offene, aus dem Sich-Einlassen ins Material heraus, auch dem historischen Blick auf die Wissenschaften guttut.

Andrea Knigge danke ich für die sorgfältige Betreuung der Neuauflage, elektronisch ein delikates Unterfangen nach einer so langen Zeit. Meinem Verleger Thedel v. Wallmoden bin ich zu großem Dank verpflichtet, daß er spontan bereit war, das Buch durch diese Neuausgabe für künftige Leser wieder verfügbar zu machen.

Berlin, im Juni 2019
Hans-Jörg Rheinberger

INDEX